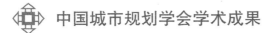 中国城市规划学会学术成果

智慧规划·AI赋能

——2024 年中国城市规划信息化年会论文集

中国城市规划学会城市规划新技术应用专业委员会
广 州 市 规 划 和 自 然 资 源 自 动 化 中 心 编

广西科学技术出版社

·南宁·

图书在版编目（CIP）数据

智慧规划·AI赋能：2024年中国城市规划信息化年会论文集/中国城市规划学会城市规划新技术应用专业委员会，广州市规划和自然资源自动化中心编. --南宁：广西科学技术出版社，2024.7. --ISBN 978-7-5551-2253-1

Ⅰ. TU984.2-39

中国国家版本馆CIP数据核字第20247YT490号

ZHIHUI GUIHUA · AI FUNENG——2024 NIAN ZHONGGUO CHENGSHI GUIHUA XINXIHUA NIANHUI LUNWENJI

智慧规划·AI赋能——2024年中国城市规划信息化年会论文集

中国城市规划学会城市规划新技术应用专业委员会
广 州 市 规 划 和 自 然 资 源 自 动 化 中 心　编

策　　划：方振发　何杏华　黄　权　　　　装帧设计：梁　良
责任编辑：袁　虹　　　　　　　　　　　　　责任印制：陆　弟
责任校对：苏深灿

出 版 人：岑　刚
出版发行：广西科学技术出版社
社　　址：广西南宁市东葛路66号
邮政编码：530023
网　　址：http://www.gxkjs.com

印　　刷：广西民族印刷包装集团有限公司

开　　本：889 mm×1194 mm　1/16
印　　张：22
字　　数：560千字
版　　次：2024年7月第1版
印　　次：2024年7月第1次印刷
书　　号：ISBN 978-7-5551-2253-1
定　　价：168.00元

编委会

目 录

国土空间规划城市体检评估与城市更新

智慧平台构建与数字孪生应用

智慧规划理论研究与实践

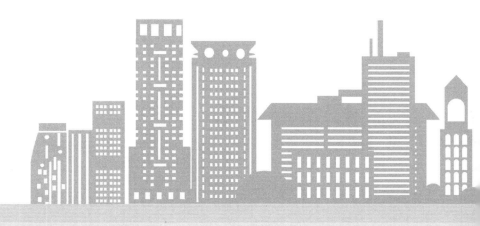

AI 赋能国土空间规划

AI 技术辅助城市规划编制的研究与应用探索

□蔡赞吉，卢学兵，徐沙

摘要：随着 AI 技术的快速发展，其在城市规划领域的应用日益受到关注。本文针对 AI 辅助城市规划这一细分方向，重点探讨了基于 Stable Diffusion 模型生成效果图和平面图的技术方法、应用实践和发展趋势，通过文献综述、案例分析、模型实验等方法，详细阐述了利用 Stable Diffusion 模型进行城市设计方案构思、方案评估、成果表达的具体路径和关键步骤，总结了其在实际规划项目中应用的成效和问题，展望了未来 AI 辅助城市规划绘图在技术进步、专业融合、伦理规范等方面的发展方向和研究重点。研究表明，AI 辅助绘图技术可以显著提高城市规划设计的效率和创新，是应对日益复杂多元的规划需求和支撑智慧城市建设的重要手段，但当前 AI 在城市规划设计中的应用还处于起步阶段，在技术性能、流程再造、人才培养等方面还有待进一步完善。未来，城市规划专业应积极拥抱 AI 技术变革，加强与 AI 领域的交叉融合、协同创新，推动 AI 辅助绘图技术快速发展和普及，用"规划智慧＋机器智能"的双智融合之力不断提升城市规划的科学性、艺术性和社会效能，描绘人类宜居城市的美好图景。

关键词：AI；城市规划；辅助绘图；Stable Diffusion；效果图；平面图

0 引言

随着城市化进程的加速，城市规划正面临着越来越复杂的挑战。传统的城市规划方法难以有效地应对快速变化的城市环境和不断增长的规划需求。近年来，信息技术快速发展，AI[①] 技术为城市规划提供了新的可能性。AI 可以处理海量的城市数据，并通过数据挖掘城市特征，优化规划方案，进而提高规划效率和质量。

2023 年，ChatGPT、Claude、Stable Diffusion 等 AI 模型逐渐广泛应用，标志 AI 技术取得重大突破，并逐渐对各行业产生一定影响。这些大模型具有强大的自然语言处理、知识理解和生成能力，可以流畅地与人对话、回答各种问题、完成复杂任务等。由于城市规划行业受到了 AI 大模型的冲击，因此规划师们也开始思考如何利用 AI 技术来辅助规划编制，提高规划编制水平和效率。

探索 AI 在城市规划领域中的应用，对实现城市规划的智能化、精细化具有重要意义。一方面，AI 可以弥补人力资源的不足，减轻规划师的工作负担，使其能够专注于更高层次的创新或决策。另一方面，AI 可以挖掘城市数据的价值，为规划方案提供科学依据，提高规划的合理性和可行性。此外，AI 还可以通过生动、形象的可视化表现，增强规划方案的表现力和说服力，促进规划师、决策者和公众之间的沟通与认知。

在此背景下，本文通过对各主流 AI 模型进行分析，基于其技术原理和特点积极探索应用实践，并分析其未来发展趋势，以期为城市规划行业应用 AI 技术提供有益的探索和参考。城市规划关乎城市未来的发展和人民的生活质量，AI 技术的加入将为城市规划注入新的活力和可能性。

本文的研究目的是探索 AI 在城市规划编制中的应用场景，通过深入了解相关 AI 工具的功能和特点，评估 AI 在城市规划编制中的应用潜力，主要关注以下三个方面：一是 AI 在文字编排、汇报展示中的应用。在项目编制中，规划师有大量的文字撰写、PPT 制作任务，利用 AI 在梳理文章思路、文字撰写、文本排版等方面的能力，可完成部分文字编排、汇报材料制作等方面的基本工作。二是 AI 在数据分析和挖掘中的应用。定量分析是城市规划中重要的研究方法，而 AI 在数据分析和挖掘方面有着天然的优势，可利用 AI 辅助完成数据提取、数据分析和挖掘、图表统计、结论分析等工作。三是 AI 在辅助城市规划设计中的应用。本文先分析 Stable Diffusion 等前沿 AI 图像生成模型的技术原理、优势和局限性，为城市规划绘图提供新的思路和方法，并尝试结合实际规划项目，评估 AI 辅助设计在不同规划阶段的应用效果，总结其优势与不足，提出改进建议。

本文采用文献研究、模型实验、案例分析等方法。首先，通过文献综述了解 AI 在城市规划中的应用现状和研究进展，摸清 AI 的具体应用场景及使用效果；其次，以 AI 在城市规划设计方面的应用为重点，利用 Stable Diffusion 等开源 AI 模型进行城市规划效果图和平面图的生成实验，评估 AI 辅助设计在实际应用中的效果；最后，基于前述研究，展望 AI 辅助城市规划编制的发展趋势，并提出有效建议。

1 AI 在城市规划编制中的应用概述

1.1 AI 在文字编排中的应用

随着自然语言处理技术的发展，AI 开始在城市规划文字编排中发挥作用。例如，规划师可以利用 ChatGPT 等大语言模型自动生成规划文本，如规划条例、设计说明等；或者利用 AI 对海量的规划文献进行自动分析和总结，从而快速掌握研究现状和前沿动态。此外，规划师还可以与 AI 模型进行对话交流，获取规划建议和灵感。但 AI 在文字编排中的应用还处于探索阶段，主要面临知识覆盖度低、逻辑推理能力弱、数据准确性低等挑战。在当前阶段，AI 可用来为规划项目生成文本框架等，以简化部分规划工作，如通过交互式提问让 ChatGPT 回答关于城市总体规划编制的情况（图 1）。未来，AI 有望与规划师形成更加紧密的人机协作关系，从更多维度共同提升规划编制的效率和质量。

● You
如果我要编制一个地区的城市总体规划，我该如何开展？

● ChatGPT
编制一个地区的城市总体规划是一个复杂且详细的过程，通常涉及多个步骤和考虑因素。下面是一个概括的步骤指南：

1. **数据收集与分析**
   · 收集地区的基础地理、人口、经济、交通、环境等数据。
   · 分析现有的基础设施、资源分布、经济状况、环境影响等。
2. **确定规划目标与愿景**
   · 与政府机构、社区组织、利益相关者进行沟通，了解他们的需求和期望。
   · 基于这些信息确定规划的长期目标和愿景。
3. **制订规划方案**
   · 根据收集的数据和确定的目标，规划城市的空间布局、交通系统、公共设施等。
   · 考虑可持续性、经济发展、社会公平等因素。
4. **环境影响评估**
   · 评估规划方案可能对环境造成的影响。
   · 必要时调整规划以减少负面影响。
5. **公众参与和反馈**
   · 向公众展示规划方案，收集他们的意见和建议。
   · 根据反馈调整规划方案。
6. **详细规划**
   · 细化具体项目的规划，如住宅区、商业区的布局和交通系统的具体设计等。
7. **规划实施与监督**
   · 制订规划实施的时间表和预算。
   · 监督规划的执行情况，确保按照规划方案进行。
8. **持续评估与调整**
   · 在规划实施过程中持续评估其效果。
   · 根据实际情况和新的数据进行必要的调整。

在整个过程中，重要的是确保规划的灵活性和适应性，能够响应不断变化的社会、经济和环境条件。同时，确保规划过程透明、公正，充分考虑到各方利益相关者的意见和需求。

图 1　基于 ChatGPT 交互式提问生成的规划文本

1.2　AI 在城市规划空间数据分析中的应用

城市规划需要处理大量的空间数据，如遥感影像、地理信息等。AI 可以帮助规划师更高效、准确地分析这些数据，比如卷积神经网络可以用来辅助完成土地利用分类、变化检测等任务，循环神经网络可以预测城市交通流量、人口分布等时空过程，图神经网络可以刻画城市道路、管网等设施的拓扑结构和关联关系。AI 驱动的空间数据分析可以揭示城市系统的运行规律，评估规划方案的实施效果，为科学决策提供支持。但 AI 在空间数据分析中还面临数据质量较低、模型泛化、知识融合不强等问题，需要规划师与 AI 技术专家密切合作。在规划工作中，AI 已经可以对表格数据进行多维度解读，了解表格内数据所代表的含义，并建议规划师从适当的角度对表格内容进行分析。图 2 为 ChatGPT 对长三角地区各城市人口情况解读的案例。

You

📊 长三角各个城市人口情况.xlsx
Spreadsheet

分析这个数据，可以得出什么结论？详细展开，用中文回答。

ChatGPT

这个数据集包含长三角地区不同城市的人口情况，具体项目包括人口总数、老年人口比例、不同年龄段人口、受教育情况等。具体分析如下：

1. **人口总数**：数据提供了各个城市的人口总数（第七次全国人口普查常住人口）。可以用来分析各个城市的人口规模和城市间的人口分布。
2. **老年人口比例**：列出了老年人口占比，可以反映出城市人口的老龄化程度。高老龄化人口比例可能意味着该城市面临更多老年人口的社会福利和医疗保障问题。
3. **年龄结构**：数据中将人口分为0~14岁、15~59岁和60岁以上几个年龄段，这有助于了解城市的年龄分布和劳动力结构。
4. **受教育情况**：包括不同教育程度的人口数量，如大学（大专以上）、高中（含中专）、初中、小学等人口数。这可以用来分析城市的教育水平和人力资源的素质。
5. **平均受教育年限**：这一数据项能够反映出城市居民的整体教育程度。

综上所述，通过这些数据，我们可以对长三角地区各城市的人口规模、年龄结构、教育水平等进行综合分析，了解不同城市的人口特点和可能面临的社会问题。例如，城市的人口规模可能影响城市发展、基础设施建设等方面的决策；老龄化程度和教育水平的不同，可能对城市的社会福利政策、医疗保障体系和人才发展战略产生影响。

现在，我将根据这些理解重新调整列名，并正确处理数据。
数据已经被清洗并且正确标注。接下来，我们将使用这些数据绘制图表，以便更好地分析信息。这里是我们可以探索的几个关键指标：
1. 各城市常住人口数量
2. 老年人口占比
3. 不同教育水平的人口分布

图 2 基于 ChatGPT 的数据分析与认知

1.3 AI 在辅助城市规划设计中的应用

制图是城市规划编制中表达设计意图、呈现规划方案的重要手段。AI 生成设计技术的出现为规划设计和表达开辟了新的途径。基于 Stable Diffusion、Midjourney 等 AI 模型，规划师可以快速生成大量的设计方案和效果图，激发创意灵感；还可以利用 AI 自动生成标准化的规划图件，提高绘图效率。此外，AI 绘图能够创造出超现实、抽象、写意等多种风格，拓展规划表现的艺术性和感染力。相比其他应用，AI 生成设计更容易集成到当前的规划编制流程中，是规划行业应用 AI 的理想切入点，因此本文将针对这方面应用进行详细研究和论述。

2 AI 辅助城市规划设计的应用探索

2.1 Stable Diffusion 模型的原理与特点

Stable Diffusion 模型是当前主流的 AI 生成设计工具，可基于文字描述生成对应的图像，在城市设计、建筑设计领域具有良好的应用前景。从技术层面看，与传统的 GAN（全域网）等生成模型不同，Stable Diffusion 模型通过迭代的正向噪声扩散和反向去噪过程，逐步将随机噪声转化为清晰图像，且具有训练稳定、生成多样、控制灵活等优点。Stable Diffusion 模型采用新的噪声调度策略和神经网络结构，大幅提升了图像质量和分辨率。在对海量图文进行数据训练后，Stable Diffusion 模型可以根据文本提示生成逼真的图像，实现了"从零开始"的图像创作。此外，Stable Diffusion 模型还支持图像编辑、风格转换、局部修改等功能，为城市规划的生成设计提供了功能丰富的工具集。

2.2 利用 Stable Diffusion 模型生成城市规划效果图

城市规划效果图是直观展示规划方案的重要手段，但传统的手工绘制或三维建模方式成本高、周期长。现在，利用 Stable Diffusion 模型，规划师可以快速生成高质量的效果图。首先，需要准备好训练数据，包括大量城市景观的图片和对应的文本描述。这些数据可以从已有的规划案例、设计竞赛、在线社区等渠道获取。其次，对 Stable Diffusion 模型进行微调，使其学会根据城市规划领域的专业术语和要求生成图像。在应用时，规划师只需输入简单的文本提示，如"现代风格商业区鸟瞰图，高楼林立，绿树成荫，车水马龙"，Stable Diffusion 模型即可自动生成相应的效果图。通过调整提示词、随机种子等参数，规划师还可以控制图像的构图、风格、细节等。通过重复生成多张图像，规划师即可获得丰富多样的设计方案，激发规划灵感。

2.3 利用 Stable Diffusion 模型生成城市规划平面图

城市规划平面图是表达规划设计内容的法定图件，包括总平面图、土地利用图、道路交通图等。利用 Stable Diffusion 模型，规划师可以半自动化生成规范的城市规划平面图。与效果图生成类似，这需要准备平面图的训练数据，包括大量的 CAD（计算机辅助设计）图纸及其分解的图层要素。在训练时，规划师需要对模型进行适当调整，使其学会图层要素的符号化表达和制图规则。在应用时，规划师可以输入"工业用地总平面图"等提示，并辅以更加结构化的信息，如"用地面积 50 hm²，容积率 1.5，绿地率 20%"等。模型可以根据这些信息，自动绘制出符合要求的平面图（图 3、图 4）。规划师再进行必要的后期编辑和审核，即可快速生成标准的规划图件。与手工绘图相比，这种方式可以显著提高图件的制作效率和一致性。

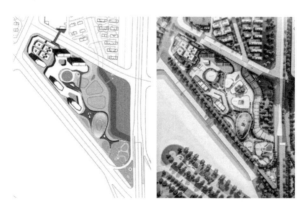

图 3　通过基础线稿生成平面图案例 1

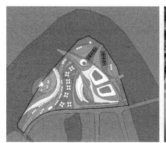

图 4　通过基础线稿生成平面图案例 2

2.4 其他 AI 辅助城市规划绘图应用

除了效果图和平面图，Stable Diffusion 模型还可以生成其他类型的城市规划绘图（图 5 至图 7）。如在城市设计中，可以利用 Stable Diffusion 模型生成街道立面图、景观漫游动画等，帮助规划师和公众更直观地感受城市空间环境；在历史街区保护中，可以利用 Stable Diffusion 模型从老照片中自动重建历史建筑和街景的三维模型，为城市修复和更新提供参考；在灾后重建规划中，可以利用 Stable Diffusion 模型快速生成灾损评估图、重建方案图等，为救灾决策提供图像依据。此外，Stable Diffusion 模型还可以与 VR（虚拟现实）、AR（增强现实）等技术结合，生成沉浸式的城市规划可视化场景。这些应用可以极大地拓展城市规划设计的表现力和想象力。

图 5　基于现状的历史街区立面改造方案

图 6　基于现状的民宿设计方案

图 7　基于三维模型的洪塘老街设计方案

3 AI 辅助城市规划的发展趋势与展望

3.1 技术进步与模型优化

随着 AI 技术的持续进步，其在城市规划方面的应用前景将更加广阔。未来，AI 模型的生成能力将进一步提升，可以创作出更加逼真、细腻、高清的城市图像。模型的控制能力也将更加精准，可以根据规划师的意图进行参数化调整，实现"所想即所得"。模型的泛化能力将不断增强，可以适应不同地区、不同时期、不同风格的城市设计任务。此外，AI 模型将与三维 GIS（地理信息系统）、BIM（建筑信息模型）等技术深度融合，实现 CIM（公共信息模型）的智能化构建和展示。这些技术的进步将为规划师提供更为强大的设计工具和创作平台。

3.2 与城市规划专业的深度融合

当前，AI 辅助设计在城市规划专业处于初步应用阶段，与传统规划流程和要求的适配性还有待加强。未来，AI 辅助设计将与城市规划专业实现深度融合。在数据准备阶段，可以与规划大数据平台对接，直接获取权威、标准的城市数据。在模型训练阶段，可以充分吸收规划师的专业知识和经验，提高 AI 生成内容的合规性和可用性。在应用实践中，可以与法定规划编制程序相衔接，形成可复制、可监管的 AI 辅助编制标准。在人才培养中，也要加强城市规划专业学生的 AI 素养教育，培养复合型、创新型的"AI＋规划"人才。只有实现与城市规划专业的深度融合，AI 辅助设计才能真正发挥出应有的价值和效用。

3.3 未来研究方向与挑战

未来，AI 辅助城市规划的研究和应用还面临诸多挑战。在技术方面，要进一步提升 AI 模型的生成质量和效率，探索更先进的网络结构和学习范式；要加强 AI 模型与城市规划知识的融合，赋予模型更多的常识性、逻辑性和创造性。在应用方面，要扩大 AI 辅助城市规划的场景覆盖范围，从总体规划、详细规划到城市设计，从方案生成、方案评估到成果表达，形成全流程的解决方案；要加强 AI 辅助设计与其他规划技术的协同，如与交通仿真、空间分析等模型进行联动，实现更全面、更精准的规划。在数据方面，要建立城市规划专属的图文数据集，提高数据的质量和丰富度；要从多源异构数据中学习城市规划知识，如规划文本、政策法规、设计案例等。在社会方面，要建立人机协同的伦理框架，确保 AI 辅助设计的过程公平、结果公正；要加强对 AI 生成内容的管理和监督，防范版权风险、秘密泄露等问题。

综上所述，AI 辅助城市规划是一个充满机遇和挑战的研究领域，它代表了城市规划与 AI 技术融合发展的趋势，对提升城市规划水平、支撑智慧城市建设具有重要意义。未来，规划学界和 AI 界还需要加强交叉融合、协同创新，共同推动这一领域的理论突破和实践应用，只有规划智慧与人工智能深度结合，才能描绘出未来城市的美好蓝图。

4 结语

本文探讨了 AI 技术在城市规划编制中的应用，重点分析了基于 Stable Diffusion 模型的效果图和平面图生成方法，总结了 AI 在实际规划项目中应用的经验和问题，并展望了未来的发展趋势和研究方向。

研究表明，AI 辅助绘图技术的出现，为城市规划设计的方案构思、方案评估、成果表达等环节提供了高效、智能的新途径，特别是 Stable Diffusion 等前沿的图像生成模型具有生成效果逼真、操作灵活多样的优势，受到规划师的关注和应用。在实际项目中应用 AI 工具，可以极大地提高设计效率，拓展设计创意，强化设计表现，有力支撑以人为本的精细化、多元化的城市规划编制要求。

但 AI 技术在城市规划中的应用还处于起步阶段，无论是在技术性能、流程适配还是在人才培养、伦理规范等方面都还存在不足，需要在后续的研究和实践中加以完善。未来，随着 AI 与城市规划专业的深度融合，AI 必将成为规划师的得力助手和创意伙伴，为塑造宜居、韧性、可持续的未来城市提供源源不断的智慧和动力。

尽快认识 AI 给城市规划带来的机遇和挑战，积极应对、主动求变，实现规划智慧与人工智能的"双智融合"，这是摆在每一位规划师和规划管理者面前的时代课题。要树立终身学习的理念，不断提高 AI 素养和专业能力；要坚持以人为本的价值追求，确保 AI 应用公平正义；要发扬创新精神，引领 AI 规划实践的变革创新。只有这样，城市规划才能在 AI 时代焕发蓬勃生机，为人类营造更加美好的城市家园。

［注释］

①AI：artificial intelligence，人工智能。

［参考文献］

［1］《城市规划学刊》编辑部. 新一代人工智能赋能城市规划：机遇与挑战［J］. 城市规划学刊，2023（4）：1-11.

［2］肖哲涛，寿新民，杨赟澎，等. 创新城市：AI 带给城市规划的巨大变化［J］. 中外建筑，2024（1）：16-20.

［3］郭兴海，庞晓静，邹俊燕，等. 基于 AI＋BIM 的快速建模在智慧城市领域场景应用［J］. 邮电设计技术，2022（11）：79-85.

［4］王梓茜，武凤文，程宸，等. 城市规划领域气象大数据分析技术研究［J］. 城市发展研究，2020，27（11）：16-21.

［作者简介］

蔡赞吉，高级工程师，就职于宁波市规划设计研究院。

卢学兵，工程师，就职于宁波市规划设计研究院。

徐沙，工程师，就职于宁波市规划设计研究院。

新技术背景下国土空间规划实施监测网络的建设路径思考

□王存颂，丁叶

摘要：以人工智能技术为代表的第四次科技革命正深刻改变着人类社会的生产、生活方式。在国土空间规划领域，数字化、智能化思维与技术也正在全面重构国土空间规划编制、实施和管理，国土空间规划实施监测网络建设成为规划走向智能化、自动化的关键工作。本文通过总结国土空间规划实施监测网络的内涵和核心技术挑战，以及人工智能技术发展的主要成果，提出了能应用在国土空间规划实施监测网络建设领域的相关技术方向，包括数据湖存储、空间自动识别与提取、综合评估大模型、动态实时和过程模拟的预警反馈等技术，并对国土空间规划实施监测网络建设路径展开探讨。

关键词：国土空间规划；实施监测网络；人工智能

0 引言

自 2018 年自然资源部成立以来，建立融合主体功能区规划、土地利用规划、城乡规划等空间规划"多规合一"的国土空间规划体系便成为国家规划体系重构的主要议题。随着国土空间规划体系重构过程的不断深入和推广，国土空间规划事业呈现挑战与机遇并存的局面：一方面，它需要应对管理业务条线复杂、数据类型多样融合治理难度大、多主体空间协同治理能力薄弱等诸多挑战；另一方面，在国家倡导"数字中国"建设和人工智能技术大发展的时代背景下，利用物联感知、遥感识别、人工智能大模型等新技术提升国土空间规划数字化治理水平成为行业内新的发展机遇。2023 年 9 月，自然资源部印发《全国国土空间规划实施监测网络建设工作方案（2023—2027 年）》，提出以数字化、网络化支撑实现国土空间规划全生命周期管理智能化。如何利用大模型、图像识别等人工智能技术，构建一个上下联通、业务协同、数据共享的全国国土空间规划实施监测网络，成为当前国土空间规划实施监督体系建设的重要任务，也是国土空间规划编制、管理与实施等环节急需解决的问题。

1 相关研究进展

关于规划领域的实施监测研究最早起源于国外，其中最具代表性的是伦敦在 1999 年《大伦敦政府法案》中明确规定，年度监测报告是伦敦城市规划实施监测和评估伦敦规划合理性、有效性的核心工作。此后，以规划监测指标体系、规划监测平台、规划监测报告为主要内容的规划实施监测体系逐步从英国走向德国、法国等欧洲国家，并于 2002 年成立欧洲空间观测网络。该网络通过对欧洲各国的地域多样性特征和空间联系度、开展各层级国土合作的需求进行综合分析，提出加强欧盟各国国土合作的指导性政策，极大地缓解了欧洲各国国土割裂开发的状况。

根据中国规划体系的演变进程，国内的规划实施监测研究可分为三大阶段，即城市规划实施评估阶段、国土空间规划实施监测阶段和国土空间规划实施监测网络阶段。在城市规划实施评估阶段，"重编制、轻评估"的问题一直比较突出。随着研究深入展开，规划实施评估工作在机制构建、技术方法、指标体系方面取得了很大提升，逐渐成为新一轮规划编制和反馈工作的重要内容，但依然存在规划局部评估或单要素评估的问题。21 世纪初，进入国土空间规划实施监测阶段后，国内关于其基本内涵、工作内容、总体架构、技术体系的研究逐渐增多。张晓明在总结原土地利用规划、城乡规划、主体功能区规划的实施监督机制的基础上，提出实施监督体系建设的总体目标和方向。还有学者从省级、市级、县级等单层级的角度提出了国土空间规划实施监督体系的保障机制、传导路径、指标体系等内容，"指标构建、数据融合、计算监测、预警反馈"是国土空间规划实施监测网络核心内容的共识逐渐形成。同时，监测指标体系不统一、多源数据获取融合程度低、新技术综合分析能力差等问题也逐渐暴露。近年来，行业提出了"国土空间规划实施监测网络"（CSPON）的概念，学者们意识到国土空间规划管理工作必须顺应新时代发展趋势，借助大数据、人工智能、云计算等技术向全过程的智慧化转变。这种转变主要包括规划监测方式从静态监测转向以动态监测为主，监测内容从局部、单要素转向"五级三类"全过程、全要素的覆盖，监测技术也更强调多元化、智能化、自动化。一些学者开始从理论研究转向技术实施层面，提出覆盖国土空间规划"监测—评估—预警"业务全生命周期的应用模型体系，并从省、市、县多级联动的角度研究国土空间规划实施监督信息系统建设的详细技术解决方案。可以预见的是，国土空间规划实施监测网络的建设工作将在很长一段时间内成为国土空间规划走向智能化、数字化的重要抓手和关键点。

当下关于国土空间规划实施监测的研究与实践成果已比较丰富，但尚有不足：一是在理论认知层面，学术界对"国土空间规划实施监测网络"这一新概念的基本内涵、核心内容、技术挑战还缺乏统一的认识和定义；二是在研究切入点方面，当前研究成果主要集中在多层级传导体系、复杂指标构建、总体技术架构等系统理论层面，对如何利用新技术解决国土空间规划实施监测的实际建设问题还缺乏系统的研究和明确的解决方案；三是随着人工智能技术的迅猛发展，技术自身的发展成果会对国土空间规划实施监测网络的未来发展产生深远影响，这在当前研究成果中涉及很少，利用人工智能技术服务国土空间规划实施监测网络建设工作的技术探索路径尚不明确。为此，本文在总结人工智能技术发展成果的基础上，从技术实施角度分析国土空间规划实施监测的基本内涵、主要挑战、技术体系、技术应用方向等问题，以期促进国土空间规划实施监测网络向人工智能化方向进一步发展。

2 国土空间规划实施监测网络的内涵解读

2.1 基本内涵

目前，对国土空间规划实施监测网络的基本内涵尚未有明确的定义。从自然资源部相关政策文件和国内相关研究成果来看，可将其定义为以"五级三类"国土空间规划体系成果为基础，系统运用人工智能、物联网、云计算等新技术，以数据融合、指标构建、监测计算、预警评估为核心功能，实现国土空间规划的编制、审批、实施、监督、评估、预警等各环节横向打通，并经国家、省级、市级、县级、乡镇纵向传导的国土空间规划决策智慧化管理平台。

2.2 总体思路与框架设计

"数据驱动、算法为核、人工智能辅助决策"是数字化赋能国土空间规划实施监测网络建设的基本思路。本文按照国土空间规划实施监测网络的基本内涵，提出国土空间规划实施监测网络的总体框架（图1），主要包括监测指标构建、数据融合集成、监测模型计算、综合分析预警四大功能。第一，监测指标构建的目标是按照"五级三类"国土空间规划成果建设一个国土空间规划全生命周期管理的监测指标体系库，主要是围绕国土空间规划成果中各类规划要素和内容体系展开数字化转译，将规划成果转换成可计算的国土空间规划要素谱系（指标型、名录型、边界型及范围型），再从空间规划层级和实施管理环节的角度，将国土空间规划要素谱系转换为底线型、结构型、品质型的规划实施监测要素体系。第二，数据融合集成即按照确定的规划实施监测要素体系确定数据融合的主要内容，如自然资源调查、社会经济调查、遥感监测数据、开放大数据、地理国情监测等内容。同时，所收集的数据需要通过数据质量检查体系的筛选和清洗，以确保数据质量。第三，监测模型计算即根据构建的监测指标体系和参与计算的数据内容，开展空间结构、公共服务、资源环境、底线管控、历史文化等规划细分领域的模型计算，其目标是自动、及时掌握国土空间的变化情况并及时处置。第四，综合分析预警即对国土空间规划用地与空间布局、规划一致性、实时监测、常态体检评估等内容展开综合分析、预警与决策，包括开展预警评价、划分预警等级、采取配套措施等环节，并将结果进行可视化与反馈，形成不同的监测、评估、预警功能，辅助空间规划和自然资源的管理决策，指导国土空间规划成果的动态化落地实施。

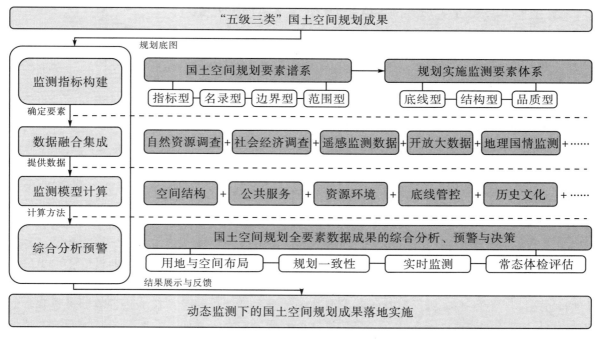

图 1　国土空间规划实施监测网络的总体框架

2.3 核心问题与技术挑战

2.3.1 数据来源多样、类型复杂，融合技术与标准不成熟

国土空间规划实施监测网络的数据要素极其庞杂。在数据类型上包括地理测绘数据，以及国土空间调查、空间规划与用途管制、生态修复等数据，不仅有传统的点、线、面等矢量数据类型，还有实时传感器数据、影像栅格数据。同时，其数据来源还可能包括人口社会、交通运输、产业经济、生态环境、城市建设等其他城市管理领域的专题数据和社会开放大数据。目前的数据融合技术往往采用传统的图层式数据集管理模式，相关数据质量标准不统一，各类型数据一般以分区存储和独立计算的方式存在，各级、各类规划管控要素缺乏数字化传导，难以适应多中心、开放式、群落式等新的国土空间治理思维下高频调用、灵活使用、动态计算的数据融合要求。

2.3.2 空间计算模型整合难度大，自动智能化程度低

据统计，仅一个大型城市开展国土空间多层级评估预警工作就需要近 1000 项指标和众多计算模型参与其中，可见国土空间规划实施监测网络在计算模型方面的整合难度和复杂程度之高。同时，模型计算还需要考虑指标预警、空间预警、用途功能预警、程序预警等不同的预警类型和不同等级管理部门的具体要求。此外，由于大部分计算模型采用的是单要素设计，计算结果独立存储，其反馈往往不能与规划编制实施环节相互关联，可以说，现有的空间计算模型的研发工作还处在局部、单要素、相对独立、机械化的初级发展阶段，还没有实现对总体规划、专项规划、详细规划等规划成果的自动化、智能化计算及评估预警。

3 国土空间规划实施监测网络的新技术应用构想

当前，各种大数据资源为模型预训练提供了海量的训练数据集，随着 GAN（全域网）等多元算法和 transformer 数据结构逐渐成熟及通用模型的深入发展，人工智能已进入了"大规模深度学习"的发展阶段。基于这一系列的技术发展成果，明确提出一个服务于国土空间规划实施监测核心环节的新技术发展体系成为支撑空间监测走向自动化、智能化的关键内容。国土空间规划实施监测网络的新技术应用构想具体包括以下 4 个方向。

3.1 实现多源异构数据兼容汇集的数据湖存储技术

面对国土空间规划过程中矢量、栅格、多层级、多类型的多源异构数据，一种集中存储、灵活调用、无缝集成的数据存储技术显得格外重要，是构建国土空间规划实施监测网络的数据基石。在人工智能、云计算、大数据等新技术环境下，数据湖存储技术应运而生。它是一个集中式存储库，在不对数据进行结构化处理的情况下，可以任意规模存储所有结构化和非结构化数据（图 2），实现可视化、大数据处理、实时分析等不同类型的功能，以辅助人们作出更好的决策。数据湖的优势明显：一方面，它可以使用户存储任意规模、任意类型、任意产生速度的数据，并且可以跨平台、跨语言对所有类型进行分析和处理；同时，它消除了数据采集和存储的复杂性，支持批处理、流式计算、交互式分析等场景。另一方面，数据湖能与现有的数据管理和治理并存，与现有的业务数据库和数据仓库无缝集成，帮助扩展现有的数据应用，保证数据的一致性、可管理性和安全性。通过数据湖存储技术对现状数据、规划数据、管理数据和社会经济数据进行自动化收集、整理和处理，可实现国土空间规划多源异构数据的实时接入、兼容存储功能，构建一个连接国家、省（区）、市、县（乡）各级平台数据库的国土空间数据湖，

保障进入数据湖的数据资源可计算、可调用、可分享和安全，从技术底层的角度彻底解决国土空间规划多源异构数据智能自动化水平低、共享难、接入难的难题。

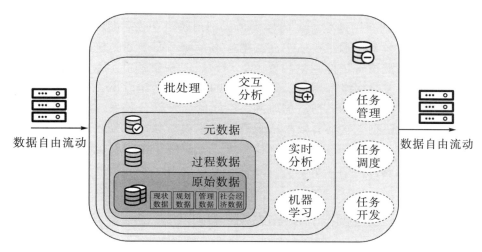

图2　数据湖存储技术的核心能力

首先，按照现状数据、规划数据、管理数据和社会经济数据分类制订数据要素清单，形成完善的国土空间全要素数据库。其中，现状数据包括基础地理信息、国土调查测绘、城市建设建筑信息等内容，规划数据包括国土空间系列规划成果的数字化转译结果，管理数据主要是规划及其他上下游、交叉管理部门的行政管理数据，社会经济数据主要包括人口社会、产业经济、交通物流等全域城市状态与运营信息。其次，研究全国范围内统一、通用的数据融合标准和数据转换机制，保证不同城市、不同区域、不同来源的数据融合后具备交付、连接、共享的功能，并形成有效的闭环回馈和动态更新机制，为各层面、各类型信息数据的汇交转换、空间叠加、统计分析、模拟计算功能做足准备。

3.2　监测数据的空间自动识别与提取技术

基于人工神经网络、支持向量机、决策树等计算机分类器技术，以全国范围内的遥感影像、地理信息等图像监测数据作为样本，展开监测数据空间自动识别模型的训练，将遥感影像等栅格数据识别、提取成带有空间类型、状态、开发强度等属性的矢量数据，并存储到数据湖中参与深度计算（图3）。该技术可广泛应用于土地利用空间现状识别、城市形态与边界研究、规划与实施建设进程比对、城市用地布局优化等场景，提升国土空间规划的智慧监测综合能力。

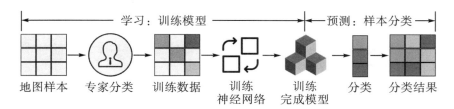

图3　空间自动识别与提取技术

3.3　面向空间要素的综合评估大模型技术

随着新城市科学研究理论的逐渐普及，人们对于城市发展与建设规律的研究增多，并逐渐开发出公共基础设施评估、用地效能、职住平衡、城市防洪防涝等规划空间单要素计算模型。同时，由于人工智能大模型技术主要集中在文本生成领域，而规划的核心对象是空间，因此很有必要将人工智能大模型技术延伸到空间要素处理领域，综合运用元胞自动机、深度学习、空间句法、系统动力学、复杂网络等算法，集成已有的城市发展建设相关单要素模型，从人本角度出发，建立"人、事、地、物、情"与时间、空间的二维耦合关系，从而构建一个面向空间要素的综合评估预警大模型。这将有效解决现有单要素模型独立、分散运算的技术弊端，提升评估预警工作的科学性和综合分析能力。该技术可广泛应用于城市安全韧性与排水防涝、公共服务设施及市政设施承载力评估、城市双碳计算、人口规模预测、城市规划成果智能审批与评估等场景。

3.4　走向动态实时、过程模拟的预警反馈技术

当前的规划预警反馈技术仍然以静态、结果模拟为主，无法满足国土空间规划实施监测网络"动态化、全过程"的新要求。在新的发展趋势下，新技术推动预警反馈技术走向动态实时、过程模拟。一方面，从国土空间规划的实施管理全生命周期出发，按照现状问题、规划传导、趋势演变三个监测类型，研究构建面向项目策划、规划咨询、土地变更、规划审批、规划实施、工程建设、运营等多个环节全覆盖的实时预警技术体系，具体可包括项目策划过程中的空间矛盾实时监测、土地变更管理过程中土地供应过程监管和土地督查，以及规划成果编制阶段的三线管控、规划传导一致性的智能诊断、城市体检与健康度等内容，实现国土空间的动态、实时可视化管理。另一方面，研究面向城市发展建设过程模拟的预警技术，在多源异构数据兼容汇集和人工智能、深度学习技术普遍应用的基础上，进一步研发预警决策模型的快速构建技术，同时要结合各城市发展特征和特色要求，在动态、实时的数据驱动下实现空间综合评估大模型参数的自动调整优化。这主要包括评估预警模型自动构建组合技术、国土空间数据湖实时动态运算技术、模型计算规则智能学习技术、模型参数自动调整优化技术等。

4　结语

建立全国范围内的国土空间规划监测系统是一项长期、全面、创新的复杂系统工程，也是国土空间规划行业走向真正的智能化、自动化的必然选择。在明确国土空间规划监测系统基本内涵的基础上，要清醒认识到其建设过程中面临的核心技术挑战，尤其是人工智能新技术的出现势必影响其建设路径和实现方式。其中，新技术主要包括基础数据存储技术和人工智能技术两大方面。通过数据湖存储技术，可有效解决数据融合问题，而人工智能技术在监测数据的自动识别提取和综合预警大模型构建方面将有很大的发展空间。这两个方向的技术突破，将会决定国土空间规划实施监测网络的建设进程和技术质量。

值得注意的是，在国土空间规划实施监测网络的建设过程中还需要对工作机制、数据安全、技术使用方式等方面进行进一步完善。首先，建立上下级协同的数据融合和技术共享工作机制，促进各级管理部门的技术整合、数据融合进程；其次，要严格遵守数据安全底线，通过先进的数据防护技术保护数据安全，确保数据不外泄、不丢失，也要警惕各部门间的数据壁垒；最后，还要在使用人工智能技术时一贯坚持"技术向善、以人为本"的基本原则，保证人工智能技术

的正义性。只有这样，国土空间规划实施监测网络的建设才能健康发展，从而推动国土空间规划的数字化、智能化转型。

［参考文献］

[1] 邹伟. 伦敦规划监测逻辑、实施路径及经验启示 [C] //中国城市规划学会. 面向高质量的空间治理：2020 中国城市规划学会论文集. 北京：中国建筑工业出版社，2020.

[2] 张丽君，李树枝，戈晚晴，等. 欧洲国土评述：欧洲未来国土合作（上）[J]. 国土资源情报，2020（3）：3-10.

[3] 游建标，胡兆平. 国土空间规划体系下的动态监测评估系统关键技术研究 [J]. 北京测绘，2022，36（9）：1209-1214.

[4] 罗名海. 国土空间监测的基本原理与主要内容 [J]. 地理空间信息，2023，21（6）：1-6.

[5] 张晓明. 国土空间规划实施监督体系建设思路 [J]. 中国土地，2022（10）：36-39.

[6] 曾晶晶，姜代炜，唐敏，等. 全生命周期国土空间规划实施监督系统构建：以南宁市为例 [J]. 自然资源信息化，2023（6）：38-43.

[7] 黄莉芸，张秋仪，杨迪，等. 省级国土空间规划运行逻辑与实施机制研究：基于福建省实践的解析 [J]. 规划师，2023，39（9）：23-31.

[8] 周艺霖，邱凯付，刘菁. 治理体系现代化视角下省级国土空间规划实施监督体系研究 [J]. 规划师，2022，38（8）：45-51.

[9] 詹美旭，李飞，董博，等. 市级国土空间规划实施与运行机制研究 [J]. 规划师，2023，39（9）：32-39.

[10] 田朝晖，唐萍，程潇菁. 省级国土空间规划监测评估预警机制框架建构与运用：以湖南省为例 [J]. 国土资源导刊，2023，20（3）：54-60.

[11] 欧阳鹏，刘希宇，郑筱津. 整体性治理视角下市县国土空间总体规划实施机制研究 [J]. 规划师，2023，39（9）：1-8.

[12] 李莉，张建平，杨冀红. 国土空间规划实施监测总体思路与关键技术研究的思考 [J]. 地理信息世界，2022，29（5）：49-53，60.

[13] 党安荣，田颖，李娟，等. 中国智慧国土空间规划管理发展进程与展望 [J]. 科技导报，2022，40（13）：75-85.

[14] 钟镇涛，张鸿辉，刘耿，等. 面向国土空间规划实施监督的监测评估预警模型体系研究 [J]. 自然资源学报，2022，37（11）：2946-2960.

[15] 曾元武，史京文，罗宏明，等. 省市县三级联动国土空间规划实施监督信息系统建设研究：以广东省为例 [J]. 测绘通报，2022（4）：145-148.

［作者简介］

王存颂，工程师，就职于武汉设计咨询集团武汉城市仿真科技有限公司。

丁叶，工程师，就职于广州市城市规划勘测设计研究院有限公司。

基于人工智能的公共安全模型研究与应用

——以珠海规划科创中心大厦为例

□张志翱，赵自力，张秀鹏

摘要：人工智能在公共安全领域拥有众多适用场景，建筑安全性评估是公共安全的重要组成部分，紧急疏散仿真模拟是对建筑性能化评估的重要手段。本文基于人工智能 agent 的疏散仿真原理及 steering 行为理论，利用计算机图形仿真和游戏角色领域的仿真技术来模拟建筑物内部房间、门、楼梯、出口、办公室人员，从仿真模型的疏散模式选择、参数设置及疏散时序分析入手，计算房间、楼层以及整栋楼的可用疏散时间和必需疏散时间，从而判定疏散模型的可靠性。为了使模拟结果更加科学、可靠，本文设立了 3 种不同模式的模拟情景，分别为全楼梯模式、全电梯模式及以楼梯为主、电梯为辅的模式。

关键词：人工智能；agent；steering；公共安全；仿真模拟

0 引言

公共安全是现阶段城市治理的重要内容之一。人工智能作为近年来逐渐成熟的一种新型应用技术，在社会公共安全领域得到了广泛的应用，并且产生了很好的效果。人工智能是研究、开发用于模拟、延伸和扩展人的智能的理论、方法、技术及应用系统的一门技术。人工智能在公共安全领域拥有众多适用场景，而建筑安全性评估是公共安全的重要组成部分。1980 年后，学者开始构建疏散模型来模拟建筑中的人员疏散行为，其中使用比较广泛的疏散模型有元胞自动机模型和格子气模型。本研究基于人工智能 agent 的疏散仿真原理及 steering 行为理论来建模，进而模拟出突发情况下人员紧急疏散的情形，并对每个楼层的房间疏散、楼层疏散和到达出口的疏散过程进行仿真模拟，模拟出每个个体在灾难发生时的逃生路径和逃生时间，并将模拟结果与业界标准进行比对，以确定该疏散模型的可靠性。最终针对模型模拟结果进行高层建筑物性能化设计的安全风险性评估，并对存在安全隐患的区域提出整改方案和建议。因此，该研究具有重要的现实意义。

1 模型建立

1.1 模型仿真原理

人工智能主要是基于深度神经网络和卷积神经网络等深度学习算法，通过归纳、综合等方法实现一定程度上的智能计算。本研究基于人工智能 agent 的疏散仿真原理及 steering 行为理论对行人的运动进行建模，模型主要由图形用户界面、仿真器和 3D 结果显示器 3 个模块构成。steering 模式通过路径规划、指导机制与碰撞处理相结合的手段来控制行人运动，当人员之间的距离和最近点的路径超过某一阈值的时候，算法就会产生新的计算路径来改变行人的行走轨迹。在 steering 模式下的出口不会限制人群流动，疏散个体与疏散个体之间会保持一个合理的间距。通过计算机图形仿真和游戏角色领域的仿真技术，对多个群体中的每个个体运动都进行图形化的虚拟演练。首先，为了提高模型的通透性和可见性，以便观察人员逃生路线，先将模型中所有外墙等结构删除，只留下内部平面结构。然后通过拾取相应的房间，并根据模型具体位置布置相应的门、电梯、楼梯，形成人员智能疏散模型。最后对模型相关参数进行设置，比如行人的性别、身高、步行速度、楼层面积、房间面积等。模型中的行走速度由每个房间的人群密度决定，通过出口的人流量则由出口宽度决定。

1.2 模型计算方法

首先分析人员需求，设置具有物理场景的环境，然后确定整体建模结构和人员行为，最后基于 agent 系统进行仿真建模。人员疏散的过程与探测、警报措施、人员逃生行为特性等因素密切相关。必需疏散时间按报警时间、人员的疏散预动时间及人员从开始疏散至到达安全地点的行动时间之和计算：

$$t_{\mathrm{RSET}} = t_1 + t_2 + t_3 \tag{1}$$

式中，t_{RSET} 为人员必需疏散时间；t_1 为探测报警时间，指建筑物内探测报警到人员发现所需要的时间；t_2 为人员响应时间，指人员听到报警器警报或发现危险信号，意识到事故威胁后人员开始进行疏散的时间；t_3 为人员疏散行动时间，指从疏散开始到建筑物内所有人员疏散到安全区域所用的时间。

$$t_1 = \frac{DRI}{\sqrt{\mu_{\max}}} \ln\left(\frac{t_{\max} - t_0}{t_{\max} - t}\right) \tag{2}$$

式中，DRI 为探测器响应指数；$\mu_{\max} = 0.197Q^{1/3} H^{1/2} h^{5/6}$（$h > 0.15H$），$\mu_{\max} = 0.946 (Q/H)^{1/3}$（$h \leqslant 0.15H$），其中 Q 为火焰的热释放速率，H 为楼层高度，h 为探测器距屋顶的高度；$t_{\max}$ 为火灾完全燃烧时的最高温度；t_0 为环境初始温度；t 为火灾发生的初始温度。

$$t_2 = 120 + \sqrt{S_0} + 0.4H \tag{3}$$

式中，S_0 为楼层面积，H 为楼层高度。

$$t_3 = \mathrm{k} \times (t_{\mathrm{m}} + t_{\mathrm{n}}) \tag{4}$$

$$t_{\mathrm{m}} = S/v \tag{5}$$

$$t_{\mathrm{n}} = P/(D \times v \times W) \tag{6}$$

式中，k 为安全系数，模型设定为 k=1.5；t_{m} 为行走到安全出口的时间；t_{n} 为人流通过出口或通道的时间；S 为人员从初始位置行走至疏散安全出口的距离；v 为人员的行走速度；P 为在出口或通道外排队通过的总人数；D 为出口或通道外排队人员单位面积上的人员密度；W 为出口或通道最窄处的有效宽度。

根据 Marchant 提出的避难理论，可计算出当灾难发生时人员紧急疏散时间（图 1）。模型设计探测报警装置的反应时间由 NIST 开发的软件工具 DETACT - QS 模块计算得出，t_1 约为 60 s；人员响应时间包括识别时间和反应时间，即灾难识别后到人员疏散行动开始之前的响应时间，参照相应的研究计算得出 t_2 为 120 s；人员疏散行动时间指建筑物内的人员从疏散行动开始至疏散结束所需要的时间，包含行走时间和通过出口的时间两部分。t_m 为疏散人员反应后采取紧急行动所需要的时间；t_n 为疏散人员从建筑物中撤离出去到达安全区域所需要的时间；可用疏散时间（t_{ASET}）为可用来安全逃生的时间，又称"避难允许时间"。

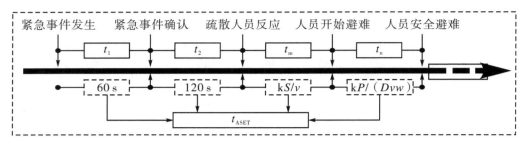

图 1　人员紧急疏散时间的计算

1.3　模型基本结构

该模型结构主要包括建筑基本情况设定、疏散人员分布情况设定、疏散人员特性情况设定、楼梯间情况设定、电梯间情况设定。首先计算时间 $t=0$ 至下一个时间间隔所需的疏散时间和疏散人员数量，然后判断到达安全指定地点人数是否与疏散初始的总人数相等，判断疏散人员的可用疏散时间是否大于必需疏散时间。评估之后，判定是否需要对该设计方案进行调整。如果设计方案满足所有人员安全疏散的需求，则输出模拟结果（图 2）。

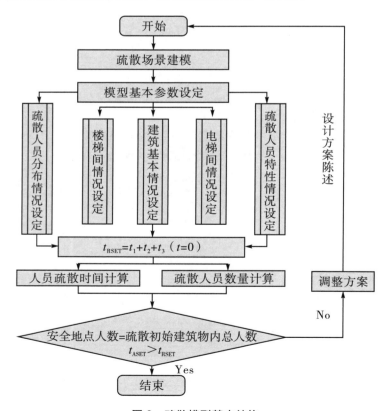

图 2　疏散模型基本结构

1.4 模型参数设定

考虑到人在应急状态下的行为习惯，以及拥堵是影响疏散时间的重要因素，本文基于 steering 模式及 SFPE 行为基本理论，以流量为基础，行人将沿着规划好的路径向出口方向前进。如果在紧急疏散过程中行人的移动受到周围环境和其他行人的影响，行人会自动转移到最近的出口，从而重新规划路线，但是列队必须符合 SFPE 假设。首先建立建筑物 3D 空间仿真模型，然后设置每一位疏散人员的各种约束参数，主要包括人员数量、人员身高、人员肩宽、人员密度、人员与最近出口的距离、楼层面积、房屋面积、行走速度、出口或通道最窄处的有效宽度、电梯数量等，其中疏散人数的计算可参照《建筑防火设计规范》（GB 50016—2014，2019 年修订版），最后生成紧急疏散人员逃生路径和时间。

2 实证分析

2.1 疏散场景简介

珠海规划科创中心大厦定位为规划、工程设计咨询新兴产业项目，工作时间人口密度较高，比较具有代表性。本研究选取珠海规划科创中心大厦办公大楼进行实证分析，具有重要的研究意义。珠海规划科创中心大厦设计原型共 25 层，其中地下 2 层，地上 23 层，楼层高度 3.5～6.6 m，总高度 99.2 m，B1～B2 层、F1.5～F5 层为停车场，F6～F22 层以办公区为主，辅以少量会展、餐饮和休闲区域。模型中建筑物以建筑设计图为基础，为了提高模型的通透性和可见性，方便观察人员逃生路线，将外墙等结构删除，只保留内部平面结构，并根据模型具体位置布置相应的门、电梯、楼梯。该模型选择 F14～F22 层进行模拟，模拟总人数为 600 人，其中男性员工 375 人，占总人数的 62.5%（表 1）。

表 1　大楼的具体功能及人员分布情况

楼层	部门	楼层面积/m²	现有人数		规划人数
			男性	女性	
14 层	水务分院	2550.94	45	16	63
15 层	市政分院（一）	2414.68	37	8	45
	工程技术中心		9	3	72
16 层	市政分院（二）	2397.62	42	8	50
	园林分院		21	14	63
17 层	建筑分院（一）	2414.68	31	14	45
	项目管理中心				47
18 层	建筑分院（二）	2397.62	32	15	50
	交通分院		36	10	63
19 层	规划分院（一）	2414.68	21	30	45
	政研中心		13	11	47

续表

| 楼层 | 部门 | 楼层面积/m² | 现有人数 | | 规划人数 |
			男性	女性	
20 层	规划分院（二）	2384.62	21	29	50
	信息中心		9	6	51
21 层	生产管理部	2456.94	4	13	23
	人力资源部		0	9	15
	总工办		10	9	20
22 层	综合部	2370.19	7	5	31
	财务室		3	5	15
	院党委		1	2	4
	院领导		4	0	4

2.2　构建仿真模型

结合珠海规划科创中心大厦 CAD 平面规划图，采用 steering 模式建立应急疏散仿真模拟 3D 模型。为了提高模型的通透性和可见性，方便观察人员逃生路线，将模型中所有外墙等结构删除，只留下内部平面结构图。通过拾取相应的房间，并根据模型具体位置布置相应的门、电梯、楼梯，形成人员智能疏散仿真模型。

2.3　模型参数设置

通常情况下，人员疏散速度随人员密度的变化而变化，人员密度越大，人员疏散速度越缓慢；反之，人员密度越小，人员疏散速度越快。国外研究资料表明，一般当人员密度小于 0.54 人/米² 时，人群在水平地面上的行进速度可达 70 m/min，并且不会发生拥挤，下楼梯的速度可达 48～63 m/min。相反，当人员密度大于 3.8 人/米² 时，人群将非常拥挤且基本上无法移动。一般认为，在 0.5～3.5 人/米² 的范围内可以将人员密度和疏散速度的关系描述成直线关系。

电梯在正常使用的情况下，可作为紧急疏散逃生的主要工具。电梯的参数可参照蒂森克虏伯电梯 meta200 型号来设置，最大运行速度 3 m/s，最大提升高度 150 m，最大载重 1600 kg，电梯最大运输人数约 21 人，最大加速度 1.2 m/s²，电梯开门、关门时间最多 7 s。人员身体宽度将影响其舒适距离，并依据《中国成年人人体尺寸》来设置（表 2）。

表 2　人员参数设定

性别	平均速度/m·s⁻¹	速度分布阈值/m·s⁻¹	身体宽度/cm	身体高度/cm
男	1.35	正态分布，[1.15，1.55]	45.58	167.10
女	1.15	正态分布，[0.95，1.35]	44.58	155.80

2.4　仿真模拟过程

根据给定条件，各楼层的模拟人数结合现有各部门人数统计数据设置，其中各楼层撤离办公室房间人数、撤离速度和时间都可以根据模型得出。为了使模拟结果更加科学、可靠，本研究设立了 3 种不同情景模式，分别为全楼梯模式、全电梯模式及以楼梯为主、电梯为辅的模式。3 种模式在疏散过程中都遵循"快即是慢"效应，即应急疏散人数随时间的推移不断增加，疏散初期速度较快，疏散后期速度相对缓慢。建好模型后，通过计算机图形仿真和游戏角色领域的仿真技术，对多个群体中的每个个体运动都进行图形化的虚拟演练。除了分析人员逃生时间，还可以根据人员实时分布热力图分析逃生通道的瓶颈，帮助设计师提高建筑安全性能的意识。

2.5 不同情景模式比较分析

在应急疏散过程中，传统疏散方法是在无法保证电梯安全的情况下，人员紧急疏散只能使用楼梯进行疏散而不能使用电梯，因此采用全楼梯模式是人员顺利疏散的最低保障。然而，电梯作为建筑垂直交通的主要工具，对于处在中高层的人员来说，也是其主要逃生工具之一。在模拟全楼梯模式、全电梯模式及以楼梯为主、电梯为辅的模式之后，分别计算出这三种不同情景模式下应急疏散人员的必需疏散时间。最后将仿真结果与业界标准进行比对，以确定该疏散模型的可靠性。如果人员的可用疏散时间大于必需疏散时间，则建筑设计方案可行，否则需对该建筑设计方案进行调整，直至其满足所有人员安全疏散为止（表 3）。

表 3　3 种不同情景模式的疏散时间

模式类型	t_1/s	t_2/s	t_3/s	t_{RSET}/min	t_{ASET}/min
全楼梯模式	60	120	666.5	14.11	(24, 48)
全电梯模式	60	120	569.5	12.49	(24, 48)
以楼梯为主、电梯为辅的模式	60	120	462.5	10.71	(24, 48)

通过分析可得，全楼梯模式用时 14.11 min，全电梯模式用时 12.49 min，以楼梯为主、电梯为辅的模式用时 10.71 min。一般情况下，紧急疏散会优先选择全楼梯模式，在无法保证电梯安全的情况下，人员不能使用电梯而只能使用楼梯进行疏散，并且在发生紧急情况下，人员的第一反应是选择离自己最近的楼梯口作为第一逃生出口；从疏散人员的行为特征来看，人员在选择乘坐电梯时表现出明显的从众心理，很少有人会选择乘坐无人排队的电梯，因此在应急避难疏散过程中人员等候乘坐电梯是影响疏散时间的主要因素。此外，人员拥堵、滞留及楼梯中的回转设计也是影响疏散时间的关键因素。

3 结论与建议

基于 agent 技术及 steering 模式的疏散仿真模型较为客观、真实地反映疏散人群的疏散行为，但是人员在疏散过程中具有不确定性因素，人员能否井然有序地疏散与人员自身条件、紧张心理、疏散方式及应急救援情况等有关。因此，人员在选择楼梯口或乘坐电梯逃跑时表现出明显的从众心理。在实际过程中，通过定期模拟紧急疏散演练，可以减少人员对灾难的恐惧，进而使人员在发生灾难时有序逃生，大大缩短疏散时间。

在应急疏散过程中，疏散人员会选择离自己最近的楼梯口作为第一逃生出口，并且楼梯间及楼梯回转处最容易导致人员拥堵，因此减少不同楼层间人员在楼梯口聚集，可以大大提高疏散速率。如给每一个楼梯间配备监控系统，让控制室指挥人员实时动态监测，将已完成或即将完成疏散的楼梯间对其他楼层开放，使得还在等待的人员获得新的逃生路径，这可在一定程度上提升疏散效率。

在一定层高下，以楼梯为主、电梯为辅的模式与全楼梯或全电梯模式相比更加节省时间。因此，在实际灾难逃生中，如果能够保证电梯能安全使用，选择以楼梯为主、电梯为辅的模式将大大提高中高层建筑人员的逃生效率。

［参考文献］

[1] 史蒂芬·卢奇，丹尼·科佩克. 人工智能：第 2 版［M］. 林赐，译. 北京：人民邮电出版社，2018.

[2] FANG Z M，SONG W G，ZHANG J，et al. Experiment and modeling of exit‐selecting behaviors during a building evacuation［J］. Physica A. Statistical Mechanics and its Applications，2010，389（4）：815-824.

[3] ALIZADEH R. A dynamic cellular automaton model for evacuation process with obstacles［J］. Safety Science，2011，49（2）：315-323.

[4] FUKAMACHI M，NAGATANI T. Sidle effect on pedestrian counter flow［J］. Physica A. Statistical Mechanics and its Applications，2007，377（1）：269-278.

[5] 党会森，赵宇宁. 基于 Pathfinder 的人员疏散仿真［J］. 中国公共安全（学术版），2011，25（4）：46-49.

[6] 黄丽丽，朱国庆，张国维，等. 地下商业建筑人员疏散时间理论计算与软件模拟分析［J］. 中国安全生产科学技术，2011，8（2）：69-73.

[7] 赵建强. 生成式人工智能安全风险与治理［J］. 中国安防，2023（12）：77-81.

[8] 王皓，潘昱杉，潘毅. 生成式人工智能大模型赋能的元宇宙生命体：前瞻和挑战［J］. 大数据，2023，9（3）：85-96.

［作者简介］
张志翔，工程师，就职于珠海市规划设计研究院。
赵自力，教授级高级工程师，就职于珠海市规划设计研究院。
张秀鹏，工程师，就职于珠海市规划设计研究院。

AIGC 技术在面向实施的城市更新工作中的实践应用

□兰昊玥

摘要：随着生成式人工智能技术的兴起，城市规划领域正面临前所未有的机遇。文章聚焦生成式人工智能技术在详细规划工作中的应用，特别是它如何为规划师提供创新的视角和创作工具，以超越传统专业限制，促进社区的深入参与和规划实践的优化。文章详细介绍生成式人工智能技术如何作为"智慧赋能工具箱"融入街区更新"4＋1"工作法，以及如何在数字化平台借助生成式人工智能技术提升规划工作的质量和效率。这些工具可将城市规划的专业知识可视化，增强了规划师与社区居民之间的沟通，为双方搭建了有效的交流平台，有助于双方共同营造更加和谐与可持续的城市生活环境。

关键词：AIGC；责任规划师；城市更新；参与式规划；智慧化平台

0　引言

随着信息技术的迅猛发展，人工智能技术正逐渐渗透至城市规划的各个领域，成为推动城市规划向智能化、精准化发展的关键力量。近年来，人工智能技术在城市规划领域得到广泛应用，不仅拓展了规划工作的深度和广度，而且预示着城市规划范式可能发生的转变。传统规划遵循明确的步骤和逻辑，其效率和质量受到了一定的限制，而人工智能凭借自我学习和改进的能力，提高了分析、决策和反馈的效率，在城市规划中具有巨大的潜力。城市规划作为一门综合性学科，其核心目标在于实现空间资源的合理配置和城市活动的高效组织，引入人工智能技术，不仅能够提升城市规划的科学性，还能够促进城市可持续发展，提高居民生活质量。

AIGC[①]技术作为最易于学习掌握的相关技术，更容易被具有专业技术能力的规划师学习并应用。本文详细介绍 AIGC 技术如何作为"智慧赋能工具箱"融入街区更新"4＋1"工作法，以及如何借助 AIGC 方法提升规划工作的质量和效率，形成基于街区更新"4＋1"工作法的 AIGC 辅助工作方法。

1　AIGC 技术的基本原理与行业应用现状

AIGC 是基于人工智能的技术方法，通过已有数据的学习和识别，以适当的泛化能力生成相关内容，即将现有人类的知识通过代码转译教授给机器，从而使其可以进行跨学科的知识整合，再进行文本及图像创作乃至数学论证与逻辑推理的产出过程。目前，AIGC 技术的相关应用主要集中在文字与图像、视频、音频的互相转化上，较为成熟的应用有文生文领域的 ChatGPT、Kimi，文生图领域的 Midjourney、Stable Diffusion，以及文生音频的 Suno 等多种商业化应用。以上工具已得到广泛应用与二次开发。

在规划行业也有专业学者及科技企业进行了生成式 AI 人居领域应用的前沿探索,如规划领域的专用大型语言模型 PlanGPT,基于城市规划行业知识库、以微信助手方式提供知识服务的"国匠城——元技能",以及面向企业级应用的一站式泛建筑 AIGC 创作平台"小库 AI 云"。这些应用涉及领域从自行训练专用大模型到基于开源模型进行微调的私有化部署专业方向模型,再到基于云服务使用的闭源通用模型,行业内呈现自主研发与二次开发交织进行的研究和探索局面。

2 街区更新"4+1"工作法与 AIGC 技术的结合

街区更新"4+1"工作法是北京清华同衡规划设计研究院有限公司城市更新规划设计所在城市更新项目实践中归纳总结的一套综合性工作策略。该方法以学院路街区更新规划项目为核心案例,同时吸纳了白塔寺街区、国子监街区等地的城市更新实践经验。在微观尺度的城市更新过程中,街区更新"4+1"工作法旨在实现城市规划与社会治理创新的有机结合,通过街区规划的实施推动社会治理模式的创新,从而提升公众参与解决城市问题的能力。

该方法具体包括街区更新四步法和一套协同治理工具箱。街区更新四步法包含四个步骤,即街区画像、街区评估、更新规划与实施统筹。首先对更新街区进行全方位分析,然后展开精细化画像研究,描绘出地区人口画像、空间画像及文化画像,进而以地区的文化及空间需求为导向对画像进行分析与总结,寻找地区差异,明确空间及文化诉求,研判现阶段区域问题,结合工作经验提出以实施为导向的城市更新规划目标与策略,最终形成规划方案(图 1)。通过促进多方参与,以期达成共识,形成满足多元诉求的空间改善方案并加以实施。街区更新四步法能帮助街区更新实践者更系统地了解街区,更客观地看待问题,更全面地把握发展,更有的放矢地参与实施。

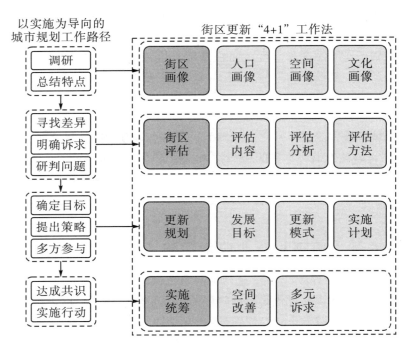

图 1　工作路径与街区更新"4+1"工作法对应关系

协同治理工具箱可进一步细分为两大模块：一是以促进活动与交流为核心的社会创新工具箱，二是集成数字化应用技术的智慧赋能工具箱（图2）。这些工具不仅为城市更新提供了新的实施路径，而且为城市规划领域的社会参与和治理创新提供了理论支持和实践指导。本文探讨的 AIGC 技术应用，即智慧赋能工具箱中具体工具的实践应用。

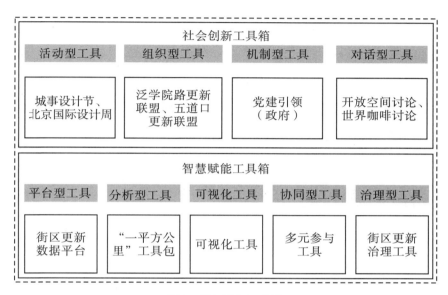

图2　协同治理工具箱

3　AIGC 技术在花园路街区及滨河街道更新工作中的实践应用

3.1　责任规划师制度解读及应用 AIGC 技术的原因

责任规划师的职责是站在专业城市规划从业者的角度，为街道级责任范围内的规划、建设、管理提供专业指导和技术服务，包括但不限于宣传相关政策、解读规划成果、解答公众疑问、了解居民需求、掌握社情信息、征集公众意见等，成为政府和公众间的润滑剂与沟通的桥梁。

但在基层工作中，基层规划师在基于专业角度为街道及社区提供专业化解答时，往往由于各方对城市规划专业内容的理解不同而产生交流障碍。此时，使用 AIGC 技术将规划专业内容进行通俗化转译，将改造愿景进行可视化表达，可激发城市更新中多元实施主体的动力，对其进行专业赋能，进而达到搭建多元协作平台、促进共同交流的目的。

3.2　AIGC 技术的专业赋能作用——以花园路街区更新实践为例

2023 年 7 月，在北京市海淀区的花园路街道街区更新香港与内地大学暑假实践活动中，团队与街道办事处及责任规划师合作，组成了花园路街区更新工作小组。工作小组中的专业规划师为非城市规划专业的大学生讲解规划方法，包括基础调研、搜集资料和形成街区更新方案，使其经历从街区画像到街区评估的过程。AIGC 技术在教学与交流中起到了专业赋能作用，促进了跨领域学习与交流。

在花园路街区更新实践中，通过与学生们一同参与实地考察和居民访谈，工作小组发现花园路街区存在步行体验不佳和街区缺乏吸引力的双重挑战。为解决大学生们缺乏熟练运用城市规划工具表达及梳理需求的问题，团队通过 AIGC 技术为学生进行专业赋能，辅助非专业人士形象化规划想法，基于文本描述生成图像（图 3），探索街区更新的潜在方案。在此过程中，AIGC 技术作为辅助工具，帮助团队成员快速生成多个规划方案并进行方案比选。

图 3　用 Midjourney 绘制的街区愿景效果图

通过案例学习和实践交流，团队比较 AIGC 技术生成的方案与传统规划方法的方案，发现 AIGC 技术在概念生成和视觉表达方面具有优势，但在方案深化和实际操作层面仍需专业规划知识的支持。最终，团队提出了改善步行路径、增加绿地和公共设施等策略，以提升街区的步行体验，并针对宠物友好空间和具有氛围感的小径提出了创新的规划方案，以增强街区吸引力。

花园路街区更新的实践表明，AIGC 技术作为辅助工具在城市规划领域具有显著的赋能作用，能够促进非专业人士的参与、提高规划工作的效率，并通过可视化表达增强规划方案的沟通效果。后续的街区更新方案也加入了学生们的鲜活创意与规划师角度的人文关怀，对实施项目的推进起到了积极作用。

3.3　AIGC 技术的愿景可视化功能——以滨河街道背街小巷整治工作为例

北京市平谷区滨河街道位于北京市东北部的郊区，处在周围浅山环抱的乡镇中间，虽然拥有较为完善的配套设施，但是仍然存在路面老化、城镇形象不佳、商业街缺乏活力和停车难等诸多问题。在资源普遍向北京市城六区倾斜的背景下，滨河街道也在努力寻找自身发展的突破口。笔者作为团队成员，收到街道需求，希望能够为其重点社区内的背街小巷提出空间提升的策略和建议。

经过持续的调研工作后，团队将工作重点锁定在滨河社区。滨河社区作为平谷区最早的商品房社区，经过部分整治与修缮后已经拥有了一定的公共服务设施，如社区服务中心、居民活动广场等，但仍然存在停车难、公共空间闲置等共性问题，且社区缺乏文化方面的宣传（图 4）。

（a）社区服务中心

（b）车位缺乏规划

（c）车位不足

（d）居民活动广场

（e）低效公共空间

（f）公共设施

图 4　滨河社区调研现状情况梳理

团队基于工作经验，结合适合改造的停车区域和社区广场提出了改造方案。同时，基于现场调研及居民采访的结果，结合该社区距离幼儿园和小学较近、居住人口以学龄儿童及家长居多的特点，提出了"童心绽放社区"的规划主题，从保证出行安全、营造趣味节点、提升绿化环境、增强文化教育四个方面提出了相应的提升策略（图 5）。

提升策略	**滨河社区：原主题——"熟人社区"**
保证出行安全	打造"熟人社区"品牌 坚持党建引领，发挥社区党组织在社区治理过程中的主体责任，让社区的邻里关系成为整个社区建设中的软环境，用熟人联系熟人，用好人感染好人，用环境影响环境，打造友善社区人文范围
营造趣味节点	
提升绿化环境	**滨河社区：规划主题——"童心绽放社区"**
增强文化教育	结合滨河社区学区房的特点，学龄儿童、家长及邻居共同营造的邻里和谐主题社区

图 5　滨河社区背街小巷综合整治规划主题

在方案中，笔者使用图像类 AI 进行节点效果图的设计。通过 Stable Difussion 工具的局部重绘功能，展现了社区广场增加室内活动空间与文化空间后的场景，让街道管理人员与社区参与者能身临其境地理解改造后的场景（图 6）。

图 6　基于局部重绘工具形成的规划愿景示意图

方案以通俗易懂的表达方式、短期快速的成果制作时间和专业的技术处理方式得到街道管理人员及社区居民的喜爱。即使是非规划专业的政府管理人员面对规划方案，也可以很快基于以上内容提出符合实际情况的建议，AIGC 工具通过愿景可视化达到了搭建交流平台这一目的。

除滨河社区外，方案对滨河街道其他社区的背街小巷综合整治也提出了对应的提升建议，其中墙面改造的相关建议被街道采纳并予以实施。

在城市规划中运用 AIGC 技术还有助于促进跨专业交流。责任规划师需要经常与民众交流，而民众对规划专业知识知之甚少，因此可以通过 AIGC 技术将规划内容进行转译。笔者在长期承担平谷区责任规划师工作后，进一步提炼平谷区行政范围内的 18 个乡镇所具有的文化及历史特色，创作了《平谷印象》作品。同时，基于各乡镇的近期规划目标和历史故事设计出一套游戏卡牌，让未曾来到平谷的人也可以从游戏中体会当地的风土人情与人文底蕴。这些作品在广州设计周线下展览展出，向参展观众介绍了平谷区的独特文化特色。

4　基于 AIGC 技术，以实施为导向的城市更新实践工作流程

笔者基于街区更新"4＋1"工作法，总结出一套 AIGC 商业化应用的工作流程（图 7）。

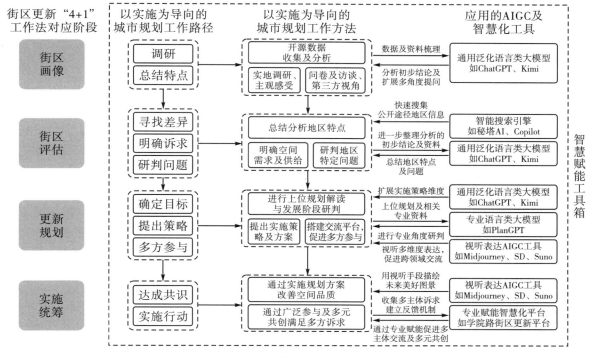

图7 基于 AIGC 应用的街区更新"4＋1"工作法

在街区画像阶段，传统模式中规划师需要通过现场调研及委托方途径收集资料信息，总结地区特点。现阶段，拥有一定数据整理及研究能力的规划师可以使用"一平方公里"工具包进行基础分析，在调研前即可通过开源数据收集地区信息，再结合实际调研及第三方视角的问卷调查等相关资料，对该地区建立客观结合主观的全方位人口、空间及文化画像。借助 AIGC 工具中的通用泛化语言类大模型，对收集的海量资料与数据进行系统化梳理，分析初步结论及进行跨学科的多角度提问，深入研究街区问题。

在街区评估阶段，传统模式中规划师需要通过项目经验与对标案例分析，寻找目标地区与理想模式中的差距，明确城市更新的空间及文化需求，研判目标地区在当下时间预期可解决的特定问题。现阶段，规划师可通过智能搜索引擎在互联网及学术领域进行系统化的目标地区信息搜集和对标案例列举，结合自身分析对街区画像阶段的初步结论进行整理，并与通用泛化语言类大模型机器人对话，进一步对阶段性结论进行梳理与总结，提炼出目标地区的差异化特点及问题。

在更新规划阶段，传统模式中方案首先需要确定发展目标，提出对应发展策略及具有实施意义的规划方案，通过多方参与推动项目实施。现阶段，规划师可借助专业化语言类大模型进行上位规划与标准类资料的定向解读与应用，从专业角度研判该项目的可行性，并借助通用泛化语言类大模型对实施策略的维度进行适度扩展。另外，可通过视听表达类 AIGC 工具提升方案的可视化效果，抑或制作多媒体视频，通过视觉及听觉的感受渠道进行视听多维度表达，以促进跨领域交流。

在实施统筹阶段，更需要的是让参与更新规划的多专业主体对地区发展目标及愿景达成共识，进而通过广泛参与及多元共创满足多方诉求。原先难以实现的跨专业交流，现在可以通过视听表达类 AIGC 工具得以快速实现，将规划师眼中的世界具象化为图像与视频，让非专业的多元参与主体都可以理解规划愿景，有助于进一步达成共识，从而发挥各自专长，促进目标地区的持续发展。另外，也可以搭建规划专业赋能的智慧化平台，如学院路街区更新平台。通过收集街区更新时期的多主体诉求，建立更便于不同专业理解、基于数据平台的更新及反馈机制。

5 结论与展望

AIGC 技术正在实现从通用泛化使用向专业精细化使用的转变，其对专业化内容的应用将会不断进化。随着参与规划的主体趋向复杂化，存量地区面积逐渐增加，一味筑高学科的城墙不会成为存量时代的破解之道。只有拥抱更加多元的需求，解决不符合时代语境的问题，才能促进新时代城市的发展永续，营造更适合人民安居乐业的城市环境。

规划师不应被汹涌而来的新技术与新工具吓倒，正如过去 20 多年经历的信息时代的技术发展一样，我们应相信人类所拥有的创造力仍然可以得到更广泛、更有创意的挖掘，相信属于人类的创造力与人工智能会碰撞出更多远超于传统内容的火花，迎接全新工作内容的挑战。

［注释］
①AIGC：artificial intelligence generated content，生成式人工智能。

［参考文献］
[1] 吴志强. 人工智能辅助城市规划 [J]. 时代建筑，2018，159（1）：6-11.
[2] 张庭伟. 复杂性理论及人工智能在规划中的应用 [J]. 城市规划学刊，2017（6）：9-15.
[3] 田昕丽，刘巍，李明玺. 以街区更新"4＋1"工作法 助力北京责任规划师的制度建设与实践 [J]. 北京规划建设，2021（增刊 1）：125-129.
[4] 张旭冉，刘巍，王申，等. 北京海淀区城市双圈的一刻钟便民生活圈创新实践 [J]. 北京规划建设，2023（4）：39-43.
[5] 田昕丽，刘巍，张及佳. 街区更新"4＋1"工作法的探索：以北京市海淀区学院路街道街区规划为例 [J]. 建筑技艺，2019（11）：54-60.

［作者简介］
兰昊玥，助理工程师，就职于北京清华同衡规划设计研究院有限公司。

AI 在城市规划中的应用研究进展

□景鹏，何业成

摘要：作为新一代产业变革的核心驱动力，AI 技术是促进城市规划领域向信息化和智能化转型的重要技术。AI 技术改变了城市规划的方式，其强大的数据获取、分析、预测和管理能力为城市规划提供了数据、方法和平台支撑，提高了城市规划的科学性和可操作性。本文在分析城市规划编制、实施和监管全流程的基础上，系统阐述 AI 技术在城市规划中的应用研究进展，指出 AI 技术在城市规划中的应用主要集中在四个方面：一是数据获取与分析为城市规划提供了数据基础；二是 AI 技术为城市规划提供了技术支撑；三是融合 AI 技术可以对城市建设管理与监测发挥重要作用；四是城市规划信息平台和监测管理系统的构建推动了城市规划的智慧化转型。同时，本文还探讨 AI 技术未来发展的趋势和挑战，以期进一步提升城市的可持续发展。

关键词：AI；城市规划；大数据；技术体系；信息化平台

0 引言

AI 是一个广泛使用的术语，然而，包括城市规划者在内的大多数人并不太理解它。1956年，在达特茅斯会议上正式确立 AI 领域。当时，AI 还没有一个标准的定义，一些非正式的定义将 AI 描述为在高度自适应的通用系统中，通过自主学习而在各种不确定的环境中实现目标的能力。

步入 21 世纪，涌现出许多颠覆性的新兴技术，包括机器学习、深度学习、人工神经网络、5G/6G 等。这些新兴技术已被广泛应用于能源、环境、城市规划与交通等领域。我国从 2017 年发布《新一代人工智能发展规划》至今，随着 ChatGPT‑4（生成文字、代码等）和 Dall‑W2（生成图片）的相继问世，AI 技术已实现了跨越式发展。AI 技术包括多个子领域，主要有机器学习技术、深度学习技术、自然语言处理技术、传感器技术、大数据技术等，同时因其具备强大的数据处理和分析能力，因此在一定程度上可以进行 AI 模式下的城市规划设计或起草规划文件，规避可能出现的规划决策错误，为城市规划者提供了更加明智的决策支持，有利于实现城市的可持续发展。

2019 年，Sideris 等通过考虑如人口分布和构成、交通可达性、城市形式、基础设施的可用性等各种特征，依赖规划决策支持系统，成功对里昂的城市建筑或空间环境进行了评估。林博等建立了城市规划案例数据库，利用机器学习和深度学习进行城市布局，并验证了该方法的可行性。2021 年，吴志强等结合实际规划项目构建了城市智能模型（CIM），以 AI 辅助城市规划，为国内智慧城市的研究提供了新的思路。

但现有研究更多的是对相关技术应用的设想，未从如何满足城市规划的现实需求出发探讨 AI 技术的应用，且侧重于 AI 在城市规划某一环节的应用，缺少对城市规划全过程的考虑。因此，本文在现有城市规划"编制—实施—监管"全过程的基础上，尝试梳理 AI 在城市规划数据获取与分析、规划技术体系支撑、城市建设管理与监测、信息化平台构建四个方面应用的研究进展，并提出对未来发展趋势与潜在挑战的思考。

1 AI 在城市规划中的应用

1.1 数据获取与分析

在高质量发展的时代背景下，城市规划需要与时俱进，要在规划"编制—实施—监管"全过程中获取更全面的多源数据，并开展更科学的数据处理与分析工作。AI 技术可以利用开放数据、共享数据或特定领域数据，为城市规划提供包括 3S 数据〔包括地理信息系统（GIS）数据、遥感（RS）数据与全球定位系统（GPS）数据〕、社会经济数据、交通数据和规划文本数据等多源数据。通过对多源数据进行整合并形成城市规划数据集，利用数据集对 AI 模型进行训练，使 AI 能够进行高效的数据分析和模式识别，从而帮助城市规划工作者更好地进行规划决策。

1.1.1 3S 数据

在城市规划中，无论是城镇体系规划、村庄规划等法定规划，还是非法定规划，都离不开 3S 数据的辅助。3S 数据在城市规划中的应用已经十分成熟，主要体现在规划研究的区位分析、土地利用现状分析、空间分析及数据库构建等方面，但这类数据量大，且在数据尺度、空间坐标等方面不统一，存在融合难度大等问题。通过 AI 技术可以实现多源、多尺度城市规划数据集成，实现不同数据的信息互补。

1.1.2 社会经济数据

随着"万物互联"的逐渐实现，运用 AI 技术可以快速搜集诸如人口数量、生产总值、税收等社会经济数据，通过这些社会经济数据可以清楚地获知人们对空间的需求与相应的行为特征，进而帮助规划师提高城市规划的弹性和效率。

1.1.3 交通数据

目前，AI 技术已经被广泛应用于交通领域，除了从开源网站、地图开放应用程序接口（API）、交通管理中心获取交通数据，还可以利用交通传感器、移动应用和车联网来获取交通和车辆信息数据，如交通摄像头、车辆探测器等。通过 AI 技术对海量、实时的交通数据进行数据可视化、统计分析、时空分析、模式识别、预测优化和智能交通管理等处理后，城市规划者更深入地了解研究区域的道路和交通状况及进行交通趋势预测，以便更合理地制定交通规划策略和交通设施布局，提高交通管理和使用效率。

1.1.4 规划文本数据

对于城市规划而言，不同地方的城市因其地理、文化、政策和发展目标等不同，在规划标准和要求方面都或多或少存在差异，这无疑需要城市规划者花更多的时间和精力去了解地方政策与规划准则。而 AI 技术可以通过访问数据库、网络搜索、与规划机构进行数据共享等方式来获取规划文本数据，并通过学习不同地方的政策、标准、规划案例来对规划文本数据进行分析，为城市规划者提供有用的信息，辅助决策制定和规划设计。

1.2 规划技术体系支撑

城市规划是一项很复杂的系统工程，不仅需要考虑到社会经济、地方政策、地理、历史、交通、生态等多种因素，还需要有规划技术体系的支撑。传统的规划技术体系往往受到数据获取难、数据质量差、多部门"打架"等方面的影响，导致在后续的城市规划、建设管理和运营等方面仍然存在不足。随着 AI 技术的日益成熟，其计算能力、识别精度能力、空间分析能力等都显著提高，我们可以逐步将 AI 技术应用到城市规划技术体系的全过程中，提高城市规划决策效率，进而建设一个具有更大弹性和可持续性的城市。当然，在 AI 技术的支持下，可以简化许多规划决策过程，如自动生成规划方案、自动创建 3D 模型、自动生成文字报告等，这可以节省时间和精力，为城市规划者提供更多的时间去聚焦更为重要的创造性工作。同时，AI 技术可以与地理信息系统技术交叉，实现城市规划的深度融合，如利用机器学习算法对遥感影像进行分析，对土地利用数据进行自动分类，进而对城市发展进行合理规划。

1.3 城市建设管理与监测

随着城市的不断发展，城市内的环境和基础设施规划、建设和管理将变得越来越具有挑战性。城市规划作为实现城市可持续发展的空间蓝图，涉及城市的发展、治理和管理，特别是对城市环境和基础设施的管理，包括天气对城市发展的影响，以及城市能源使用对自然和物理环境的影响。这些问题必须在一个智慧城市的城市规划中得到解决，以保持可持续发展和环境质量，而 AI 技术的综合运用会在城市建设管理和监测过程中发挥重要作用。AI 技术可以与传统城市模型实现优势互补，对城市发展进行更精准的模拟预测，为决策者提供更多的参考。同时，AI 技术可以利用传感器进行工作，实时监测建筑物和基础设施的状态，及时反馈城市发展过程中遇到的问题，以便城市规划者能够快速地作出应对方案，提高智慧城市的弹性与韧性。

1.4 信息化平台构建

随着城市规模和人口数量的不断增长，对城市发展的控制与社会安全的保障也变得越来越重要。信息化、智慧化转型作为城市规划工作的重要内容，核心在于构建可提供数据和信息共享、实时监管等服务的城市规划信息平台和监测管理系统两大信息平台。城市规划信息平台是通过集成规划编制、实施和监管的各类数据，形成覆盖全域、全要素的数据库，并通过监测管理系统为城市规划全过程提供技术支撑。AI 技术可以很好地运用到两大信息平台的构建中。首先，在信息平台的构建中需要搜集各种数据，包括地理数据、统计数据、社会数据、环境数据等。这些数据可能来自不同的部门、机构和系统，通过 AI 技术可以对数据进行整合和清洗。其次，通过机器学习、数据挖掘、模式识别等算法，可以从平台中提取有价值的数据和信息，为城市监测和管理提供支持。最后，AI 技术可以动态地对平台进行评估和优化，根据城市实际发展状况和需求进行信息化平台局部功能的更新迭代，以保持城市规划信息平台和监测管理系统的有效性。目前，城市传统的增量发展已逐步转型为存量发展，这需要城市规划者更加关注城市更新、低效用地再开发等工作，而 AI 技术可以提供在线平台和工具，促进公众参与和沟通，使城市更新及低效用地再开发的过程更加民主、透明和可接受。

2 未来发展趋势和挑战

2.1 未来发展趋势

当下 AI 技术已被运用于城市规划领域，但就目前的发展水平来看，AI 技术的应用尚处于探索阶段，与城市规划的结合程度还不够深入，难以对未来城市发展进行有效的监管和预测。

首先，AI 技术的应用受限于智慧数据基础设施不足，城市规划信息平台和监测管理系统的建设集中在城镇，难以满足城市规划的全要素和多层级管控的需求。其次，城市规划各个环节离不开人的综合决策，对城市规划者的多学科知识水平和技术能力的要求较高。最后，AI 技术的应用往往会忽略弱势群体和边缘群体。因此，未来的 AI 技术在城市规划领域的发展趋势主要有以下几点：一是 AI 应与其他新兴技术相结合，如依托 6G、区块链等数据基础设施的建设，为智慧规划提供更多的信息来源；二是 AI 技术无法替代城市规划者的才能和创造力，应对城市规划中 AI 技术的具体应用范围作出界定，同时城市规划者也需要不断提升自身的水平；三是提供更多可视化和互动化的工具，帮助城市规划者和公众更好地理解及参与城市规划过程。例如，通过虚拟现实、增强现实等技术，AI 可以提供更直观、沉浸式的城市规划体验。

2.2　潜在挑战

尽管 AI 技术在城市规划中具有巨大的应用潜力，但也面临着一些潜在的挑战：一是随着 AI 工具的大量涌现，如何遴选出最适合城市规划的 AI 技术亟须探讨，否则容易造成技术滥用的风险；二是 AI 技术作为一门新兴技术，在给城市规划带来高效率的同时也会要求城市规划者具备更高的职业素养，要求规划师投入更多的时间对 AI 的理论与应用进行学习；三是当下 AI 技术与城市规划的结合深度还不够，就如同 AI 的黑箱内核一样，处于难以预测的层次。由于 AI 缺乏城市规划必要的价值导向和人文关怀，难以判断 AI 是否会根据自身无监督的深度学习提出近乎理想蓝图的规划方案。

3　结语

随着城市发展的数字化转型，城市经济、社会、环境和治理的复杂性日益增加，城市规划也不例外。在此背景下，AI 技术凭借其强大的数据获取、分析、预测和管理能力改变了城市规划的方式；AI 有望以更智能的方式帮助提升城市的整体安全性、宜居性和可持续性。为此，本文系统阐述了 AI 技术在城市规划中的应用研究进展，主要包括数据获取与分析、规划技术体系支撑、城市建设管理与监测、信息化平台构建四个方面，并对 AI 技术与城市规划的未来发展趋势和潜在挑战进行了思考，以期进一步推动城市的可持续发展。

[参考文献]

[1] MUTHUKRISHNAN N，MALEKI F，OVENS K，et al. Brief history of artificial intelligence [J]. Neuroimaging Clinics of North America，2020，30（4）：393-399.

[2] SANCHEZ T.，SHUMWAY H.，GORDNER T.，et al. The prospects of artificial intelligence in urban planning [J]. International Journal of Urban Sciences，2023，27（2）：179-194.

[3] SILVA E A D，朱玮. 区域 DNA：区域规划中的人工智能 [J]. 国际城市规划，2003，18（5）：3-8.

[4] 陈顺清. 人工智能与城市规则 [J]. 城市规划，1992（2）：49-52.

[5] 王德. 城市规划新技术的发展动态 [J]. 国外城市规划，2003，18（5）：1-2.

[6] SIDERIS N，BARDIS G，VOULODIMOS A，et al. Using random forests on real-world city data for urban planning in a visual semantic decision support system [J]. Sensors，2019，19（10）：2266.

[7] 吴志强. 人工智能辅助城市规划 [J]. 时代建筑，2018（1）：6-11.

[8] 林博，刁荣丹，吴依婉. 基于人工智能的城市空间生成设计框架：以温州市中央绿轴北延段为例[J]. 规划师，2019，35（17）：44-50.

[9] 谢花林，温家明，陈倩茹，等. 地球信息科学技术在国土空间规划中的应用研究进展[J]. 地球信息科学学报，2022，24（2）：202-219.

[10] 吕文晶，陈劲，刘进. 政策工具视角的中国人工智能产业政策量化分析[J]. 科学学研究，2019，37（10）：1765-1774.

［作者简介］

景鹏，高级规划师，就职于深圳市蕾奥规划设计咨询股份有限公司。

何业成，就职于深圳市蕾奥规划设计咨询股份有限公司。

生成式人工智能在规划设计领域的应用探索

□金山，李长江，张泉

摘要：近年来，Midjourney、Stable Diffusion 和 ChatGPT 等 AI 模型相继诞生，标志着 AIGC 向设计领域的全面渗透。AIGC 凭借强大的算力、准确的表达和丰富的图示能力，对规划设计行业产生了重要的影响。本文首先研讨了 AIGC 技术的基本概念和关键技术能力，其次梳理了现阶段主流的 AIGC 软件模型，并结合规划设计行业的日常工作内容，探索其可以应用 AIGC 的可能场景，最后结合实际工作经历总结 AIGC 在规划设计领域中可能存在的潜在风险。本文旨在通过探索 AIGC 与规划设计领域交互应用的可能性，为规划从业者在工作中有效应用 AIGC 提供思路。

关键词：生成式人工智能；AIGC；规划设计

0 引言

2015 年，谷歌推出了一款名为 DeepDream 的小程序。该程序通过一种风格转换算法，将照片与文字描述的绘画风格结合在一起，开创了 AI 模型根据文本生成图像的先河。2022 年，独立实验室 Midjourney 发布同名图像生成模型 Midjourney，使用者可通过 Discord 的机器人指令进行简单的操作，创作出很多的对应图像作品，首次向大众展示了 AIGC 的强大技术力量，拉开了 AIGC 图示化时代的序幕。随后，图像生成模型 Stable Diffusion 和语言生成模型 ChatGPT 等软件横空出世，并以其强大的计算能力、卓越的生成效果、简洁的操作模式引发各行各业对 AIGC 应用的探讨与研究。上述软件的诞生，标志着人工智能正式向设计领域的全面渗透。

对规划设计行业而言，传统的人工智能多集中在逻辑分析、思维推导与海量计算领域，对依靠图示化表达的规划设计工作的直接帮助并不显著。然而 AIGC 具有强大的图示生成能力，可以极大地节约规划师在方案推敲阶段的时间与工作成本，甚至在一定程度上改变传统规划设计的研究方式与决策逻辑。AIGC 通过快速创作文本、图像、音频和视频等不同类型的作品，协助规划师快速完成方案推敲与成果生成部分的工作，有助于规划师快速制作并对比更多不同价值取向的城市规划设计方案，以创造更合理、更宜居的城市环境。

1 概念界定

1.1 生成式人工智能

AIGC 的中文名称为"生成式人工智能"，是指基于生成对抗网络、大型预训练模型等人工智能的技术方法，让机器对已有数据进行学习和识别，以适当的泛化能力生成跨模块内容的技术。它的核心逻辑是利用智能算法，生成一系列具有指向性的内容。通过对 AIGC 模型的迭代训练与大量实践案例的不断学习，AIGC 可以根据使用者输入的前置关键词与文本引导，快速生成与之对应的文字、图像、语音或视频等跨模块内容。

AIGC 使 AI 在规划设计行业从传统的"分析＋预测"进阶至"生成＋决策"，这些发展都为规划设计行业分析与决策的智能化、高效化提供了新的渠道与思路。

1.2 AIGC 关键技术能力

AIGC 在规划设计行业实现智能化、高效化、实用化的关键技术能力，主要包括数据整理、算力保障与模型训练 3 个方面。

数据整理是指在规划设计前期搜集各类与规划相关的数据并对其进行整合，包括法律法规、地理空间、人文历史、社会经济、生态安全等方面的数据。相应的专业技术人员通过网络上公开的渠道对这些数据进行搜集整合，然后将其导入模型并进行归一化整理，使其可以匹配至对应的人工智能模块。

算力保障是为 AIGC 提供基础算力的平台，也是 AIGC 发展的软件基础。AIGC 模型的训练动辄需要千百亿次的浮点运算能力和数据储存规模，对研发公司的基础设施配套有极高的要求。以 ChatGPT 为例，ChatGPT 1.0 版本的模型参数量约 1.17 亿个，预训练数据量约 5 GB（吉字节）；ChatGPT 3.0 版本的模型参数量达 1750 亿个，是 ChatGPT 1.0 版本的 1496 倍，预训练数据量高达 45 TB（太字节），是 ChatGPT 1.0 版本的 9216 倍。算力的迅速增长在提高成果准确性和时效性的同时，也大幅增加了模型的运行成本。

模型训练是指将已成功研发应用的人工智能模型在垂直领域进行更深一步的开发与优化。通过对具有普适性的大型人工智能模型有针对性地输入海量与规划设计相关的资料、成果与数据，让大型人工智能模型快速学习规划专业技术标准与成果表达方式，从而迭代优化为生成规划设计相关内容的专属模型。

2 AIGC 主流软件模型

AIGC 的基础应用包括文本、图像、音频和视频四种类型，其中文本是其他内容生成的基础。通过对上述应用类型的复合叠加，可以训练出针对性更强、完成度更高的垂直领域模型。基于上述的应用场景需求，本文整理出当前主流的几款 AIGC 软件模型。

2.1 ChatGPT

ChatGPT 是 Open AI 公司研发的一款文本交互程序。它不仅能够基于预训练阶段所见的模式和统计规律生成回答，还能根据聊天的上下文进行互动，可以像人类一样聊天交流，甚至能完成撰写文章、邮件、脚本、文案、代码等任务。

2.2 Midjourney

Midjourney 是一种 AI 制图工具，输入关键字后能快速生成相对应的图片。它的强大之处在于可以通过文字描述选择不同的艺术风格、特定的镜头术语等。通过文字描述，它可以快速生成若干张匹配图纸，并可以基于其中某一张图纸进行多次循环深化迭代，从而让图像成果更趋近于使用者的真实诉求。

2.3 Stable Diffusion

Stable Diffusion 是一种基于扩散过程的文字转图像形式的模型，通过 CLIP ViT‐L/14 文本编码器生成高质量、高分辨率的图像。它通过模拟扩散过程，将噪声图像逐渐转化为目标图像。相对于 Midjourney，它在文生图、图生图方面更为精准。

2.4 Azure AI

Azure AI 是微软旗下的一个音频生成技术平台。它的音频生成技术分为文本转语音和声音克隆两类。文本转语音是通过文本输入再输出特定说话者的语音，主要用于机器人和语音播报任务；声音克隆则是以给定的目标语音作为输入，然后将输入语音或文本转换为目标说话人的语音。

2.5 Sora

Sora 是 Open AI 公司发布的一个新的人工智能文生视频大模型，它可以从文本描述中快速创建现实和想象的视频场景。其工作流程类似于图像生成，通过强大的算力对每一帧视频进行处理，然后利用 AI 算法检测视频片段，最后拼接成一段流畅、完整的视频。

3 AIGC 在规划设计行业中的应用场景探索

根据 AIGC 的运行逻辑与表达形式，结合规划设计行业工作内容的特点，本文将 AIGC 在规划设计行业的应用场景分为直接应用场景与复合应用场景两种类型。直接应用场景指的是直接应用主流的 AIGC 软件与模型，通过简单的交互直接生成成果的场景，操作相对简单；复合应用场景指的是以一个或若干个 AIGC 软件训练模型为基础，由规划行业工作者进行二次开发，生成可以更准确地应用于规划设计行业的软件模型的应用场景。该类场景依托互联网上成熟的 AI 大模型，通过模型复合叠加构建出具有规划设计行业强实践性的软件。

3.1 直接应用场景

3.1.1 交互式文本

通过自然语言处理技术与人进行问答是 AIGC 最基本的一种交互方式。依托 AIGC 的海量数据，借助人机之间的文本交互，规划师可以快速、高效地完成许多在方案前期分析阶段的工作。国外的 ChatGPT、国内的"文心一言"都是交互式文本的代表模型。

一方面，AIGC 可以快速辅助规划师完成结构化文本的数据整理，比如在规划设计的前期分析工作中，搜集和整理项目所在区域的社会、经济、人口、历史等数据是开展区域分析研判时必不可少的环节，且具有数据公开、来源繁杂、重复性强的特征。AIGC 凭借其强大的算力，可以高效、准确地辅助规划师完成这一部分的工作，通过搜集和汇总包括数据库、政府网站、时效新闻、社交媒体等不同源的大量相关数据，应用自然语言处理技术进行整体归类与分析，快速生成规划设计所需要的数据与结论。对于适用项目所在区域的规划法律法规与条文规章制度，AIGC 可以通过文本交互进行快速检索并生成摘要，辅助规划师尽快熟悉掌握项目所在地的政策背景与导向。

另一方面，AIGC 可以辅助规划师从非结构化的文本数据中快速提取出结构化的信息。比如 AIGC 通过学习大量的国土空间规划实践案例，可以在海量的既有数据基础上快速归纳整理出一套符合使用者当下诉求的报告框架、研究综述、案例借鉴、问题总结与规划重点等，辅助规划师在快速构建的文本基础上再进行主观导向干预的深化研究。

3.1.2 文生图

文生图的原理是通过输入一串关键词，模型将具体的单词转化为 AI 可以识别的图像特征向量和一张随机调出的噪声图并加载至图像编码器，图像编码器根据这个特征向量把噪声图逐步降噪成一张新的图片，从而完成由文字转变为图片的跨模块成果输出。Midjourney 和 Stable Diffusion 都是现阶段非常成熟的文生图软件模型。

文生图软件模型在规划设计行业中的应用场景非常广泛。它可以快速地将规划师大脑中的前期设想、规划构思和空间意向以文字的形式进行描述，并通过 AI 快速转译成直观的、图片化的规划成果，直接展示给规划利益相关人。比如在方案前期阶段，通过精准输入提示文字，快速完成规划师意向方案的可视化表达。同时，通过不断地训练，对模型的关键词描述进行补充、优化与调整，逐步获取准确性更高的图像成果。

3.1.3 图生图

相对于文生图的广泛性和不确定性，图生图更具备规划设计行业图示化表达的准确性特征。它增加了 ControlNet 插件，可以更准确地控制图像的整体构图。

图生图一般通过 3 个步骤来实现 AIGC 精准制图：第一步是训练或下载一个针对规划设计效果图表达范式的成熟模型，即专业的模型训练师经过无数次训练后形成的一套成熟的模型代码；第二步是输入一串能体现设计思路的文本关键词，可以描述它为建筑、城市设计、鸟瞰图、总平面图等；第三步是体现核心设计思路的步骤，即输入一张规划设计方案的底稿，底稿深度根据规划师要求而定，表现方式可以是手绘草图或电子模型。通过导入相应的关键词描述完成对图像风格的引导，结合 ControlNet 插件对方案构图的把控，便可以导出多张匹配规划师风格诉求、图面构图准确的图像成果。

3.1.4 声音克隆

声音克隆指根据一段声音样本，生成与之类似或完全相同的音频的过程。其原理是利用深度学习模型，从声音样本中提取声音特征，然后根据目标文本或音频合成一段全新的声音。

声音克隆一般通过 3 个步骤来实现。以 Azure AI 模型为例，第一步是输入一段用于朗读的文本，第二步是选择一个经过大模型训练的目标语种模拟配音员，第三步是通过参数调整取得适合文本内容的配音效果。通过上述 3 个步骤可以快速导出一段足以以假乱真的拟人音频文件。通过声音克隆，规划师可以实现全自动 AI 汇报、AI 教学、规划问答和语音沟通多语种转换等多种强时效性的专业功能。

3.1.5 文生视频

文生视频融合了文本交互、文生图和图生图的技术逻辑，是 AIGC 现阶段最为复杂的表达模式。由于其庞杂的模型构架与运行逻辑，市场上还未有开源的成熟软件模型可以应用。但是从 Open AI 公司公布的 Sora 模型宣传片可知，其已基本可以实现相应模块功能。文生视频模型在未来的普及推广，将极大丰富规划师在沟通汇报阶段成果的可视化表达，有助于利益相关人更为直观地了解规划方案的整体逻辑与空间意向。

3.2 复合应用场景

3.2.1 基于大模型训练的城市设计方案推演

通过对上述多种 AI 模型的叠加与二次开发，AIGC 可以更方便、直接地应用于规划设计领域。比如通过训练不同的大模型，使其掌握不同区域、不同用地类型的建筑布局模式，再将 AIGC 模型接入 Rhino、SketchUp 等建筑体块软件，让使用者可以通过选择居住、办公、商业、产业等不同用地类型和特定的建筑布局风格，结合输入的特定目标、约束条件与技术指标，快速生成各种尺度下的地块三维设计模型。通过 CIM（公共信息模型）平台对上述功能进行整合，可以有效完成现状三维空间与规划三维空间的实时对比，从而更好地辅助规划师进行决策。

3.2.2 基于海量数据整合的规划方案量化分析

通过 AIGC 对法律法规、区域概况等各项数据进行汇总整合，借助对应的二次开发模型模块，可快速评估相应规划方案的合规性、合理性与可实施性等。模型以客观数据为量化分析标准，以空间模型为量化分析载体，可以完成包括场地日照分析、城市天际线分析、人口密度分析、街道空间分析和开发强度分析在内的多种规划方案量化分析，有效辅助规划师科学、快速地判定规划方案的各项指标是否合规，提高规划方案推敲阶段的工作效率。通过帮助规划师评估规划方案的合理性，确保规划师可以作出更为科学、明智的规划决策。

3.2.3 基于不确定性分析的规划专项预测模拟

不确定性分析是 AIGC 未来在规划设计领域应用的一个重要发展方向。通过识别、整合、归纳、分析海量的数据，AIGC 可以快速地捕捉到一些在城市规划中人为难以发现的内在逻辑与事物关联性，如用地扩张、环境变化、人口调整、经济起伏之间的各种联系。将从上述海量数据分析中捕捉到的不确定性因素与关联导向接入 AIGC 模型，可以有效辅助规划师更为科学地预判城市在未来一段时间内某种特定情况的发展趋势，从而制订更具针对性、更全面的规划计划与工作方式。比如通过深度学习模型预测城市用地边界扩张方向，通过敏感性分析法、概率分析法、元胞自动机模型等量化模拟城市用地边界扩张的不确定因素，并进行对应的模拟分析。借助上述量化分析方式，规划师可以更加科学和准确地模拟城市边界扩张的概率，从而制订出更有前瞻性的规划策略。

4 AIGC 在规划设计行业应用的潜在风险

AIGC 作为新兴的发展行业，在方便使用者的同时，也存在诸多潜在风险。根据网络上主流的调查结果，AIGC 的潜在风险主要包括安全、伦理、准确、能耗等多方面。本文从规划设计行业使用者的角度分析 AIGC 在规划设计行业应用的潜在风险，主要集中在安全性和准确性两方面。

4.1 数据安全风险

在使用 AIGC 进行内容生成的过程中，涉及大量的数据处理和交互，越成熟的 AIGC 模型所需要的数据越多，数据精度要求也就越高。因此，在应用 AIGC 时会存在数据泄露和隐私泄露的安全风险。第一，AIGC 模型在规划设计行业的垂直领域应用中，需要海量的实践数据进行训练和优化，这些数据可能包含特定区域的地理、空间、社会和经济等涉密隐私信息；第二，AIGC 模型由于其开源的特点，在云端处理数据的过程中可能会造成数据的直接泄露；第三，在人机交互中，使用者在与 AIGC 进行问答时为了保证生成内容的准确性，会不自觉地透露更多隐私信息，而为了实现智能化与个性化交互，AIGC 还会对这些数据进行记录、存储、学习，并应用于与其他使用者的问答训练中，这也会造成数据的泄露风险。

4.2 数据准确风险

AIGC 通过海量的数据搜集与整合来修正自己的知识库，从而逐步降低错误信息的比例，但它无法消除或者准确判别错误信息。由于规划的严肃性与法定性，行业内往往对规划成果的准确性要求极高，而应用 AIGC 处理生成大量数据与成果时会存在一定比例的错误信息。以 Chat-GPT 为例，在使用者未能准确掌握所有正确答案的前提下，它可以生成大量看起来正确但仔细检查却是错误的答案。如果这些错误信息未经筛选便应用于规划设计项目中，会对项目开展带来很多不必要的影响。

5 结语

AIGC 作为一种新兴的、跨时代的工具与技术，是提高规划设计从业者工作效率的一项重大技术突破。在现阶段的实际操作中，无论是理解还是表达层面，AIGC 依然有很多不智能、不准确的地方，但这些问题理论上都可以通过不断地学习和迭代解决。通过 AIGC 辅助规划，能够尽可能减少规划师方案推敲和成果制图阶段的时间，助力规划师把有限的精力投入更需要钻研探索的工作中。

[参考文献]

[1] 张优. AIGC 技术发展、潜在风险及其应对浅析 [J]. 网络安全和信息化，2024（1）：17-19.

[2] 甘惟，吴志强，王元楷，等. AIGC 辅助城市设计的理论模型建构 [J]. 城市规划学刊，2023（2）：12-18.

[3] 李祥羽. 基于生成对抗网络的文本到图像合成算法研究 [D]. 合肥：中国科学技术大学，2023.

[4] 微软研究院公布 GPT-4 全面测试结果 [J]. 传媒，2023（7）：7.

[作者简介]

金山，工程师，注册城乡规划师，就职于西安市城市规划设计研究院。

李长江，正高级工程师，就职于西安市城市规划设计研究院。

张泉，正高级工程师，注册城乡规划师，就职于西安市城市规划设计研究院。

生成式人工智能与未来环境设计：嬗变、困境与路向

□刘雅婷，蔡文澜

摘要：近年来，以 ChatGPT、Midjourney 等软件工具为代表的生成式人工智能展现了其在设计创作方面的巨大潜力，但需进一步验证其科学性和有效性。目前在环境设计领域仍然缺乏一个有效的 AI 辅助设计理论及模型框架，因此构建一种借助 AI 算法辅助环境设计的理论模型成为亟待研究的议题。本文从环境设计的视角出发，梳理技术驱动环境设计模式的嬗变历程，提出环境设计智能化发展过程中存在的实践困境，分析生成式人工智能辅助未来环境设计四个过程中的技术挑战，构建一个通过引入 AI 生成内容来促进创新思维活动、增强设计师创作能力的理论模型，从伦理、目标、框架和算法四个方面阐述如何在环境设计过程中为设计师创造一个 AI 助手，在面对复杂的环境设计任务时，根据设计师的意愿和需求进行"人 - AI"混合设计，进而达到 AIGC 辅助未来环境设计的目的。

关键词：环境设计；人工智能；AIGC；人机混合；设计伦理

0 引言

2016 年以来，机器深度学习的重大突破助推了生成式人工智能的研究热潮，在设计领域也有较多应用。2022 年，以 ChatGPT、Midjourney 等软件工具为代表的生成式人工智能展现了其在设计创作方面的巨大潜力，引发了环境设计行业的时代变革，传统单一的设计流程及模式已无法满足日益增长的社会需求，而以技术驱动为核心的设计工作模式逐渐为行业所接受和认可，并在实践中逐步进行应用。设计工作模式的巨大变革颠覆了人们对环境设计行业的传统认知，同时为环境设计行业的发展注入了新鲜血液。生成式人工智能技术驱动的设计工作模式嬗变形态有哪些？存在哪些现实困境及技术挑战？设计工作模式嬗变对环境设计行业发展有什么启示？对这些问题的探索与解答不仅有助于环境设计工作模式的理论模型建构，同时对环境设计行业发展及设计实践工作也有一定的指导和引领作用。

1 生成式人工智能与环境设计的历史嬗变

1.1 由目标驱动转向创作驱动

对比以往的环境设计行业，追求目标驱动将越来越少，而转向追求创作驱动。从以往单纯强调空间功能的环境空间形态到现在更重视环境空间精神内涵与文化品格，环境设计越来越追求个性化、多元化，尽可能避免同质化与趋同性。设计师也从以往的设计目标倒推式工作流程

转变为根据自身对设计场地的感知与理解，采用特定形式、功能、材料、技术等要素组合完成项目整体方案策划并进行方案优化和结构调整，同时对空间与场地文化价值和审美需求等因素进行综合考虑，形成创意性的解决方案。

1.2 由以感性为主转向情智合一

人类认识世界既有理性的一面，又有感性的一面，两者是对立统一又相辅相成的。理性是指根据客观事物的发展规律来解决问题，而感性是指对问题主观层面的认识和创造。环境设计从以往的以感性为主，运用色彩、文化、艺术来进行设计创作，逐渐转向感性与理性的结合，这与科学技术的发展逻辑相一致，同时要求设计者将自己的感情与意志融入其中，做到情智合一。

1.3 由以人为本转向人机混合

以人为本的设计思想可以追溯至工艺美术运动时期，整个 20 世纪被人本主义的设计思想影响至深。经过现代主义、生态设计、低碳设计等思想的渗透，以人为本的设计思想慢慢发展出更宽泛的概念外延，尤其是近年来生成式人工智能的迅猛发展，使环境设计的主流思想由以人为本转向了人机混合，设计师和人工智能不是竞争或取代的关系，而是互相支撑、系统并进，最终实现人类与机器的密切耦合。要实现这一目标，必须强化人与机器的交互，引导人机关系向着共生的方向和谐发展。

2 生成式人工智能融入环境设计的现实困境

2.1 设计师：设计边界的消解导致设计师主导身份变化

AIGC 和数字化为环境设计行业带来了巨大的变革，实时的、混杂的、海量的数据和元素融入传统的、有秩序的设计过程，环境空间的设计理念、形成过程和功能形态都在持续地改变着，设计的边界不但变得越来越宽泛，而且在不断地消解，设计师过去的主导身份地位也受到冲击。AIGC 凭借强大的影响力和高效的特性很快吸引了大众的目光，导致设计者的创意发挥空间被压缩，其权威也会被进一步削弱。与此同时，具有不同设计理念的设计师，通过对不同类型的空间、设计风格特点及偏好等构建丰富环境空间。因为存在着大量的程式化和同质化的人工智能设计作品，从而造成了设计表达多样性的弱化，这将有可能造成设计师主导身份的剧烈变化。

2.2 使用者：人工智能设计作品鱼龙混杂造成识别难度增加

人工智能对于环境设计的学习和处理正在不断升级与迭代，尽管它已经可以产生大量精美的作品和图片，但是在细节和事实上的标准化程度还不够高。从根本上而言，人工智能所依赖的资料库来自海量的网络信息数据，其中所包含的资讯的正确性与科学性是值得怀疑的。由人工智能生产的环境设计作品还凸显出如空中楼阁般的虚幻性内容，以及同质化、趋同性等现实问题，至今仍没有有效的解决方案。除此之外，人工智能设计本身就带有虚幻的特性，这也导致了人们对于伪造、抄袭等侵权行为的敏感性越来越低。在信息爆炸的环境下，由人工智能设计出来的精美作品会让人们不自觉地对其产生依赖，从而降低了对设计作品的鉴赏和识别能力。

2.3 管理者：设计作品著作权的模糊归属引发管理机制失序

AIGC 具有高速、高产出的特点，使网络上迅速充斥大量虚假图片和误导画像，如 Chat-

GPT、Midjourney 这样的 AI 技术很容易被恶意创作者所利用，从而导致虚假画面的生产和传播，对设计行业产生恶劣影响。对于管理者与立法者而言，如何界定设计作品的著作权成为亟待研究的议题。但是，当前关于人工智能生成的内容和作品的可版权性并未形成清晰结论，因此很多学者认为由人工智能生成的设计作品不受著作权法保护。但随着 AIGC 逐渐具备了一定的心智与认知能力，它在内容创作过程中肯定也会有自己的独创性贡献。从著作权法鼓励创新的初衷来看，许多学者都支持由人工智能生成的设计作品具有一定的可版权性，这就造成了设计作品著作权的模糊归属引发管理机制失序。因此，如何有效地定义 AIGC 的智力贡献和可版权性，这对管理者和立法者提出了更高的要求和挑战。

3 生成式人工智能辅助环境设计的技术挑战

与依赖设计师人工完成设计各个阶段和过程的传统环境设计相比，人工智能工具可以为设计师提供有效的帮助。这些技术已经取得了非常显著的成果，但是它们真的使环境设计向智能化、数字化方向发展了吗？环境空间现存的问题是否得到了解决？人工智能是否适合环境设计的特征？这些问题仍值得更深入地探讨。目前，环境设计智能化面临的挑战主要有四个方面。

一是人工智能对场地及现状认知深度不够。生成式人工智能可以获得大量的网络要素与信息，它的技术价值在于可以辅助人们认识现状问题、特征及规律，比如经典的量化分析模型、大数据分析方法，以及近年来借助 AI 挖掘城市发展规律与环境空间价值的方法。然而，AI 在该过程中主要是帮助设计者提高了对周边环境和设计场地的认知，但其挖掘的深度与针对性不足，对某些比较复杂的设计项目的现状认知还有待更深层次的分析。

二是人工智能的推演预测能力欠缺精准性。推演预测指的是以客观条件为基础得出对未来发生事件的认知，它的技术价值在于帮助人们对发展规律、趋势、潜在问题等信息进行预判。比如物体检测识别与场景语义分割技术和深度学习模型、多主体模拟工具相结合，人工智能就可以预判人们对周围环境的感知。然而，在推演预测方面，真正的智能应当是在具有自我意识的基础上进行的一种创造性行为。当前，不管是通过各种模型还是通过机器学习来进行预测，人工智能技术在预测和推理的准确性上都有不足之处，且不能很好地解决设计创新的问题。对于需要高创新性的环境设计行业，这一点仍然面临着诸多挑战。

三是人工智能生成设计方案被动化、同质化。生成方案也就是以当前的情况为基础进行规划、设计方案的过程，它的技术价值在于针对问题提出相应的解决对策。比如利用程序编译、参数化设计等方法，还有一些借助 AI 来生成设计方案的软件工具等。这种通过计算机程序直接产生设计结果的方式，尽管可以在较短的时间内产出多个可供选择的设计方案，但方案产生的过程存在较多的被动化、同质化属性。计算机程序被动服务于人的指令，注重理性推理而忽略了设计的独创性，难以获得客户和设计师自身的认可。

四是人工智能设计作品评价优化机制不健全。评价优化机制是指对设计方案实施效果的一种反馈，其技术价值在于对方案与设计者进行综合评价。虽然现在已经出现了一些与设计方案评价相似的平台，可以帮助设计师对设计方案进行成果校验，但是使用现有的人工智能算法只能在一定程度上实现对作品美感的评价，不能区分不同作品之间的设计细节差异，所以也就不能实现精准评价，其评价过程依然可以归纳为"人工输入指令，AI 被动执行任务"，没有将人工智能的潜力完全发挥出来。

4 生成式人工智能与环境设计的实践路向

设计师将现实中的知识和信息提炼出来，再按照自身意志对现实中的环境进行改造，构成了一个基础的环境设计闭环，但这是一个耗时耗力的思维和推理过程。将人工智能算法引入环境设计中，可以实现对复杂问题的感知、学习、推理与决策，从而推动环境设计向更高层次发展。然而，如何在环境设计过程中为设计师创造一个 AI 助手，使其在面对复杂的环境设计任务时能根据设计师的意愿和需求采用一种或多种方法来实现"人-AI"混合设计，这是一个值得深思的议题。以下从伦理、目标、框架和算法 4 个维度阐述生成式人工智能与环境设计的实践路向。

4.1 伦理：技术准则

从哲学伦理角度来说，AIGC 是投射在具有机器学习能力的媒介上的人的意图。但 AIGC 在环境设计中不能代替设计师的工作，也不能作为单纯的工具，而应该成为设计师进行创造的助手。从实质上讲，AIGC 是一场科技和人类关系的革命。由竞争者向工具再向助手的转变，需要遵循三个原则：一是将人的意识与思维保留为设计主体的核心价值；二是要对设计者的不足进行弥补，使设计师在交互中获得最大的价值；三是技术回归设计的初心，积极向设计师提出意见。

4.2 目标："人-AI"混合

人与机器都不是万能的。认知科学的相关研究表明，由于人脑计算力、计算时间、通信能力有限，即受到感知力、学习效率、知识搭接能力的限制，当前的人工智能算法仍然处在"弱人工智能"的状态，还有很多关键问题没有得到解决。比如它在已知目标、已知规则和复杂重复性的任务上有很好的工作能力，但在设计方面的能力却相对较弱。与人类设计师相比，人工智能在意志力、创造力、情绪偏好、注意机制上都有缺陷。在环境设计领域，人类和 AI 都有自己擅长的工作，单纯依靠 AI 或者设计师很难达到预期的效果。因此，应在环境设计中建构一个"人-AI"混合体，使其在整体创造能力上有突破性的进展，以适应更为复杂的设计任务。在讨论人工智能与设计师之间的关系时，也有学者提出了"脑机比"这个说法，用来描述人工智能与人的创作之间的关系。对于充满不确定性的设计工作，机器的占比越大，大脑的潜力就越大，人类价值始终占据着重要地位，即人与 AI 关系的理想状态。

4.3 框架：AIGC 辅助环境设计理论框架

已有的研究大多是在环境设计中引入人工智能算法进行研究，没有形成具有创新性的理论体系。在环境设计领域，还没有一套行之有效的人工智能辅助设计的理论和模型，因此如何利用人工智能算法来辅助环境设计，是一个迫切需要解决的问题。本文提出一个 AIGC 辅助环境设计理论框架（图 1），从学习、预测、生成、记忆、突破 5 个维度来促进创新思维活动、增强设计师的创作能力。学习维度指的是对场地信息与创作手法的大规模输入型学习；预测维度指的是对于项目相关数据及信息进行定量分析，进而对最终的设计效果展开初步的推演校验；生成维度则需要根据学习、预测、记忆的结果，对环境设计要素进行生成推演；记忆维度即为设计师意图表征提供一整套的内部逻辑平台，依据之前学习到的基于经验的语义推理能力对与设计项目相关的记忆档案加以扩容，以便增加更多的设计细节，利于日后的信息调取；最终通过内修与外化，产生新的突破，基于之前的所有维度和流程，对已有的逻辑进行持续的肯定或否定，从而获得突破性的成果。

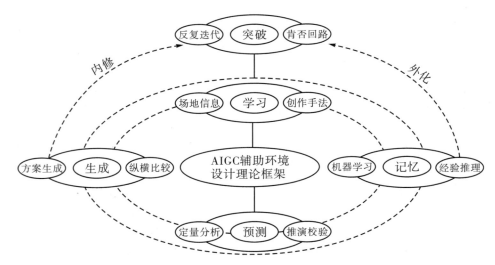

图 1　AIGC 辅助环境设计理论框架

4.4　算法：L-P-G-R-B 算法系统

在环境设计中，围绕学习（learn）、预测（prediction）、生成（generate）、记忆（recall）、突破（breakthrough）5 个层面构建 L-P-G-R-B 算法系统（图 2）。

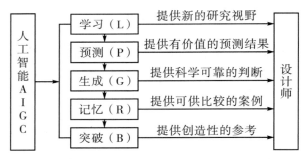

图 2　L-P-G-R-B 算法系统

第一层面——学习。要求 AI 算法能够对环境设计中的场地、空间信息及设计风格进行学习。比如利用聚类分析、决策学模型、多示例学习等方法，从海量的数据样本中找到新的规律和特征。

第二层面——预测。要求 AI 运用推理、归纳、模拟仿真等手段对设计项目的最终效果进行预演，缩小设计误差和不确定性，以获得更为准确的设计结果。例如，利用气候地理模型、集成学习等方法，不断对 AI 模型进行训练和调整，使模型产生具有一定预测价值的结论。

第三层面——生成。要求 AI 算法根据学习、预测、记忆的结果，对环境设计要素进行生成推演。比如采用多智能体博弈强化学习、卷积神经网络、循环生成对抗网络等方法来创建新的设计方案，为设计师提供参考。

第四层面——记忆。要求 AI 在特定类型的输入与特定类型的输出之间建立起映射关系的任务，而不只是表面意义上单纯的"记忆"，还要有意图理解能力、关联耦合排序能力以及基于经验的语义推理能力。比如利用弹性权重巩固算法来评估环境设计项目中各项功能需求的权重，还可利用可微分网神经架构，其不仅具备存储海量设计方案的能力，而且回忆信息可用于解决设计中存在的问题。

第五层面——突破。要求 AI 算法能够基于之前的所有维度和流程，对已有的逻辑进行持续的肯定或否定，从而获得突破性的成果。比如通过连续神经网络、无监督学习、相似性判定算法等，强化 AI 对知识的迁移学习能力，产生从未见过的新方案，从而激发设计师的创作灵感。AI 生成的结果还能用于多轮次的学习和突破，从而形成一个反复迭代的闭环回路。

5 结语

AIGC 具有较强的学习能力、较高的计算效率和发散性，但在数据需求和可解释性上仍有不足。单纯依赖预先训练好的模型，很难达到预期的设计效果，所以针对复杂的设计问题，通过几种方法的综合运用实现"人- AI"混合设计是一个必然的发展方向。从哲学角度来讲，人工智能是投射在具有机器学习能力媒介上的人的意图。换言之，人工智能作为一种工具，它提供的"最优解"是不附带伦理性和价值判断的。因此，设计师应充分理解和运用人工智能所带来的便利与可能性，同时关注自身艺术修养的提高及正确价值观的培养，既为自身的职业发展寻求新的机遇，也恰当运用技术推动设计行业和社会向合理的路径发展。

[参考文献]

[1] 梁家年，杨雨鑫. 人工智能时代室内空间环境的生态设计探讨 [J]. 家具与室内装饰，2021（6）：135-139.

[2] 甘惟，吴志强，王元楷，等. AIGC 辅助城市设计的理论模型建构 [J]. 城市规划学刊，2023（2）：12-18.

[3] 李燕. 基于人工智能时代的室内环境设计方法研究 [J]. 中国建筑装饰装修，2023（11）：54-56.

[4] 武慧君，邱灿红. 人工智能 2.0 时代可持续发展城市的规划应对 [J]. 规划师，2018，34（11）：34-39.

[5] 郑达，艾敬，刘晓丹. 自然、传感器和互联：后人类时代的智能化艺术 [J]. 包装工程，2020，41（18）：10.

[6] 林秀芹. 人工智能时代著作权合理使用制度的重塑 [J]. 法学研究，2021（6）：170.

[7] 吴志强，甘惟，刘朝晖，等. AI 城市：理论与模型架构 [J]. 城市规划学刊，2022（5）：7.

[8] 古天龙，马露，李龙，等. 符合伦理的人工智能应用的价值敏感设计：现状与展望 [J]. 智能系统学报，2022，17（1）：14.

[9] 杨智渊，杨文波，杨光，等. 人工智能赋能的设计评价方法研究与应用 [J]. 包装工程，2021，42（18）：24-34，62.

[10] 王佑镁，王旦，柳晨晨. 从科技向善到人的向善：教育人工智能伦理规范核心原则 [J]. 开放教育研究，2022，28（5）：68-78.

[11] 许为，葛列众，高在峰. 人- AI 交互：实现"以人为中心 AI"理念的跨学科新领域 [J]. 智能系统学报，2021，16（4）：17.

[12] 邱烨珊，车生泉，谢长坤，等. 基于深度学习的上海城市街景与景观美学公众认知研究 [J]. 中国园林，2021，37（6）：77-81.

[13] 赵晶，曹易. 风景园林研究中的人工智能方法综述 [J]. 中国园林，2020，36（5）：82-87.

[14] 周怀宇，刘海龙. 人工智能辅助设计：基于深度学习的风景园林平面识别与渲染 [J]. 中国园林，2021，37（1）：56-61.

[15] 朱莉，汉易鑫，袁利强，等. 基于 AI 制图的数据集制作方法及可行性论证 [J]. 通信与信息技术，2023（4）：87-91，107.

[16] 刘全，翟建伟，章宗长，等. 深度强化学习综述 [J]. 计算机学报，2018，41（1）：1-27.

[作者简介]

刘雅婷，讲师，就职于上海杉达学院艺术设计与传媒学院。

蔡文澜，讲师，就职于上海杉达学院艺术设计与传媒学院。

详细规划与社区规划的数字化管理

面向 CSPON 建设的详细规划全生命周期管理探索

□张淑娟，龚亮，郭健，厉莹霜

摘要：伴随"多规合一"改革的持续深化，规划实施监测工作成为推动国土空间治理的关键，而详细规划作为实施性政策工具，以规划实施监测为核心探索其全生命周期数字化转型尤为必要。全国各地在详细规划实践过程中已积累一些实践基础。本文从面向全国国土空间规划实施监测网络（CSPON）建设的视角剖析当前实践与工作中数据整合、编制转型、主动监管等难点和挑战，提出以搭建包含详细规划"评估—编制—审查—实施—监督"完整循环机制的智能平台为方向，围绕业务联动网络、信息系统网络、开放治理网络对详细规划编制管理手段进行升级，从而提高详细规划全域全要素覆盖、单元差异化适应、弹性管控迭代的能力，形成国土空间规划治理新场景。

关键词：CSPON；详细规划；实施监测；全生命周期

0 引言

《中共中央、国务院关于建立国土空间规划体系并监督实施的若干意见》提出："2025 年全面实施国土空间实施监测预警和绩效考核机制。"我国学者已逐步开展规划实施监测的研究与探索，重在从省、市级国土空间规划的总体框架上构建思路，以及探讨规划实施监测的评估指标体系。国土空间规划体系下的详细规划作为实施性政策工具，是进行国土空间规划实施监测的重要环节，基于国土空间治理数字化转型的大背景，面向实施监测建设的详细规划数字化转型尤为必要。当前学术界尚未形成系统的详细规划数字化转型研究成果，已有以单元实践为例探索详细规划"全周期"数字化转型、以详细规划成果审查为例研究国土空间规划成果智能化审查、从国土空间治理视域研究详细规划数字化转型的技术路径等研究，缺乏将规划实施监测与详细规划全生命周期管理结合思考的研究。本文结合新政策、新形势，基于现有省、市级各地在详细规划数字化转型上的实践工作情况，对面向 CSPON[①] 建设的详细规划全生命周期管理展开探讨。

1 背景与要求

1.1 国土空间治理数字化转型对规划实施监测提出新要求

国土空间治理现代化是国家实现现代化与精细化治理的重要内容，强化数字化对国土空间治理的支撑能力，是推动我国信息化深化改革的主要目标之一。党的二十大报告指出，要加快建设网络强国、数字中国，以数字中国建设助力中国式现代化，着力深化数字中国全面赋能。《"十四五"国家信息化规划》要求加强国土空间实时感知、智慧决策、智能监管，强化综合监管、分析预测、宏观决策的智能化应用。2023 年全国自然资源工作会议把"加快构建基于国土空间规划'一张图'的数字化空间治理体系"作为未来五年自然资源重点工作部署。我国第一部《全国国土空间规划纲要（2021—2035 年）》已编制完成，"多规合一"国土空间规划体系总体形成。纲要中把"建设智慧国土"确立为战略目标任务，并明确要求"建设国土空间规划实施监测网络"。当前国土空间规划正逐步从总体层面向详细规划、专项规划层面深入推进，规划实施监测工作更显关键。依托新技术推进国土空间治理的数字化转型，进一步强化国土空间治理的理论和模式创新，提高规划实施、空间治理的数字化、智能化水平，成为新形势下国土空间精细化治理的应有之义与必然选择。

1.2 "一张图"升级，详细规划编管全程在线数字化管理为新趋势

2023 年 9 月，自然资源部印发《全国国土空间规划实施监测网络建设工作方案（2023—2027 年）》，提出以数字化、网络化支撑实现国土空间规划全生命周期管理智能化的任务要求。工作方案中九大任务的首要任务就是要对国土空间规划"一张图"实施监督信息系统进行升级，形成标准统一、衔接通畅的国土空间规划实施监测网络。其目标是到 2025 年，基本形成全国国土空间规划实施监测网络架构，国土空间规划编制、审批、实施、监督全流程在线管理水平大幅提升；到 2027 年，基本建成"上下联通、业务协同、数据共享"的国土空间规划实施监测网络，实现高水平、全周期、自动化、智能化的国土空间规划管理。同时，明确要求构建CSPON，在已有国土空间规划"一张图"实施监督信息系统等成果的基础上，进一步健全政策理论、提升技术支撑、加强数据治理、完善指标体系、深化算法模型，提供数据赋能、协同治理、智慧决策等更多功能场景的智能化服务，不断推动国土空间规划向智慧化方向迈进。

《自然资源部关于加强国土空间详细规划工作的通知》（自然资发〔2023〕43 号）提出要加快推进详细规划编制和实施管理的数字化转型，依托国土空间基础信息平台和国土空间规划"一张图"系统，统一规划技术标准和数据标准，支撑详细规划分级管理和分阶段编制，有序推进详细规划编制、审批、修改、实施、监督全程在线数字化管理，提高国土空间规划与治理的工作质量和效能。在国土空间规划治理变革与智慧化转型的背景下，应顺应新技术的发展趋势，以数字化改革为牵引，串联国土空间开发保护全链条管理全流程。详细规划作为实施政策性工具，实现其编管全程在线数字化管理是构建规划实施监测网络的关键环节。

1.3 详细规划全生命周期管理开启数据融合治理新篇章

近年来，自然资源部在推动"多规合一"改革落地过程中，大力推进"可感知、能学习、善治理、自适应"智慧规划建设，探索空间数字化、数字可视化、协同网络化、治理智能化新模式。其中，数字管理系统、数据治理、数字生态都是工作中不可或缺的重要组成部分。现阶段，多地已建成省、市、县三级通用的国土空间规划"一张图"系统，并制定全省统一的详细规划数据标准及汇交清单，将按照"统一底图、统一标准、统一规划、统一平台"的要求，从数据逻辑层面打破各类规划数据信息孤岛，构建国土空间治理的数字生态，加快推进详细规划管理与年度国土变更调查、用地审批、土地出让、规划许可、执法监督、地籍管理的全生命周期数据融合治理。现需依托国土空间规划"一张图"系统和CSPON，对详细规划实施情况进行年度体检和定期评估，支撑规划动态更新维护，逐步实现详细规划编制、审批、修改、实施、

监督全过程在线管理，完善动态全时空的详细规划评估与反馈机制，支撑国土空间全周期、全链条管理体系的构建，全面提高自然资源空间综合治理能力。

2　详细规划数字化转型的实践基础与优化方向

2.1　详细规划在省、市层面的实践基础

近年来，各地在落实国土空间规划体系要求中，不断加强详细规划数据库建设与"一张图"完善，支撑编管一体化和数字化转型，在省、市层面形成转型经验、奠定工作基础。

一是在省级层面，以覆盖全域的详细规划编审全周期在线服务与监管功能完善和建立详细规划更新备案机制探索为主。其中，广东省以建立更新备案机制和场景化规划应用为特色，建设包括备案管理、成果质检、三维详细规划"一张图"、规划分析等功能在内的详细规划"一张图"系统；浙江省将控制性详细规划数据纳入"一张图"并通过评定作为报批市县国土空间总体规划的前提条件，推动各市构建控制性详细规划"一张图"，并与省级国土空间规划实施监督信息系统互联互通，强化规划数据更新与历史数据留痕管理；湖南省围绕村庄规划编制的基础数据处理—现场调查—方案编制—成果质检—数据入库的全周期，开发现状调查、成果质检、综合服务管理等相关系统软件，支撑编制效率提高、成果标准化，并将成果纳入国土空间规划"一张图"管理；海南省以"机器管规划"赋能国土空间智慧治理，国土空间规划一体化平台已覆盖空间规划"编、审、调、用、督"全周期，通过建立规划成果审查与管理应用系统，提供规划成果质检、规划成果辅助审查和规划成果管理等功能，推进国土空间规划的编制、审批、修改调整和实施监督全过程留痕。

二是在市级层面，各地侧重已编详细规划的评估入库和详细规划"编、审、施、督"等业务应用场景支撑。广东、湖南等省份各地市均已开展城镇开发边界内详细规划评估入库等基础工作，为数字化管理应用奠定基础。杭州、上海、北京等多个城市围绕更丰富的业务场景开展国土空间规划实施监督系统功能完善工作。其中，杭州市侧重编制和审查环节，围绕详细规划"规划编制、成果审查、成果应用"等业务场景，构建国土空间详细规划全流程管理信息系统，搭建支撑在线编制的任务管理模块、辅助规划编制的工具、图则自动生成功能、规划成果展示模块等，支撑形成集数据动态化、编制规范化、审查自动化、展示直观化、分析智能化的智慧规划体系；深圳市侧重评估和编制，以标准单元作为规划编制、管控和实施监督的空间载体，实行分级管控、分类编制，为规划实施预留弹性，并通过建立动态的信息台账制度对法定图则城镇单元刚性要求进行实时动态管控；北京市侧重实施和监督，探索建立详细规划信息化实施运行系统及预警监测平台，依托国土空间信息系统，以规划街区为基本单元，对市区规划实施情况进行实时监测、动态预警。

2.2　详细规划数字化转型的工作难点

目前在详细规划数字化探索过程中基本形成"统一底图、动态评估、多维分析、智能审批、动态监测"的编制管理实施目标场景，但在实践过程中仍存在难以落实的障碍和壁垒。

2.2.1　协同使用路径不畅，数据整合难

由于缺乏统一的数据搜集和处理机制，详细规划编管所需数据的采集、存储、管理分散，标准化基础差，导致数据整合工作推动缓慢，且现有数据与业务时空关联较弱，难以支撑协同使用和长效管理。

2.2.2 多维适用技术缺乏，编制转型难

存量背景下详细规划涉及的参与者和利益主体复杂，对规划编制中过程的动态协同、要素的全面统筹、单元的分类差异、管控的刚弹结合等要求逐步加强，实际工作对支撑规划科学编制的数字化模型的实用性和灵活性要求更高。目前普遍采用基于规划师技术经验支撑的规划编制模式，成果质量参差不齐。

2.2.3 实时监测手段不足，主动监管难

规划基础数据以单一时间节点采集数据为主，编制过程以平台外的"线"下为主，审批管理以业务办理流程的过程记录为主，实施监督以事后定期评估为主，从而导致对规划的编管过程协同难，成果的实用性、适用性不佳，规划实施及时预警难，在长周期实施中易出现偏离目标、触碰底线等情况。

2.3 详细规划数字化转型的优化方向

面向当前高质量发展及高效能治理水平目标，应基于现有"一张图"系统，聚焦"五级三类"国土空间规划实施监督监测要求，强化数字化网络支撑、搭建智能化信息平台，以"主动式监督预警"为目标驱动规划全生命周期管理转型。

在规划编制管理维度，应着重针对详细规划的全域全要素覆盖、单元差异化等特点，研究制订各项适应性标准，强化全面、实时的数据底座支撑能力和算法模型对城市偶发性事件与趋势发展模拟推演能力，支撑管理工作从空间"监测"到治理"决策"转型。

在系统平台支撑维度，结合业务需求、智能工具、算法模型、技术创新和制度创新，开展指标、模型、场景等设计，提升动态感知、智能审查、实时监测、自动预警、模拟推演、便捷服务等能力，实现规划数据底座的持续更新优化和规划实施监督的主动式动态反馈，搭建包括详细规划"评估—编制—审批—实施—监督"的完整循环机制和智能数据平台（图 1）。

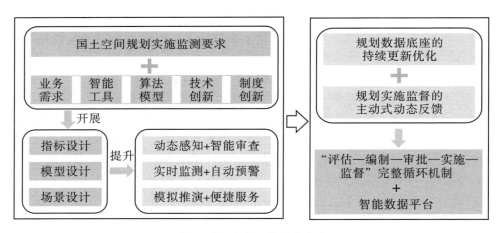

图 1 详细规划工作优化方向

3 面向 CSPON 建设的详细规划工作路径与治理新场景

3.1 工作路径

详细规划数字化转型是国土空间规划改革中的基础性、关键性抓手，面向建设国土空间规

划实施监测网络的新要求，形成纵向可传导、评估可反馈、编管可协同、实施可监督的精细化详细规划管理模式，核心路径应重点围绕国土空间规划实时监督监测需求，通过数据网络支撑和智能化信息技术赋能探索详细规划工作新路径（图2）。

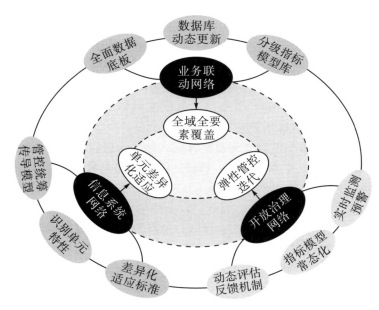

图2　详细规划工作新路径

3.1.1　以业务联动网络提升详细规划的全域全要素覆盖能力

通过统一数据采集收集机制、数据标准规范、地理空间框架，保证各级各类的多源数据时空能对齐、属性能关联，维持多源数据库动态更新，形成全域全要素的详细规划"一张图"底板。再通过统一管理、分级建设的全面覆盖的指标模型库，形成业务联动网络，串联国土空间开发保护全链条管理业务，针对各类国土空间要素与人地（海）协调需求，有机衔接各级自然资源部门的用途管制要求与空间利用需求，提升详细规划全域全要素覆盖的能力与有效性。

3.1.2　以信息系统网络提升详细规划的单元差异化适应能力

依托 CSPON 和智能信息化平台建立统筹传导模型，明确管控底线，可以实现详细规划与总体规划的传导、与专项规划的衔接、与周边单元的联动，进一步识别每个编制单元的规模分解、功能特性、核心问题，从而确保详细规划在具有单元差异化的基础上还有良好的适应性标准，通过标准化建设形成利于使用、利于管理、利于评估的规划成果。

3.1.3　以开放治理网络提升详细规划的弹性管控迭代能力

通过建立主动式实时动态的规划实施监测预警机制，提升详细规划的弹性管控能力。在数智信息网络平台中，可对不同单元类型的详细规划设立相应关键指标，利用数智体系进行项目跟踪和实时体检，从规划全周期的角度出发，实现关键指标相关数据和计算模型实时变化，自动触发智能平台对方案进行评估测算并且及时反馈，协助动态化调整规划实施方案，建立以人为本的规划动态评估反馈机制，以指标模型为常态化分析评价手段。通过数字化的开放平台，可协同社会大众和利益相关方监督规划实施，提升对用地布局规划、公共服务设施规划、开发强度与规模控制规划等实施情况和重点领域、突出问题等的监测预警能力，并将详细规划进一步与国土空间资产化市场接轨，根据城市的产业发展需求来迭代详细规划的弹性管控方式。

3.2 治理新场景

3.2.1 更全要素——数据治理与信息模型巩固详细规划的数字标准

依托 CSPON 的数据治理能力和信息模型建设成果，未来的详细规划治理将具备更为完善的数字标准，形成全国统一的详细规划信息化技术体系。重点形成统一的详细规划层全要素数据框架，基于"统一标准、统一管理、统一平台、统一应用"的治理原则与详细规划面向土地用途管制的管控精度，构建包括技术标准、现状维护数据、规划管理数据、实施监督数据等一系列数据的标准化数据管理体系。这些数据将在 CSPON 中实现全面的资源互通，以支撑从国家到省再到市的无缝管理与跨行政地域的无缝衔接，从而实现各地区详细规划"形式统一、深度统一、细节差异、特征差异"的治理场景。

3.2.2 更富精度——实景三维与流动空间奠定详细规划的信息权威

CSPON 实景三维中国建立了非常精准、权威的国土空间全域数字孪生基础，流动空间监测分析数据则囊括了多元、实时的空间要素演变信息。这两项网络内容高度契合详细规划的精细化管理需求，将大大提升详细规划实施监测全流程中的信息权威度。通过规范的数据获取程序，规划编制单位将拥有三维化的基础数据与全面化的动态数据，全方位淘汰多部门收集资料再入库汇总的工作模式，为详细规划建立权威的数据环境；在不同区域之间详细规划核心指标的平行对比与成果衔接方面，实景三维中国将支撑形成直观的方案对比方式，流动空间监测数据成果则会成为具有务实意义的方案评价因子。

3.2.3 更易编制——人工智能与算法模型辅助详细规划的技术投入

人工智能与算法模型技术在辅助规划设计端的应用将显著提高详细规划编制的效率和呈现效果，以 ChatGPT、Midjourney 等为代表的 AIGC 应用具备文本、图片、视频等多模态感知和认知融合能力的大模型，将成为 CSPON 环境下常态化的详细规划编制手段。详细规划工作中的规划单元划分、单元承载力计算、空间效果图输出、分析图绘制、指标赋值、图则编制等内容将逐步实现人工智能替代化输出，人工编制的重点则聚焦于战略落地、土地整备、布局设计等主观裁量性的工作内容与对 AI 处理结果的人工修正当中，进而建立详细规划编制技术科研化发展的更新迭代机制。

3.2.4 更好决策——公众平台与智慧决策革新详细规划的审查机制

CSPON 公众版将为公众认识规划、感知规划、参与规划带来全新的体验。将有更多样化的成果呈现手段来让各类公众主体充分读懂规划，也将有更多维的成果内容渗透至公众的生活信息网络中，进而构建单位、企业、个人多层次多角度参与详细规划决策的审查机制。对审查部门与审批主体而言，源自权威数据与统一技术标准的三维立体化方案呈现和流动空间多数据分析结论将成为规划方案的客观评价，以机器审查规划的形式发挥第三方技术审查的作用，为规划决策提供可靠的技术依据，实现规划审批过程中全过程留痕、全角度保障。

3.2.5 更多交互——动态监测与智能平台支撑详细规划的有效监督

通过空间信息感知手段采集多源时空数据，通过人工智能、大数据、云计算构成的技术体系对各类数据信息进行交互协同，并以此构建面向详细规划实施监测的应用分析模型，动态监测空间底线等约束性指标、及时预警潜在实施风险，并自动将监测评估结果反馈至规划调整和规划实施阶段，形成一体化循环的实施动态监督机制。依托数字技术，构建保障协同高效的数字规划机制、开放共享的数据资源体系、智能便捷的工作平台的公共服务支撑体系，把详细规划的决策方案、审批及评估结果等内容公示在智能平台应用中，畅通公众监督反馈的路径，并实时跟踪评估公共服务支撑体系的运转情况，进而支撑详细规划的长期有效监督（图 3）。

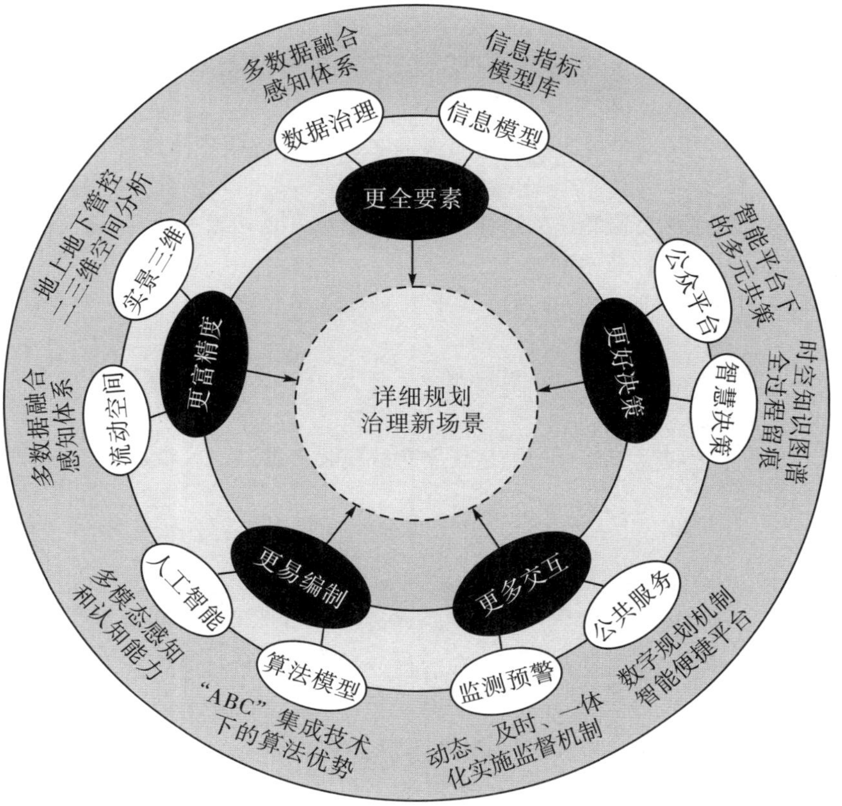

图 3　详细规划治理新场景

4　结语

国土空间治理数字化转型背景下，规划实施监测需更加精细化，详细规划全生命周期需开启数据融合治理新篇章，实现全程在线化管理。本文重点分析了详细规划数字化转型的实践基础与优化方向，旨在提出面向 CSPON 建设的业务联动网络、信息系统网络、开放治理网络 3 个层面的建设网络，以及全面数据底板、数据库动态更新、分级指标模型库、管控统筹传导模型、识别单元特性、差异化适应标准、动态评估反馈机制、指标模型常态化、实时监测预警 9 个方面的建设任务，结合国土空间详细规划工作的现有问题与工作方向提出了三大网络对于详细规划的主要促进路径，并展望了详细规划工作未来可能的治理场景。CSPON 是一个复杂且有无限可能的命题，值得持续深入研究，其对于详细规划工作的全面赋能有待在后续实践中进一步试验与总结。

[注释]

①CSPON：China spatial planning online monitorning network，国土空间规划实施监测网络。

[参考文献]

[1] 黄伊婧，张姗琪，林昀，等. 城市级国土空间规划实施监测体系的构建思路与实践探索：以宁波市为例 [J]. 自然资源学报，2024，39（4）：823-841.

[2] 田朝晖，唐萍，程潇菁. 省级国土空间规划监测评估预警机制框架建构与运用：以湖南省为例 [J]. 国土资源导刊，2023，20（3）：54-60.

[3] 王晓莉，胡业翠，牛帅，等. 国土空间规划实施监测评估指标体系构建的探讨 [J]. 中国土地，2024（2）：32-35.

[4] 雷征. 开发区国土空间规划监测评估指标体系构建研究：以广西良庆经济开发区为例 [J]. 国土资源导刊，2022，19（4）：42-47.

[5] 向晓琴，高璟. 实施监测视角下的市级国土空间规划指标评析 [J]. 规划师，2023，39（12）：77-84.

[6] 陈东梅，彭璐璐，马星，等. 国土空间规划体系下南沙新区详细规划成果智能化审查研究 [J]. 规划师，2021，37（14）：47-53.

[7] 杨先贤. 国土空间治理视域下的详细规划数字化转型技术路径：以福建厦门为例 [J]. 中国土地，2023（12）：36-39.

[作者简介]

张淑娟，高级工程师，注册城乡规划师，就职于广东国地规划科技股份有限公司。

龚亮，高级工程师，注册城乡规划师，就职于广东国地规划科技股份有限公司。

郭健，高级工程师，就职于广东国地规划科技股份有限公司。

厉莹霜，就职于广东国地规划科技股份有限公司。

CSPON 背景下规划传导机制与全流程管控

——以详细规划为例

□阮怀照，齐宁林，徐海丰，曹岳新

摘要：规划是引领城市建设发展的规范性纲领，全国各省、市的国土空间总体规划均陆续批复后，下一步的工作重点就是详细规划的编审工作。作为规划体系中承上启下的关键环节，详细规划不仅需要承载总体规划的战略部署，还需要确保规划有效实施落地。本文基于 CSPON 背景下聚焦详细规划的传导管控，通过研究构建有效的规划传导机制，形成科学、合理、可操作的规划传导方法与路径，从而推动详细规划的有效承接与传导实施，保障规划目标精准落地。同时，积极探索应用新技术、新方法，串联详细规划"编—审—管—用"全业务环节，建设详细规划全流程管控系统，实现详细规划全流程、全方位、全尺度、立体化管控，全面提高规划编制与管理的工作效率和质量，为城市管理者提供更加精准、高效的管理工具，助力规划业务数字化转型。

关键词：CSPON；详细规划；规划传导机制；全流程管控

0 引言

为推进国土空间治理能力现代化，更好地引导建设发展，2019 年 5 月，中共中央、国务院印发《中共中央、国务院关于建立国土空间规划体系并监督实施的若干意见》，提出建立全国统一、责权清晰、科学高效的国土空间规划体系，实行分级管理、相互衔接。2023 年 3 月，自然资源部印发《自然资源部关于加强国土空间详细规划工作的通知》（自然资发〔2023〕43 号），提出国土空间详细规划在"五级三类四体系"中属于实施层面的规划，需要有效承接上位规划并精准传导至下位规划，同时强调了详细规划的法定作用和政策属性，指出要加快推进详细规划编制和实施管理的数字化转型，依托国土空间基础信息平台和国土空间规划"一张图"系统，按照统一的规划技术标准和数据标准，有序实施详细规划编制、审批、实施、监督全程在线数字化管理，提高工作质量和效能。2023 年 9 月，自然资源部办公厅印发《全国国土空间规划实施监测网络建设工作方案（2023—2027 年）》，提出建设 CSPON（国土空间规划实施监测网络），实现从碎片化管控转向系统化管控，从静态化管理转向动态化管理，推进国土空间治理体系和治理能力现代化。

详细规划作为规划管理的核心，在规划体系中具有承上启下的重要作用，如何做好详细规划的规划传导管控对整个规划体系构建具有重要意义。本文基于 CSPON 建设背景，以城镇开发边界内的详细规划为例，聚焦详细规划层面的规划传导与管控。通过梳理详细规划管控要素，探究如何在详细规划层面打造"上下贯通、横向到边"的传导机制，并基于有效的传导机制探索建设多维度、多层次、立体化的详细规划全流程管控系统，从而推动详细规划实现全流程、全方位、全尺度、立体化的协同管控机制，以期为新时代下的国土空间详细规划管理工作提供新思路、新方法。

1 规划传导机制建构

规划传导是将规划战略目标及政策指导分解落实到具体实施方案中的运营管理机制，是保障国土空间的控制指标、功能布局、要素配置和形态等方面的指导与约束要求能否具体落地的关键，更是 CSPON 进行监督管控的有效路径。

1.1 厘清规划管控要素

国土空间总体规划是基于宏观层面的战略性规划，在向下位规划传导的过程中需要将总体规划的内容不断具象化，从而对全域全要素进行精准把控，最终实现建设内容与总体规划保持高度一致。本文围绕全要素内容，系统梳理了各级各类规划的内容要素，并基于新时代下的规划管控要求，采取分类、分级、分时序原则，按照空间性与非空间性进行梳理，将要素划分为引导型要素、指标型要素、名录型要素、结构型要素、位置型要素、边界型要素、区划型要素等 7 类管控要素（表 1）。

表 1 管控要素内容

类型		主要内容
非空间性	引导型要素	战略定位、总体目标、规划理念、保护需求、设施布局要求、景观风貌控制要求等定性管控要求
	指标型要素	建设用地总规模、建设面积、建筑高度、绿地率、容积率等定量管控要求
	名录型要素	要素名称、历史文化资源、近期行动计划、准入清单等管控要求
空间性	结构型要素	保护开发总体格局、生态安全格局、农业发展格局和城镇空间总体格局等
	位置型要素	市政设施的基本方位、交通设施和管廊等线网的基本走向
	边界型要素	道路与各类设施的用地边界、公共服务设施用地边界、水域及其水系的规划控制线等
	区划型要素	按照政策进行商业、居住、工业等国土空间规划分区与用途分类

1.2 打通总体规划到详细规划的传导路径

详细规划是对总体规划和专项规划内容的深化与落实，是对上位规划的具体响应，CSPON 的监测也是依据传导路径对要素落实进行监测。因此，构建有效的传导路径是落实管控的关键。

传导路径的探索需依据管控要素内容按照不同层级进行分解细化，同时明确各类相关规划所对应的传导内容与传导方式，落实精细管控要求。针对特定要素及特定区域的多项专项规划和详细规划之间的相互配合，建立由单一传导向多向传导转变的传导路径（图 1）。因此，在详细规划编制的过程中不仅要全面、有效地承接上位总体规划层面的管控要素，还需要兼顾各类专项规划要求。

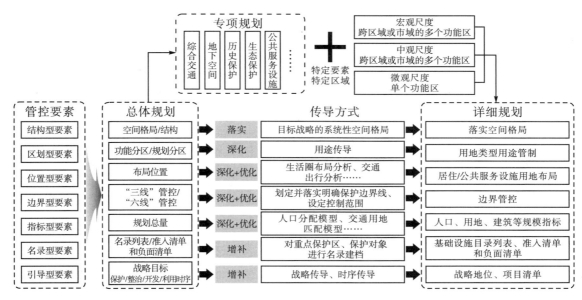

图 1　总体规划到详细规划的传导路径

在完善总体规划相关要求的基础上，在考虑优化各类专项规划发展目标的同时，应明确规划实施的保障措施，确保传导路径畅通、管控要素有效传导，实现总体规划层面、专项规划层面到详细规划层面有清晰的传导路径。

1.3　以单元为载体推动管控要素向下传导

单元层面是为了适应空间建设规划管控需求而划定的单元空间范围，进一步落实国土空间总体规划和衔接相关专项规划要求，强调底线管控；实施层面的重点内容为用途管制及空间形态设计，侧重管控内容的落地实施性。

在严格遵循单元层面管控要求的基础上，区分增量空间和存量空间，立足资源资产的权益关系，以国土调查、地籍调查、不动产登记等法定数据为基础，细化用地布局、城市更新、交通承载力评价、社区生活圈构建、城市设计等工作。其管控重点主要体现在底线管控、规模控制、配套设施保障、城市设计、道路交通管控、绿地和开敞空间保障及历史文化保护等传导落实情况。

通过采用同类型、分层分解细化的模式进行要素内容的落实，明确各管控内容从单元层面到实施层面的传导路径与管控要素（图 2），精准落实刚性管控要求，同时重点体现弹性引导内容，保障单元层面有效传导至实施层面。

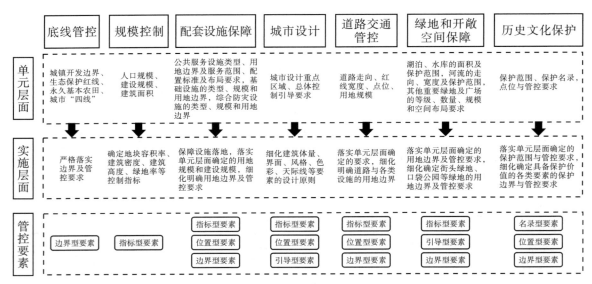

图 2　从单元层面到实施层面的传导路径与管控要素

2　探索详细规划全流程管控

当前详细规划的编制、审查与管理流程大多呈现单向流程、编审分离、编评双线等业务模式，存在先进技术手段和方法缺乏、审批流程烦琐、规划编制过程与实施过程缺少有效的衔接机制等现象，同时不同部门和业务相关机构在规划资源共享方面缺乏有效的沟通机制，信息存在孤岛现象，使编制与管理工作在效率、精准性及实时性等方面存在一定问题。详细规划的数字化转型升级是解决现有详细规划编制业务痛点，实现新时代国土空间规划"可感知、能学习、善治理、自适应"的重要途径。

在 CSPON 规划全流程实施监测背景下，聚焦新一轮详细规划业务层面，以规划传导机制为指引，以业务为驱动，探索详细规划"编—审—管—用"全业务流程信息化建设（图 3）。

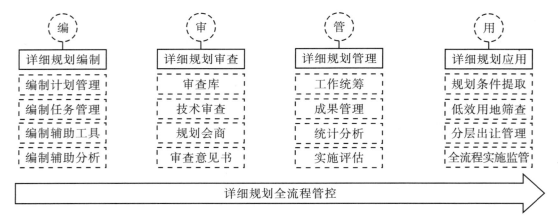

图 3　详细规划全流程管控

2.1　规范衔接——衔接规范化的标准体系

标准化、规范化的标准体系是保障信息化建设的基础。为确保详细规划工作的顺利进行，做好与国家层面、地方层面的详细规划数据库规范、详细规划编制导则及详细规划管理办法的衔接工作至关重要。

2.1.1 衔接详细规划数据库规范

依据2024年1月自然资源部办公厅印发《关于城镇开发边界内详细规划数据库规范（试行）的函》中的数据标准搭建详细规划数据库，按照单元层面与实施层面的数据要求建立数据库（图4）。

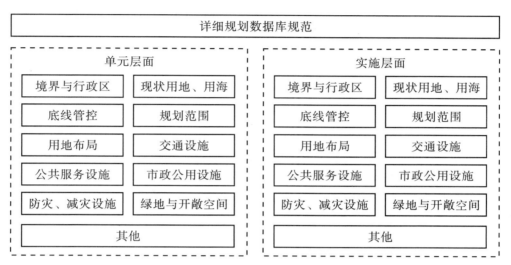

图4 详细规划数据库规范

2.1.2 衔接地方详细规划编制导则

按照"管什么、编什么、审什么"的思路，开展详细规划编制导则的衔接工作，确保详细规划编制的内容具体明确、可操作，为后续的审查工作提供方向指引。编制导则明确规划编制的具体内容包含功能定位、空间布局、规模控制等各类空间规划的规则与管控内容，其中明确了单元层面与实施层面的管控要点、对重点区域的细化要求及规划成果的输出与入库要求（图5）。

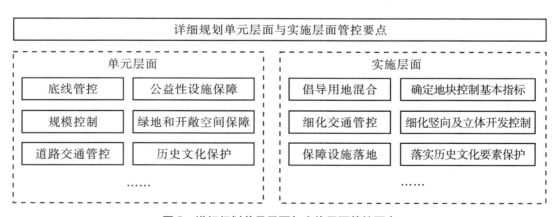

图5 详细规划单元层面与实施层面管控要点

2.1.3 辅助详细规划管理办法编制

详细规划管理办法是指导规划审批程序信息化建设的路线指引，也是规划审批合规性的依据之一。编制详细规划管理办法，明确各部门在详细规划审查过程中的职责，审查上报新编详细规划的程序、详细规划修订审批程序、详细规划调整审批程序、详细规划维护程序等，为构建系统的业务审批流程提供保障。

2.2 详细规划编制——精细规划未来城市格局

2.2.1 规划编制计划与任务管理

在详细规划编制阶段，提供编制计划与编制任务管理功能。通过创建编制计划，填写基本信息与规划编制要求，上传规划范围、底图数据等附件信息，即可完成计划的填报与生成。待计划条件成熟，便会推送到编制任务管理。编制任务管理支持编制任务发布与跟踪管理，同时可对规划编制的进度进行监督查看，实现编制计划与编制任务的有效串联和管控，系统化、科学化地辅助编制工作，精确把控编制进度和质量。

2.2.2 规划编制辅助工具

随着详细规划编制环境的变化和编制要求的提高，为了实现编析同步、编析闭环，需要从增强数据协同性、提升分析效率等多个维度进行考虑。面对这一挑战，在规划编制过程中提供规划编制辅助工具，可有效提升工作效能。考虑到 CAD（计算机辅助设计）与 GIS（地理信息系统）两种编制环境的不同，按照详细规划数据库规范，分别开发两种编制辅助工具，满足不同编制环境的需求。以 GIS 环境编制辅助工具为例，通过"转—检—规—符—库"（图 6）实现全流程辅助编制。"转"是为满足编制工作需求提供格式转换工具，确保 CAD 与 GIS 等软件的数据可顺畅转换；"检""规""符"是基于统一数据标准，进行图形检测、图形规整定义和数据符号化；"库"则是生成符合详细规划数据库规范的矢量成果数据，为详细规划报审提供符合标准的成果数据。

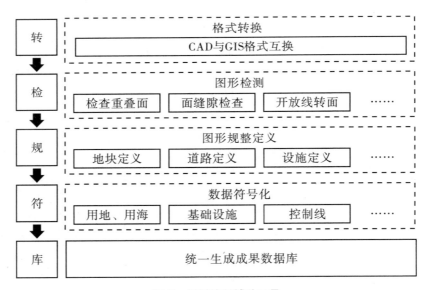

图 6 规划编制辅助工具

在详细规划编制的全过程中提供详细规划辅助分析，并区别于以往的二维分析，结合三维技术将城市设计要求精准纳入详细规划以作为管控依据，在进行规划分析的同时提供三维立体空间分析，实现二维空间管控向三维空间管控的转变。分析内容包括用地、公共服务配套、市政设施、空间等维度，实现立体化、多维度、多层次的规划分析，大幅提升规划编制工作效能（图 7）。

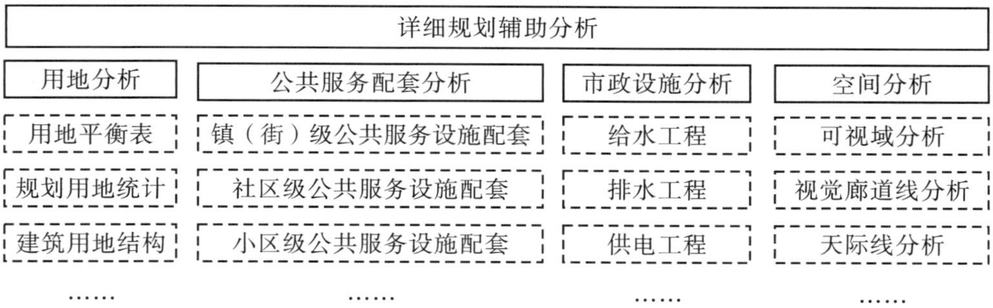

详细规划辅助分析			
用地分析	公共服务配套分析	市政设施分析	空间分析
用地平衡表	镇（街）级公共服务设施配套	给水工程	可视域分析
规划用地统计	社区级公共服务设施配套	排水工程	视觉廊道线分析
建筑用地结构	小区级公共服务设施配套	供电工程	天际线分析
……	……	……	……

图 7 详细规划辅助分析

2.3 详细规划审查——严谨把握城市发展脉络

2.3.1 审查要点梳理

通过梳理相关法律法规、标准规范等内容，并按照审查类型、审查内容、审查细则、审查方式等模块进行整理。经过梳理，审查类型共计 6 项，审查内容共计 105 项，机器审查率近80%（表 2）。

表 2 审查要点

审查类型	审查项	审查内容	审查细则	审查方式
基础审查	5 项	规划具备资质	是否具备编制资质	机器审查
		初步审查情况	是否通过镇（区）初步审查	
			是否附有审查意见	
		规划内容齐全	是否包含技术文件	
			是否包含法定文件	
		……	……	
过程审查	5 项	评审程序	是否通过专家及部门评审程序	人机交互审查
			是否具有相关职能部门材料	
		评审意见修改	是否根据评审意见作出修改（修改说明书）	
		相关部门书面意见材料	是否有相关部门盖章材料	
		……	……	
数据规范性审查	17 项	数据完整性	文件目录命名是否符合标准	机器审查
			文件名称是否符合标准	
			图层名称是否符合标准	
			数据格式是否符合标准	
		空间完整性	数据坐标是否符合标准	
			高程坐标系是否符合标准	
		空间属性数据标准符合性	图层完整性	
			属性数据结构一致性	
			数值范围符合性	
			……	
		……	……	

续表

审查类型	审查项	审查内容	审查细则	审查方式
总体规划传导性审查	13 项	底线管控	压覆永久基本农田 压覆生态保护红线 压覆城镇开发边界	机器审查
		总体规划对比	绿地布局 公共服务配套 市政配套	
		指标对比	用地性质 规划指标	
		……	……	
专项规划衔接性审查	32 项	重大基础设施布局	重大交通枢纽 重要线性工程网络 地下空间 ……	机器审查
		生态空间专项规划	生态屏障 区域生态廊道 组团生态廊道 ……	
		交通专项规划	综合交通 干线公路网 轨道交通线网 ……	
		……	……	
技术合规性审查	33 项	区域协调	规划范围是否完整 用地性质是否与相邻已批/编规划协调 道路交通是否与相邻已批/编规划协调	机器审查
		整体功能布局	用地发展是否充分 用地功能结构及布局是否合理	人机交互审查
		规划指标体系	标准图则控制指标是否完善 附加图则指标是否符合规范 各类指标设定是否与准则匹配	机器审查
		……	……	

2.3.2 规划成果智能审查

依托审查要点梳理后的内容，通过关键要素进行解析，将要素规则转译为计算机可读规范，并利用深度学习决策机制识别提取计算要素，构建审查知识库并应用到审查中，实现多数审查要点机器自动审查、部分人机交互的智能审查机制。同时，基于信息化系统建设，实现规划云上会商，为评审专家提供更加便捷化的规划会商办法。审查流程结束后，系统将汇总审查数据信息并出具审查意见书。

通过智能化的审查机制建设，有效确保审查内容全方位、全要素、全覆盖，从而有效提升详细规划编制成果审查的效率与质量。

2.4 详细规划管理——精准把控规划管理工作

2.4.1 编审情况统筹把控

基于规划业务管理需求，以图表的形式展示全域详细规划计划及推进情况、覆盖情况、分布情况、变化情况、各类用地占比情况等，快速了解当前规划编制具体情况，推动详细规划的有效实施和可持续发展（图8）。

图8 规划编制概况

2.4.2 规划成果入库管理

规划编制完成后，经过检查的数据成果将由原来的原始数据库进入详细规划正式库。数据成果进入正式库后将同步上传至国土空间基础信息平台数据库，实现数据动态汇聚，并与"一张图"实施监督系统等业务系统动态共享对接，为详细规划成果应用提供数据支撑（图9）。规划调整后也将按照同流程进行入库处理，实现规划数据实时更新，保障数据的精准性。

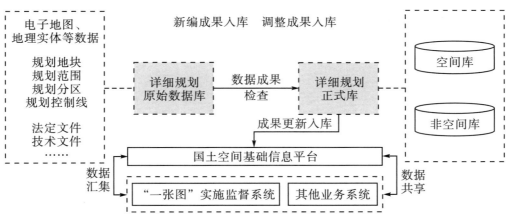

图9 详细规划成果数据管理

2.4.3 规划成果统计分析

基于详细规划成果数据，面对内部日常办理需求，提供规划成果统计分析功能。选择需要统计的业务类型与区域，即可统计并查看区域内规划用地性质、片区情况、地下空间信息、用地指标、人均用地面积及宜居生活分析。支持对详细规划调整情况进行统筹把控，全面了解详细规划调整汇总、明细及调整前后用地性质对比等内容详情，辅助业务决策（图10）。

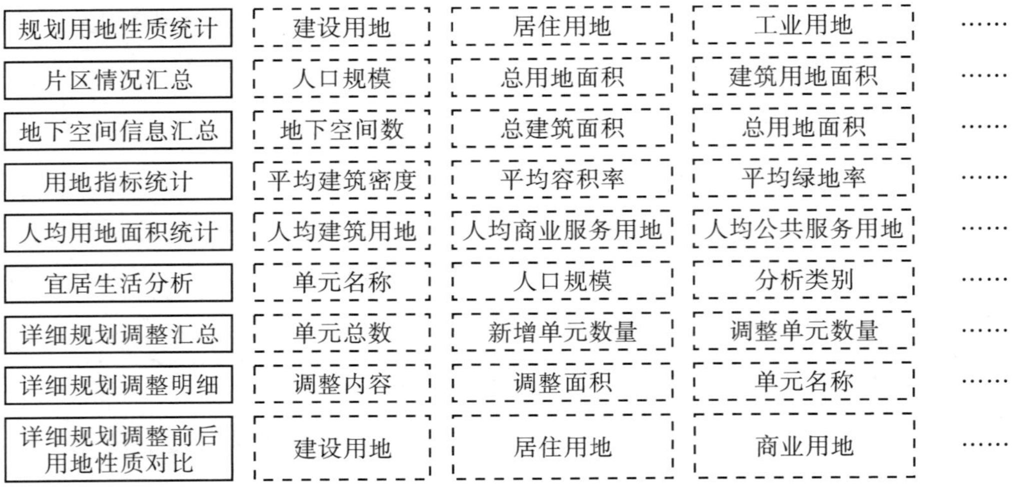

规划用地性质统计	建设用地	居住用地	工业用地	……
片区情况汇总	人口规模	总用地面积	建筑用地面积	……
地下空间信息汇总	地下空间数	总建筑面积	总用地面积	……
用地指标统计	平均建筑密度	平均容积率	平均绿地率	……
人均用地面积统计	人均建筑用地	人均商业服务用地	人均公共服务用地	……
宜居生活分析	单元名称	人口规模	分析类别	……
详细规划调整汇总	单元总数	新增单元数量	调整单元数量	……
详细规划调整明细	调整内容	调整面积	单元名称	……
详细规划调整前后用地性质对比	建设用地	居住用地	商业用地	……

图 10　统计分析

2.4.4　规划成果实施评估

为确保规划在编制过程中实现要素的有效衔接传导，基于规划成果数据对规划的实施成果进行评估。首先，系统可实现对总体规划传导、专项规划衔接、规划用地落实、道路交通落实、市政管线管控进行评估，通过全面梳理自上而下的传导内容并进行对比评估，确保管控要素内容的有效衔接落地。其次，可通过对森林覆盖情况、公园绿地/广场覆盖情况、卫生医疗设施覆盖情况、中小学覆盖情况、体育设施覆盖情况等生活指标进行综合分析，评估宜居生活。最后，基于各类数据指标可构建重大项目影响评估体系及其他类型的评估体系，实现对详细规划内容的实施评估（图 11）。通过多方面、多维度的分析，确保详细规划指标有效衔接落地。

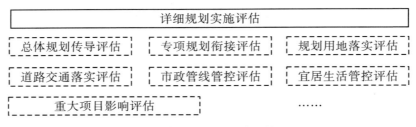

图 11　详细规划实施评估

2.5　详细规划应用——高效推进城市发展落地

详细规划成果的应用探索是一个兼具创新性与挑战性的过程，旨在进一步挖掘详细规划成果的应用价值，使其更好地服务于国土空间建设发展。围绕业务内容，结合信息化技术深入探索实践应用，可更好地发挥详细规划成果价值。

2.5.1　规划设计条件提取

规划设计条件提取分三步：第一步，基于详细规划成果自动提取用地规划设计条件，包括用地性质、地形图号、总用地面积、容积率、绿地率、建筑限高、可建设用地面积等指标内容；结合各地公共服务设施配置要求，用人机交互的方式生成公共服务设施配套设施一览表。第二步，通过提取指标进行空间排布推演与成果检测分析，保障规划设计条件的合规性与合理性。

第三步，基于自主渲染引擎，实现对推演方案的环境优化模拟，可以更直观地展示规划成果，从而构建"提取—推演—分析—仿真"全生态的业务应用体系（图12），指导规划实施工作科学开展。

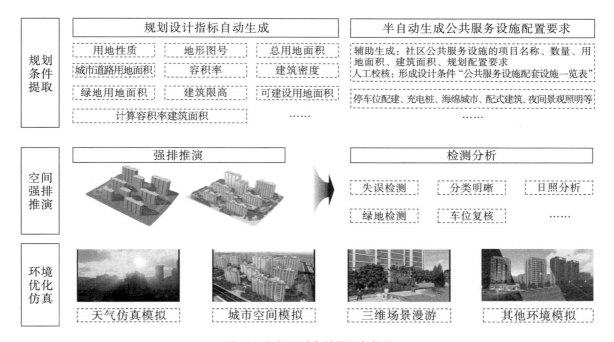

图 12 规划设计条件提取与推演

2.5.2 低效用地筛查

针对工业用地、商业用地、居住用地等用地类型，结合各类用地指标，量化计算不同用地类型的低效值，并在地图上标注低效用地，实现低效用地筛查（图13），辅助管理部门进行用地相关业务的管理与决策。

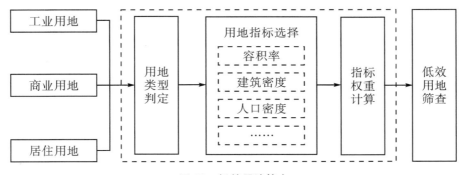

图 13 低效用地筛查

2.5.3 分层出让管理

为响应城市用地空间使用权分层设立发展趋势，保障地表、地上、地下空间的高效、规范、科学开发，构建地上、地表、地下空间分层出让管理机制，支持对详细规划成果进行分层展示，支持业务信息查询、图层控制、出让地块信息标注与汇总统计业务应用（图14），从而提升国土空间用地综合利用效率，促进城市空间结构优化发展。

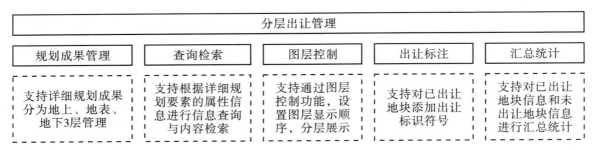

图 14　分层出让管理

2.5.4　全流程实施监管

通过标准化的详细规划数据全方位指导工程建设项目管理实施，从规划条件的精准提取到项目落地验收，实现空间赋能与指标管控在不同环节的高效衔接及传导，落实规划到工程建设项目全流程管控（图 15），实现规划条件高效落地，确保项目建设的科学性和规范性，确保每一个环节都严格遵循规划管控要素的要求，为规划的顺利实施提供有力保障。

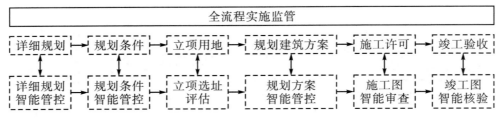

图 15　全流程实施监管

3　结语

因为详细规划在"五级三类"国土空间规划体系中处于承上启下的关键环节，所以详细规划的数字化转型是国土空间规划数字化转型的关键环节。本文基于 CSPON 的建设背景，探索构建新时代详细规划传导机制与详细规划全流程的业务管理。通过厘清管控要素，打通传导路径，构建新形势的传导机制，并结合新机制、新标准、新技术、新方法建设详细规划全流程管控系统，实现详细规划业务全流程、全方位、全尺度、立体化管控，更好地满足新时代的规划业务应用需求。

国土空间规划数字化转型之路任重而道远，其内容涉及海量数据的处理、复杂的业务流程，以及实现跨部门、跨领域的业务协同合作。因此，转型不仅要求在技术上不断创新和突破，还需要在理念、制度、政策等多方面进行深刻变革。只有多部门、多层级、多维度、多渠道全面深化推进数字化转型，才能更好地支撑国土空间规划的科学决策和精准实施，为新时代的建设发展提供强有力的能力支撑。

[参考文献]

[1] 杨鸽，吴倩薇，张建荣. 国土空间详细规划编管体系优化路径 [J]. 规划师，2023（11）：117-123.

[2] 郭滕昕. 国土空间详细规划二三维一体化路径与应用探索：以福建省福清市为例 [J]. 福建建设科技，2023（6）：4-6.

［3］陈伟，何蕾，周维思. 国土空间规划体系下的武汉国土空间详细规划探索与实践［J］. 城乡规划，2023（6）：91-98.

［4］庄少勤，赵星烁，李晨源. 国土空间规划的维度和温度［J］. 城市规划，2020，44（1）：9-13，23.

［5］周梦麒，张程亮，余嘉珊. "穿透式"规划传导下重庆市国土空间详细规划编制路径研究［J］. 重庆建筑，2024，23（1）：5-9.

［6］周晓然. 国土空间规划改革背景下规划编制信息化转型思考［J］. 规划师，2020，36（18）：65-70.

［7］田鹏. 控制性详细规划成果建库质量控制及检查方法研究［J］. 城市勘测，2024（1）：76-79.

［作者简介］

阮怀照，工程师，就职于合肥众智软件有限公司。

齐宁林，就职于合肥众智软件有限公司。

徐海丰，高级工程师，就职于卓成规划设计有限公司。

曹岳新，就职于合肥众智软件有限公司。

详细规划全流程数字化管理建设路径探索

□王立鹏，钟镇涛，张晓琴，张鸿辉，罗伟玲

摘要：国土空间详细规划是国土空间用途管制与开发利用的重要依据。针对当前加快详细规划工作提质增效的迫切需求，本文在系统梳理回顾我国详细规划数字化转型历程的基础上，围绕详细规划数字化转型理念思路、框架设计、应用系统等方面探索详细规划全流程数字化管理系统的建设路径，并通过建设案例，介绍详细规划编制、审查、实施、监督全过程数字化管理的典型应用。研究表明，详细规划全流程数字化管理系统是推动详细规划实现智慧化、精细化、科学化管理的必要手段，也是促进"可感知、能学习、善治理、自适应"智慧规划转型的重要支撑。未来应面向新时代国土空间规划数字化与现代化治理需求，加快推进相关技术研究与实践应用，不断提升详细规划数字化管理的综合能力，为规划科学决策和精细化管理提供坚实的技术支撑。

关键词：详细规划；智慧规划；数字化；应用系统

0　引言

国土空间详细规划作为国土空间规划体系中的实施性规划，是指导国土空间各类开发保护活动的法定依据，也是落实安全底线要求、统筹资源合理配置的公共性政策工具。近年来，国家相继印发《全国国土空间规划纲要（2021—2035 年）》《全国国土空间规划实施监测网络建设工作方案（2023—2027 年）》《数字中国建设整体布局规划》等文件，强调要以数字化、网络化提升国土空间规划全周期智能化管理水平。随着当前全国各省、市国土空间总体规划编制基本完成，各地国土空间开发格局已基本明确，如何推进规划实施成果有效落地成为当下详细规划亟须考虑的问题。

2023 年 3 月，自然资源部印发《自然资源部关于加强国土空间详细规划工作的通知》（自然资发〔2023〕43 号），明确提出要依托国土空间基础信息平台和国土空间规划"一张图"系统，有序实施详细规划编制、审批、实施、监督全程在线数字化管理，为各地加快推进详细规划数字化转型提供了顶层指引。与此同时，诸多学者也围绕详细规划的数字化管理技术、机制等方面进行了诸多探索。例如，周旭东等以福建省为例探索了详细规划的"智"理与"治"理路径，陈伟等以武汉市为例探讨了国土空间规划体系下的详细规划编制、管理与实施的数字化转型过程，杨先贤全面剖析了详细规划"数字化—数治化—数智化"的数字化转型技术路径。总体而言，在政策引导和行业发展的双轮驱动下，加速促进详细规划的数字化转型成为国土空间高质量治理的关键手段。

在新时期国土空间规划体系下，详细规划的管理对象从城市区域管控向全域全要素治理转变，规划定位从空间规划发展蓝图向国土空间治理政策工具转变，开始更加注重实施治理，强化详细规划的可操作性和可落地性。然而，当前详细规划仍存在编制手段不够智能、审查审批效率不高、规划实施和动态维护缺乏常态化评估及监管机制等问题，详细规划数字化转型任务仍然艰巨。为此，本文充分顺应当代详细规划一张蓝图绘到底、统筹全域全要素、注重编管结合的发展理念，聚焦国土空间详细规划数字化管理需求，在全面梳理详细规划数字化转型历程的基础上，围绕详细规划编制、审查、实施、监督全过程管理提出详细规划数字化转型思路，构建详细规划全流程数字化管理系统，以期为新时期统筹推进治理导向与数字化转型的详细规划改革提供崭新思路和借鉴。

1 国土空间详细规划数字化转型历程分析

在政策引导、理论实践、技术创新的不断发展下，我国国土空间详细规划经历了从"分管齐下"的国土规划到"多规合一"的国土空间规划体系，由强调经济发展目标向统筹经济、社会、生态全方位可持续发展转变，演变历程总体上呈现出政策导向的深化与实施路径的细化，不断融合新兴技术，进一步强化生态文明建设和可持续发展理念，推动规划工作向更加智能化、精准化、智慧化的方向发展。

1.1 国土空间详细规划初步发展完善时期

国土空间详细规划初步发展完善时期从 20 世纪 80 年代《国土规划编制办法》颁布到 2018 年国务院机构改革前。该时期以在城市总体规划和国土空间详细规划下发展起来的控制性详细规划为主，《中华人民共和国城乡规划法》明确用于控制建设用地性质、使用强度和空间环境的控制性详细规划是将总体规划的宏观控制要求具体化为微观控制的规划，可被认为是国土空间详细规划的早期形式。改革开放以来，《国务院办公厅转发国家土地管理局关于开展土地利用总体规划工作报告的通知》（国办发〔1987〕82 号）、《国务院关于严格制止乱占、滥用耕地的紧急通知》（国发明电〔1992〕13 号）、《中共中央、国务院关于进一步加强土地管理切实保护耕地的通知》（中发〔1997〕11 号）等文件明确了要以土地利用规划为主导，旨在通过科学开发土地资源以促进农业发展。随着工业化和城市化的推进，《全国土地利用总体规划纲要（2006—2020 年）》等文件明确规划逐渐转向以城镇和区域规划为主，应着眼于推动城镇化和工业化进程。进入全面建成小康社会决胜阶段，《全国国土规划纲要（2016—2030 年）》等文件明确空间规划的逐步发展应使规划更加注重生态文明建设，并进一步强调空间规划的重要性，以实现可持续发展目标。该时期主要采用较为传统的规划编制方法，数字化手段应用尚不普及，但在规划编制过程中已开始尝试使用数字化技术进行数据分析和地图制作，以提高规划的科学性和准确性，然而仍存在如效率相对较低、易受人为因素影响、规划决策过程效果不佳等不足。

深受国家治理体系和战略取向的影响，这一时期的规划功能定位逐渐从最初的单一工具向多类型的复杂工具体系转变，规划干预和空间治理目标与任务由最初的开发建设导向转变为开发与保护并重，从国家基本建设向以经济建设为中心再到社会经济生态综合调整的转变，进而强调多元平衡和优化。自此阶段发展完善之后，新时期的国土空间规划体系重构更应立足于国家治理视角，建立贯穿全局观念、落实基层治理、面向人民群众的规划体系，以实现国土空间治理体系与治理能力的现代化。

1.2　国土空间详细规划体系建设新时期

2018年，自然资源部的成立标志着新时期的国土空间规划体系框架基本明确，相关制度建设和规划编制工作全面启动，国土空间规划进入了新时期。《中共中央、国务院关于建立国土空间规划体系并监督实施的若干意见》《自然资源部信息化建设总体方案》《自然资源部办公厅关于加强国土空间规划监督管理的通知》（自然资办发〔2020〕27号）、《中华人民共和国国民经济和社会发展第十四个五年规划和2035年远景目标纲要》《自然资源部关于进一步加强国土空间规划编制和实施管理的通知》（自然资发〔2022〕186号）、《自然资源部关于加强国土空间详细规划工作的通知》（自然资发〔2023〕43号）等有关政策文件相继出台，逐步明确了包括详细规划在内的国土空间规划的法定地位、作用及今后的发展方向，强调各地要着手建立和完善新时期国土空间规划体系，强化详细规划编制管理的技术创新，加快推进规划编制和实施管理的数字化改革，推动国土空间规划数字化、智能化、智慧化转型。

与此同时，随着大数据、计算机、人工智能等数字化技术的快速发展，详细规划的建设更注重强调创新技术对规划编制、审查、实施、监督全流程的支撑应用，为提升详细规划编审效能、优化规划编审流程、提高分析评估效率，确保规划的科学性和实施的精准性，推动规划工作标准化、流程化、智能化发展，提供全面的技术支撑。在此背景下，详细规划数字化转型不仅是一种趋势，更成为一种迫切的需求。其作为提升国土空间规划体系整体效能的关键要素，不仅有助于解决国土空间规划数字化治理所面临的问题和挑战，还能够为规划实施提供强有力的数据支持和技术保障，进一步推动国土空间治理现代化水平提升。

综上所述，面向详细规划数字化转型的时代发展趋势，以及规划编制管理方式革新的现实需求，通过建设详细规划全流程数字化管理系统，在改进传统规划编制管理方式与手段的同时，提高详细规划编制效率、优化详细规划动态维护，以及强化详细规划审查、实施、修改等全周期监管支撑，实现规划全流程覆盖、全周期服务、全方位监管，促进规划编制科学化、数字化、精细化工作能力的提升。

2　详细规划全流程数字化管理系统建设思路

目前仍存在诸如规划编制中缺乏统一的编制标准导致规划编制流程繁多、效率低下，规划审查中成果审查、审批效率低导致审查结果一致性差，规划实施中编制与实施脱节导致规划实施效果不佳，规划监管中力度不足难以发现纠正问题等痛点和难点问题。针对上述痛点和难点问题，亟须通过建设详细规划全流程数字化管理系统来进行转型破解。

详细规划全流程数字化管理系统以可感知、能学习、善治理和自适应的智慧规划为目标，不断加强创新技术对规划的服务能力，进一步提升详细规划数字化、智慧化水平，围绕底板数据全支撑、计划任务强统筹、规划编制智分析、规划审查提效能、规划实施精管控、规划监管优空间6个维度统筹推进详细规划数字化转型实践（图1）。

针对现存的痛点和难点问题，可从以下6个维度推进解决：在底板数据全支撑方面，梳理完善控制性详细规划数据资源目录，形成涵盖现状基础、规划成果、规划实施、规划监督的控制性详细规划"一张图"数据库；在计划任务强统筹方面，从项目计划阶段、审查报批阶段到报批后管理阶段，实现图编审全链条串联及全周期留痕管理；在规划编制智分析方面，研发详细规划设计软件，解决编制效率低、成果标准不统一等问题，辅助规划编制，实现规划成果一键规整；在规划审查提效能方面，搭建控制性详细规划审查规则库，以图片、数据、表格可视化形式对规划成果进行批量自动审查，提高规划成果审查效率和准确性；在规划实施精管控方面，提供规划辅助选址、用地平衡分析、合规性分析等功能；在规划监管优空间方面，实现对原详细规划目标指标落实情况等进行综合评估，梳理详细规划优化的重点和难点，为控制性详细规划编制修改提供有力依据。通过详细规划全流程数字化管理系统的建设，建立覆盖详细规划"设计—审查—管理—应用"全过程的数字化管理体系，为国土空间详细规划管理、决策、服务提供有力的信息支撑，有效助力提升国土空间治理体系和治理能力现代化水平。

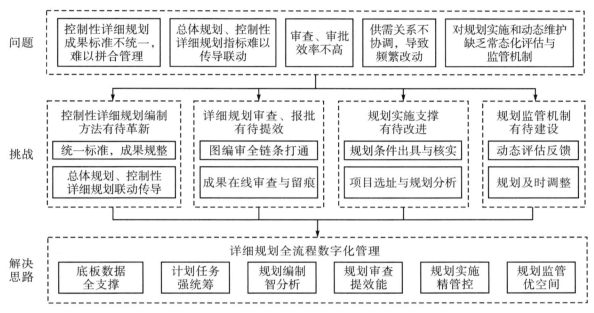

图 1 详细规划全流程数字化管理系统建设思路

3 详细规划全流程数字化管理系统总体架构设计

围绕详细规划的设施、数据、支撑、应用、用户 5 个方面，搭建详细规划全流程数字化管理系统，为详细规划编制、审查、实施、监督全流程数字化管理提供系统支撑（图 2）。

设施层由计算资源、网络资源、存储资源和安全设施等部分构成，提供数据处理、信息传输、数据存储和安全稳定运行的功能，为系统正常运行提供基本保障。

数据层主要通过整合用地规划、公共配套、市政管线和综合交通等详细规划成果数据，以及基础现状、规划管理、社会经济等其他数据资源，构筑国土空间规划成果"一张图"数据体系，建设规划成果"一张图"数据库。

支撑层基于国土空间基础信息平台和"一张图"规划实施系统，提供信息门户、服务管理、数据管理、接口建设、智能分析、扩展接口建设、统一身份认证、数据管理系统和安全保障体系等服务建设内容，为详细规划全流程管理系统提供支撑平台。

应用层搭建"一张图"应用、规划分析、规划编审、规划评估、实施监督等应用模块，提供系统的构建管理和运行管理的支撑服务，以及以构建管理和运行管理为基础的业务轻应用，为详细规划全流程数字化管理提供专业化应用场景。

用户层包括政府部门、企事业单位和社会公众，根据不同用户需求和信息安全保密要求，开放不同等级的数据和功能以供其使用。

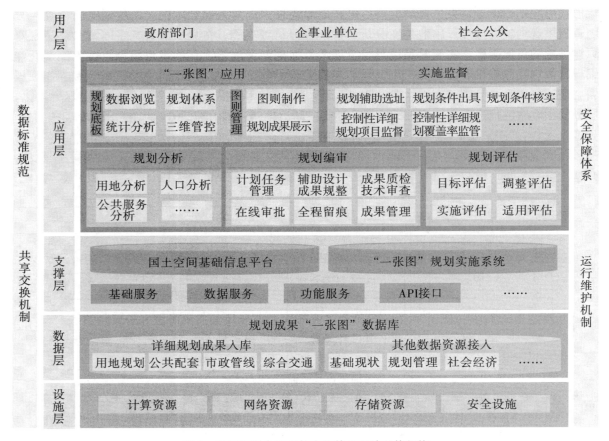

图2 详细规划全流程数字化管理系统总体架构

4 详细规划全流程数字化管理系统功能实现

以国土空间规划"一张图"为基础，建设详细规划全流程数字化管理系统，促进国土空间详细规划编制规范化、审查自动化、展示直观化、实施智能化、监督精准化。

4.1 "一张图"应用

"一张图"应用可实现对规划范围内国土空间全要素的数字化、网格化表达，支撑规划编制、审查、实施、监督的全流程可视化管理。模块提供数据浏览、规划体系、统计分析、三维管控等规则底板功能，以及图则制作、规划成果展示等图则管理功能，实现全方位、多维度、分层级查看各类国土空间规划约束性指标和刚性管控要求，以可视化手段展示总体规划与详细规划的传导、专项规划与详细规划的衔接等相互关系。

以图则制作为例，针对传统规划图件图则制作流程烦琐的现状，该功能支持通过制定流程化制图步骤，以图则制作流程实现相关详细规划图则的输出，自动生成相关图则，满足美观化、直观化的基本要求。以规划成果展示为例，针对当前规划成果涵盖范围不足、展示效果不佳的问题，该功能支持将涉及多层次、多类型规划图则的相关规划成果汇入系统，基于指定专题图则模板将相关要素等进行符号化表达，并实现与相关规划指标、规划细则的一体化展示。

4.2 规划分析

规划分析应用通过对现状、规划情况等进行前期研究分析，全面了解项目范围内各方面规划情况和现状缺口等问题，辅助规划编制工作有序开展。模块提供用地分析、人口分析、公共服务分析等专题大数据分析和展示功能，帮助用户深度挖掘现状情况和掌握控制性详细规划详情，实现在线模拟对比规划方案，并通过可视化场景比较，为决策和规划设计提供科学有效的依据与论证。

以用地分析为例，面向详细规划过程中土地利用优化和决策等问题，该功能支持全面展示和统计分析全域土地利用情况，辅助详细规划修编和用地结构调整，实现用地状况统揽和现状、平衡、开发强度分析，为规划用地指标设计提供指导。以公共服务分析为例，立足于公共服务设施布局、服务和优化亟须完善的现状，该功能支持全面评估公共服务设施配套情况，辅助优化公共服务规划，实现服务覆盖和人口规模统计分析，为公共服务设施选址和规模决策提供依据，提升规划范围内公共服务设施普惠性和可及性。

4.3 规划编审

规划编审应用面向详细规划编制、审查、报批等环节全周期监管需求，通过全面剖析详细规划业务流程，实现编审环节全流程留痕管理，推动业务环节打通协同。模块提供计划任务管理、辅助设计成果规整、成果质检技术审查、在线审批、全程留痕、成果管理等功能，对详细规划项目生成、编制、审查、管理等编审环节全周期留痕管理，实现在线编审一体化、智能化。

以在线审批为例，聚焦传统规划编审过程中存在效率低、信息不对称等短板，该功能可实现规划方案在系统内的电子化提交、流转、审核和批准，以数字化的工作流程和决策支持工具确保规划编审流程快捷高效、透明可溯源。以成果管理为例，针对以往成果管理不规范、信息共享不便的情况，该功能能够有效支持规划编审中各环节产生的成果文档、数据和决策记录的统一管理，实现阶段成果统一归档、分类整理，并支持在线共享和查询，确保规划成果的完整性和可信度，促进规划编审工作的规范化和高效性。

4.4 规划评估

规划评估应用面向项目规划情况，与上位规划指导内容进行对比，并对已批复详细规划成果实用性、实施程度等方面进行评估，为方案设计提供有力论证，以提高详细规划与上位规划的衔接性。模块提供目标评估、调整评估、实施评估、适用评估等功能，利用多种数据分析功能，从多维度对现行控制性详细规划成果进行评估，确保其符合上位规划要求，为城市发展提供有效的指导和保障。

以调整评估为例，针对规划方案实施过程中可能出现的需求变化、政策调整等情况，该功能可实现对控制性详细规划/修正项目评估、用地结构调整评估及用地指标调整评估，让用户从项目、用地到指标全方位了解规划调整情况，确保规划方案的实施效果和长期可持续性。以规划适用评估为例，面向规划方案实施过程中的适应性与效益评估等需求，该功能可支持评估规划用地性质是否满足重大项目落地需求，分析重大项目匹配情况，对规划方案与实际情况的匹配程度、目标达成情况等方面进行评估，为规划决策提供科学依据和决策支持。

4.5 实施监督

实施监督应用通过整合详细规划编制、覆盖等方面的数据信息，对详细规划落实情况进行实时监管，推动详细规划全域全覆盖，保障建设项目顺利审批与落地。模块提供规划辅助选址、规划条件出具、规划条件核实、控制性详细规划项目监督、控制性详细规划覆盖率监管等功能，为详细规划成果在国土空间开发保护、用途管制、城乡建设项目规划许可与建设等方面得到更好应用提供更多辅助。

以规划辅助选址为例，聚焦实施过程中选址决策科学性与合理性等需求，该功能支持对选址过程进行智能化辅助与监督，可根据目的选址的用地性质、用地大小、所需要的周边设施条件、用地建设状态、地价补交成本等方面进行辅助选址，提高选址决策智能水平。以控制性详细规划项目监督为例，面向规划实施过程中控制性详细规划项目执行合规性与有效性等问题，该功能基于项目和审批进展信息，面向责任和编制单位对控制性详细规划项目进行项目数量及各项目进展情况、成果数据核验情况、提请入库情况、报批后公布情况等的监管，确保项目按照规划要求合规实施。

5 结论与展望

5.1 结论

本文面向国土空间详细规划数字化改革的要求，全面剖析了详细规划发展的历程，探索搭建了详细规划全流程数字化管理系统，为实现详细规划的编制、审查、实施、监督全流程数字化、智慧化管理提供支撑。主要结论如下：

一是详细规划数字化转型是提升国土空间治理体系与治理能力现代化水平的重要途径和必然趋势。面向深化"多规合一"改革、优化详细规划编制管理技术手段、提升详细规划科学性与落地性的时代需求，加快推进详细规划数字化转型，进一步提升详细规划智能化水平，是实现可感知、能学习、善治理、自适应的智慧型规划的重要基础。

二是详细规划全流程数字化管理系统是支撑详细规划精细化、智慧化管理的重要载体。本文构建了详细规划"编制—审查—实施—监管"全流程数字化管理体系及面向多场景的应用模块，为实现详细规划编制规范化、审查自动化、展示直观化、实施智能化、监督精准化提供了有力支撑，有效助力提升国土空间治理体系和治理能力现代化水平。

5.2 展望

总体而言，详细规划作为新时期国土空间规划体系的重要组成部分，未来必将逐步实现从数字化到智慧化的深化演进。在当前加速推动建设全国国土空间规划、实施监测网络（CSPON）的背景下，详细规划实施监管将以业务需求为牵引，以智能工具和算法模型为支撑，通过强化系统平台互联和数据融合治理，深入推动详细规划从被动式监督到生成式实施、从静态蓝图到动态治理的方向转变。加速详细规划数字化管理技术体系在国土空间规划实施监测网络中的深度融合，进而为国土空间高水平治理、高质量发展提供新的技术路径。

［参考文献］

［1］万晓曦. 融合创新 赋能数字化转型［J］. 中国建设信息化，2018（16）：12-13.

［2］罗亚，宋亚男，余铁桥. 数字化转型下的国土空间数字化治理逻辑研究［J］. 规划师，2022，38（8）：111-114，120.

［3］周旭东，黄兆函，李冬凌. 面向全域全要素的福建省国土空间详细规划编制体系构建［J］. 规划师，2023，39（10）：113-119.

［4］陈伟，何蕾，周维思. 国土空间规划体系下的武汉国土空间详细规划探索与实践［J］. 城乡规划，2023（6）：91-98.

［5］杨先贤. 国土空间治理视域下的详细规划数字化转型技术路径：以福建厦门为例［J］. 中国土地，2023（12）：36-39.

［6］庄少勤. 新时代的空间规划逻辑［J］. 中国土地，2019（1）：4-8.

［基金项目：国家自然科学基金项目（41871318、42171410）］

［作者简介］

王立鹏，就职于广东国地规划科技股份有限公司。

钟镇涛，工程师，就职于广东国地规划科技股份有限公司。

张晓琴，助理工程师，就职于广东国地规划科技股份有限公司。

张鸿辉，正高级工程师，就职于广东国地规划科技股份有限公司。

罗伟玲，正高级工程师，就职于广东国地规划科技股份有限公司。

基于市级国土空间治理单元数据治理技术的规划传导反馈方法与实践

□张翔，翟媛媛，王艳杰

摘要： 国土空间治理单元数据治理技术应以业务为基础，以应用场景为牵引，构建数据治理新体系，实现数据资源汇集、数据质量提升、数据价值挖掘，提升数据服务能力，以数据驱动自然资源数字化转型。结合以块数据为基础的数据治理技术理念，构建多层级、全覆盖的规划传导机制，厘清包括各层级规划管理内容的要素、规则、模式的规划传导谱系，完成空间规划结构、规划指标和规划用途的传导反馈，是实现多级规划间精准传导的核心。本文从市级国土空间治理单元入手，初步形成了一套规划传导反馈的技术框架，提出相关技术，并结合大连市实际工作进行实践。未来有望引入新的技术，构建国土空间信息模型，结合多级国土空间变化状况，研判国土空间重大问题，评估国土空间规划实施情况，提出国土空间政策建议。

关键词： 国土空间规划"一张图"；数据治理；规划传导反馈；治理单元；块数据

0 引言

2023 年 2 月，中共中央、国务院印发《数字中国建设整体布局规划》，提出"运用数字技术推动山水林田湖草沙一体化保护和系统治理，完善自然资源三维立体'一张图'和国土空间基础信息平台"。2023 年 9 月，自然资源部办公厅印发《全国国土空间规划实施监测网络建设工作方案（2023—2027 年）》，要求推进多源时空数据融合治理，实现从总体规划到详细规划、专项规划，再到规划许可等反映各级规划传导情况数据的纵向贯通。为推进自然资源治理体系和治理能力现代化，亟须构建以空间治理单元为基础的数据治理技术体系，支撑规划的传导反馈，增强国土空间规划实施监测能力。国土空间治理单元数据治理技术应以业务为基础，以应用场景为牵引，构建数据治理新体系，实现数据资源汇集、数据质量提升、数据价值挖掘，提升数据服务能力，以数据驱动自然资源数字化转型。

1 基于市级国土空间治理单元的数据治理技术

1.1 以块数据为基础的数据治理技术理念

数据信息化工作具有海量的数据。点数据是指国土空间中离散系统分散要素；条数据是对领域或者行业内点数据的纵深维度集合，反映了本领域、本行业内的业务、资源、规律情况；块数据是按照对象对条数据的重构和组合，反映的是区域、对象的整体情况和综合资源。块数据对各个条线上的数据进行汇聚与整合后，让各个维度的数据都"压缩"到这个管理对象上，从而更全面地浏览对象信息。块数据对数据资源的"压缩"，是以数据聚合提升数据价值，让数据资源能更适应日益丰富的跨部门、跨领域业务场景。

块数据的运行机理在于通过对各个行业、各个领域条数据的解构、交叉与融合，实现从多维数据中发现更多、更高的价值。它把一个地区涉及商业、农业、民政、医疗等不同领域的经济和公众数据进行汇集、融合、打通，形成一个共享、开放的块数据池。在这个块数据池中多领域、多行业数据被有规律地组合。这一组合将催生数据间的相互作用，数据的流动、聚集、关联、价值发现和再造将得以实现（图1）。

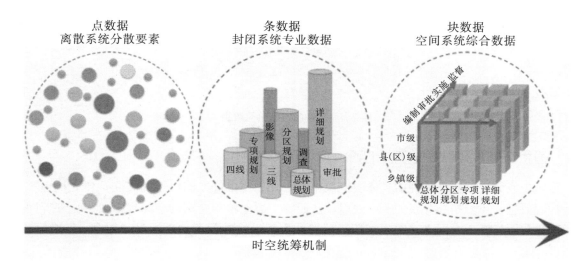

图1　从点数据、条数据到块数据的集成示意

1.2　构建市级国土空间治理单元"块"

空间治理单元与主体功能区制度存在紧密的联系，是主体功能区制度细化落实到基层的重要手段。在主体功能区规划的体系中，不同层级的行政区域有着不同的主体功能、治理与规划要求，通常是以行政区划作为基本空间单元。引入块数据空间治理理念，按照"市域—县区—单元—街区—地块"五级国土空间治理单元，把地块作为市级国土空间治理的最小单位，统筹国土空间全域全要素，按照"一级政府、一级规划、一级事权"对空间要素进行治理，是完善现代化空间治理体系的关键步骤（图2）。

空间治理单元应与管理组织对应。针对市级国土空间规划，需建立在"总体规划层面—市级政府事权"向"分区规划层面—区级政府事权"的传导体系并获得反馈，再建立向"详细规划单元层面—街道/村事权"的传导体系并获得反馈，以及总体规划与专项规划之间传导并反馈的纵向关系之上。同时，平级规划（如同级的国土空间规划和发展规划）之间，以及各专项规划之间实现"多规合一"的协同过程，也是建立在不同"空间尺度—行政层级"的横向关系之上。

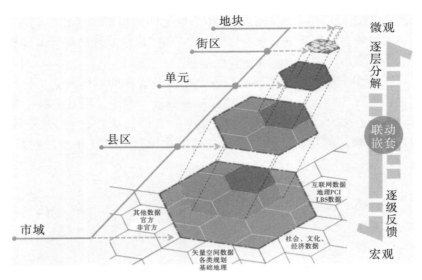

图 2　国土空间治理单元层级

1.3　国土空间规划数据治理"四个一"模型

在国土空间规划数据治理的具体实施操作上，首先要做好空间数据的关联，建立地理实体、空间位置信息、单元拓扑关系的一一映射，从而统一建立覆盖全域的空间规划数字化管理网格，形成数字化网格底板，国土空间规划传导反馈和空间地块的要素治理通过"四个一"数字化模型实现。

一是"一地一编码"。实现"一地一编码"，需要采用统一标准的编码方式。对应事权管理，结合行政区划，整合各规划范围，基于"一张底图"，集成市域、县区、单元、街区、地块的全域国土空间规划管理基础网格和现状信息要素，并进行统一赋码，建立分级关联系统，实现"一地一编码"。

二是"一地一规则"。在数字化网格底板的基础上，可以集成总体规划、专项规划、分区规划、详细规划等各类规划要素，包括控制线、用地用海、功能分区、重大基础设施、产业管控等要求，将规划管理与项目审批信息动态嵌入其中，传导分解形成规则总图，实现"一地一规则"。

三是"一地一指标"。基于数字化网格底板与规则总图，建立指标传导体系，并进行实施总量、人均控制、动态覆盖的国土空间管控，建立数字化的规划实施定量传导模型与指标关联逻辑模型，让规划指标达到动态平衡，实现"一地一指标"。

四是"一地一台账"。在数字化网格底板、规则总图、指标传导模型的基础上，进一步建立电子台账库，整合每个网格的规划清单、管理清单、建设清单、社会经济信息清单。通过电子台账库，可以在国土空间规划的全过程中，通过对规划实施情况的监测、评估和管理，实现规划的全周期管理，实现"一地一台账"。

2　基于治理单元的规划传导反馈技术

结合以块数据为基础的数据治理技术理念，构建多层级、全覆盖的规划传导机制，厘清包括各层级规划管理内容的要素、规则、模式的规划传导谱系，完成空间规划结构、规划指标和规划用途的传导反馈，是实现多级规划间精准传导的核心。

2.1 规划结构的分层传导与实施评估

构建市域—县区—单元—街区—地块的多层级、全覆盖的传导体系，以管理单元为中间载体，将总体规划的指标体系、空间管控等要求，逐一分解落实到管理单元层面，融合专项规划、城市设计等各类规划、地方发展意愿和现状等，为详细规划的管控内容编审提供依据；构建规划与建设项目之间的规划传导机制，管控内容由空间、指标的管控逐渐细化、深化为三维立体空间上的精细管控要求的规划传导谱系，从而落实规划向下有机衔接项目实施；将规划管理条件全面贯通建设项目全过程，确保项目审批前置与规划管控内容的有机衔接，集成规划管控要求形成规划设计条件，与用地批准、土地供应、规划设计方案审查等环节紧密结合。同时，关注开发建设时序和分期建设安排，强化多项目的协同，保证各类配套设施及时推进；通过规划层面的划分，分别对应构建完整的多维度评估指标体系，从而对评估对象进行全面的评估。根据指标的评估分析结果，与规划前后进行对比分析，为后续规划奠定研究基础。

2.2 规划指标的传导与实施评估

基于《国土空间规划城市体检评估规程》指标体系，细化建立市级三级三类规划的体检评估体系。根据国土空间规划三级三类体系，按规划层级，分别从总体规划层面、详细规划层面、专项规划层面逐级建立指标体系，并从规划层级、事权主体、监测方法、指标内涵等 4 个维度深度剖析每个指标（图 3），构建上下纵横、多维度、多角度国土空间规划指标监测体系。其中，规划层级分为市级、县级、分区镇级，专项规划，详细规划；事权主体包括市自然资源主管部门、区县自然资源主管部门、相关行业主管部门；监测方法包含监测频率、监测范围。

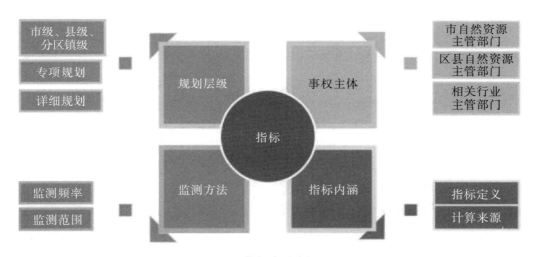

图 3　指标类型分析图

2.3 规划用途的分层传导与实施

市级层面的空间用途管制既要传导落实上级政府制定的管制任务和目标，也要依据本级空间规划内容行使好用途管制的相应事权，尤其是空间规划中部分强制性内容的传导落实。市级规划的强制性内容包括安全底线约束性指标、生态空间格局、自然保护地体系、三条控制线、历史文化保护线、中心城区"四线"、公共服务设施的配置标准和布局原则、重大基础设施布局等，需要在图纸上有准确标明或在规划文本上有明确、规范的表述，同时提出相应的管制措施。因此，市级空间规划中除了对生态保护区、生态控制区、农田保护区、城镇发展区等规划分区进行合理划定以及制定相应的管控规则，还应将与空间用途管制直接相关的强制性内容在规划编制过程中予以一一回应落实，总体规划作为同级国土空间用途管制的重要管制依据和向县区级及以下政府进行管制传导的主要内容。

市级总体规划层面通过用途转用条件设定明确分区规划指导详细规划修编的原则，保证弹性空间布局的战略意图有效传导，一方面最大程度地落实了总体规划空间结构战略意图，对城市空间布局进行有效引导；另一方面也为应对市场需求预留了足够弹性。

3 大连市国土空间治理的技术实践

3.1 时空一体的数据生态底座

大连市基于第三次全国国土调查，通过"归并转换、省市对接、市县统筹"，形成覆盖陆海全域 43000 km²、"坐标一致、边界吻合、上下贯通"的一张底图。在空间层面，整合各类国土空间规划相关数据，形成包括基础现状数据、规划管控数据、管理数据、经济社会数据、分析集成数据在内的 5 大类数据框架体系。在时间层面，梳理了 1899 年至今历版总体规划，从规划的视角记录城市百年生长历程，为国土空间规划体系提供量化推演基础。

提出利用条数据、块数据进一步深化专业底图的思路。通过整合现状影像、现状用地与权属、规划用地与指标、管理审批情况、生活圈设施覆盖率情况、大数据常住人口与流动人口情况、社会舆情与历史问题等内容，将离散的点数据、专业的条数据整合成以时间、空间为基础关联的块数据，形成"横向到边、纵向到底"的专业底图体系，求同存异、因需制宜，在统一的操作沙盘上寻求共同治理的最大公约数。

3.2 辩证统一的国土空间规划编制

目前，市级国土空间总体规划正处于上报阶段，分区规划和详细规划也正在有序开展，亟须建立多尺度、多粒度的自然资源时空场景模型，以有效支撑国土空间智慧管控决策应用。

通过传统静态数据进行分析评估，多存在空间粒度不够精细等问题，无法准确衡量规划落地真实成效。对于核查详细规划是否落实分区规划和总体规划的要求，以往的工作方法是用地"找不同"，但此方法过于机械化，我们认为工作的方法应该是辩证统一的，应将总体规划中制定的内容和方针"转译"为以各个地块的用地性质、容积率、绿地率等指标，以及进一步深化城市路网结构，作为衡量详细规划是否与总体规划保持一致的标准。例如，为注重保障和改善民生，提高公共服务水平，总体规划提出应构建优质共享的城乡基本公共服务设施网络。为保证详细规划得到落实，总体规划提出相应的指标要求并传导到分区和详细规划。整合后的详细规划通过引导性调控，实现"内循环"，也就是各个详细规划单元之间的指标平衡。同时，与总体规划和分区规划达到"外循环"一致。

3.3 多级变焦的传导反馈动态交互方式

传统的国土空间规划传导反馈系统模型，着重于展现治理体系性和理论性。但在大连市的规划管理工作中，我们发现这种传统模型缺乏灵活性，无法应对复杂多变的实际问题。因此，我们由相机的变焦得到启发，创新性地结合 GIS 空间地理数据组织形式，实现空间治理单元、规划尺度划分、重点关注要素与地图制图标准的有机统一。按照宏观、中观、微观的思路，基于地图学与国家基本比例尺地图的技术标准，结合百度地图、谷歌地图的分级尺度与分级数量，根据大连市实际情况将规划数据分为 5 类 10 级变焦来展示。这样就可以根据需要选择不同的展示层级，从整体到细节，全面了解不同空间治理单元的情况，并为后续规划传导反馈机制的建立奠定基础。

宏观层面侧重战略性规划，目的是全域统筹，承载市域空间结构。着眼于总体层面规划，在宏观尺度上呈现规划结构、发展方向、功能定位、规模与政策区管控等系统性问题，体现规划全局性。中观层面侧重管控性规划，体现底线管控思维。在中观尺度呈现生态空间、农业空间、城镇空间、生态保护红线、基本农田控制线、城镇开发边界，以及 2020 年、2035 年、2050 年建设用地规模控制线、产业区界线等其他管控界线，坚持底线管控思维。微观层面侧重实施性规划，着眼用地布局，支撑建设项目管理。在微观尺度上考量用地布局管控、公共设施、公用设施、绿地公园等用地空间，对接城市项目管理与建设项目审批制度改革，保证规划可操作性（图 4）。

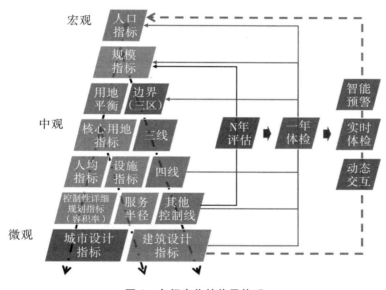

图 4　多级变焦的传导体系

3.4　多级多类的规划实施评估指标体系

根据国土空间规划三级三类体系，按规划层级，分别从总体规划层面、专项规划层面、详细规划层面逐级建立指标体系，并从规划层级、事权主体（组织编制主体）、监测方法、指标内涵等方面对各级指标进行管理、监测与评估。构建上下纵横、多维度、多角度国土空间规划指标监测体系。从规划层级、事权主体、监测方法、指标内涵等角度研究构建规划实施监测预警实时反馈体系，找准规划"病因"，提供规划"诊疗方案"，实现数据健康监测（表 1）。

表 1 指标体系

规划层级		指标个数	监测范围	事权主体（组织编制主体）	监测频次	评估频次
总体规划层面	市级治理单元	155	市域	市自然资源局	年＋实时	年
	分区（县级）治理单元	146	区域	区自然资源部门	年＋实时	年
	乡镇级治理单元	93	镇域	区、县自然资源部门	年＋实时	年
专项规划层面		42	市域	相关行业主管部门	年＋实时	年
详细规划层面	详细规划治理单元	60	单元	市自然资源局及区、县政府	年＋实时	年
	村庄规划治理单元	36	村庄	区、县自然资源部门	年＋实时	年

3.5 自适应的用地平衡管理机制

在地块详细规划层面建立单元层面开发容量动态平衡机制，保障各单元在总开发容量不突破的基础上，开展地块详细规划编制与规划调整。在县（评估区）级、镇（街道）级规划中，构建人、地、房的总量分解制度体系，同时建立常态化评估机制，动态跟踪实现与人、地、房容量相匹配的精准供给。"平衡池"的动态监督目的在于监测各项指标的平衡池状态，跟踪不同层面各项指标与临界值之间的关系，当平衡池即将"装满"时，动态发出预警；当平衡池"溢出"时，及时报警。

以详细规划单元层面"平衡池"为例，单元层面"平衡池"是指在同一单元内，不突破上位规划，不涉及法定规划约束性内容的，指导性内容可在街区之间转移平衡（图 5）。比如一个单元内的居住、商业用地，单元层面比例是约束性的，具体某块用地性质是预期性的，单元内的两个街区允许一个街区的用途由商业变为居住，另一个街区的用途由居住变为商业。当然这种变化需要限制条件，首先涉及的用地不能影响基本设施（如公共服务设施）的布置用地性质总量，要满足邻避防护的要求等。单元层面"平衡池"的动态监督的目标指标包括城镇建设用地规模（hm²）、商业服务业用地占比、居住用地占比、绿地与开敞空间用地占比、道路网密度（km/km²）。

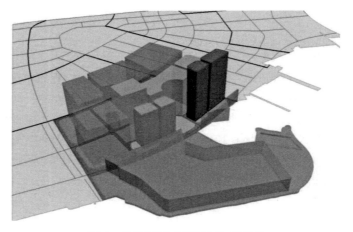

图 5 单元层面"平衡池"示意图

4 结语

基于国土空间治理单元的规划传导反馈是国土空间规划实施的重要环节。在国土空间规划中，空间治理单元是在一定范围内，具有相对独立的自然、经济、社会等基础条件和发展潜力，具有较强的整体性、可操作性和可控性的规划实施的基本单元。规划传导反馈则是指在国土空间规划实施过程中，通过各种手段对规划目标、内容、方案进行监督、评估和调整，并及时将调整结果反馈到规划编制环节，以保证国土空间规划实施的科学性、合理性和有效性。本文从市级国土空间治理单元入手，初步形成了一套数据治理技术与规划传导反馈的技术框架，并结合大连市实际工作进行实践。未来有望引入新的技术，构建国土空间信息模型，结合多级国土空间变化状况，研判国土空间重大问题，评估国土空间规划实施情况，提出国土空间政策建议。

［参考文献］

［1］徐云和，童秋英，杨晓明，等．新形势下市级自然资源和规划信息化顶层设计之见［C］//中国城市规划学会城市规划新技术应用学术委员会，广州市规划和自然资源自动化中心．夯实数据底座·做强创新引擎·赋能多维场景：2022年中国城市规划信息化年会论文集．南宁：广西科学技术出版社，2022：500-504.

［2］应荷香，张朝忙，曾文华，等．我国国土空间数据治理存在的问题、研究进展及展望［J］．测绘与空间地理信息，2022，45（11）：144-146，149.

［3］张鸿辉，洪良，罗伟玲，等．面向"可感知、能学习、善治理、自适应"的智慧国土空间规划理论框架构建与实践探索研究［J］．城乡规划，2019（6）：18-27.

［4］唐华，汪洋，周海洋．国土空间信息模型构建研究［J］．自然资源信息化，2022（4）：1-9.

［作者简介］

张翔，高级工程师，就职于大连市国土空间规划设计有限公司。

翟媛媛，高级工程师，就职于大连市国土空间规划设计有限公司。

王艳杰，工程师，就职于大连市国土空间规划设计有限公司。

基于精细化管理的全域详细规划单元划定方法探析

——以辽宁省大石桥市为例

□高岩，魏雪涵，郭松原

摘要： 国土空间规划背景下城市规划管理的数字化进程在不断推进，详细规划编制管控更加信息化、规范化、精细化。2023 年，《自然资源部关于加强国土空间详细规划工作的通知》（自然资发〔2023〕43 号）文件提出，各地要在 2023 年底前完成详细规划单元划定工作。详细规划单元是国土空间规划上下传导的关键一环，也是启动实施层面详细规划的工作基础。本文梳理各地方详细规划单元的划定要求及规划单元划定相关研究，结合《辽宁省国土空间详细规划编制单元划定指引（试行）》，系统总结划定的共性要求及编制重点；结合大石桥市详细规划编制管理问题，探索在精细化管理背景下，国土空间规划全域详细规划单元划定的思路和方法。通过研究实践，以期为同类型城市开展详细规划单元划定提供借鉴与参考。

关键词： 精细化管理；详细规划单元；单元划分；实施建议

0 引言

国土空间详细规划是"五级三类"国土空间规划体系中的重要组成部分，详细规划单元是承接和落实上位国土空间总体规划战略目标、底线管控、空间结构等要求，并向下级规划传导的基本空间管控单元。《自然资源部关于加强国土空间详细规划工作的通知》（自然资发〔2023〕43 号，简称《通知》）中要求各地在 2023 年底前，结合区域特征，因地制宜地划分详细规划单元。辽宁省自然资源厅随即制定和下发了《辽宁省国土空间详细规划编制单元划定指引（试行）》，从省级层面明确了详细规划单元的工作要求。科学合理地划定详细规划单元对落实规划意图，传导强制性内容和空间治理要求，深化详细规划实施及规划精细化管理具有重要意义。

在《通知》发布之前，详细规划单元划定相关研究多集中于中心城区范围内。在国土空间规划体系建立之前，控制性详细规划单元是城市总体规划与控制性详细规划之间的有效衔接载体。国海军提出了控制性详细规划单元编制应遵循弹性、可更新、重点突出、注重编管结合等编制原则。张建荣等学者以佛山市为例，探索"单元控规与地块控规"的分层次、分类型、分梯级的制度，强调控制性详细规划单元的动态传导，便于提升控制性详细规划的实效。随着国土空间规划体系的逐步建立，详细规划单元管理逐渐从中心城区转向全域。谢建和以莆田市为例，基于城乡一体化角度，提出覆盖全域的 5 种详细规划单元类型，形成了差异化的管理使用单元图解。《通知》发布之后，诸多学者结合地方实践在全域覆盖划定规划单元的基础上，逐渐从怎么划定转向怎么管理。王楚涵以河北省内丘县为例，提出了详细规划单元的大小、类型等划分原则，同时结合地方管理实际，形成了"通则＋附则"详细规划单元"刚弹结合"的管控内容。林颖欣基于中山市详细规划单元的划定实践，探索了国土空间规划精细化管理背景下，规划单元划定的原则及实施建议。随着规划体系的建立，详细规划单元划定从原中心城区控制性详细规划单元转向全域全覆盖的单元管理模式。划定思路的转变，一方面体现出国土空间规划的全域思维，另一方面体现出规划管理的实用性要求。

1 部分地区详细规划单元划定要求

1.1 部分地区详细规划单元划定导则要求

《辽宁省国土空间详细规划编制单元划定指引（试行）》中明确以全域全覆盖为划定要求，其单元类型分为城镇单元、乡村单元及特殊单元，同时明确了编管协同、清晰事权的要求，但对于不同类型单元尺度未作明确指引。广东省详细规划单元划定主要围绕城镇开发边界内范围展开，其单元规模着重落实生活圈理念，面积一般为 $1\sim5$ km²。江苏省详细规划单元划定按照全域全覆盖的工作原则，形成城镇单元、乡村单元和生态单元等多种单元类型，单元面积按照社区生活圈及行政区范围综合确定（表1）。河北省国土空间详细规划单元根据全域覆盖、边界闭合、编管结合、上下贯穿的原则，充分结合事权及生产生活需求，按照 $1\sim5$ km² 尺度进行单元划定。

表 1　部分地区详细规划单元划定要求

文件名称	划定依据	单元规模	单元类型
《广东省城镇开发边界内详细规划单元划分指南（试行）》（2023年3月）	详细规划单元划分应统筹考虑行政管理界线、主干路网与自然地理界限、权属边界、已编控制性详细规划单元边界、其他职能部门管理界线、重要因素整体性、规划功能完整性等因素，综合确定单元边界	落实15分钟社区生活圈理念，详细规划单元面积一般为 $1\sim5$ km²。中心城区的详细规划单元面积宜为 $1\sim3$ km²，新城新区的详细规划单元面积宜为 $2\sim5$ km²。涉及历史保护、老城区的详细规划单元面积可适当缩小，以工业、物流业为主导功能的详细规划单元面积可适当扩大。战略留白单元按照总体规划确定的战略留白区范围，合理确定详细规划单元面积大小	一般单元、特殊单元
《江苏省详细规划单元划定指引（试行）》（2023年6月）	①行政管理范围；②总体规划分区；③地理空间要素；④现行详细规划编制范围；⑤特定管控区域范围；⑥用地权属边界	①城镇生活空间单元划分，统筹考虑社区治理、基本公共服务设施均衡配置、社区生活圈构建等需求 ②乡村单元划分以乡镇边界为主，结合管理需要以行政村或整个乡镇为一个单元划定	城镇单元、乡村单元、生态单元等

续表

文件名称	划定依据	单元规模	单元类型
《辽宁省国土空间详细规划编制单元划定指引（试行）》（2023年11月）	①城镇单元原则上以街道、乡镇行政管辖等边界为基础，同时统筹考虑各级各类开发区（园区）等批准范围和实际管理范围 ②按照空间主导功能一致性和村庄分类一致性原则，将一个或多个行政村（社区）划定为一个乡村单元 ③根据详细规划编制管理需求，可有选择地划定特殊单元，不做规模限定		城镇单元、乡村单元、特殊单元
《河北省国土空间详细规划编制单元划定指引（试行）》（2023年12月）	按照全域覆盖、边界闭合、编管结合、上下贯穿的原则，结合行政事权统筹生产、生活、生态和安全功能需求划定详细规划编制单元	设区市中心城区详细规划编制单元规模宜为3～5 km²，重点风貌地区和县（市）中心城区宜为1～2 km²	城镇开发边界内详细规划单元，城镇开发边界外乡政府驻地、村庄、风景名胜区等编制单元
《重庆市详细规划编制指南（试行）》（2022年1月）	在编制分区规划中，在规划区全域划分规划单元，规划单元边界划定结合城镇功能规划分区，与街镇行政边界相衔接	规划单元面积一般为10～30 km²，小城镇原则上按一个规划单元划定。在城镇开发边界内，结合城市功能结构、社区边界等划分街区，街区面积一般为3～5 km²，原则上不超过10 km²	城市单元、郊野单元

1.2 规范文件中涉及的详细规划单元指引

    《通知》中明确了详细规划单元划定可参考的规范文件包括《社区生活圈规划技术指南》和《国土空间规划城市设计指南》。以上文件主要从生活圈及城市设计单元角度提出划定思路。《社区生活圈规划技术指南》主要是从城镇社区生活圈和乡村社区生活圈两个层面进行阐述与引导。其中，城镇社区生活圈可理解为对应城镇详细规划单元，乡村社区生活圈对应市域中乡村单元。城镇社区生活圈以15 min、5～10 min两个层级为单元构建社区生活圈。各层级生活圈单元主要基于街道社区、乡镇行政管理边界，结合居民生活出行特点和实际需求确定范围。在单元空间内需进一步容纳配置各类服务要素。乡村社区生活圈以乡镇村/组两个社区生活圈层级，强化县域与乡村层面对农村基本公共服务供给的统筹。《国土空间规划城市设计指南》从传统中心城区城市设计空间思维突破至覆盖空间全域的城市设计空间要素引导。其全域覆盖的城市设计引导思路为下层次全域详细规划单元编制管理奠定了引导基础。

1.3 划定思路及重点

通过对部分地区政策和规范文件进行梳理，发现各地对于详细规划单元划定存在诸多差异，但总体上仍具有较多共性之处。

1.3.1 全域覆盖，多类渗透

顺应国土空间规划全域全要素的管控要求，详细规划单元的范围从中心城区拓展至市域空间。除开发边界以内的区域外，还包括市域范围内的乡村、旅游区、生态保护区等建设区域。

1.3.2 要素统筹，编管协调

为便于控制性详细规划编制后的管理工作，单元划定一是要充分对接行政区划；二是要考虑自然地理要素对地块的影响；三是要充分结合片区主体功能定位，便于职能落实；四是要充分对接社区生活圈理念。

1.3.3 规模合理，分类引导

结合多地详细规划单元划定要求，综合来看，城区内详细规划单元可控制在 2～5 km^2；对于商务区、新区、物流工业区等重点功能分区，可根据实际边界减少或增加；对于城郊结合区域，其单元范围可适当扩大延伸至城边村的行政区范围；对于市域内其他特殊单元，多按行政区及主导功能划定，并充分考虑规划管理的可操作性。

2 研究对象与划定思路

2.1 划定基础

大石桥市位于辽宁省营口市，市域范围包括 4 条街道、13 个镇及营口监狱片区。中心城区规划范围包括大石桥市金桥街道、镁都街道、钢都街道、百寨街道，总面积约 161.10 km^2。大石桥市行政版图地理格局狭长，地势自东向西北倾斜。地理要素空间异质性较大：西部是一望无垠的辽河冲积平原，最低海拔仅 2 m 左右；中部为平原和丘陵缓冲地带；东部为千山余脉，山地蜿蜒，沟谷纵横，最高海拔 1033 m。受地形限制，中心城区对东西部边缘乡镇带动能力较弱，市域乡镇及村庄性质存在较大差异。大石桥市中心城区包括两大经济技术开发区、菱镁矿露天开采区及生活区，市域及市区详细规划单元划定功能基底复杂，给规划编制管理增加较大难度。

2.2 大石桥市详细规划单元编制管理问题

自 2009 年版城市总体规划实施以来，大石桥市在中心城区完成了多轮控制性详细规划的编制工作，但尚未形成全域覆盖。截至 2023 年 11 月，大石桥市中心城区编制各类控制性详细规划共计 352 个，市域内 253 个行政村编制村庄规划共计 72 个。控制性详细规划编制管理存在以下问题：一是中心城区控制性详细规划编制存在无序化、分散化、随意化的问题，以往的项目审批形成项目到哪控制性详细规划就编到哪，严重削弱了规划的权威性。二是底图底数不统一，导致规划单元存在相互交叉、跨越行政区等问题。三是面积大小不一，缺少统一规划单元指引，坚持以项目为重的思维，缺乏对区域周边设施的统筹把控，导致单元面积相差较大，给规划管理带来困难。

2.3 划定思路

结合大石桥市自身特点，依据辽宁省详细规划单元划定要求，参考各地方详细规划单元划

定要求，综合采取"一划分，两修正"的思路划定全域详细规划单元（图1）。

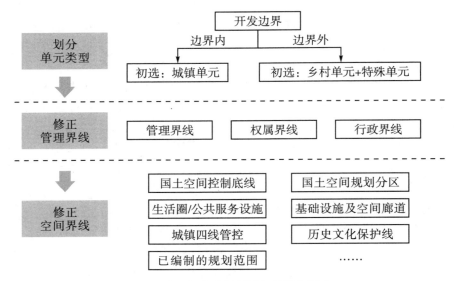

图1　大石桥市详细规划单元划定思路

2.3.1　划分单元类型

以开发边界为基底，初步区分城镇单元及乡村单元和特殊单元空间，作为全域详细规划单元划定基础。

2.3.2　修正管理界线

充分对接大石桥市各职能部门管理界线，如营口大石桥经济技术开发区、营口南楼经济技术开发区依据辽宁省批复开发区范围进行划定。以各级行政区为划定参考，并叠加已编制规划和用地勘界权属等界线，初步修正详细规划单元。

2.3.3　修正空间界线

充分结合实际，以"多规合一"的思路，叠加全域空间控制底线、国土空间规划分区、城乡生活圈、重大基础设施及空间廊道等数据，为详细规划编制打好基础。

3　划定结果

3.1　大石桥市城镇单元划定情况

首先按照详细规划单元划定思路，以城镇开发边界为基础优先筛分城镇单元范围。其次对管理单元界线进行修正，充分对接两大省级经济开发区管理范围，叠加中心城区各项勘界范围及原控制规划区块，以此初步形成管理单元界线。研究重点对跨开发边界村庄进行修正。对于村庄居民点大面积划入城镇开发边界并无新增居民点的村庄可将其纳入城镇单元中管控。对于部分纳入城镇开发边界的城边村，结合实际确实无法动迁并有建设需求的村庄则调出城镇单元，按照乡村单元进行建设管控。最后对空间单元界线进行修正，充分对接中心城区分区职能、社区生活圈及重大基础设施等空间廊道，进一步修正详细规划单元范围，并将城镇单元进行二级分类，划定更新优化单元97个，适时开发单元34个。

3.2 大石桥市特殊单元划定情况

为便于规划单元管控，除城镇单元外，研究优先筛分特殊单元。大石桥市开发边界外市域范围涉及特殊单元类型，主要包括水源保护地、国有农场及军事管理区。其中周家镇三道岭水库及周家水库位于水土保持型生态保护红线范围内，均为水源地一级保护区。保护区范围内应严格遵循保护区相关保护要求，因此将以上两处划定为特殊单元进行管控。水源镇市良种场、石佛镇国有农场及沟沿镇军事管理区划定为特殊单元进行管控。最终大石桥市全域划定特殊单元5处，将特殊单元进行二级分类，分为军事管理单元1个、其他特殊单元4个。

3.3 大石桥市乡村单元划定情况

全域范围除城镇单元及特殊单元外，其余空间以乡村行政界线为依据划分乡村单元。最终大石桥市域范围内划分乡村单元226个，将乡村单元进行二级分类，分为城郊融合单元38个、集聚建设单元61个、整治提升单元106个、特色保护单元20个、搬迁撤并单元1个。

3.4 大石桥市详细规划编制单元划定情况

研究最终将大石桥市全域划分362个详细规划编制单元，其中城镇单元131个、乡村单元226个、特殊单元5个。城镇单元平均规模1.5 km²，乡村单元平均规模5.9 km²。

4 精细化管理下详细规划单元编制管理建议

4.1 权衡多方利益的编制管理思路

详细规划单元划定应充分对接各类利益主体，引导与平衡多元利益。尊重行政管理界线，尽量保证一个单元对应最少的行政利益主体，涉及特定权属可少量突破行政管理边界，提升规划管理的可操作性。充分对接资源资产的权属属性，同一权属用地尽量划入同一管控单元。以人为本的思路，充分尊重社会利益，对接生活圈体系、生活习惯、配套设施支撑能力等，维护及尊重民众利益和建议。

4.2 构建信息化的数据管理系统

详细规划单元划定后的关键工作，即如何高效应用于管理。以数字规范助力规划编管，建立全市规划单元信息数据库，充分对接国土空间规划"一张图"平台。丰富信息存储功能，利用数字信息处理平台，借助计算机及数据云强大的信息存储能力，以划定的详细规划单元为基础，增赋城市各类空间信息属性，监管单元底线。建立监管高效的信息平台，在计算机的支持下为规划编制管理提供高效的采集、编辑、调阅、查取、动态更新等功能，全面建立规划留痕机制。通过信息化数据管理系统的构建形成可持续化的调用平台。

4.3 建立刚弹结合的监管机制

详细规划单元划定充分结合地方建设发展能力、土地供应条件合理确定单元大小，根据建设情况形成可拆可合的单元管控方式，形成刚弹结合的动态调整机制，为项目入驻的不确定性创造调整条件。建立刚弹结合的传导机制，一方面拆解总体规划传导指标至详细规划单元中应形成拆合落实预案；另一方面单元管控落实总体规划指标应形成"控制＋引导"的管理模式，提高规划监管的刚性和弹性机制水平。

5 结语

国土空间详细规划具有较强的实施管理属性，起到承上启下的作用。详细规划单元划定是开展国土空间详细规划的重要前置性工作，对规划的精细化管理和实施有着重要意义。随着全域详细规划单元划定工作的逐步深入，大石桥市规划编制管理暴露诸多问题。为科学划定全域详细规划单元，有效引导城市规划建设，本文以地方详细规划单元划定实践案例、规范导则为基础，结合大石桥市实际特点，形成了"一划分，两修正"的详细规划单元划定方式，以便更好地推进大石桥市规划精细化管控，同时为同类型的规划单元划定提供一些借鉴和参考。

[参考文献]
[1] 沈洋，沈琪，邵祁峰. 国土空间规划语境下郊野地区详细规划单元划分及规划技术路径探索：以无锡市为例 [J]. 城市观察，2023，87（5）：75-88.
[2] 国海军. 控制性详细规划单元规划编制探索 [J]. 中外建筑，2011（8）：85-86.
[3] 张建荣，翟翎. 探索"分层、分类、分级"的控规制度改革与创新：以广东省控规改革试点佛山市为例 [J]. 城市规划学刊，2018（3）：71-76.
[4] 谢建和. 城乡全域控规单元划分的研究与实践：以莆田市为例 [J]. 福建建筑，2017（7）：20-24.
[5] 王楚涵. 县级单位详细规划单元划定与管控内容研究：以河北省内丘县为例 [J]. 住宅产业，2023（12）：27-29.
[6] 林颖欣. 基于精细化管理的中山市规划单元划定研究 [J]. 价值工程，2022，41（6）：45-47.

[作者简介]
高岩，注册规划师，注册咨询工程师（投资），就职于辽宁省城乡建设规划设计院有限责任公司。
魏雪涵，助理工程师，就职于辽宁省城乡建设规划设计院有限责任公司。
郭松原，工程师，就职于辽宁省城乡建设规划设计院有限责任公司。

辅助规划建设管理的数字化协同治理思路

——基于上海市大型居住社区的有关实践思考

□王梓懿，程亮，盛楠，王雨薇

摘要： 本文梳理大型居住社区规划建设管理中的技术协同难点，结合有关实践在整合多源数据、强化数据利用、优化工作业务流程、智能辅助决策等方面的探索，从特殊到一般，对辅助整体开发区域规划建设管理的数字化协同对策进行进一步思考。在面向整体开发区域规划实施的数字化协同治理中，应通过可扩展的数字化平台体系实现治理工具的升维，通过各类数字化信息技术的应用提升治理精度，以灵活的功能模块设计构建高效的数智决策系统，以应对整体开发区域的各类规划建设管理场景。

关键词： 规划实施；建设管理；数字化平台；大型居住社区；保障性住房

0　引言

随着城市精细化治理水平的不断提升和数字技术的迅速发展，城乡建设及住房发展领域的数字化转型发展需求日益显现。2023 年 2 月，中共中央、国务院印发了《数字中国建设整体布局规划》，在国土资源数据资产化利用、数字化政务协同、国土空间智慧治理等方面指明了数字中国下国土空间规划管理的数字化转型机遇。同时，"十四五"时期作为上海市推进城市数字化转型的重要战略阶段，也在打造数字城市底座支撑、强化精细高效的数字治理综合能力等方面提出了新的发展目标。通过数据体系、平台技术及基础设施建设等工作，加强城市可视化、可验证、可诊断、可预测、可学习、可决策、可交互能力。在城市开发建设过程中，应结合数字化转型趋势及需求，积极探索提升区域统筹协调效率的数字化协同手段，保障区域规划高质量实施、空间高品质建设及建设项目高效率推进。

1　上海市大型居住社区的规划建设背景及管理难点

1.1　上海市大型居住社区规划及建设管理背景

2010 年起，为完善城市住房保障体系，上海市在"统一选址、集中规划、集中建设"的原则下，实施新一轮大型居住社区建设，作为实施城市总体规划、推进城乡融合发展、优化城市空间格局的重要抓手。大型居住社区是以居住功能为主体、生活与就业适当平衡、功能基本完善的城市社区，注重多元化住房类型的均衡布局，包括市属保障性住房（含经济适用房及配套商品房）、区属保障性住房、普通商品房等，合理配置各类公共服务、市政配套设施。大型居住社区通常采用"大集团对口大基地"的建设管理模式和"以区为主、市区联手"的建设推进机制，由上海市大型居住社区建设推进办公室、区级大型居住社区建设管理推进机构及上海市住宅建设发展中心等具体工作机构，负责大型居住社区开发建设管理和统筹、协调、推进。在规划实施及开发建设管理层面，涵盖大型居住社区基地相关控制性详细规划的调整评估、各类住宅及配套设施建设计划的制订与管理、建设项目开发建设的监督与推进等事项。

1.2 现阶段大型居住社区规划及建设管理的技术协同难点

上海市现有大型居住社区基地 46 个，分布于浦东、闵行、宝山、嘉定、松江、青浦、奉贤、金山等多个行政区域，各基地规划范围内涵盖 120～560 个开发地块。基地选址及控制性详细规划编制工作启动较早，部分基地经历了多次控制性详细规划局部调整，而且由于区域整体开发建设周期较长，所涉及的控制性详细规划及建设信息数据庞杂，存在大量数据的动态跟踪与更新维护事项。

大型居住社区的规划信息通常来源于控制性详细规划的文本、图则、说明书和编制文件，建设信息通常来源于管理部门梳理汇总的项目建设情况表单。在规划建设信息的监管中，一是基地的规划调整内容缺少在基地整体规划图件中的动态更新，二是管理工作所需求的信息与诸多法定规划图件的图面信息无法有效匹配，开发建设信息与具体地块在空间上缺乏直观的对照，难以对区域开发建设情况形成全面、直观的了解。

此外，在应对不同的评估事项时，往往会产生不同的数据统计口径需求，如各节点在建的市属保障性住房建筑总量、已开发的市属保障性住房建筑总量、某开发主体负责的保障性住房建设总量等。受业务界面的影响，各管理主体的相关信息数据库又相对独立，存在部分更新信息无法及时匹配的情况。因此，在大型居住社区的规划及建设信息应用中，传统的工作方式存在一定的重复性信息处理成本，可考虑借助数字化手段实现信息和数据的直观交互与按需调用。

在大型居住社区的规划实施管理中，由于区域整体建设周期较长，期间基地所在新城规划与建设常因适应城市发展而有所调整，大型居住社区的规划实施管理需不断应对各类调整诉求，对拟调整的保障性住房选址周边的空间规划条件、公共服务配套水平、住宅均好性进行比较研究，并结合周边建设动态调整保障性住房项目推进计划。此类情形需要结合规划及建设信息动态进行研判，避免各类社区生活圈服务设施配建、外部出行条件无法匹配住宅交付进度，而大型居住社区涉及的众多评估及计划推进事项现阶段缺少快速有效的辅助决策支持。

1.3 保障性住房建设发展新阶段的管理挑战

随着保障性住房规划与建设工作的深入推进，保障性住房的建设规模、建设节奏及公共服务供给受到广泛关注。保障性住房建设应以职住平衡为基本原则，加强配套设施建设和公共服务供给，确保与保障性住房同步规划、同步建设、同步交付。足量或适度超前的公共服务配套建设需基于现期及远期人口数据支持，同时建设计划需与区域及周边项目的开发建设进度相关联，避免闲置空置和资源浪费。在服务供给方面，大型居住社区应满足不同群体的多元需求，实现差异化供给以充分激发社区活力。而相关配套设施业态在策划阶段后往往难以持续跟踪，在规划实施中，缺少居民需求、现状 POI 等数据反馈，难以结合区域运营提供科学有效的引导。基于社会福祉，在保障性住房的选址工作中，其周边各类住宅及公共开放空间的均好性也应得到充分考量。

2　辅助大型居住社区规划建设管理的数字化协同对策

2.1　从数据集成到数据的工具化转换

在规划信息、建设信息、土地信息、管理信息等基础规建数据的基础上，整合遥感卫星影像、地形等基础地理信息数据，以及基于大数据获取的人口热力分布等城市运行数据等，通过规范信息处理、统一数据底板实现大型居住社区内外部数据信息资源的整合（图1）。总体上，形成覆盖46个大型居住社区、3类住房、12类配套项目及42类规划建设信息数据的平台核心数据结构。同时，基于平台系统模块开发，完成政策文件、相关标准规范、规划文本、规划图件、建设项目现状照片、现场施工照片、各类许可证照片等非空间性数据信息的录入，形成与大型居住社区规划及建设管理需求相适配的全量数据底板。

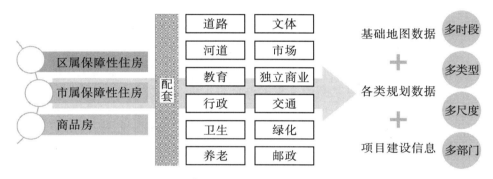

图1　以住房和配套建设为核心的数据集成

通过各类别、各图层数据的个性筛选与交叉统计，实现海量数据的动态调度，满足不同的数据统计需求。可将筛选统计结果一键生成与导出，基于图表组件工具，实现图表样式在前端页面的自定义设置。基于低码地图底图切换工具，支持多种地图底图的切换（如基于 ESRI 投影坐标、EPSG 地理坐标等标准规范的 2D 栅格地图，或 MVT、GeoBuf 格式的矢量地图等）。通过电子地图切换，丰富基地遥感影像的获取途径，便于多维了解基地现状，满足实际业务中对各类图件的出图需求。同时，数据表单可通过模板预设直接用于科室周报、月报，形成与管理人员各项业务需求相适应的有效的数字化工具。

2.2　从传统工作流到信息化协同机制

紧密围绕大型居住社区的规划实施及建设管理工作，以需求为牵引、问题为导向，针对业务需求搭建指标体系与动态维护框架，打通数据工作流，形成长期连续的数据更新机制。在业务流程方面，通过平台总体架构设计与功能模块开发，基于用户权限管理，在前端页面开发中落实数据的上传、审批和管理，使各区大型居住社区推进机构、各建设单位可对职能管理范围内的信息数据进行填报与更新。数据上传后经由住宅中心相应科室及管理人员审批，可通过后台数据进入数据库，并在前端可视化页面自动同步更新，由此建立可持续的信息数据维护体系，简化数据更新操作模式，提升平台数据质量。通过优化以数据为核心的业务协作流程，建立长效、动态反馈的云平台工作机制（图2）。

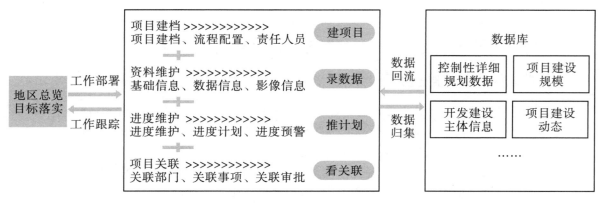

图 2　数据和业务双循环协同机制

2.3　从传统决策支持到智慧辅助决策

传统规划信息平台以服务规划管理为主，通过整合和管理各类规划数据，实现全面的数图总览、信息查询及指标监测等功能，为规划决策提供数据支持。在大型居住社区规划实施及建设管理中，配套设施与保障性住房的规划实施及建设推进判断是智慧辅助决策的核心应用场景。通过地面测距、缓冲区计算、等时圈计算等多种低码地理分析方式，对不同服务半径内的配套设施规划及建设信息数据进行筛选和统计，针对住宅地块进行初步的社区生活圈分析。基于 AI 算法，实现以拟研究住宅地块为中心的 5 分钟、10 分钟、15 分钟社区生活圈内配套设施规划完善度、建设成熟度评估。同时，基于空间句法，以规划道路可达性为依据，对不同出行方式的实际通达范围进行分析。

此外，通过人口与物业大数据的应用，掌握大型居住社区基地范围内的人口总量、人口饱和度、人口热力分布等总体人口数据，结合日间人口、夜间人口、工作人口等人口画像信息，通过人口预测模型等 AI 算法，辅助建设计划预警，提高评估事项的决策颗粒度。

3　面向整体开发区域规划实施的数字化协同治理思考

上海市大型居住社区开发范围较大，区域发展关注产城融合、公交优先、配套完善及社区各类居住的均衡分布，注重整体规划与综合建设，在规划实施中面临着与一般整体开发区域相类似的困境，如开发规模大、建设周期长、项目及开发主体多元、协同机制复杂等规划建设治理困境。

3.1　通过数字化平台实现治理工具的升维

通过对数据管理、技术分析及业务平台的整合，构建应对整体开发区域规划建设管理的综合性数字平台，强化区域内外部数据信息模型与面向多用户业务协作平台的挂接，在信息流上高度整合区域的规划、建设、管理环节。通过平台化思维与数字化手段，为区域整体开发建设的全流程提供规划及建设管理决策支持，实现信息的动态反馈与高效能治理。针对区域不同的管理场景与使用对象，平台应具备大屏监测端、PC 工作端、手机巡查端等多种产品形态，强化平台的服务属性。

3.2　通过数字化技术实现治理精度的提升

平台应在多源数据集成的基础上，加强大数据、云计算、三维城市信息模型、AI 算法、人工智能等信息技术的应用。在规划阶段，统一多类型、多尺度、多维度、多时段的规划数据底板，使数据可以更加高效地支持项目选址与规划评估，提升决策能力。在建设推进阶段，可通过接入建设项目工程摄像、APP 端现场巡查拍摄上传等方式，从被动信息跟踪转向主动动态监测，提高管理精度。在区域运维阶段，通过大数据在城市运营和近人尺度体现区域运行的数字体征，为未建及更新项目提供提升建议，细化治理"颗粒度"。

3.3　通过灵活工具实现可持续的数字场景

在整体开发区域的规划建设管理实际中，应通过轻量化、可嵌入分析模块的构建，不断以灵活的小工具、小场景拓展平台应用层，加强数字化工具的适应性。例如，以数字孪生为基础的数字化平台，可在主体功能的基础上，接入日照分析、视域分析、街景语义分析、天际线分析、开敞度分析等空间分析算法工具及 BI 工具，为规划实施的前置研究及土地出让阶段提供辅助决策；亦可在工程设计阶段通过工具设计，构建面向管理部门的建设工程项目的审批审查辅助场景。同时，考虑不同区域的既有数字化转型基础的差异，平台宜在保障信息安全的基础上，为各部门相关系统预留接口，构建生态完善的嵌入式平台。

4　结语

在大型居住社区规划建设管理的数字化应对场景中，区域的规划调整评估、配套设施完善度评价、建设项目信息管理与计划推进等是亟须数字化协同支持的重要方面。对整体开发区域而言，由于土地及建设项目开发的复杂性相似，因此在面向整体开发区域规划实施的数字化平台搭建中，应从优化业务流程的角度思考平台的系统搭建，结合人工智能及云计算发展，强化辅助分析决策的功能设计，以轻量化、可嵌入的应用模块灵活应对各类规划建设管理场景。

［参考文献］

[1] 严荣. 公共政策的试验性执行：以上海大型居住社区为例 [J]. 中国房地产，2019（3）：32-41.

[2] 凌莉. 从"空间失配"走向"空间适配"：上海市保障性住房规划选址影响要素评析 [J]. 上海城市规划，2011（3）：58-61.

[3] 杨保军，杨滔，冯振华，等. 数字规划平台：服务未来城市规划设计的新模式 [J]. 城市规划，2022，46（9）：7-12.

[4] 杨俊宴，程洋，邵典. 从静态蓝图到动态智能规则：城市设计数字化管理平台理论初探 [J]. 城市规划学刊，2018（2）：65-74.

［作者简介］

王梓懿，高级规划师，工程师，就职于上海现代建筑规划设计研究院有限公司。

程亮，高级工程师，就职于上海现代建筑规划设计研究院有限公司。

盛楠，高级工程师，就职于上海现代建筑规划设计研究院有限公司。

王雨薇，规划师，工程师，就职于上海现代建筑规划设计研究院有限公司。

现代化治理背景下城中村改造智慧化管理实践

——以福建省厦门市翔安区为例

□唐巧珍，谢炜灿

摘要：在福建省厦门市城中村改造的进程中，智慧管理的引入被视为推动城市高质量发展的关键策略。为了确保转型的顺利实施，厦门市不仅制定了城中村现代化治理的三年行动方案，还明确了智慧管理的具体工作和考核标准。本文从推进城中村改造和城市空间高质量发展的角度，围绕以人民为中心建设宜居韧性、智慧的现代化城市实践目标，旨在深入分析厦门市城中村改造的现状，特别是翔安区试点的智慧城中村管理实践，提炼出有效的建设路径和关键技术应用，以期形成可供其他城市参考的"厦门模式"。翔安区的试点项目通过应用智能监控、数据分析和信息化服务平台等先进技术，提高城中村的管理效率和居民的生活品质，同时在智慧城中村建设中注重居民参与，通过构建有效的反馈机制和参与式治理平台，有效提升居民的归属感和生活满意度。

关键词：城中村改造；规划实施；信息化；城中村智慧管理；社会治理

0 引言

随着城市化进程的加速，超大特大城市面临着城中村改造的紧迫任务。城中村作为城市发展中的特殊区域，其改造不仅关系到城市形象的提升，还是改善民生、扩大内需、推动城市高质量发展的关键举措。2023年7月21日，《关于在超大特大城市积极稳步推进城中村改造的指导意见》（以下简称《指导意见》）的发布，标志着城中村改造工作进入了一个新的阶段。

厦门市作为中国东南沿海的重要城市，其城中村改造和治理工作具有示范意义。2023年4月28日，《厦门市城中村现代化治理三年行动方案（2023—2025年）》的出台，提出了道路提升、环境提升、公共服务、文化传承等10项主要内容，并强调了智慧管理的重要性，旨在通过大数据平台的搭建，构建一个设施智能、服务便捷、管理精细、环境宜居的智慧社区。为了确保城中村治理工作的顺利进行，厦门市还配套出台了《厦门市城中村现代化治理工作"晾晒"考评细则（试行）》和《厦门市城中村现代化治理工作"晾晒"考评评分办法》，这些文件面向厦门市6个区，参照重点项目"晾晒"考评机制，强化了对城中村治理工作的考核评价。同年7月，《翔安区城中村现代化治理三年行动实施方案（2023—2025年）》提出城中村各项治理工作的具体部署。此外，2024年1月18日，《厦门市城中村改造规划工作导则》的发布，为全市域层面的城中村更新标准提供了统一的指导，推动了城中村改造的合理有序实施。

本文以厦门市翔安区城中村改造为例，探讨了城中村现代化治理的实践与挑战，将为超大特大城市城中村改造提供理论支持和实践指导，以期为其他城市的城中村改造提供借鉴和参考。

1 国家对城中村改造的指导意见

党的二十大报告中明确提出加强基层治理体系的完善，特别是通过网格化管理、精细化服务和信息化支撑来构建高效的基层治理平台。2023 年 7 月，国家进一步出台了《指导意见》，旨在以城市标准推进城中村的改造，以消除安全隐患、改善居住环境、优化土地资源利用、促进产业升级，并以人为核心推动新型城镇化。《指导意见》强调要从实际出发，采取拆除新建、整治提升、拆整结合等不同方式分类改造，标志着城中村整治的路径从以往的大规模拆除重建转变为更加注重综合整治和有机更新，使城中村改造成为城市更新不可或缺的一部分，共同促进超大特大城市向宜居、韧性、智慧的现代化城市转型。

通过这些措施，国家不仅致力于提升城中村居民的生活质量，同时也在推动城市整体的可持续发展，确保改造工作有序、高效，并与城市长远规划相协调。城中村改造不仅能提升城中村整体居住环境质量，还能提高城中村管理的智能化、人性化、便利化和高效化，是社会治理的重要组成部分。

2 城中村改造智慧化普遍面临的问题

众所周知，城中村被称为"都市里的村庄"，城中村产权结构、人员构成、空间分布、历史遗存等具有高度复杂性。城中村是城市的一部分，特别是特大城市吸纳了大量外来人口，这些群体有相当一部分租住在城中村，城中村租房成本虽较低，但普遍缺乏必要的基础设施、公共服务，尤其是在环境卫生、消防安全等方面存在诸多隐患，且城中村的智能化、信息化管理水平整体落后于城市社区，城中村智慧化管理的推进面临多重挑战。

首先，城中村普遍存在基础设施落后的问题，如网络覆盖不全、信号弱等，这限制了智慧化管理的实施。要实现智慧化管理，需要对现有基础设施进行大规模升级改造，这不仅涉及高昂的改造成本，还包括资金筹集和投资回报的问题。其次，城中村的智慧化改造是一个复杂的社会系统工程，需要政府、社区、居民等多方的协同合作，这不仅涉及提高服务水平，还需要良好的社会治理和资源整合能力。再次，为了适应新技术环境，城中村的智慧化管理需要创新管理模式和运营模式，这需要政策支持、资金投入和人才培养，以确保管理模式和运营模式能够与时俱进。最后，城中村改造过程中涉及大量多样化、多类型的数据，如人口、建筑等。数据的准确性、安全性、时效性对于智慧化管理至关重要，只有确保数据的可靠性，才能有效支撑智慧管理的决策和服务。此外，城中村在村容村貌、安全管理等方面较为薄弱，如垃圾分类、违章建筑、流动人员管理等。信息化技术的应用能够为这些问题提供智慧化解决方案，提升管理效率和水平。

3 厦门市翔安区城中村改造过程智慧化的实践应用

2022 年，厦门市开始开展湖里区后浦城中村改造试点工作，在后浦智慧城中村建设的过程中探索了智慧化管理建设，构建了城中村"X＋N＋1"智慧管理平台，实现了管理与服务的智能化、数字化、高效化。经过两年多的实践，如今已推广至全市 6 个区 25 个试点村，即厦门市2023 年第一批城中村。城中村治理涉及面广、情况复杂，各村因地制宜、因村施策。

厦门市翔安区位于厦门市东北部、台湾海峡西岸中部，是跨岛发展的主阵地、主战场，城市空间较大，有着大型用工企业、大量外来人口，逐步形成产业园区、文教园区、生活区包围的城中村形态。翔安区在湖里区后浦村基础上总结经验，结合翔安区实际和市级考核要求合理规划，采用"规定动作＋自选动作"的模式，完成了翔安特色的智慧化管理实践。

3.1 关于翔安区城中村智慧化管理的建设要求

厦门市翔安区出台《翔安区城中村现代化治理三年行动方案》，制订科学规划，明确治理范围，细化目标任务，推动责任到人，形成"一村一策一清单"，确保治理工作科学有效。其中涉及智慧管理的工作要求是探索建立统一的网格化服务管理信息数据标准，推动网格平台数据互联互通、互动互享，搭建城中村现代化治理大数据平台。

总体核心工作包括三个方面：一是完善基础设施建设，强化社区信息基础支撑。推进城中村范围"平安家园·智能天网""雪亮工程"升级建设，完善 5G 基础设施建设。二是建设智慧管理平台，提升社区数治能力。完善城中村信息化智能化管理软件系统和社区治理信息化设施，开发智慧社区移动客户端，整合各类外部数据资源，打破部门壁垒，实现一图通览、一键指挥。推动数字信息技术与城中村现代化治理深度融合，利用大数据分析，加快数据信息运用，实现网格化服务管理"多网合一"、全域覆盖。三是创新管理模式与运营模式，通过信息技术手段，建立配套机制和运营模式，优化管理模式。

3.2 翔安区城中村改造重点与信息化建设现状

3.2.1 翔安区城中村改造重点

2023 年，翔安区开展沙美、郑坂等 9 个试点村的现代化治理提升行动，城中村现代治理行动包括"10＋1"项主要内容，其中"10"是指治理规划、道路提升、市政提升、消防安全、环境提升、公共空间、公共服务、文化传承、社会治理、公共安全，"1"是指智慧管理。每个村实施社区城中村现代化治理三年行动规划（即城中村更新改造规划），并将智慧管理纳入重点治理内容。

3.2.2 信息化建设现状

在信息基础设施上，截至 2023 年初，翔安区各社区的信息基础设施投入主要在治安防控建设方面，但监控覆盖面仍存在盲区；在网络建设上，翔安区已经建成政务内网和政务外网；在数据资源建设上，其网格化综合治理方面主要依托网格通平台和厦门百姓 APP 进行人口、房屋、场所等基础信息的数据采集，具有一定的数据底数；在现有应用系统上，截至 2023 年 12 月，社区现有应用系统主要依托市级网格通和厦门百姓 APP，但尚未形成社区本级的资产管理信息化应用。

3.2.3 信息化存在问题分析

同大多数的城中村一样，翔安区城中村构成复杂、人口流动大难管理、科技手段管理应用有限等，致使智慧化管理的推进面临诸多挑战。

社区资源底数更新不及时。各社区的人、地、房、物、事等资源统计均为纸质台账，数据质量参差不齐，数据更新工作量大，靠人工走访录入的工作效率低。社区对信息化工具使用不积极，社区数据更新机制不完善，未定期更新社区资源数据。且各社区数据管理零散，未实现社区、街道、区级数据的统一汇聚，无法赋能更多的业务管理应用需求。

社区基础信息设施覆盖不足。社区出入口及外来人口较多，由于资金限制，原有已建视频监控数量及覆盖面有限，存在盲点盲区。已有监控设备缺少 AI 智能识别，无法及时预警，以人员巡查为主，缺少智能监控手段。

社区综合治理能力不足。社区治理工作缺少智能预警机制，险情发生时无法第一时间预警，垃圾分类、门前"三包"及"两违"治理等工作任务繁重，存在管理不到位的隐患，在文明城市检查时较为被动。同时，社区人口流动大，出租屋是城中村流动人口的聚集地，出租屋流动人员的变化需重点关注。

居民服务管理模式不智能。社区基层工作烦琐，服务社区群众、经营者的便民渠道有限，社区的信息公开、组织活动及社情民意的传播和反馈渠道单一，公众参与水平较低。

3.3 翔安区城中村改造过程智慧化实践及成效

3.3.1 智慧城中村的建设路径

翔安区采取全区统一规划、统一建设的模式开展实施"翔安区智慧城中村一期项目"建设。项目以区工业和信息化局作为业主单位，以区、各镇街、社区为使用主体，一期采用 9 个智慧城中村项目集中规划，统一生成一个项目实施建设。

区级统筹集约化建设，节省各街道单独建设的财政资金。后续具备更强的可扩展性，可支持其余试点城中村前端硬件扩展接入统一平台，并且满足纵向与市级平台对接、横向各业务部门共享等管理要求。

3.3.2 智慧城中村的建设规划

重点围绕流动人口管理、AI 智能管控安全隐患等方面，从理资产、助治理、强安防、便民生 4 个方面打造智慧社区管理平台、可视化数据驾驶舱和便民服务终端，形成全区城中村资源"一本账"、安防"一张网"、服务"一平台"，实现服务智能化、数字化、高效化（图 1）。

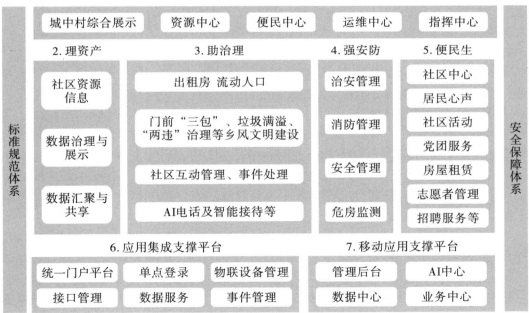

图 1 厦门市翔安区城中村智慧管理整体规划示意图

翔安区智慧城中村一期项目建设内容主要包含软件定制和硬件设施建设。软件定制参照政策指导要求，为翔安区各级主管单位和郑坂社区、沙美社区等9个社区提供智慧管理应用，包括数字孪生驾驶舱、综合管理平台、社区消防业务管理、智慧社区服务平台等，以及建设相应的业务支撑服务和业务支撑应用。硬件设施建设涉及郑坂社区、沙美社区等6个社区新增的前端智能视频监控。

3.3.3 智慧城中村的关键技术应用

智慧城中村是基于社区数字孪生底座上的智慧应用，项目建设过程中涉及多项关键应用技术，主要通过三维地理信息技术、倾斜摄影技术、地址匹配引擎技术、多源空间数据融合技术、AI视频智能分析技术等，实现城中村的智慧化管理。

一是三维地理信息与倾斜摄影技术。三维地理信息是数字城市的重要基础空间信息，在智慧城中村平台数据驾驶舱中，通过三维地理信息技术和倾斜摄影技术，用倾斜摄影实景三维展示城中村面貌，不仅能够表达空间对象间的平面关系和垂向关系，真实地反映地物情况，高精度地获取物方纹理信息，也能通过先进的定位、融合、建模等技术，生成真实的三维城市模型，对其进行三维空间分析和操作，向用户立体展现地理空间现象，给人以更真实的感受。

二是地址匹配引擎技术与多源空间数据融合技术。通过利用空间定位技术及地址匹配技术，建立城中村地址编码库，实现统一空间坐标，整合各种信息资源，在信息资源库之间建立有机联系，为实现信息共享、交换和整合提供基础信息支撑。

在项目中由于空间数据来源于基础地理信息数据、影像数据、业务专题数据等不同方面，形式与格式不一，因此需要采用多源空间数据融合技术，将不同来源的空间数据按照统一的标准、一定的融合规则和模型进行融合，并对其进行分析挖掘，实现对各种数据资源整合的有效利用，发挥数据资源在各应用中的支撑作用。

三是AI视频智能分析技术。AI视频智能分析技术可接入各种摄像机以及DVR、DVS及流媒体服务器等各种视频设备，并且通过智能化图像识别处理技术，对各种安全事件主动预警，通过实时分析，可将报警信息传导至相应的监控平台，然后通过AI语音通话工具，将AI视频智能分析产生的事件信息，结合事件流转功能深度融合，从"事件发生""事件通知"到"事件处理"，做到全流程自动化通知触达对应社区工作人员，帮助社区及时处理事件信息，以推动社区智慧化管理。AI视频智能分析技术主要应用于安防，如人脸识别、车辆识别。

3.3.4 智慧城中村的建设成效

通过翔安区智慧城中村一期项目建设，初步完成9个社区的综合可视化智慧管理平台与前端智能设备设施建设，实现对村容村貌、违规占道、危房进出、违章搭建、危险源监测、火警隐患预警等智慧化管控和便民服务，形成智慧社区"一本账、一中心、一张网、一平台"，初步实现由0到1可复用、可推广的智慧管理平台1.0版本，后续可继续推广至翔安区其他城中村，不断丰富优化智慧管理平台。

一是实现社区资产"一张图"。为解决社区资源底数更新不及时问题，结合晾晒考评要求，全面开展城中村数据治理专项行动，推进人口、房屋、商户、设施等数据融合应用，基于城市治理"人、地、事、物、情、组织"六大要素，开展城中村现代化治理人口信息主题库、地理空间主题库、事件信息主题库、物联感知主题库等建设，并结合管理需求建立空间信息库、视频信息库、建筑物信息库、出租房信息库、小场所信息库等业务数据库，实现辅助社区治理的"一张图"应用。

在数据统一汇聚的基础上，做到区、镇街、社区/村分级分权限使用，结合数字孪生三维地图模型建设，实现各个城中村范围的房屋单体化建模，完成常住人口、流动人口等人口数据治理图层，如点击地图上城中村的楼栋，即可查看建筑信息和居住人员信息，为智慧城中村提供数据基础。

二是强化社区安防"一张网"。为解决社区基础信息设施覆盖不足问题，落实"平安家园·智能天网""雪亮工程"升级建设要求，项目在充分复用公安部门原有雪亮设施的基础上，在6个社区规划建设514路监控及251路人脸门禁设备，实现对社区进出通道、主要道路、核心区等重要位置的社区秩序、环境治理、安全隐患等治理场景的有效覆盖，提升社区治安防控能力水平。

三是形成社区管理"一中心"。为解决社区综合治理能力较为不足问题，建成社区管理应用平台，实现对社区秩序、环境管理等方面AI识别，自动生成预警事件，并配套建设完整的事件流转处置机制，智能推送、流转与记录，为基层管理减负。切实做到"规定动作"不折不扣、"自选动作"有声有色，为智慧城市应用提供坚实的技术支撑。

四是搭建邻里服务"一平台"。为解决居民服务管理模式不智能的问题，充分利用信息化手段，为社区量身定制邻里服务小程序，建设便捷生活圈，提供社区信息公开、活动发布、问题及建议反馈、房屋出租、积分兑换等便民服务渠道，共享社区资源，为各类便民服务提供高效的集成式信息化渠道，并且为智慧城中村建设配套相应的运营服务，减轻社区管理压力，辅助社区做好平台上线后的使用，帮助社区适应新管理模式。

4 对基层治理智慧城市建设的启示

搭建以人为本的智慧城中村平台很好地打破信息孤岛、串联数据信息、解决信息冗余，让城中村更多可能的智慧应用场景得以延伸，但从上而下地面向不同层级管理者精细化治理的"智慧平台"建设非一蹴而就，目前各城市、各区、各社区/村庄的财政投入及治理成效不均衡。资金筹集和投资回报仍是难题，短期内城中村的改造工程、新基建建设都需要各部门协同，投入大量的财力、物力和人力。城中村的智慧化管理是社会治理高质量发展的趋势，基于前期的投入，后续需要大物业的试点运营，强化社区运营的实践落地，形成长效管养机制，更多地面向社区居民、企业，让基层治理中的智慧城中村能"自我造血"，带动多元化智能服务，融合产业发展、文旅服务，打造新型的智慧化绿化健康发展平台。

5 结语

厦门城中村改造与转型提供了不同的治理模式，从系统整体角度出发的多维综合考量，"一村一策"适用不同改造模式，无论是房地产式改造开发模式，还是以人为本、文化风貌保护模式，都在避免"一刀切"改造思维。城中村改造一样遵循顶层规划设计，规划思路从单一到系统、从实施规划到政策引领、从整村拆改为主到与有机更新并重，实现增量扩张型规划向城市内涵提升型规划转型。未来，在智慧城市中面向不同主体的"自上而下"精细化管理模式与"自下而上""大物管"全域服务智慧治理模式有机结合，适应城中村不同发展阶段的人群特征与需求，不断丰富和完善城中村治理策略，营造以人民为中心的具有丰富活力的城中村社群，为智慧城中村融入智慧城市发展作出重要贡献。

［参考文献］

[1] 罗春伟，王荻. 城中村经济发展与社会治理对策研究：基于厦门市翔安区十个典型城中村的调查 [J]. 城市建筑，2023，20 (10)：208-211.

[2] 陈志诚. 厦门城中村改造实践与启示：城市转型发展背景下城中村改造规划思路探讨 [J]. 北京规划建设，2024 (1)：86-90.

[3] 赵霞. 市域社会治理现代化背景下"城中村"社区治理的路径探讨：以张掖市甘州区为例 [J]. 国际公关，2023 (6)：22-24.

［作者简介］

唐巧珍，注册城乡规划师、工程师，就职于厦门市规划数字技术研究中心。

谢炜灿，副总工程师，就职于厦门市规划数字技术研究中心。

面向实施与管理的社区生活圈系统建设

——以四川省成都市武侯区公建系统为例

□高雨瑶，王月，张异君，丁一，詹必伟

摘要：在新时代背景下，建设 15 分钟社区生活圈是实现"健全基本公共服务体系，提高公共服务水平"的重要抓手。本文选取成都市武侯区公建系统作为案例，探讨 15 分钟社区生活圈系统在规划实施与精细化管理方面的构建与应用，总结出"1＋1＋1＋1"的系统运行机制，包括 1 个公建管理系统、1 个公建数据库、1 套数据更新机制及 1 套自动化数据处理工具。通过"一图、一表、一圈"的基础功能，为公共服务设施的攻坚任务提供支持。此外，基于"人口与设施匹配"及"设施服务半径可达性"的评估，助力公共服务设施均衡优质专项工作的开展。

关键词：15 分钟生活圈；公共服务设施；规划实施；精细化管理

0　引言

党的十九大报告中，习近平总书记强调"提高保障和改善民生水平，加强和创新社会治理"。落实"以民为本"的思想，为人民创造美好生活是城市规划和建设的根本目标。国家的"十四五"规划纲要将"健全国家公共服务制度体系"作为一个重要章节，特别强调了加快补齐基本公共服务短板，提升公共服务的整体质量和水平。党的二十大报告进一步明确了"健全基本公共服务体系，提高公共服务水平，增强均衡性和可及性"的目标，标志着公共服务体系的高质量发展已成为国家的重点关注方向。

在政策保障方面，2018 年修订的《城市居住区规划设计标准》（GB 50180—2018）提出了"生活圈"概念，取代传统的居住区分级模式，旨在构建更为紧密和便利的生活环境。此外，2021 年自然资源部印发《社区生活圈规划技术指南》提出了"15 分钟社区生活圈"，确保在步行范围内为居民配置必要的公共服务设施，实现服务的可达性。成都出台的《成都市公园城市社区生活圈公服设施规划导则》进一步优化和完善了基础保障类、功能提升类和特色类公共服务设施的规划与建设标准，体现了基于本土特色的具体实践。

社区生活圈规划建设管理系统，是面向 15 分钟社区生活圈专项规划实施和精细化管理的数字赋能。以公共服务设施数据为着力点，通过数据驱动公共服务设施建设管理精准化、智能化、协同化、体系化。

1 系统建设历程

成都市武侯区公建管理系统（成都市武侯区公建配套设施信息管理系统）建设一共经历了系统 1.0 版本和系统 2.0 版本 2 个阶段。

1.1 系统 1.0 版本

2017 年，为落实党的十九大"提高保障和改善民生水平"的要求，成都市中心城区（11＋2）区域公共服务实施"三年攻坚"行动。2017 年，包括武侯区在内的成都市各区开始建设公共配套设施信息管理平台。通过在线实时生成"一图、一表、一圈"的方式，助力成都市武侯区精细化管理公建规划实施建设情况，完成年度公建计划。

1.2 系统 2.0 版本

2024 年，坚决贯彻落实党的二十大报告关于"健全基本公共服务体系，提高公共服务水平，增强均衡性和可及性"的要求，成都市开展公共服务均衡优质供给专题工作。根据新的需求，公建管理系统的建设基于人口与设施匹配度和设施可达性覆盖度两方面开展研究工作和系统优化。

2 总体构架设计

成都市武侯区公建管理系统总体构架包括用户层、应用层和数据层。用户层包括住房和城乡建设局等建设管理部门、行业主管部门以及街道办各辖区工作人员；应用层包括"一图、一表、一圈"的基础功能和"人口与设施匹配"及"可达性覆盖度"的实施评估功能；数据层包括基础数据和公共服务设施专项数据。

成都市武侯区公建管理系统构建面向公共服务设施规划建设与精细化管理的"1＋1＋1＋1"的系统运行机制，即 1 个公建管理系统、1 个公建数据库、1 套数据更新机制、1 套自动化数据处理工具（图 1）。

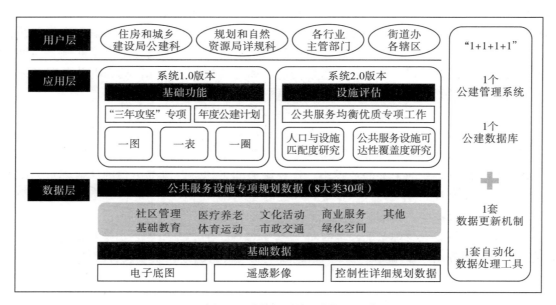

图 1 武侯区公建管理系统总体架构示意图

2.1 1个公建管理系统：精细化管理公建规划实施情况

成都市武侯区公建管理系统涉及8大类30小类公共服务设施，包含规划建设的8个方面40余条项目规划建设信息，全方位地展现了11个街道35个村社区范围内1768个公共服务设施的空间分布和建设状态。公建管理系统提供高级搜索功能，可按照公建配套名称、类别和地块编号进行准确定位查找。

2.2 1个公建数据库：全生命周期管理

为方便从规划到建设落地的全生命周期管理，精准地掌握公建项目的规划实施情况，公建数据库在建库标准建立时，设计了基本信息、土地情况、规划情况、建设目标计划、建设情况、移交运行情况、报建审批情况、现场照片8个方面内容。

2.3 1套数据更新机制：分类分权限及时更新

针对未建的规划数据，由编应中心定期根据最新的控制性详细规划更新公建点位、项目基本信息和规划情况；针对公共服务设施项目的建设状态（在建或已建）由街道办辖区工作人员核实更新；全区重点项目的建设进度由公建科工作人员统一统筹。

2.4 1套自动化数据处理工具：基于FME的自动化更新

在公建系统中，未建状态的规划数据根据最新的控制性详细规划及时更新。公建系统的8大类30小类业务数据，需对应到控制性详细规划配套设施标准并建立对应关系。通过编写FME数据处理模板，将公建系统中的规划类点位空间和属性信息依据控制性详细规划数据库更新。

3 面向规划实施与精细化管理的应用

3.1 面向公共服务设施攻坚任务的"一图、一表、一圈"基础功能

成都市武侯区公建管理系统覆盖武侯区，涵盖11个街道办，涉及8大类30小类公共服务设施，共计1768个公建点位，系统内可以在线随时浏览和下载"一图、一表、一圈"分布图。

一图：11个街道办公建规划建设情况统计图。面向武侯区辖区内11个街道办提供公建点位未建、在建和建成数量的在线统计表。

一表：8大类公共服务设施规划实施情况统计表。武侯区公建管理系统包含8大类30小类，包含教育、医疗卫生、居民服务、文化体育、行政管理、商业服务和市政公用及其他。公共服务设施实施情况统计表包含1768个公建点位，其中在建136个和已建604个。

一圈：社区生活圈公建点位分布图。8大类30小类设施按照未建、在建和建成3种不同的建设状态分布在11个街道中。根据《成都市公园城市社区生活圈公服设施规划导则》标准，各类设施可在线按照5 min、10 min以及15 min对应的步行距离设置服务半径，进一步统计设施覆盖率。例如，火车南站街道办的小学按照500 m服务半径计算，对辖区内居住小区用地面积的覆盖率为65.09%。

成都市武侯区公建管理系统从2017年开始持续助力公共服务实施"三年攻坚"行动，及时有效地反映公共配套设施项目规划落实和项目建设计划推进情况。通过数字赋能的方式，做到按照"网格化到社区、项目化到点位"，打造15分钟社区生活圈。

3.2 面向"公共服务均衡优质专项工作"的实施评估研究

党的二十大报告中"健全基本公共服务体系，提高公共服务水平，增强均衡性和可及性"的方针政策对公共服务设施建设提出更高的要求。根据成都市"公共服务均衡优质专项工作"要求，社区生活圈系统建设拟对人口与设施匹配关系和设施服务半径可达性功能进行优化。这要求系统要从基础精细化管理向规划决策方向提升。

3.2.1 人口与设施匹配度

人口与设施匹配研究的关键有两个环节。一是确定人口的数量。规划人口通过居住用地和预测相关产业用地的导入计算规划人口规模。现状人口通过相关统计数据实现人口数据空间化。二是研究规划设施数量的盈缺。通过规划人口、现状人口在一定单元空间范围内与规划设施数量、规模的匹配得出设施数量的盈缺关系，从而辅助规划决策。

3.2.2 公共服务设施服务半径覆盖度评估

公建管理系统将基于百度地图的步行路径规划应用程序接口，研究从小区出发的生活圈范围和从公共服务设施出发的服务半径。一是从居住小区出发，研究武侯区内居住小区的生活圈可达性，通过从小区出发的步行 5 min、10 min 和 15 min 的范围，评估设施的空间布局情况。二是从公共服务设施出发，依据不同设施的服务半径标准，计算服务半径下居住小区的覆盖度，从而了解不同设施空间布局的"洼地"。

4 社区生活圈系统建设思考

经历几年的建设与运营维护，成都市武侯区公建管理系统在公共服务设施规划实施建设中积累了不少经验，同时面对新的时代需求也迎来系统升级的挑战。

4.1 系统优点

数字赋能公共服务设施的规划实施，精细化推动项目管理建设，让社区生活圈的建设管理精准化、智能化、协同化、体系化。

精准化指利用信息化手段让带有建设状态的公共服务设施精准可视化。从地块层级、社区级、街道级多维度地跟踪掌握统筹重点项目建设进度。将 1768 个设施按照 8 大类 30 小类进行分类逐项精准管理，方便对接各行业主管部门。

协同化指通过公建管理系统的方式突破公建民生工程建设的多维障碍，意在打造一个跨层级、跨部门、跨系统的高效系统管理体系。基层街道办和社区工作人员通过系统完成核对反馈公共服务设施建设摸底情况；各行业主管部门通过系统即时了解各行业设施建设进度；公建科的管理人员通过系统统筹辖区内各类设施整体规划实施情况。

体系化指武侯区公建管理系统经过几年的实践沉淀，已经摸索出"1 个系统＋1 个数据库＋1 套更新机制＋1 套数据处理工具"的系统建设方法论，形成生活圈系统建设的体系雏形。

4.2 公建管理系统的不足与改进措施

一方面，武侯区公建管理系统在满足基本规划实施管理的需求上，初具精细化管理的雏形。另一方面，在新时代背景下公建管理系统需要不断更新迭代，具体方向如下。

一是打通公众参与的通道。社区居民将公建管理系统作为便捷表达意见的渠道，通过系统有效地收集居民对公共服务设施建设的需求，实现需求的精准匹配，建立公共服务设施居民需求清单。

二是关注"一老一小"，根据不同人群需求的匹配研究。老年人的养老和学龄儿童的基础教育是民生工程建设的重中之重。在人口与设施匹配度的研究中，对于一老一小的需求画像需要更加精准。

三是智能辅助决策选址。掌握公共服务设施盈缺情况的下一步计划就是通过调规落实生活圈设施布局要求。结合人口、居住用地布局、土地建设情况、地籍权属和低效用地等多维度综合考量，智能推荐潜在设施布局的适宜地块。

[参考文献]

[1] 王子强，赵元元. 15分钟社区生活圈服务设施建设评估探索：以无锡市经开区为例 [C] //中国城市规划学会城市规划新技术应用学术委员会，广州市规划和自然资源自动化中心. 夯实数据底座·做强创新引擎·赋能多维场景：2022年中国城市规划信息化年会论文集. 南宁：广西科学技术出版社，2022.

[2] 周岱霖，黄慧明. 供需关联视角下的社区生活圈服务设施配置研究：以广州为例 [J]. 城市发展研究，2019，26（12）：1-5，18.

[3] 李宝荣. 以数字赋能提升政府公共服务水平 [N]. 光明日报，2023-10-23（06）.

[作者简介]
高雨瑶，工程师，就职于成都市规划编制研究和应用技术中心。
王月，高级工程师，就职于成都市规划编制研究和应用技术中心。
张异君，工程师，就职于成都市规划编制研究和应用技术中心。
丁一，高级工程师，就职于成都市规划编制研究和应用技术中心。
詹必伟，高级工程师，就职于成都市规划编制研究和应用技术中心。

社会空间匹配视角下智慧社区设施布局与使用评估研究
——以北京市回天地区龙泽苑社区为例

□齐好，毕波

摘要：本文从社会空间的社区服务匹配视角出发，聚焦于智慧社区设施的布局与使用，以北京市回天地区龙泽苑社区为例，评估智慧社区设施布局适宜性及居民使用满意度。分析发现，智慧设施在改善社区服务和居民生活方面有正面导向作用，但在满足不同居民需求的均衡性和技术适应性方面存在不足。对此提出智慧设施建设政策引导、布局优化、管理运营升级 3 个方面策略，以适应社区空间特征和不同居民的多样化需求，从而实现有效的资源配置和服务优化，推动智慧社区的可持续发展。

关键词：智慧社区；智慧设施；评估；社会空间；回天地区

1 研究背景

党的二十大报告指出，要坚持以人民为中心的发展思想，打造宜居、韧性、智慧城市。智慧社区作为智慧城市的基础单元，在社区层面实现公共生活与治理的智能化，是现代化城市发展的重要战略。2022 年，国务院办公厅印发《"十四五"城乡社区服务体系建设规划》，国家发展改革委印发《"十四五"新型城镇化实施方案》，民政部等九部门印发《关于深入推进智慧社区建设的意见》，提出充分应用信息技术手段为社区服务赋能增效、因地制宜地部署"数据大脑"。各地智慧社区建设方案相继出台，并进入落地实施阶段。随着 2023 年数字中国顶层规划的出炉，对智慧社区设施实施评估已成为热点问题。

1.1 智慧社区建设

智慧社区理念源于 20 世纪 90 年代，为应对快速技术变化带来的挑战，该理念充分集成应用大数据、物联网、互联网、云计算等信息技术，开发建设前端设施、后端平台、数据存储、智能楼宇、信息识别终端等，整合优化现有社区服务资源，为居民提供便捷、舒适、安全的智慧化生活环境。我国智慧社区建设由政府主导，提供政策、资金和法律支持，多部门与企业协同完成硬软件架构；居委会、物业等社区组织保障智慧社区运营管理；居民参与社区日常维护、更新和治理，是有效检验建设成效的主体。

在智慧社区架构体系中，智慧设施是社区公共服务的重要支撑，涵盖物业、安全、停车、养老、医疗、教育、环境管理等多个方面（图 1）。国内关于智慧设施的探讨广泛，包括政策框架、技术创新、智能治理及工业设计等多个领域，涉及智慧养老、智慧警务、智慧交通等特定系统。已有智慧社区设施评估研究多从供给端的管理者、技术方的视角揭示问题，比如智慧社区的设施智能化手段较为单一、运行不稳定等。基于社区居民实际需求的智慧社区设施服务匹配评估研究较少，仅有部分研究关注了居民的设施使用习惯。智慧停车、智能垃圾桶、门禁等终端设施的布局与使用问题有待深入探讨。

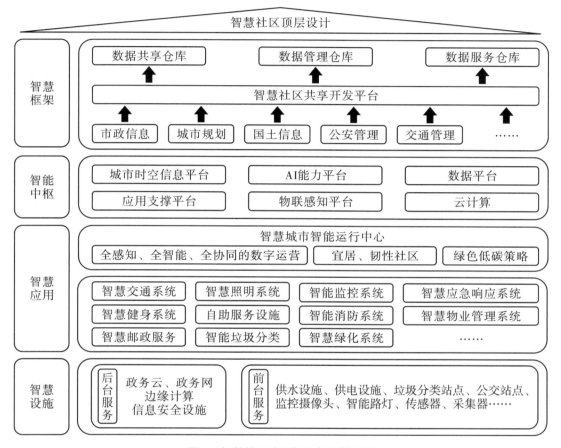

图1 智慧社区建设框架与智慧设施

1.2 智慧设施评估

智慧社区的设施评估是检验建设成效的重要手段，包括落地位置、服务覆盖的合理性、使用效果等。合理布局体现在智慧设施分布的均衡性及服务覆盖的全面性、适宜性，以确保资源有效利用和服务均等。均衡分布，即物理位置安排合理、种类数量配备齐全。覆盖范围的适宜性则涉及前台服务的覆盖（包括终端设施落地和前端系统覆盖）和后台服务的覆盖（包括云端设施、中枢管理和物业服务）。

多维度、全方位调查不同人群使用情况是智慧设施评估的重要环节，重点在于了解不同人群对设施使用情况的认知和体验，通过满意度和认可度打分，评估智慧设施的普适度、便捷性和实用性。

1.3 研究目的与意义

本文在社会空间互动的服务匹配视角下，以北京市回天地区龙泽苑社区为例，对其智慧设施分布与使用情况进行调查评估，包括智慧设施分布、实施效果、存在问题、居民日常活动需求、使用现状，以及居民对智慧设施的满意度等，从而提出提升智慧设施实施效果与服务质量的策略建议，为智慧社区建设提供参考和借鉴。

2 研究对象与评估框架

2.1 "回天大脑"计划

为贯彻国家智慧城市建设的要求，北京市先后印发了《关于在全市推进智慧社区建设的实施意见》《智慧北京行动纲要》《北京市智慧社区指导标准》等指导文件。在区级层面，《昌平分区规划（国土空间规划）（2017 年—2035 年）》提出"优化回天地区城市公共服务功能"的目标。回天地区作为北京市郊区大规模聚居区，治理能力与人口发展压力不匹配，社区治理难度一直较大。2018 年，北京市出台了《优化提升回龙观天通苑地区公共服务和基础设施三年行动计划（2018—2020 年）》，明确回天地区是北京市智慧社区建设试点之一，并提出建设"回天大脑"（图 2）。"回天大脑"运行以来，依托昌平区政务云提供基础融合服务，通过目录区块链和共享平台实现数据流通；同时强化数据平台支持能力，丰富业务模型，确保多级数据通联中"可用不可见"的隐私安全，打通城市治理"最后一公里"。智慧社区的建设和智慧设施的投入运营，成为提升该地区治理水平与居民幸福指数的契机。

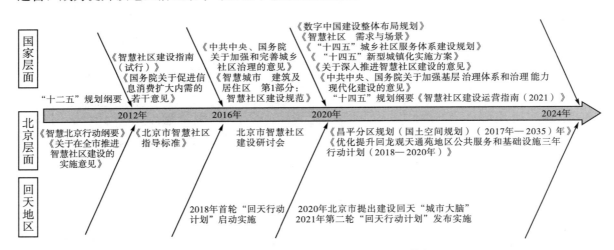

图 2 国家、北京市、回天地区智慧社区建设政策与规划

2.2 龙泽苑社区概况

龙泽苑社区位于回天地区龙泽园街道，面积约 22 hm²。常住人口近 7000 人，人口密集。居民户别以家庭户为主，租户与居住时间在 5 年之内的新住户较多，人口流动性较强；人口年龄集中在 18～60 岁，18 岁以下和 60 岁以上的人口较少；人口学历水平以本科为主，并在中心城或龙泽苑社区周边工作。人群混杂带来归属感缺失，不同人群生活习惯、社区熟悉程度有很大不同。人群使用评估将按照不同年龄段、本地居民、外来居民以及学历水平维度来分析。

随着"回天大脑"的实施，龙泽苑社区以提升生活服务便捷性、安全性和社区治理效率为目标，在五大领域引入智慧设施，包括智能公共服务、智慧环境建设服务、智慧安全建设服务、智慧社区治理和智能物业管理（图3），对安全监控、垃圾分类、停车管理等社区服务进行信息化改造，实现社区管理的及时响应。经过几年实践，龙泽苑社区在智慧政务、中枢服务方面的管理水平明显提高，但公共服务设施的智能化建设仍存在局限，实际服务水平及使用便利性有待评估和完善。

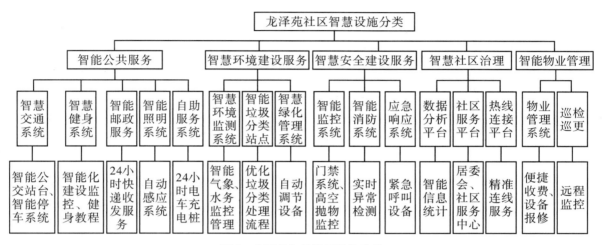

图3 龙泽苑智慧社区设施分类

2.3 评估框架与方法

研究从社会空间匹配的视角出发，建立宏观、中观、微观多层次的评估框架（图4）。通过宏观解读政策和战略，中观分析居民活动模式与设施布局之间的交互，微观调查使用者对前台服务的满意度，全面评估智慧设施布局和使用情况。

首先，采用专家访谈和文献综述方法梳理智慧社区的建设和运营情况。其次，采用聚类分析、空间句法分析方法描绘智慧设施的分布和空间匹配情况。再次，通过实地发放问卷，对社区居民、社区工作人员进行调查访谈，得到不同人群对智慧设施的使用评估结果。最后，从智慧设施政策引导、布局优化和运维管理三个角度提出改进建议。

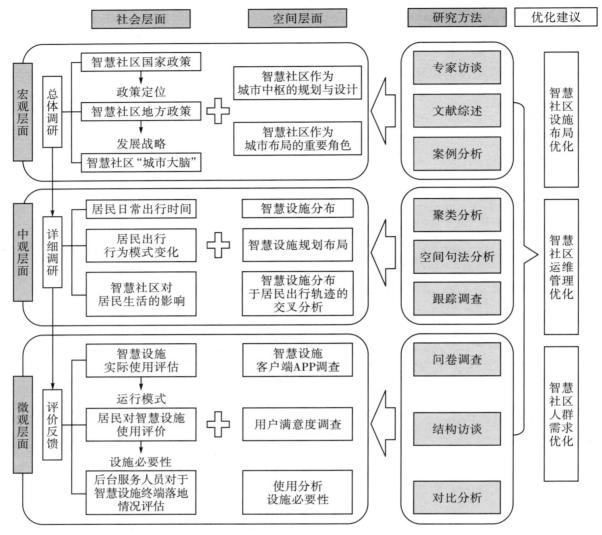

图 4　社会空间匹配的智慧设施评估框架

3　龙泽苑社区评估结果

3.1　智慧设施布局

　　龙泽苑社区智慧设施布局总体较均匀，但存在智慧设施分布与人群需求匹配偏差、智慧设施后台服务覆盖不全的问题，降低了设施的使用效率与居民满意度。首先，部分智慧设施分布与道路和可达性高的公共空间联系不够紧密。例如，智能安防设施集中分布在社区边缘等低风险区域，在道路交叉口等视线死角，以及高层阳台等区域的分布则较为稀疏。智慧垃圾分类设施只覆盖了社区的边缘区域，忽略了居民集中地带的便利性需求。通过空间句法分析发现，可达性高的开敞空间缺乏智能健身设备、安全监控设备、自助服务设施，而布置充电桩有一定的辐射危害。其次，智慧社区控制中枢分布较散乱。物业、居委会、党群活动中心等服务点布局分散，登记、报修、人脸录入等服务的可达性大打折扣，特别是对于行动不便的居民；与社区内部的物业服务人员和居委会管理人员的联络也多有不便。此外，龙泽苑社区的智慧设施后台服务覆盖不完善。智能垃圾桶使用流程较复杂，脱离智能手机难以快速完成垃圾分类。数据整合与资源调配能力不足，充电桩缺乏使用高峰期的物业管理实时响应。在物业和云端服务方面，物业服务互动有限，缺乏智能化的报修和反馈系统；云端平台未能充分发挥服务职能，缺乏高效的社区信息更新和生活服务整合能力，同时存在住户数据安全和隐私保护隐患。

智慧设施布局应全面覆盖前台服务和后台服务，考虑服务均等和核心地带居民需求，将需求高的智慧设施，如健身设备、监控、自助机布置于公共空间，将充电桩等有一定安全辐射的必需设施放置于可达性高的道路旁，且进行实时云端统计。

3.2 智慧设施运维管理

龙泽苑社区智慧设施的管理主体多元，多个群体共同协作，确保系统稳定运行和服务的及时性（表1），并采取一定的配套管理措施推行智慧设施使用，如配合智能垃圾桶布点，采用积分制、奖惩制等方式强化垃圾分类管理。但运维过程也存在一些问题。

首先，技术限制是一个不容忽视的问题。技术迭代更新速度快，导致一些智慧应用方式过时，需要升级和更换。智能监控系统由于分辨率低而无法准确执行任务，实时监控设备与应急响应设备不能及时收发信号，不同设备之间存在交流壁垒。垃圾分类系统和智能充电站点维护不及时，服务效率低。同时，智能安防系统的数据分析需要高水平的技术支持，数据处理和存储能力不足也限制了功能的发挥。其次，部分智慧设施维护和管理成本较高。一些声控、光控设备的使用和维修成本较高，一些二维码标识需要时常更新。技术限制衍生出的运营问题也需要投入更多成本，例如垃圾分类后的处理技术不完善，需要单独的人工负责进一步分类。最后，各个群体之间协作不畅，如社区居委会、社区居民和管理人员的信息共享存在偏差。智慧设施的 APP 界面缺乏问题反馈窗口。

表 1 龙泽苑社区智慧设施运维管理主体

参与主体	主要职责
政府机构	制定规划和政策，监督项目实施，提供政策支持、资金投入和技术指导
"回天大脑"管理中心	协调和集成不同的智慧设施，保障数据共享和系统互联互通
物业管理公司	负责日常运营和维护，包括设施的日常检查、故障维修和用户支持
社区居委会	收集居民的使用反馈，及时沟通与解决问题
技术服务供应商	提供设施安装、维护、升级和技术支持
社区居民及管理委员	代表居民参与智慧设施的管理和决策过程，提出改进建议
研究和学术机构	参与智慧城市项目，提供研究支持，推动技术创新和发展

3.3 智慧设施人群使用效果

龙泽苑社区智慧设施的应用提高了居民的生活质量，但对于不同年龄、不同能力、本地或外来的居民群体存在不同程度的挑战。不同人群对不同智慧设施的接受度和满意度也存在差异。

本科学历的中青年上班族是智慧设施的主要使用者，大多处于"职住分离"状态，早出晚归导致出行高峰期人流进出量大，往返于住地和地铁站或公交站，对实时公交信息牌等智慧交通设施的智慧度要求较高。非上班时间对智慧设施和空间的需求主要在于取快递、自助售卖、出行工具充电、停车等。他们对智慧设施的接受度普遍较高，但多数人反映垃圾分类智慧处理等设施互动过程浪费时间，智能充电桩也存在辐射和消防安全隐患。

青少年儿童日间在社区中心玩乐和健身区域活动时，需要一定的监控和预警，对智慧安全设施的需求较高。另外，部分家长反映智慧健身屏幕对儿童用眼卫生不利。

老年群体以公共空间交流互动、锻炼等活动为主，在智慧设施使用过程中面临很多障碍。比如，缺乏使用智慧充电站扫码支付、智慧治理 APP 的数字素养，需要特殊帮助。他们普遍认为自动调节的照明设施友好，对垃圾分类回收持积极态度，十分欢迎积分兑换礼品等辅助服务环节。

本地居民的主要需求是定时停车、充电和基本生活安全，有更强烈的参与社区管理的意愿。外来群体需求为随机停车，与本地停车需求容易发生冲突，需要智慧调配。一些外来租户对智慧设施使用较陌生、适应性差，如避开智能垃圾分类设施，随意堆放垃圾，需要对他们进行特定培训。两类人群均对部分智慧设施使用的隐私安全表示担忧。

总之，高学历中青年群体和本地居民更容易接受新技术，对智慧设施评估分数普遍较高；其余人群则对智慧设施感到陌生甚至排斥，评分较低。智慧设施的引入应考虑不同人群的需求，提高设施使用的普适性，并提供更全面的培训和支持，在技术创新的同时兼顾个人隐私安全，实现真正意义上的智慧生活。

4 优化建议

4.1 政策引导优化

政策引导是优化智慧社区设施规划与运营的首要途径。应加强智慧技术支持、整合不同人群需求，以实现智慧社区设施与社会需求之间的良好匹配。首先，依托物联网、云计算、人工智能等先进技术，强化智慧设施应用的技术支持，特别是提高智慧设施的安全保障和安全响应能力，更新社区安全监控系统，达成智能监控系统与应急响应系统的高敏感交互。其次，以居民需求为导向分类规划智慧设施，提升设施使用的友好性。对于老年群体，设计易于操作的设备界面，提供技术培训，以提升他们对智慧设施的接受程度和使用能力；对于中青年群体，开发智慧设施与他们生活习惯相契合的方案，如优化垃圾分类流程以节省时间，将充电桩等智慧交通设施有效布置于道路可达性高的区域以提高效率；为保障儿童安全，在集中玩耍区域布置无污染、无辐射的安全设施、集成监控和紧急呼叫装置；同时，考虑外来人群和本地人群的不同需求，设计更亲切简化的智慧设施使用 APP 与停车调配体系等。最后，引导社区居民广泛参与智慧社区设施使用的反馈。收集数字平台民意调查情况，响应人群需求，优化升级智慧设施。

4.2 设施优化分布

智慧设施分布需要兼顾前台和后台服务全覆盖。确保必要的设施分布与人群活动高发区、开敞空间相匹配，注重中枢合理布局、设施安全布局，实现设施与人的良性互动。首先，基于精细化的空间分析，使智慧设施有效地匹配社区人群活动路径和热点区域。比如合理布置公共 Wi-Fi 信号基站、智慧照明等智慧设施，确保设施分布与居民活动需求相符，提高使用便捷性。其次，提升设施布局安全性，减少使用负面风险。比如关注充电桩布置的消防安全，置于远离儿童活动和人群密集区；调整智慧信息屏幕的亮度、限制开放时间，降低光污染对居民的危害；在存在安全隐患的区域边缘，提高标识辨识度。最后，合理布局控制中枢站点。社区服务中心应连接居民活动集中地，提高管理人员工作效率，方便社区居民联系物业公司。此外，智慧设施的布置要留有余地，以更好地适应人口流动性社区居民的活动变化。

4.3 管理运营升级

提升各级主体的深层参与度，提高智慧设施技术水平，促进智慧社区管理运营的科学、高效和可持续。首先，关注技术迭代和设备升级，对设施实施周期性的技术审查和设备升级。例如，物业部门通过云端监控检测智慧设施的使用频率进行日常检修，及时更新二维码标识，对使用频率高的设施，如垃圾分类箱、智能充电桩及时进行迭代升级。其次，各部门共同推进智慧设施规划建设与运营，云端优化智慧治理模块，居民反馈智慧治理需求，物业进行针对性响应。例如，技术服务供应商引入智能垃圾分类设备，重点关注分类后垃圾处理；社区居委会制订激励政策，如垃圾分类、低碳步行等积分可换购，提高居民使用智慧设施意愿；物业基于物联网设备，对智能健身设备的屏幕进行管控，降低光污染；及时监控智慧充电桩的充电情况，将充电结束车辆移动至非充电桩连接区域，以提高充电桩的使用率。学术机构积极开展智慧社区的运营监测和评估工作，分析设施运营数据和实施效果。

5 结语

智慧社区的建设需要在技术创新、社区治理和用户体验之间取得平衡。基于社会空间的服务匹配视角，龙泽苑社区的评估案例展示了智慧设施布局与使用的现实挑战，如设施布局的合理性、技术的适应性、成本的可持续性及用户的接受度等。为获得更高效和更满意的生活体验，未来的智慧设施引入和改造应加强政策引导、设施分布优化及管理运营升级。特别是在用户体验方面，进一步强化分人群的使用培训与支持，辅助配套必要的推行措施，推动各方人员参与，在技术创新中依托物联网、云计算、人工智能、数字孪生等先进技术，搭建起面向居民的智慧设施后台服务，更好地提升智慧应用实效。最终，通过优化居民反馈，使智慧社区建设更好地满足居民需求，推动城市的可持续发展。

[参考文献]

[1] 周启森，王卉，王雷. 智慧社区背景下北京智能型公共服务设施使用现状研究 [C] //中国城市规划学会. 人民城市，规划赋能：2022中国城市规划年会论文集. 北京：中国建筑工业出版社，2023.

[2] 姜晓萍，张璇. 智慧社区的关键问题：内涵、维度与质量标准 [J]. 上海行政学院学报，2017，18（6）：4-13.

[3] 吴胜武. 关于智慧社区建设的若干思考 [J]. 宁波经济（三江论坛），2013（3）：7-9，6.

[4] 俞露露，张洪艳，胡广伟. 政策工具视角下我国智慧社区政策特征分析与审思 [J]. 情报科学，2024，42（2）：24-34，55.

[5] 方伶俐，熊琪琦. 整体性治理理论下智慧社区建设的现实困境与路径选择：以武汉市为例 [J]. 领导科学论坛，2022（9）：7-13.

[6] 陈友华，邵文君. 智慧养老：内涵、困境与建议 [J]. 江淮论坛，2021（2）：139-145，193.

[7] 周启森. 智慧社区背景下公共服务设施智能化举措与优化策略研究 [D]. 北京：北方工业大学，2023.

[8] 董正浩，李帅峥，邓成明，等. "双碳"战略下新型智慧城市建设思考 [J]. 信息通信技术与政策，

2022（1）：57-63.

[9] 胡志明，刘畅，张辰悦. 智慧城市背景下社区数字化建设研究：基于金华市的调研 ［J］. 科技创业月刊，2023，36（12）：78-82.

[10] 于龙."互联网＋"时代下智慧警务新思维的建立 ［J］. 中国安全防范技术与应用，2021（1）：56-60.

[11] 王江，王健. 智慧社区人本化转型的行动框架与策略：基于"人—技术—空间—平台"四维互嵌视角 ［J］. 规划师，2024，40（1）：50-59.

［作者简介］

齐好，就读于北京林业大学城乡规划系。

毕波，讲师，就职于北京林业大学城乡规划系。

国土空间规划城市体检评估与城市更新

河南省城市体检评估体系构建研究

□贾潇冉，李晨阳，王劲军，刘洋东，李智，翟雅梦

摘要： 在快速城镇化的背景下，城市管理遇到了前所未有的挑战。城市体检作为一种新兴的管理工具，其目的在于提高城市的整体质量和居民的生活环境。遵循习近平总书记关于建立城市体检评估机制的指示，针对河南省缺乏符合本省特点的城市体检评估体系的问题，开发了一套适用于河南省的评估体系，以推动城市的可持续发展。通过制定技术指南、开发调查系统和建立信息平台，构建了包含 7 个主要方面的河南省城市体检评估体系。目前，这一体系已经在新郑市、三门峡市、南阳市、开封市、许昌市、濮阳市等多个城市中得到实施，有效支持了城市问题的识别与决策，对推动河南省及全国城市体检工作的开展具有重要价值。

关键词： 城市体检；评估体系；河南省

0　引言

随着我国城镇化进程的加速，城市发展面临着诸多挑战。城市体检作为一种重要的城市管理工具，能够全面评估城市发展状况，并针对性地制定策略，优化发展目标，解决城市问题。2015 年中央城市工作会议上，习近平总书记提出转变城市发展方式，建立城市体检评估机制。自 2018 年起，住房和城乡建设部在试点城市开展城市体检工作。河南省在郑州、洛阳等地的试点经验的基础上，逐步将城市体检工作推广至全省。

构建一个完整的城市体检评估体系对于提高城市治理水平、优化城市发展战略、提升居民生活质量及实现城市的长期可持续发展具有重要意义。目前，许多国内外城市已经建立了比较完善的城市体检评估体系。在中国，北京、广州、重庆、西安等城市已经开展了城市体检工作，并在此过程中积累了宝贵的经验，探索出了包括实时监测、定期评估、动态维护在内的城市体检评估机制。在国外，伦敦、纽约、东京等大型城市也已建立了全面的规划实施评估体系。与国内不同的是，这些国际大都市还对新建项目和新增设施进行动态监测，并且在社区层面的评估和多元主体的参与协作方面进行了深入探索。这些成熟的体系为中国各省市完善自身的城市体检评估制度提供了宝贵的借鉴。

为了提升河南省城市治理水平，建设宜居、韧性、智慧的城市，本研究借鉴其他城市的城市体检评估经验，并结合河南省自身的特点，为河南省构建了一个科学、规范的城市体检评估体系，以推动城市可持续发展。

1　研究构思

　　在深入分析河南省的地域特色、经济发展水平及社会需求的基础上，借鉴国内外先进的城市体检评估体系，并结合河南省的实际情况，构建了一套全面的城市体检评估体系（图 1）："一套标准"用以指导城市体检工作；"一套指标"用以明确评估要点；"一个系统"用以实现数据的有效采集；"一个平台"用以展示体检成果；"一组模型"用以分析评估数据；"一张底图"用以记录历年数据；"一条路线"用以形成完整的管理闭环。这套体系形成了"监测、评价、诊断、治理"的闭环，旨在为河南省城市的精确治理和高质量发展提供坚实的支持，推动河南省在新时代背景下的城市转型和可持续发展。

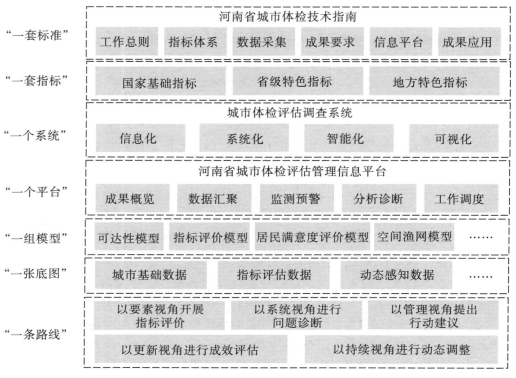

图 1　河南省城市体检评估体系

　　鉴于河南省在城市体检方面的现状，即缺乏"一套标准""一套指标""一个系统""一个平台"，由此，确立本研究的工作重点为编制河南省城市体检技术系列技术标准、开发城市体检评估调查系统、搭建河南省城市体检评估管理信息平台。这些工作将为河南省城市体检提供标准化、系统化的操作流程，确保评估的准确性和有效性，从而促进河南省城市体检工作更科学、更有效。

2　研究内容

2.1　编制河南省城市体检技术系列技术标准

　　为了规范指导各市县城市体检工作，本研究参考住房和城乡建设部发布的《城市体检工作手册（试行）》，结合河南省的实际情况，编制了以《河南省城市体检技术指南》为核心的城市体检技术系列技术标准。《河南省城市体检技术指南》的编制遵循"系统推进、重点聚焦、特色创新、共建共享"的总体思路，引导城市体检从查找影响城市发展的短板和弱项转变为关注如何提升城市品质与人居环境质量的系统性及如何促进城市包容式发展。

2.1.1 以标准规范为引领，强化城市体检工作的技术指导

《河南省城市体检技术指南》等一系列技术标准是指导和规范城市体检工作的技术文件，是城市体检工作的重要依据和保障。正文共 6 章，包括工作总则、指标体系、数据采集、成果要求、信息平台和成果应用；附录由 3 部分组成，包括城市体检基础指标体系表、河南省城市体检特色指标体系表和"住房—小区（社区）—街区"指标数据调查统计表示例。《河南省城市体检技术指南》明确了城市体检的目的、内容、方法和程序，提高了城市体检的科学性和规范性，能够保证扎实、全面地推进河南省城市体检工作。

2.1.2 以特色指标为重点，构建"61＋10＋N"三级城市体检指标体系

鉴于河南省各省辖市经济社会发展的显著差异，选取郑州、开封、南阳、濮阳等 4 个代表性城市作为深入调研对象。结合各地的城市发展实际，从群众普遍关注的难题、瓶颈和痛点出发，深入研究城市面临的挑战。通过对问题的严重程度进行细致的梳理和归纳，构建出河南省的"61＋10＋N"三级城市体检指标体系（图 2）。该体系在国家的 61 个基础指标之上，新增了 10 个省级特色指标（表 1），并为地方特色指标的选择提供了建议与指导。

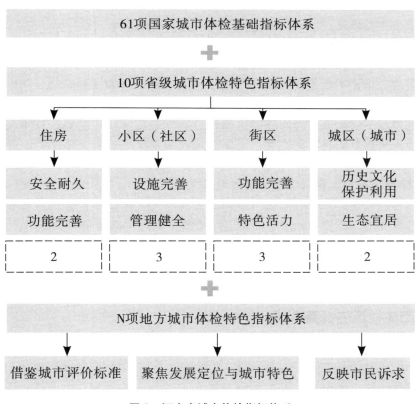

图 2　河南省城市体检指标体系

表 1　河南省城市体检特色指标体系

维度		指标项
住房	安全耐久	疑似城市 C、D 级危险住房数量
	功能完善	集中供热未覆盖住房数量
小区（社区）	设施完善	完整居住社区覆盖率
	管理健全	微型消防站未达标配建的社区数量
		需要进行地下空间排水防涝改造的小区数量
街区	功能完善	菜市场（农贸市场、生鲜超市）覆盖率
		电动汽车公共充电桩（站）1 km、2 km 覆盖率
	特色活力	特色活力指数
城区	历史文化保护利用	历史街区活力指数
	生态宜居	城市机动车停车位供给总量与机动车保有量的比例

河南省省级特色指标重点关注以下四个方面：

一是综合评价。这些指标覆盖了住房安全、功能完善、社区设施、街区功能和城区生态等多个维度，对城市的居住环境和生活质量进行了全面的评估。

二是针对痛点。每个指标均针对城市建设和管理中的具体问题，如 C、D 级危险住房的识别，集中供热的覆盖范围，社区消防站的配备，等等，有效促进了城市发展中具体问题的发现与解决。通过识别和评估潜在风险，如地下空间排水防涝改造的需求，有助于提前规划和采取措施，降低灾害发生的风险。

三是突出操作。指标的设定提供了清晰的操作指南和评估标准，如"六有"标准、微型消防站建设标准等，便于进行实地调查和数据的收集。

四是聚焦潜力。指标不仅关注当前的问题，还考虑到未来的发展趋势，如电动汽车充电桩的布局和特色活力指数的构建，推动了城市的可持续发展。

这些指标的设定不仅彰显了河南省的区域特色和发展需求，还反映了城市建设和发展中的关键问题和短板。更重要的是，它们展示了城市建设和发展的成效与水平，引导城市体检工作发现问题、整改问题、巩固提升，从而促进城市的高质量发展。

2.1.3　以共同参与为视角，创新城市体检成果形式

基于共同参与的视角，充分考虑城市体检工作的参与主体，不仅是面向专业技术人员的工作，更需要社会各界的广泛参与。城市体检工作的参与主体包括政府相关部门、基层管理人员、专业技术团队、社会机构及普通市民。城市体检的工作成果编制必须遵循以人民为中心、服务于社会的宗旨，其内容和形式应清晰、简洁，易于大众理解。因此，城市体检不仅是一项技术工作，更是市民参与公共政策制定和社会治理的有效工具。

2.2　开发城市体检评估调查系统

住房和城乡建设部发布的《城市体检工作手册（试行）》强调了问题导向的重要性，并提出了细化城市体检单元的必要性。该手册建议从住房、小区（社区）、街区到城区（城市）4 个层级进行全面细致的城市体检，以发现并解决群众迫切关心的问题。根据手册指导，基础调查涵盖了 61 个指标，分布在 4 个层级中，其中住房基础调查包含 10 个指标，小区（社区）基础调查包含 12 个指标，街区基础调查包含 8 个指标，而城区基础调查则包含 31 个指标。

面对时间限制、任务量大和资金紧张的挑战，本研究开发了一套城市体检评估调查系统，以协调大量调查人员并确保调查的有效性。该系统通过 Web 平台和小程序提供全流程服务，支

持多端在线协作，优化了协调、合作、进度监控和成果管理的流程，提高了工作效率。

2.2.1 调查系统的架构与组织

城市体检调查系统的架构由数据底座、数据中台、应用3个主要部分组成（图3），旨在为城市体检提供全面的数据支持和管理。一是数据底座。作为系统的数据基础，负责管理城市体检相关的文件记录和外部数据，包括文档、表格、图片等。此外，它还整合了政策法规、行业标准等数据，并利用数据库和计算引擎处理体检数据，确保数据的高性能和安全性。二是数据中台。作为系统的核心，支持城市体检调查的全流程管理，包括调查支撑体系和数据运营管理体系。调查支撑体系提供调研管理、台账管理、团队管理和数据管理等服务，数据运营管理体系负责数据仓储、汇总、分析和可视化。三是应用。提供数据应用场景的功能和服务，包括指标汇总、问题展示、台账查看、报表输出和自定义处理流程，以支持数据的定制化应用和决策。该系统的架构设计考虑了从数据收集到处理再到应用的全流程，确保了调查工作的顺利进行。

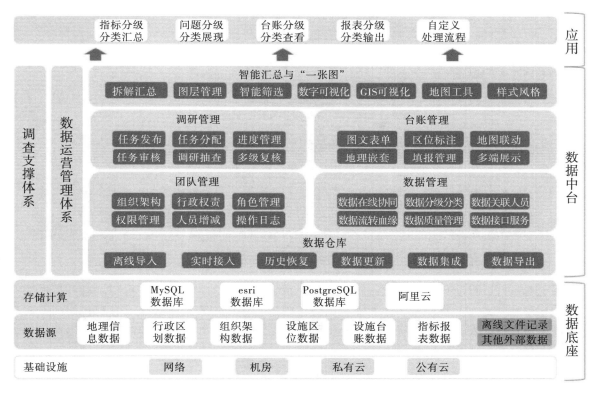

图3 城市体检调查系统平台架构

2.2.2 系统实施中的挑战与解决措施

在实践探索中，项目组识别了城市体检调查实施的几个主要难点：地方发展的差异性要求调查内容设计更为细致；多层联动工作的要求促使调查模式更加立体；庞大的基层调查队伍对组织协调提出了更高效的要求；复杂且精准的调查指标体系对基层调查系统提出了更便捷的要求。

为应对这些挑战，项目组采取了以下措施：

通过网页端标准指标数据库设计、指标自定义筛选并结合问卷自定义配置，保证调查指标既能满足基础指标的采集需求，又能结合地方特色进行特色指标自由设定和配置。系统设计了标准模板库，用户可根据标准模板库里的问题，自定义配置调查指标方案进行保存，同时自动生成相应的系统模板库。这极大地方便了决策者对指标设定科学的判断。通过不同指标设定方案，从而对比选定最优的指标数据调查方案，为后续数据收集、填报提供工具支撑。

系统按照城市体检相关指导文件，设置市域、城区、街道（乡镇）、社区 4 级调查角色，团队角色囊括管理员、审核员、技术员及调查员 4 类调查人员（图 4）。通过自下而上的调查组织实施流程，保证调查数据都经过当前层级管理员数据的合规性和数据的完整性检查，各层级管理员（审核员）对下层级数据进行审核。通过上下层级数据的相互校验、审核及填报信息与踏勘数据的校核，再结合软件平台算法判断，保证了调查数据的准确性和可靠性。通过多层联动组织协调、专业团队实施及成果审核等，克服了调查实施难、协调周期长、指标评估不明确、数据口径不规范的难题。

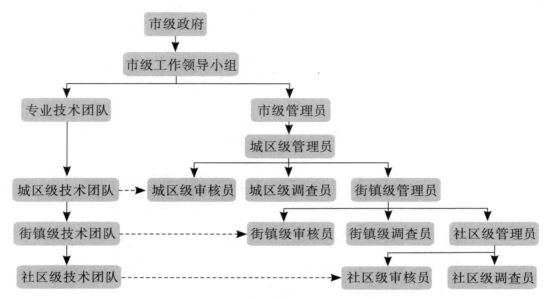

图 4　城市体检调查系统工作组织

系统着重打造自动化、智能化的技术流程，从发布、填报、审核、查看到汇总分析形成一体化的程序，减少人工处理环节，大幅提高工作效率，保证调查过程公正、客观；面向不同参与人员提供友好的人机交互界面，使用者按照不同需求进行操作，系统即时响应，迅速输出表单、数据和地图呈现等结果。

2.3　搭建河南省城市体检评估管理信息平台

为了统一汇总各城市的年度体检成果，构建全省一致的城市体检数据库，为城市体征的纵向和横向对比提供数据支撑，本研究开发了河南省城市体检评估管理信息平台。

2.3.1　平台总体架构

平台总体架构包括以下五个关键层次（图 5）：一是基础设施层。建立在硬件资源之上，提供必要的云计算环境，包括计算能力、数据存储及处理能力。二是数据层。整合基础地理、现状、规划、指标、知识等数据，构建完备的资源管理体系。三是应用层。直接与用户交互，提供符合场景需求的功能和业务功能。四是展示层。通过多种终端，如体检驾驶舱和数据可视化展示，呈现业务应用。五是保障体系。确保平台的标准化、安全性和运营维护能力，支持系统的稳定运行。

这一架构确保了平台能够满足城市体检的各项需求，同时保证了系统的可靠性和可扩展性。

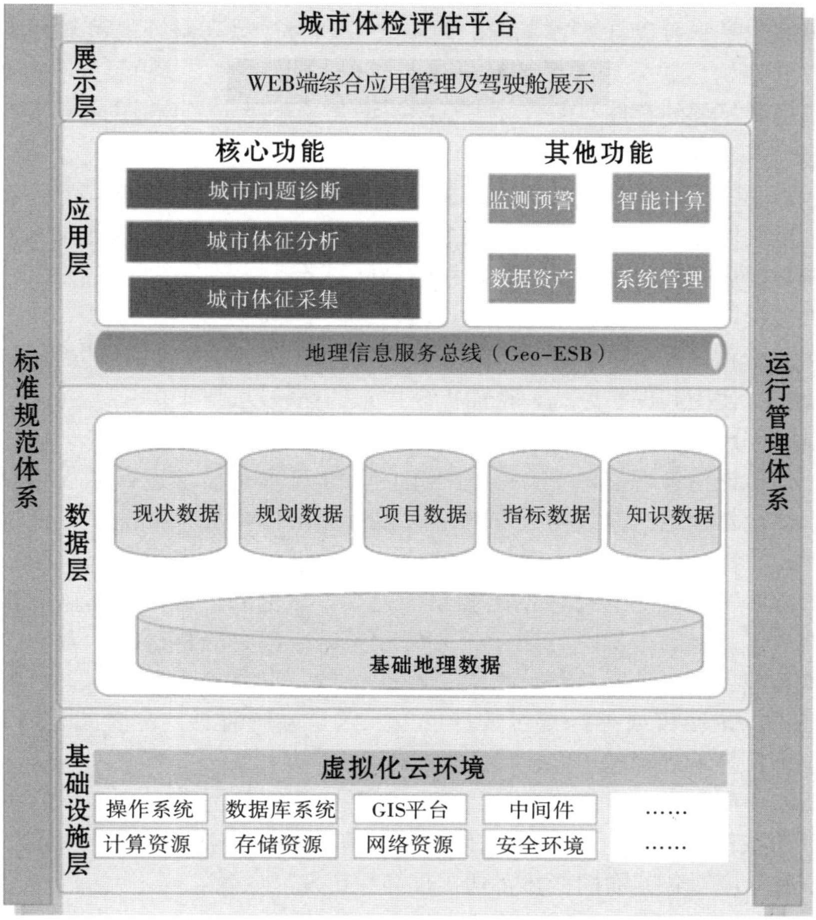

图 5　城市体检信息平台总体架构

2.3.2　平台功能需求分析

省级平台充分结合省厅和地市的城市体检工作需求，在设计时主要关注以下三个方面的内容：

一是建立覆盖省市、图文一体的城市体检指标数据库。依据相关标准及建库规范，分年份构建覆盖省市的空间数据和非空间数据的河南省城市体检指标数据库，实现体检成果数据的统一管理、动态入库，形成城市体检工作统一的数据底板。

二是以城市体检指标数据库为基础，结合居民抽样问卷调查、各部门共享的业务数据，配置城市体检相关的综合查询、工作调度、评估预警等功能，为省厅和地市的城市体检、城市更新工作提供有效的辅助决策。

三是通过建设集"数据汇聚、校核更新、工作调度、评估预警"于一体的河南省城市体检评估管理信息平台，保持城市体检指标数据库的现势性，推动城市体检评估工作持续有效的开展。

2.3.3　数据管理和处理

在数据管理和处理方面，平台采取了一系列关键措施来确保数据的质量和一致性。数据采集是城市体检平台的基础，因此制定了严格的数据上报要求，确保各相关部门能按时上传数据，并遵循规定的上报时间、格式、内容和标准。此外，平台还提供了监测和催报功能，以确保数据的及时上报，并对上报的数据进行质量检测和审核，以保证数据的准确性。

数据存储方案也是平台设计着重考虑的内容之一。为了提高系统的可靠性和扩展性，平台选择了分布式存储架构，并采用关系型数据库存储结构化数据，以满足平台互通规范的需求。同时，平台还预留了足够的存储空间，并根据数据增长趋势制定了合适的扩展策略。

2.3.4 数据安全和隐私保护措施

数据安全和隐私保护是平台设计的另一个重要方面。平台采用了 HTTPS 协议和 SSL 证书进行数据加密，以确保数据在传输和存储过程中的安全。同时，平台还实施了访问控制和权限管理措施，限制数据访问权限，防止未经授权的访问。此外，平台还设有数据备份与恢复机制，确保在数据丢失或损坏时能够快速恢复。

为了保护用户隐私，平台对数据进行了脱敏和匿名化处理，并制定了用户隐私政策，让用户了解数据的收集、使用和保护方式，从而提高用户的信任度。

2.3.5 功能模块划分

河南省城市体检评估管理信息平台针对特定的工作流程和需求进行了优化设计，包括六大功能模块：一是体检驾驶舱。以数据大屏的形式展示城市体检成果概况，提供体检结果大屏展示、指标分析对比、特征数据图表查看等功能。二是数据汇聚。提供数据填报、报送统计、数据核验和数据资源库等功能，支持数据的收集、处理、预览和下载。三是监测预警。实时监测和分析，对各地市未达标的指标进行展示、分析和预警。四是分析诊断。对省内城市上报的体检数据进行浏览处理、指标诊断分析，提供可视化统计。五是工作调度。查看各地市体检工作的报送进度和催报，按城市或指标查看数据进度。六是系统管理。配置指标管理、用户管理、权限管理、日志查看等平台管理功能。

依据上述功能，河南省城市体检评估管理信息平台能够帮助省级和市级的决策者与管理者了解全省及各市的城市体检状况，发现城市的优势和不足，制定城市的发展规划和改善措施，也能够帮助城市有效应对各方面的变化，切实提高城市发展质量。

3 创新与特色

3.1 制定多尺度、精细化的城市体检工作流程

本研究构建的城市体检评估体系，并没有将城市体检的工作流程止步于找出城市病因并提出行动建议，而是指导各市县夯实数据基础，突破年度体检的局限，贯穿城市发展的全生命周期，即规划、建设、管理、治理的每一个环节，构建"监测、评价、诊断、治理"的闭环式城市体检工作流程，实现城市人居环境的长效治理和快速纠偏，为城市转型发展提供日常化反馈，构建常态化体检评价机制和日常化的监测预警机制（图6）。

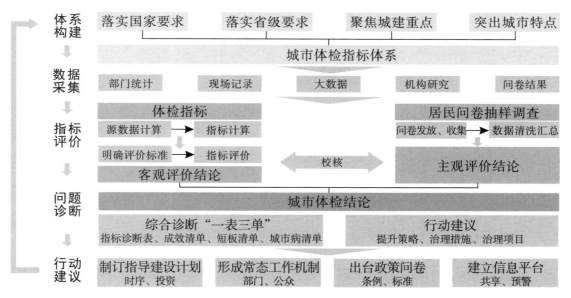

图6 城市体检工作流程

3.2 采用多种新型技术实现城市体检工作智能化

本研究创新性运用多源时空大数据耦合技术、海量数据实时计算技术、时空数据挖掘技术等多种新兴数据计算手段来计算指标,提高数据的质量和准确性,增强数据的关联性和综合分析能力。利用大数据、云计算等技术,建设城市体检评估调查系统和城市体检信息平台,提升城市体检的效率和精准度,实现城市体检的智能化。

4 结语

本研究构建的城市体检评估体系已在新郑市、三门峡市、南阳市、开封市、许昌市、濮阳市等地的城市体检项目中实践,为城市的更新和发展提供了科学的评估与指导。但城市体检工作是一项系统性、复杂性、长期性的工作,需要各级各部门的共同参与和支持,同时也需要不断地探索和创新。为了提高城市体检工作的水平,笔者会持续对比国内外的城市体检工作机制,吸收其他城市的优秀经验,为河南省城市体检评估体系的完善以及城市体检工作的开展贡献力量,为河南省城市更新和治理提供了科学依据与决策支持,为推动城市高质量发展和实现人民对美好生活的向往创造条件,使体检评估机制在规划编制和运行体系中发挥更大的作用,同时也为其他城市提供更多的经验参考。

［参考文献］

［1］张文忠,何炬,谌丽.面向高质量发展的中国城市体检方法体系探讨［J］.地理科学,2021,
　　41（1）:1-12.

［2］刘佳燕,陈思羽,李宜静.面向可持续高质量发展的城市社区体检指标体系构建与实践［J］.
　　北京规划建设,2023（2）:32-40.

［3］关丽,丁燕杰,刘红霞,等.新型智慧城市下的体检评估体系构建及应用［J］.测绘科学,
　　2020,45（3）:135-142.

［4］温宗勇.北京"城市体检"的实践与探索［J］.北京规划建设,2016（2）:70-73.

[5] 杨艺，李国平，孙瑀，等．国内外大城市体检与规划实施评估的比较研究 [J]．地理科学，2022，42（2）：198-207.

［本研究为2023年河南省住房城乡建设科技计划资助项目］

［作者简介］
贾潇冉，助理工程师，就职于河南省城乡规划设计研究总院股份有限公司。
李晨阳，高级工程师，就职于河南省城乡规划设计研究总院股份有限公司。
王劲军，高级工程师，就职于河南省城乡规划设计研究总院股份有限公司。
刘洋东，工程师，就职于杭州浙诚数据科技有限公司。
李智，工程师，就职于河南省城乡规划设计研究总院股份有限公司。
翟雅梦，助理工程师，就职于河南省城乡规划设计研究总院股份有限公司。

沈阳城市更新规划中的国土空间规划城市体检评估实践探索

□毛立红，吕仁玮，曹儒蛟

摘要： 新型城镇化模式将城市更新带入以系统体检评估为抓手、以精细化治理为手段、以居民满意度为衡量标准的城市更新 2.0 版本。基于这一背景，沈阳市国土空间规划体检评估以"目标导向＋问题导向＋结果导向"技术路径为依托，结合自身运行体征及发展特点，统筹考虑宏观国土空间生态安全、开发保护与微观地块环境提升、设施完善等不同空间尺度的城市更新需求，制定具有沈阳特色的体检评估指标体系。在此基础上，运用多元技术支撑，通过对不同类型指标采用与之相适的多元分析方法、"单指标＋多指标"复合评判等方式，深入分析沈阳市在社会民生、产业活力、人文魅力、绿色城市、韧性智慧五个维度亟待解决的城市问题，并提出具有针对性的对策建议。

关键词： 城市更新；国土空间规划体检评估；沈阳市

0 引言

为积极应对快速城镇化阶段粗放发展导致的诸多城市问题，构建以人为本的新型城镇化模式，以往城市改造中粗放的大拆大建模式逐渐演变成以系统体检评估为抓手、以精细化治理为手段、以居民满意度为衡量标准的城市更新 2.0 版本。自 2019 年起，自然资源部陆续印发《自然资源部办公厅关于开展国土空间规划"一张图"建设和现状评估工作的通知》（自然资办发〔2019〕38 号）、《国土空间规划城市体检评估规程》、《城区范围确定规程》等，明确建立国土空间体检评估制度，以指标体系为核心，摸清现状、查找问题，精准指导城市更新。在宏观层面，国土空间体检评估是国土空间规划体系改革背景下总体规划实施评估的延续，在国土空间的开发与保护背景下扩展评估维度，提高土地使用效益，推进城市更新。在微观层面，通过对城市—片区—地块不同范围指标的量化分析，构建动态监测机制，精准查找现状问题，为城市更新目标与更新内容的制定提供支撑。

为了更好地实现国土空间规划城市体检评估与城市更新的衔接，本文以沈阳市为例，探讨国土空间规划城市体检评估如何在工作逻辑、技术方法及成果应用方面助力体检评估与城市更新一体化推进，希望能为城市发展存量时代的各地国土空间规划体检评估实践提供一定参考。

1 城市更新背景下体检评估特征

1.1 贯穿人本理念

城市的主体是人，城市更新应当充分尊重居民意愿。国土空间规划、体检、评估都是为了提供更高质量的空间品质与人居环境。从底线资源人均指标摸排、城市人口具体情况摸底调查，到基本公共服务配套设施覆盖率计算，再到公园绿地等生态环境指标衡量，国土空间规划体检评估将人本理念贯穿指标体系构建的全过程。除了指标这一体检评估核心内容外，国土空间体检评估在问题查找和应对措施方面，同样注重居民的感受，通过完善公众参与机制，提升城市治理成效。

1.2 精准问诊把脉

国土空间体检评估由城市规划实施评估发展演变而来，同样作为公共政策指导城市建设。两者都是对城市现状体征及总体规划实施绩效的综合评估，都是为了查找城市现状与规划目标间的差距。但不同于规划实施评估侧重"程序性"的特点，国土空间体检评估更加强调结果导向。传统规划实施评估的重点在于"如何评估"，相较于结果是否有用，更注重评估过程。国土空间规划体检评估不仅需要关注"如何评估"，而且要关注"用在哪""怎么用""如何让评估精准衔接城市更新"。换句话说，应于城市更新工作开展之前摸清现状基础，明确更新方向，体检评估的结论应直指更新方向与更新内容。

1.3 注重更新实施

随着城市建设向高质量发展迈进，国土空间规划体系逐渐从追求规划最优结果转向在既有规定下探索最优过程，城市治理与规划实施同等重要。在精准查找城市问题、探究深层病因的基础上，如何快速决策、及时有效地提出治理措施、强化评估结论的更新应用也是国土空间体检评估的重要环节之一。这意味着各城市在开展国土空间体检评估实践时，除了要收集指标、挖掘城市问题，更要将工作重心放在探究怎样将评估结论应用转化方面，确保体检评估查找的问题是真正反映群众"急难愁盼"的问题，评估结论与对策建议具有可实施性和可操作性。

2 城市体检评估工作与城市更新衔接经验综述

自2019年自然资源部提出在各市县开展国土空间体检评估以来，北京、成都、广州等城市按照相关要求相继开展了体检评估工作，在工作机制、技术路线、研究方法、创新技术应用等方面为市级国土空间体检评估与城市更新一体化推进提供了思路借鉴，丰富了市级国土空间体检评估的理论内涵与技术方法。例如，北京市率先探索构建了"监测—诊断—预警—维护"的工作机制，通过实时运行的数据平台动态分析总规实施情况，及时预警并形成对策建议指导下一年城市更新实施工作。构建"一张表、一张图、一清单、一调查、一平台"核心内容，以数据信息平台为基础支撑，实现指标全量化、空间差异化、满意度可视化，以达到监测与评估国土空间运行体征的目的。成都市的国土空间体检评估立足于公园城市特色本底，围绕安全底线、规模结构、空间协同、城市竞争力、城市品质、实施政策六个维度构建"基础指标＋推荐指标＋特色指标"的评估体系，并以居民满意度调查作为指标评估结论的补充，自上而下与自下而上双管齐下诊断病因。此外，成都市重点关注体检评估成果应用，在下一年度城建计划编制过程中着重考虑体检评估结论，形成相应的治理清单，提高下一年度城市更新计划的有效性与可操作性。

3 城市更新背景下沈阳市国土空间规划体检评估探索

3.1 体检评估路径

3.1.1 目标导向

沈阳市国土空间体检评估围绕国家中心城市、沈阳现代化都市圈与"一枢纽、四中心"建设的发展总目标，积极响应城市治理重心的转变，追求创造优良的城市人居环境和促进城市高质量发展，重点聚焦国土空间开发与保护，对城市运行体征与自然资源保护利用情况进行全面评估。运用多种指标分析方法，横向与成都都市圈、南京都市圈、郑州都市圈、哈尔滨都市圈等国内主要都市圈，就区域联系度、交通便捷度、要素流通能力等影响都市圈发展的方面进行比对，寻找沈阳市在引领都市圈建设方面的差距；纵向分析重点指标历年数据变化趋势，评估沈阳市的发展短板与潜力。在战略定位层面，不断提升沈阳市的区域联系度与对外交往能力，层层落实沈阳市国土空间总体规划要求。

3.1.2 问题导向

问题导向方面分为宏观城市发展问题与微观地块更新策划实施两部分，均采用指标衡量与满意度调查相结合的综合评估方法，查找城市建设短板与居民关注的问题。在宏观层面，重点围绕沈阳城市发展建设过程中出现的国土生态安全、空间开发保护、资源利用、民生保障、实施时序、政策配套等方面的问题，识别查找现状国土空间开发与保护中存在的明显短板，监测预警国土空间治理问题，深刻剖析底线管控、规模结构、空间布局、支撑体系等方面的不足，多方面挖掘成因，提出有针对性的对策，制定相应政策机制，为城市更新策划实施提供资源保障与空间支撑。在微观层面，聚焦片区及地块的更新诉求，在自然资源部下发的体检评估指标体系的基础上，结合居民满意度调查情况，制定针对更新片区的微观指标体系，精准梳理待更新片区存量资源与更新潜力，查找公共服务设施短缺等亟待解决的问题，为片区更新策略的制定提供定性参考与定量数据支撑。

3.1.3 结果导向

如前文所述，在存量时代，国土空间体检评估的目的是对比城市现状建设与规划目标的偏差并找出引发偏差的原因，目的性较强，注重结果导向。沈阳市国土空间体检评估统筹考虑国家与省级层面的重点要求，结合沈阳城市建设现状特征，以提升城市空间治理能力、推动国土空间规划有效实施为目的，从社会民生、产业活力、人文魅力、绿色城市、韧性智慧5个维度展开体检评估，通过综合基础指标和特色指标、制定闭环工作机制、明确城市更新方向与重点，强化国土空间体检评估的实用性（图1）。

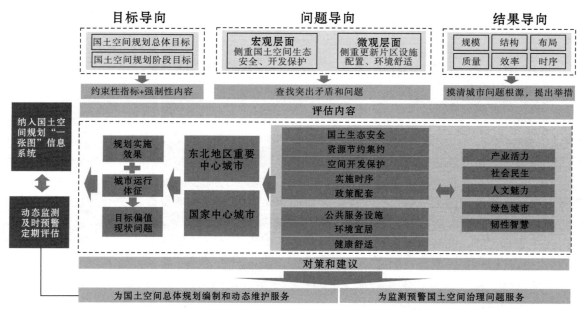

图 1 沈阳市国土空间规划城市体检评估技术路线图

3.2 指标体系确立

坚持目标导向、问题导向和结果导向相结合，遵循"可获取、可计算、可反馈、可追溯"的原则，充分考虑国土空间规划及城市更新规划的要求，结合沈阳市自身城市发展特点，统筹分析指标获取难度，从推荐指标中筛选符合沈阳市发展实际的指标，以城市更新五大行动为抓手，从社会民生、产业活力、人文魅力、绿色城市、韧性智慧五个维度展开体检把脉，系统评价城市现状，更新建设目标之间的差距和契合程度，厘清规划编制及城市更新现状面临的具体问题，明确城市更新方向与重点，精准回应城市高质量发展要求，满足人民群众对美好生活的需要（图 2）。

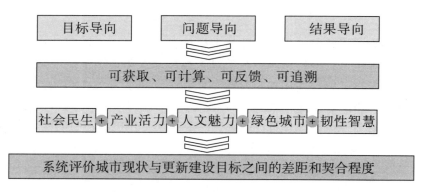

图 2 沈阳市国土空间规划城市体检评估指标体系建立流程图

3.3 多元技术支撑

3.3.1 城区范围划定

依据自然资源部《城区范围确定规程》中明确的划定流程，运用 ArcGIS 地理空间信息分析技术，对沈阳市城区初始范围进行多次迭代分析，确定沈阳市城区实体地域范围。再将城区实体地域范围与城区最小统计单元数据相交，获得最终城区范围。

3.3.2 指标评估分析

虽然《国土空间规划城市体检评估规程》规定各城市共用一套基础指标体系，但是每个指标含义及侧重点各有不同，对应不同领域、不同城市发展阶段、不同愿景目标，因此在评估分析时需采用不同的分析方法。每个城市对指标的分析侧重点也应有所不同，以便更好地体现指标的本地适用性。在沈阳市国土空间体检评估过程中，根据指标性质的差异，采用横向对比（与国家中心城市、核心都市圈指标横向对比）、纵向分析（分析历年指标波动趋势）、预期目标绩效分析（计算现状指标与目标指标比值）、综合研判分析（综合多方视角权衡数值含义）、逻辑框架分析（多指标统筹考虑，研判城市问题）等多种方法对指标进行评估，尽可能客观、综合、全面地对指标现状进行评价，寻找沈阳城市发展现状与目标值间的差距。

3.3.3 数据信息平台展示

为了方便统计分析历年体检评估数据，帮助政府和公众更直观地了解国土空间运行状况，便于城市治理决策的制定，沈阳市运用 ArcGIS 等信息技术分析手段，依托遥感影像数据，制作可视化数据信息展示平台，展示城市三维风貌、评估指标实时计算、历年评估指标变化趋势等信息，为提高城市更新治理的智慧化、精细化水平提供支撑。

4 沈阳市城市更新导向下的国土空间体检评估结论

4.1 社会民生维度

人口持续增长，高校、医疗资源优势突出。近 10 年常住人口增长近 100 万人，是东北地区人口增长最多的城市；1～2 人的"微型家庭"所占比重大幅上升，这类家庭对高品质发展的需求更高；拥有高等院校 47 家，三级医院和总床位数居全国前列，为沈阳市的长足发展提供了支撑。

人口老龄化显著，老城区居住人口密度和就业人口密度"双高"，市区老龄化程度超过 26%，大东、沈河、皇姑等老城区老龄化现象尤为严重。超过一半的就业人口集中在城市中心，"单中心集聚"的空间结构性问题仍然突出。

老旧小区环境满意度欠佳。城市背街小巷仍存在私搭乱建、占道经营、乱停车、乱搭架空线等现象，精细化治理有待完善。现状约一半的社区公共服务设施配置不健全，局部地区养老、体育、教育等公共服务设施覆盖面还需扩大，全龄设施资源短板明显。

4.2 产业活力维度

营商环境不断优化，科技创新资源优势仍在。近年来，沈阳市加大营商环境营造，重视科技领域的研发投入，装备制造、电子信息与汽车产业发展态势良好。沈阳科研院所、高等院校、工程实验室、工程研究中心、企业技术中心等科技创新资源丰富，居东北地区前列。

固定资产投资和房地产作为城市发展主要产业的动力不足。10 余年来沈阳市居住、商贸、办公用地开发量激增，人口和经济增长逐渐滞后于城市建设用地和建筑规模增长，导致房地产市场流动性差，也出现暂停缓建和闲置情况。与国内其他类似城市对比，沈阳市对固定资产投资和房地产开发的倚重度较高，人均建筑规模或人均建设用地指标均处于高位。

4.3 人文魅力维度

文化名城建设成效显著，形成了一批具有吸引力的文化"打卡地"。历史文化、红色文化、工业文化三大沈阳文化品牌逐渐得到社会广泛认可，历史文化资源的丰富程度居东北前列。中街步行街、"一宫两陵"世界文化遗产等历史资源具有极高的热度。

快速现代化建设对既有特色风貌造成一定影响，文化底蕴彰显不足。随着城镇化的快速发展，城市土地供给规模扩大，中心城区超过一半的土地进行了"大拆大建"式的城市更新，对历史风貌保护造成了一定冲击。

4.4　绿色生态维度

主题公园、口袋公园、立体造景、桥下空间建设提速。2021 年以来，沈阳市对南湖公园、劳动公园、中山公园等一系列城市公园进行品质提升改造，结合剩余空间、边角空间开展了一系列的口袋公园建设，通过立体造景、桥下空间美化提高了环境品质。

公园绿地体系尚不完善，社区公园不足。尽管进行了一系列公园改造建设，但通过体检评估发现，公园绿地空间分布不均、结构联通欠佳，于洪区、铁西区等部分地区公园服务半径覆盖率较低，就近服务的社区公园和小游园不足，缺少活动和服务设施。绿色空间建设质量不高，高密度植被区域持续减少，气候调节等生态功能相对减弱，城市热岛效应依然严峻。

4.5　韧性智慧维度

人性化理念引领下的街路更新工作成效显著。近年来，沈阳市坚持安全发展，努力创建全国文明城市和国家安全发展示范城市，"两优先、两分离、两贯通、一增加"理念指引下的街路更新工作成效显著，管网普查工作有序推进，5G 设施规划和建设快速推进，为城市新基建奠定了基础。

新型基础设施建设亟待加强。行车、停车难问题有待破解，需进一步完善道路功能与道路体系。绿色交通发展缓慢，慢行空间缺乏连续性、安全性。基础设施保障有待完善，设施供给不足，质量管理不佳，仍有防洪排涝隐患、海绵建设不达标等问题，和平区、沈河区等老城区管网陈旧，亟待更新，综合防灾能力和安全韧性有待提升。

5　对策建议

5.1　补足民生短板，构建完整社区

一是分级提升人居品质。开展基础型、改善型、提升型分类更新，建设低碳社区和智慧社区，通过补建、购置、置换、租赁、改造等多种方式，提升社区服务品质和环境品质。二是分区回应民生需求。从人民最关心、最直接、最现实的问题出发开展针对性更新整治工作，分为重点更新区与一般更新区，回应民生需求，营造美好家园。三是分期构建完整社区。先补足、后优化，多途径多模式优化完善"医商养文教体"社区全龄公共服务能力。

5.2　提升城市能级，更新低效空间

一是激活闲置低效空间。通过科技、文化赋能和区位价值激发，盘活土地利用强度低、效益低、规划符合性差的闲置或低效产业空间。二是促进产业集群发展。根据产业用地的规划符合性，优化片区低效用地的产业建设量占比，促进产业集群集约紧凑发展。三是鼓励创新功能混合。植入高端科创产业新经济、高品质商业消费新业态、科创—文创融合新场景，以用地创新功能混合助力低效空间城市更新。四是推动产业绿色转型。推动产业结构升级，实现绿色低

碳转型，促进重点服务行业绿色升级。

5.3 提升文化品质，传承文化记忆

一是科学保护，延续文脉。保护不同时期的文化遗存及历史环境，凸显沈阳的历史文化、红色文化和工业文化，传承城市空间基因和记忆脉络。二是科学修缮，延续风貌。加强对城市空间协调性、风貌整体性、文脉延续性的规划管控。三是活化利用，增强活力。将现代功能融入传统历史建筑，刺激文物和历史建筑的活化利用，促进工业遗产活力再生。

5.4 提升环境品质，织补绿地系统

一是完善生态格局骨架。构建生态安全格局骨架，通过"以绿荫城、以水润城、以园美城、以文化城"，完善城市公园体系。二是边角空间拆违增绿。从拆除违建、围墙入手，增加公共开敞空间，利用边角空间增补口袋公园微绿地和休闲交往开放空间。三是提升生态低碳效应。通过城市生境营造提高城市碳汇能力，预留城市通风廊道，改善城市热岛效应。

5.5 完善基础设施，突出韧性智慧

一是街路综合有机更新。对街道空间进行改造，建设以人为本、安全、美丽、活力、绿色、共享的绿色街道场景。二是改造完善老旧设施。多途径增补基础设施，提供便民生活；完善市政交通设施，推进管线入廊，提升城市宜居性。三是升级智慧城市设施。将5G、物联网、大数据、区块链等新技术运用到智慧停车及公共卫生管理等，打造CIM平台和智慧社区，提升智慧化治理水平。四是加强绿色基础设施建设。多维度实施绿色低碳措施，提高绿色出行、绿色建筑和低碳能源设施的比例。

6 结语

在城市更新2.0背景下，对由城市规划实施评估发展而来的国土空间规划城市体检评估提出了新的时代要求，许多城市都在积极探索提高国土空间规划城市体检评估的实用性、提升国土空间治理能力的新技术和新方法。本文以沈阳市国土空间体检评估为例，介绍沈阳市如何在全国统一的体检城市评估规程的基础上，通过"目标导向＋问题导向＋结果导向"的路径，结合自身运行体征及发展特点，统筹考虑宏观国土空间生态安全、开发保护与微观地块环境提升、设施完善等不同空间尺度的城市更新需求，多角度、多元化运用数据技术，深入挖掘沈阳市在社会民生、产业活力、人文魅力、绿色城市、韧性智慧五个维度亟待解决的问题，并提出针对性建议，助力国土空间规划城市体检评估与城市更新一体化推进实施，希望能为各地土空间规划城市体检评估的探索提供参考。

［参考文献］

[1] 石晓冬，杨明，金忠民，等. 更有效的城市体检评估 [J]. 城市规划，2020，44（3）：65-73.

[2] 洪梦谣，魏伟，夏俊楠. 面向"体检—更新"的社区生活圈规划方法与实践 [J]. 规划师，2022，38（8）：52-59.

[3] 林文棋，蔡玉蘅，李栋，等. 从城市体检到动态监测：以上海城市体征监测为例 [J]. 上海城市规划，2019，3（3）：23-29.

[4] 张文忠，何炬，谌丽. 面向高质量发展的中国城市体检方法体系探讨 [J]. 地理科学，2021，

41（1）：1-12.

[5] 赵民，张栩晨.城市体检评估的发展历程与高效运作的若干探讨：基于公共政策过程视角［J］.
　　　城市规划，2022，46（8）：65-74.

[6] 赵燕菁.论国土空间规划的基本架构［J］.城市规划，2019，43（12）：17-26，36.

[7] 石晓冬，杨明，王吉力.城市体检：空间治理机制、方法、技术的新响应［J］.地理科学，
　　　2021，41（10）：1697-1705.

[8] 唐宁.成都公园城市国土空间规划城市体检评估探索［C］//中国城市规划学会.面向高质量发
　　　展的空间治理：2021中国城市规划年会论文集.北京：中国建筑工业出版社，2021.

[9] 何正国，周方，胡海.广州市国土空间规划的体检评估［J］.规划师，2020，36（22）：60-64.

[10] 连玮.国土空间规划的城市体检评估机制探索：基于广州的实践探索［C］//中国城市规划学
　　　会.活力城乡 美好人居：2019中国城市规划年会论文集，北京：中国建筑工业出版社，2019.

[11] 施源，周丽亚.对规划评估的理念、方法与框架的初步探讨：以深圳近期建设规划实践为例
　　　［J］.城市规划，2008（6）：39-43.

［作者简介］

毛立红，总工程师，教授级高级工程师，就职于沈阳市自然资源局。

吕仁玮，工程师，就职于沈阳市规划设计研究院有限公司。

曹儒蛟，工程师，就职于沈阳市规划设计研究院有限公司。

基于问题导向的城市体检评估探索

——以浙江省宁波市为例

□李宇，蔡赞吉，朱林，徐沙，欧阳思婷

摘要：本文通过探讨宁波市 2022 年的城市体检评估工作，建立科学长效的发展机制。基于问题导向，结合现代化滨海大都市建设要求，围绕"安全、创新、协调、绿色、开放、共享"六个维度进行全面评估，指出宁波市当前在资源管控、转型发展、城市品质建设、安全韧性等方面存在的不足，并提出相关对策建议，为城市体检评估在战略引领、空间安排上提供一定参考。

关键词：城市体检评估；宁波市；问题导向

1 项目背景

城市体检评估工作的目标在于建立"城市体检—问题反馈—决策调整—持续监测改进"的城市科学发展长效机制。宁波市 2022 年度城市体检评估工作坚持以问题为导向，通过各部门协作，结合国土空间调查监测工作，按照宁波市建设现代化滨海大都市的要求，利用指标评估深度剖析城市发展问题，在安全、创新、协调、绿色、开放、共享 6 个方面开展针对性评估，寻找当前城市发展的核心问题与差距，为国土空间规划在战略引领、空间安排、制度设计上提供一定参考。

2 工作思路

一是优化城市体检指标体系。按照"落实中央要求、体现宁波特色、反映市民诉求、体现规划严肃性"的原则，遵循《国土空间规划城市体检评估规程》的要求，以"双评估"为基础，以体检评估规程规定指标为核心，并衔接"十四五"相关规划指标，形成了"基本指标＋推荐指标＋特色指标"的指标体系。其中，基本指标 81 项、推荐指标 41 项、特色指标 16 项，共计 138 项指标（图 1），指标涵盖安全、创新、协调、绿色、开放、共享 6 个方面。二是构建城市体检框架。围绕政府年度重点工作，紧密对接国土空间规划编制实施，从战略定位、底线管控、规模结构、空间布局、支撑体系、实施保障等方面构建城市体检框架体系，并结合自然资源保护和开发利用、相关政策执行和实施效果、外部发展环境及对规划实施的影响等，开展成效、问题、原因及对策分析。三是夯实城市体检数据基础。全过程用好城市空间基础信息数据平台及国土空间规划"一张图"实施监督信息系统，以国土空间法定数据为基础，以相关法定统计调查数据为补充，以时空大数据为参考，广泛收集各类数据，夯实数据库。四是建立"专项评估＋公众评测＋综合评估"的多维评估组织，以评估主体的多元化、社会化，推动实现体检全过程的客观公正、公开透明。专项评价工作由各部门根据行业指标和要求开展，提交数据和相关报告。公众评测是通过全市居民满意度调查和深入部分街道、社区调研，点面结合收集公众意见，强化公众参与。综合评估汇集各方内容并整合，使体检报告反映各方共识。

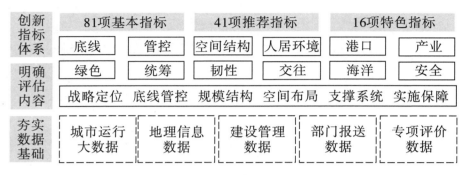

图1　工作思路

3　实施成效

宁波市城市体检各项指标完成情况总体较好，城市运行体征良好，规划实施取得以下7个成效：一是高质量发展迈上新台阶，综合实力不断增强，经济保持较快增长，创新活力加速释放，内涵式发展持续加力；二是区域协同发展加快推进，都市区建设加速融合；三是开放合作全面提升，开放经济稳中提质，强港硬核实力持续增强；四是生态文明建设成效显著，全面完成"三区三线"划定，生态保护修复和绿色低碳转型成效显著，大美宁波图景得以展现；五是城乡建设品质大幅提升，城乡居民收入差距不断缩小，民生保障体系更加完善；六是交通服务能力不断提升，韧性城市建设持续推进；七是全域综合整治先行先试，国土空间治理水平得到明显提升。

4　存在问题

4.1　资源管控有待优化

一是建设用地利用不够集约。宁波市乡村人口逐年减少，村庄建设用地不减反增，人均农村建设用地面积呈上升趋势。人均城镇建设用地面积也是逐年攀升，全市人均城镇建设用地面积为111 m²，与杭州（95 m²）相比较高，全市每万元GDP地耗为12.93 m²；象山县、余姚市、宁海县每万元GDP地耗约20 m²，仍处于较高水平，用地粗放问题依旧存在。

二是存量用地挖潜不足。闲置土地处置率和存量土地供应比例在近三年呈下降趋势，市级以下工业园区和零星工业用地低效，"二次开发"有待加强。

三是耕地保护仍然严峻。耕地分布与未来城镇化建设区高度重叠，城镇开发边界内存在十几万亩（1亩≈0.07公顷）稳定耕地。随着宁波市滨海大都市行动的持续深入推进，必将带来一批重大项目建设，耕地保护压力将进一步加大。耕地"非粮化"现象依旧存在，耕地转为其他农用地缺乏具体的管制规则，占补平衡形势较为严峻，耕地后备资源潜力日渐不足且垦造难度大，建设用地需求和补充耕地供给矛盾突出。

4.2 转型发展面临压力

一是创新转型不够充分。2022 年宁波市 R&D 投入占 GDP 的比重仅为 2.9%，远远低于北京市、深圳市、上海市等城市。2022 年，宁波市有效发明专利为 9615 件，而杭州市为 30126 件。《国家创新型城市创新能力评价报告 2021》对 72 个创新型城市进行了综合评价，宁波市创新能力指数为 64.28，居全国第 16 位（2021 年居第 15 位），与杭州市（居全国第 3 位）相差甚远。宁波市新兴产业规模较小，数字经济核心产业增加值占 GDP 比重（7.1%）、规上战略性新兴产业增加值占 GDP 比重（8.8%）均低于全省平均水平（11.7%、9.4%）。

二是用地产出仍有差距。宁波市建设用地产出效率不高，仅为深圳市的 1/4，上海市的 1/2，与杭州市、苏州市、南京市等城市也存在一定差距（图 2）。

单位：亿元/平方千米

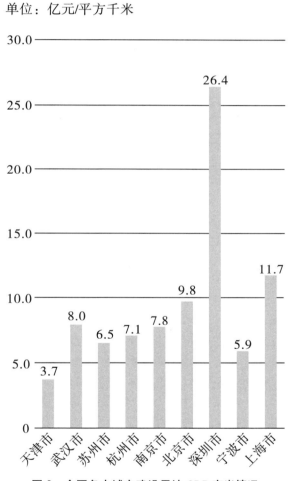

图 2 全国各大城市建设用地 GDP 产出情况

三是区域交通有待强化。宁波市的交通枢纽地位有待强化，宁波市是国家评选 20 个国际性综合交通枢纽城市中唯一落选的计划单列市；在长三角都市圈内，宁波市和上海市的联系明显弱于苏州市、杭州市、南京市等，宁波市开往上海市的高铁并没有形成直联直通，交通时长有待缩短，可能存在区域格局中被边缘化的风险。

四是开放水平回升不足。宁波市的海港空港国际服务功能较弱，尚未有一家国际航运组织在宁波市设立办事机构，缺乏具有国际威望的航运企业入驻，机场定期国外通航城市数量远低于北京市、上海市、成都市等。受新冠疫情冲击影响，铁路年客运量、机场年旅客吞吐量以及国内、入境年旅游人数不断下降，大型国际会议、大型国际展览、大型体育赛事等国际性活动的举办频次也逐年下降，2022 年宁波市举办展览场次为 18 次，低于青岛市（147 次）、深圳市（105 次）、厦门市（104 次）等计划单列市。

五是人口发展仍存在挑战。根据第七次全国人口普查数据，宁波市城区人口为 361 万人，城区人口数量不足 500 万，未达到特大城市的门槛，宁波市被划分为 I 型大城市。与此同时，杭州市城区人口数量首次突破 1000 万大关，成为长三角继上海市之后的第二个超大城市。在人口规模结构方面，宁波市人口的文化素质结构仍然是"初中＞小学以下＞大专以上＞高中"的结构，初中以下文化程度的人口数量占比仍在 60％以上，而像杭州市、南京市、长沙市等已经形成了以大专以上学历为主的文化素质结构。宁波市少子化现象日趋严重，青少年所占比例远低于同类型城市，人口老龄化速度逐渐加快。城镇年新增就业人数较往年有下降趋势，2022 年为 24.4 万人，2021 年为 34.4 万人。

4.3　城市品质仍需强化

一是在高等教育方面，宁波市"双一流"学校仅宁波大学一所，高等院校有 14 所，新引进大学毕业生 21.6 万人，与南京市（高等院校有 51 所、新引进大学毕业生 30 万人）、武汉市（高等院校有 83 所、新引进大学毕业生 34.5 万人）等高校云集的兄弟城市相比均有较大差距。二是在医疗卫生方面，宁波市每千人床位数、卫技人员数、执业医师（含助理）数和注册护士数分别为 7.5 张、14.1 人、5.8 人和 6.1 人，千人医疗机构床位数在全省和副省级城市中的排名也较为靠后，万人三甲医院数量在副省级城市中排名靠后，缺少高等级医疗机构，难以吸引高端医疗人才落户创业；而且宁波市的医疗资源的空间分布不均衡，优质资源集聚在老城。三是在文化设施方面，宁波市重大公共文化设施建设滞后，文化 IP 辨识度不高，市图书馆新馆和老馆依然无法达到副省级城市一级馆标准，无法满足现代文化馆发展需要，缺少市非遗馆、大型音乐厅。四是在体育设施方面，人均体育用地面积远低于全省平均水平。全市"一场两馆"覆盖率低于浙江省平均值，与杭州市（69％）、绍兴市（100％）、湖州市（71％）之间的差距较大。五是在公园绿地建设方面，近年来宁波市的人均公园绿地面积呈缓慢下降趋势，与北京市、上海市、杭州市、苏州市、南京市等相比，在公园绿地总量、公园数量上仍有一定差距，百姓身边的"口袋公园""街头绿地""社区花园"还未成体系。六是在滨海生态建设方面，宁波市海洋、海岛、海岸线资源多，但工业岸线和港口岸线占比偏高，且大量岸线被工业和港口占据，其中宁波市域北部岸线几乎被工业、城镇和港口占据，现状市区工业和港口物流岸线占总岸线的比重近 60％。宁波市的滨海风貌彰显不足，海湾资源利用不足。

4.4　安全韧性水平不足

一是安全防护能力有待提升。宁波市有较多的化工企业及较长的天然气、油品长输管线、危化管线，大宗危险品货船、石油货船在港口密集作业，危化品道路运输量大，城市安全压力较大。大气环境距世界一流水平仍有差距，重要海湾水质亟待改善，城市水网缺乏景观功能，水环境管理韧性不强。宁波市气候复杂多变，自然灾害风险种类多、分布广、频率高，加之全球气候变化，极端天气气候事件发生概率增大，在局地极端气象灾害事件影响下，宁波市的台风内涝防灾面临新的挑战。全市综合减灾示范社区比例整体呈下降趋势，全市人均水资源量远低于全省平均水平，水资源供需矛盾日益凸显。

二是空气保护仍需加强。宁波市全年环境空气质量达标 325 天，但仍存在 40 天超标，超标率达 11%，其中臭氧污染天有 34 天，同比增加 19 天。生态环境质量离人民群众的要求还有差距，臭氧作为影响宁波市空气质量的最关键因素，其成因复杂，尚待进一步研究。

5　对策建议

5.1　优化国土空间格局

坚持全市"一盘棋"。构建北翼强核提升、南翼魅力发展、组团融合支撑的市域一体化发展格局。进一步提升中心主城核心功能、发展活力和宜居品质，打造余慈副城重要城市拓展区，有机联动滨海产业发展带、平原城镇联系带，规划建设翠屏山中央公园，强化城镇组团支撑，打造功能互补、空间集聚、对接区域的北翼千万人口都市区。提升建设宁海县、象山县两大魅力城区，引导功能向滨海延伸、人口向县城集聚、产业向园区集中，打造服务功能独特、产业特色鲜明、文旅高度融合的南翼综合性节点城市，努力构建优势互补、高质量发展的区域国土空间布局，提升宁波市的发展能级。锚固三江三湾大花园的生态格局，以三江为脉，串联各类绿色开敞空间、历史人文景观和重要功能组团，打造都市绿道体系，高水平推进三湾区域保护和发展；加强沿岸生态环境治理和修复，构筑海洋生态安全屏障，建设四明山国家森林公园、花岙岛国家级海洋公园等完善的城市公园体系，打造全域魅力大花园。统筹推进全域国土空间综合整治，推动资源充足、功能重塑、空间重构、产业重整、环境重生，持续释放国土空间布局优化效应。

强化土地资源节约集约利用。一是加大存量土地盘活力度。继续实施差别化的存量建设用地盘活与新增建设用地计划指标分配挂钩机制，努力构建存量盘活"倒逼机制"，促进优先使用存量土地。二是优化增量资源配置方式，引导有限的增量指标投放到重点地区、重点平台、重点项目中，优先保障国家、省级重大平台发展诉求。三是落实土地利用动态巡查制度，加大批而未供、供而未用和低效利用土地清理处置挂牌督办力度。四是加强开发利用考核评价。进一步增强优化自然资源要素配置的紧迫感，开展产业园用地情况调查和开发区土地集约利用评价。

5.2　提升城市发展能级

一是提高发展质量，加快建设具有高水平创新型城市。统筹规划布局、重大项目、政策协同和环境营造，提升前湾沪浙合作发展区和沪甬人才合作先锋区发展水平，持续推进宁波市国家高新区"一区多园"、甬江科创大走廊策源地的发展建设，加快提升全域创新节点能级，加快县域创新节点、特色产业基地的发展，统筹推进各类产业园区创新发展和转型、提能升级，持续增强创新能级。强化创新空间用地保障，推动重大科技资源、功能设施的规划布局和落地实施。强化企业技术创新主体地位，全面提升企业创新能力，促进各类创新要素向企业集聚，培育壮大"科创企业森林"。引进和培育创新人才，汇聚一大批顶尖人才、科技领军人才、青年科技人才、产业技术创新人才和海外创新人才，全面建设具有影响力吸引力的高端创新人才"蓄水池"。推动产业创新引领支撑，加快发展现代产业集群，加快发展新兴产业、生产性服务业，赋能产业链现代化高级化，为加快产业创新集群发展、打造强大有韧性的产业链提供有力的科技支撑。

二是提升开放水平，加快打造具有国际影响力的开放枢纽之都。提升开放通道效率，宁波市应以义甬舟开放大通道为契机，着力建成集江、海、河、铁路、公路、航空六位一体的多式联运综合枢纽，形成内畅外联、便捷高效的大交通体系。深化全面接轨上海市计划，加快建设通苏嘉甬铁路，积极谋划推进沪甬跨海通道，强化与上海市的通道联系。落实唱好杭甬"双城记"行动计划，研究推进宁波市海港至杭州市内河港的便捷连通方案，加快建设杭甬高速复线和杭州湾货运铁路，谋划建设杭甬城际铁路，构建高效便捷的"双城"交通网络。提升开放平台能级，加快形成中国（浙江）自贸试验区宁波片区、中国—中东欧国家经贸合作示范区联动、内外贸一体的开放格局，持续打造商品进出口、双向投资合作、人文交流首选之地，扩大全球影响力。提升开放型经济质量，主动对标国际经贸规则，培育发展外贸新业态新模式，完善独立站、海外仓、前置仓等新型外贸基础设施，建设新型国际贸易中心，加快招引高质量外资，培育一批有国际话语权的本土跨国企业。

三是梳理重大片区，加强全域统筹。按照"拥江、揽湖、滨海"的城市发展格局，落实省市党代会重要精神与宁波市国土空间总体规划发展要求，结合市和各县（市、区）的发展诉求，按照全域梳理、超前谋划、系统整合、要素联动、远近结合的原则，构建"市级重大战略平台—市级重大片区—区级重大片区"三级格局体系。聚焦近期建设重大片区，强化规划引领，统筹空间布局，加强要素保障，依据宁波市国土空间总体规划，明确近期发展重点、人口规模、空间布局、建设时序，安排城市重要建设项目，提出生态环境、自然与历史文化环境保护措施，制定控制和引导区块发展的规则等，完善城市综合服务功能，改善人居环境。

四是完善综合交通网络设施。持续推进港口设施建设，支撑一流强港发展，加快推进梅北港区建设，加快推进北仑铁路支线复线、梅山铁路支线建设，加快灰库、华峙、峙南"两场"设施建设。加快推进宁波枢纽建设，恢复国际航线，稳定中东欧航线，推动机场能级提升；继续推进甬舟铁路、通苏嘉甬铁路等工程建设，进一步提升高铁网络布局，提高对外交通时效性。加快推进轨道交通第三期 6～8 号线及宁慈、宁象市域轨道项目建设，高质量实施线路沿线 TOD 综合开发，促进轨道沿线人口集聚，提升轨道站点 800 m 半径覆盖率和 45 min 通勤时间居民占比。优化调整沿线公交线路，提高公交接驳水平，促进绿色交通出行比例持续提升。加快杭甬高速复线宁波段一期、象山湾疏港高速、六横公路大桥等高速公路建设，持续推进"四好农村路"建设。加快推进甬江科创区、姚江新城、宁波枢纽等重大平台周边的道路建设，支撑片区发展。

5.3 强化城市品质建设

以公共服务均等化、普惠均衡为目标，按照常住人口规模、服务半径统筹基本公共服务设施布局和共建共享，构建完善"均衡普惠、优质共享、平战结合、智慧边界"的城乡现代社区服务体系，高水平实现基本公共服务均等化，推动普惠性非基本公共服务提质扩能，丰富多层次多样化生活服务，数智赋能推动公共服务供给侧结构性改革。满足社区居民全生命周期工作与生活等各类需求，补齐社区教育、医疗、养老、体育、文化、菜市场等公共服务设施短板，规划建设高品质的街道中心、社区家园，实现日常公共服务不出街道，基本生活服务不出社区。打造一个"幼有善育、学有优教、劳有厚得、病有良医、老有颐养、弱有众扶、军有优抚、文旅乐享、体有强健、住有宜居"的民生幸福标杆城市。

推进活力空间塑造工程，发挥老外滩、东外滩、文创港等功能板块集聚作用，强化月湖、秀水街、南塘河、庆安会馆等区块更新。强化活力街区建设，提升南塘老街、韩岭老街等热度，吸引知名品牌入驻，加快建设天一阁博物馆南馆、新音乐厅等文化地标，创新推广便民服务，构建 15 min 文化活动圈。滚动实施"精特亮"工程，巩固提升 150 个已建、在建项目，扎实推进 400 个拟报、已报项目，打造城市建设亮丽名片。加强天际轮廓线、公共中心、门户枢纽、滨水地区、地下空间等设计管控，注重"第五立面"、"第六立面"、建筑小品、绿化景观的设计管理，强化空间品质、城市色彩的整体性、系统性、协同性，营造更多具有设计感和艺术性的空间环境。推进中山路等主干道路、"三江六岸"等主要河网、东部新城等活力区域、月湖等城市景区的整体美化和夜景亮化。推进城市更新示范工程，全面推进城中村、城乡接合部、老旧小区整治改造，实施旧园区、旧厂房、旧市场、旧楼宇改造工程，打造一批缤纷街区、时尚园区、特色楼宇。

5.4　加强韧性城市建设

一是强化适应气候变化的防灾韧性空间的规划建设。充分落实海绵城市、低碳城市等城市绿色发展理念，通过构建平原蓄滞空间补偿体系，对重点低洼积水地段开展专项治理工作，从减少灾害损失向减轻灾害风险转变，同时积极谋划"平急两用"项目，加快沿海公共管廊带建设，全面提升城市抵御自然灾害的综合防范能力。

二是推进生态环境多举措协同治理。臭氧污染的来源复杂，包括挥发性有机物、氮氧化物等污染物的排放，需要采取更加有效的措施进行治理。首先，持续加强工业污染治理，对重点行业进行持续的环保整治，采用更加环保的生产工艺，减少污染物的排放，特别是减少挥发性有机物、氮氧化物等污染物的排放。其次，推广清洁能源和新能源汽车，鼓励使用清洁能源，如太阳能、风能等，减少燃煤和燃油的使用，从而降低污染物排放。最后，加强环境监测和预警，加强对环境空气质量的监测和预警，及时发现和解决环境问题，确保环境空气质量持续改善。

[参考文献]
[1] 向晓琴，高璟．实施监测视角下的市级国土空间规划指标评析 [J]．规划师，2023，39（12）：77-84．
[2] 李宇，罗双双，蔡赞吉，等．数字化赋能乡镇污水管网近期建设规划：以宁波市为例 [C] ∥ 中国城市规划学会城市规划新技术应用学术委员会．创新技术·赋能规划·慧享未来：2021 年中国城市规划信息化年会论文集．南宁：广西科学技术出版社，2021．

[作者简介]
李宇，工程师，就职于宁波市规划设计研究院。
蔡赞吉，高级工程师，就职于宁波市规划设计研究院。
朱林，助理工程师，就职于宁波市规划设计研究院。
徐沙，助理工程师，就职于宁波市规划设计研究院。
欧阳思婷，工程师，就职于宁波市规划设计研究院。

城市体检评估技术方法与系统应用

——以浙江省宁波市为例

□王武科，胡颖异，唐轩

摘要：发挥规划实施监测与评估的作用，是科学编制规划，有效传导规划目标，高质量实施规划的重要保障。本文以宁波市为案例城市进行实践探索，提出"应评尽评、全面体检，凸显特色、定制评估，客观准确、多方研判，系统集成、有效衔接"的评估思路，探索构建一套科学的评价指标体系，建设城市空间基础信息数据平台，研制体检评估关键技术和构建系统集成方法，建立"专项评估＋公众评测＋综合评估"的多维评估组织，形成全面评估和定制评估的成果内容，建立"规划—评估—监测—反馈"机制，希冀相关成果可供相关城市借鉴与参考。

关键词：国土空间；城市体检；指标体系；技术方法；系统应用

"规划科学是最大的效益，规划失误是最大的浪费，规划折腾是最大的禁忌"，发挥规划实施监测与评估的作用，是科学编制规划，有效传导规划目标，高质量实施规划的重要保障。近年来，各级部门纷纷探索建立"一年一体检、五年一评估"的国土空间规划城市体检评估制度。宁波市是国内最早进行"城市体检"的城市，其借鉴相关城市经验做法，从指标体系、数据平台、关键技术、评估组织、成果内容、反馈机制等方面进行了实践探索。本文以宁波市国土空间规划城市体检评估为例，总结经验和做法，以期为相关城市的体检评估工作提供借鉴。

1　研究进展

国内相关城市都在探索城市体检的技术方法、主要内容、评估思路等。北京市率先建立"监测—诊断—预警—维护"的常态化体检评估工作机制，构建了闭环工作体系和多维分析诊断体系，同时建立了"3＋N"规划动态监测指标体系，搭建系统平台；上海市利用多源大数据，开展包含"属性、动力、压力、活力"4 个一级指数、10 个二级指数和 27 个三级指数的城市体征动态监测，以此支撑时空分析和城市体检，并在此基础上开展政策模拟，为科学决策提供参考；广州市聚焦存量发展家底，以"人、地、房、企、设施"数据空间化为抓手，加强信息平台建设；成都市探索构建"6（方面）＋21（维度）"体检评估框架，重点识别发展短板，强化规划的战略预判；海口市以城市人居环境建设为重点，开展 8 个维度的全面评估和自贸港建设、内涝治理等专项评价，并针对短板和不足创建城市品质提升项目库；景德镇市提出聚焦国家市民、突出文化传承创新主题，构建了横向对标、规划对标、纵向对标和高点对标的空间分析检测包，支持国土空间规划和自然资源管理。除此之外，福州市、深圳市、西安市等也结合地方实际开展了有地方特色的城市体检评估工作。

从国内城市体检评估案例的研究看，多是以城市体检评估工作为契机，整合数据，系统构建指标体系，因地制宜确定城市体检评估内容和重点，科学评价城市发展取得的成效，精准判断"城市病"和城市建设存在问题，对城市高质量发展和国土空间规划编制具有重要意义。但在城市体检评估工作中也存在一些问题，如评估内容差异性大，内容框架不规范；指标体系获取困难，部分数据相互"打架"；评估结论以定性判断为主，缺少客观和定量评估内容；与城市特色结合不密切，指导城市发展的作用不明显等。

2　技术思路

根据规范要求，结合宁波城市特色，本文提出"应评尽评、全面体检，凸显特色、定制评估，客观准确、多方研判，系统集成、有效衔接"的评估思路，积极探索建立国土空间规划城市体检评估技术方法与系统应用。一是应评尽评，全面体检。体检指标越全面，对城市运行状态的监测越准确，通过指标的梳理和内容构建，全面、详细认识城市运行状态，做到应评尽评。二是凸显特色，定制评估。除按照规程规定体检评估内容外，还以"双评价"为基础，针对宁波市的自然地理格局和城市发展特征，因地制宜，凸显城市特色。三是客观准确，多方研判。真实可靠的数据源是实现客观评估的基础，在数据收集工作中，全力整合最新的官方权威数据，充分对接，统一协调，反复校核，保证数据真实、客观、完整。四是系统集成，有效衔接。本次评估与在编"十四五"规划、国土空间总体规划、各类专项规划在内容上有效衔接，利用数据相互校核，使评估成果对后续的监测引导更具操作性。

3　主要内容

3.1　构建一套科学的评价指标体系

在规范提出的58项指标的基础上，创新性地提出"基本指标＋推荐指标＋特色指标"的指标体系（图1），共计119项指标。基本指标主要反映底线管控、城乡融合、绿色生产、生态宜居等基础维度的评价内容；推荐指标突出城市韧性、创新环境、对外开放、宜居宜业等因地制宜的内容；特色指标突出城市特征，增加港城关系、工业园区、海洋岸线、城市安全等个性化的评估内容。根据指标体系，构建"城市体检表"，其中符合目标方向的指标有91项，占指标总数的76.47%，主要集中于资源安全保护、绿色生活生产、公共服务设施、协调创新发展方面；不符合目标方向的指标有14项，占指标总数的11.76%，主要集中于土地资源利用效率、水资源开发利用等方面；因统计口径、指标内涵、评价范围等变化，而无法判断目标方向的指标有33项。

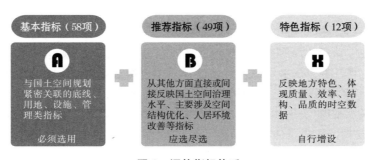

图1　评估指标体系

3.2　建设城市空间基础信息数据平台

　　平台汇总集成了多元的规划数据，涵盖 4 大类、31 中类、160 余项服务数据（图 2）。分别为经济社会发展统计数据、各部门各区报送数据等规划实施数据，反映城市建设现状、土地供应、用地规划、竣工验收等情况的建设管理数据，基础测绘、地理国情普查等地理信息数据，交通流量、灯光遥感、公交刷卡、手机信令等城市运行大数据。为保证获取真实、权威、准确的数据，建立了市级部门的联席会议制度和数据汇交的反馈确认制度，全力整合最新的官方权威数据，充分对接，统一协调，反复校核。对有多个数据源的数据进行分析比较，从统计口径、数据标准等方面进行深入研判，分析不同数据源的内在差异，选择科学合理的数据进行分析。

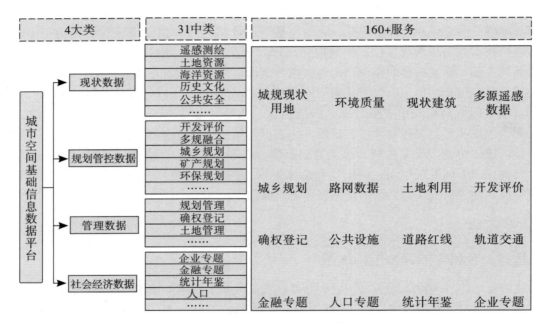

图 2　城市空间基础信息平台框架

3.3　研制城市体检评估关键技术和构建系统集成方法

　　构建区域、市域、城区、街乡等多级体检层次，区域层面重点研判长三角一体化、宁波都市区等发展情况；市域层面通过人口、经济、产业、交通等数据，综合分析全市运行状况；城区层面，重点监测建成区范围内各类城市建设活动，包括公共设施、道路交通、绿地广场等现状建设情况。

　　采用纵向历史比较、横向城市比较、全要素交叉分析、定量与定性结合、主观评价与客观评价结合等技术方法，基于动态更新的各类时空大数据，充分运用两步移动搜索法、泰森多边形、Hansen 势能模型等多种技术手段，创新性地采用多维建模技术构建指标多维模型库和数据知识服务引擎，构建模型可视化、参数可配置、规则可编排、模型可组合的城市体检评估模型体系，有效支撑体检评估的快速诊断、态势预判和趋势预警。利用统计图表、大屏画像、动态演变、多屏联动等方式，形成了体检评估的可视化展示系统。

3.4 建立"专项评估＋公众评测＋综合评估"的多维评估组织

以评估主体的多元化、社会化，推动实现体检评估全过程的客观公正、公开透明。自评估工作由各部门根据行业指标和要求开展自评，提交数据和相关报告，包括水资源、综合交通、产业发展、公共设施等。公众评测，通过全市居民满意度调查和深入部分街道、社区调研，点面结合收集公众意见，强化公众参与，从印象、生活、工作、出行、休闲、生态、安全、畅想8个维度全面掌握市民对城市规划建设的评价，回收问卷1320份，有效样本1216份，样本有效率为92.12%。综合评估汇集各方内容并整合，使体检报告反映各方共识。

3.5 形成客观、全面、针对性的评估成果内容

强调数字体检，形成"年度体检表"，分析指标运行方向，提出重点预警项目。强调全面评估，覆盖经济发展、生态底线、城镇建设等11个维度，形成"一张表、一套图、一调查、一平台"的成果内容体系。强调定制评估，根据宁波市的一流强港、开发园区多、海洋大市、生产安全复杂等特征，重点对港航服务、集疏运方式、疏港通道等进行专题分析；对围填海历史、岸线利用、近岸海域水质等进行评估；对各级各类318个开发园区的分布、开发强度、亩均效益等进行专题分析；对危险化学品、油气管道、港口事故等风险进行评价，为应对城市生产安全隐患提供支撑。

3.6 建立"规划—评估—监测—反馈"机制

探索完善规划实施的监测评估和传导机制，使评估成果有力地促进各级各类空间规划的科学编制。通过大数据赋能，基于分级算法和分布式集群分级索引技术，对各项指标进行跟踪监测，动态把握各类目标的实现程度，并根据监测评估结果及时优化完善实施策略，弥补规划实施缺乏快速诊断，主动发现、及时预警有效手段的不足，真正实现规划编制、审批、实施、监管全过程闭环管理（图3），以体检评估为抓手推动国土治理体系现代化。

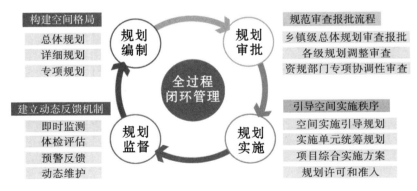

图3 国土空间规划全过程闭环管理机制

4 实施应用

项目成果在宁波市市级、区级、乡镇级国土空间总体规划，以及宁波市工业集聚区专项规划（2021—2035年）、宁波市自然保护地专项规划、宁波市综合交通体系规划、宁波市区文化设施专项规划（2020—2035年）、宁波市海岸带保护与利用专项规划、宁波市区教育设施规划、宁

波市体育设施专项规划、宁波市区医疗卫生设施专项规划、宁波市区文化设施专项规划（2020—2035 年）、宁波市生态绿地系统专项规划（2021—2035 年）、宁波市综合防灾减灾规划等数十个项目中得到了有效应用，适应当下国土空间规划和数字化改革的发展要求，紧随政策航向和大数据技术先进潮流，推动宁波市国土空间规划朝着更加精细、科学的方向发展，为同类型城市的国土空间规划编制工作提供参考，具有良好的推广应用前景和价值。

体检评估对资源、空间、港口、海洋、产业、交通、公共服务设施、城市安全风险等方面的问题的纠偏，有效地指导了正在编制的各级各类国土空间规划。从人口、用地、交通联系、夜间灯光、POI（关注点）集聚情况等方面对空间结构进行量化体检评估，对城市空间结构的最终确定发挥了重要作用。充分利用地形、水文、管网等数据，科学研判城区低洼积水的分布情况，为应对台风等极端天气，提供了精准的数据支撑。体检评估提出的人口空间结构与现状设施的匹配关系，对文化、教育、体育、医疗、养老、公园绿地与广场等设施布局具有重要指导作用。

建立基于多维建模技术和多层次指标可配置的体检评估模型，运用多维模型库和数据知识服务引擎的服务定制框架，构建模型可视化、参数可配置、规则可编排、模型可组合的体检评估模型体系，有效支撑体检评估的快速诊断、态势预判和趋势预警，避免了在体检评估过程中经验判断的模糊性，显著提升了体检评估的科学性和工作效率。面向城市体检评估提出了基于数据图谱的多元数据和多类型指标高精度关联方法，解决了城市空间基础信息数据平台非集中式数据的安全使用问题，支持城市体检评估依托多指标多源数据的开展。在空间基础信息数据平台的基础上，建立了"精特亮"评估监测平台、老旧小区改造管理平台、城中村改造信息管理平台等专题的评价应用模块，促进空间的精细化管理。

5 未来展望

在技术革新方面，随着数字化改革的深入、自然资源业务的深度融合，还需采用新的信息技术，如测绘技术、监管技术、云计算技术、大数据应用技术等，使体检评估更加智能化、精细化。

在成果应用方面，由于各单位各个系统的技术、软硬件条件不同，各个系统在构架、平台以及数据库等方面都存在较大差异，因此需要采用共享交换的思路，统一空间数据和业务数据的服务接口，实现城市体检在各部门的应用扩展。

在网络安全方面，国家将网络安全和信息化提升为国家战略，在城市体检中需要进一步关注信息化建设的安全需求，实现政府信息化"安全可控"的目标。

通过体检评估建设城市空间基础信息数据平台，汇总集成多元数据，但部分数据颗粒度较大且尺度不一，对项目数据挖掘等具有一定影响。此外，数据的标准及各部门对数据内涵的定义、统计口径等也还存在差异。

［参考文献］

[1] 程辉，黄晓春，喻文承，等. 面向城市体检评估的规划动态监测信息系统建设与应用 [J]. 北京规划建设，2020（增刊 1）：123-129.

[2] 林文棋，蔡玉蘅，李栋，等. 从城市体检到动态监测：以上海城市体征监测为例 [J]. 上海城市规划，2019，3（3）：23-29.

[3] 成都市规划和自然资源局. 识别发展短板 强化战略预判：四川成都城市体检评估概要 [N]. 中

国自然资源报，2020-4-9（3）.

[4] 李昊，徐辉，翟健，等．面向高品质城市人居环境建设的城市体检探索：以海口城市体检为例 [J]．城市发展研究，2021，28（5）：70-76，101.

[5] 尚嫣然，赵霖，冯雨，等．国土空间开发保护现状评估的方法和实践探索：以江西省景德镇市为 例 [J]．城市规划学刊，2020（6）：35-42.

[6] 张文忠，何炬，谌丽．面向高质量发展的中国城市体检方法体系探讨 [J]．地理科学，2021，41 （1）：1-12.

［作者简介］

王武科，注册规划师，高级工程师，就职于宁波市规划设计研究院空间规划二所。

胡颖异，工程师，就职于宁波市规划设计研究院。

唐轩，工程师，就职于宁波市规划设计研究院。

基于网络大数据信息老旧厂区用地效率评价

——以山西省长治市为例

□史晨璐，乔娜

摘要： 本文依托山西省长治市 2023 年第三方城市体检项目，根据长治市城市发展结构和战略需求，选择老旧厂区用地效率评价作为城市体检的特色指标之一，依据以往研究的用地效率评价体系和第三方数据可获得性，构建以网络开放数据源为主的指标评价体系，包括土地使用效率和未来发展潜力两个方面。通过指标评价获取长治市内 115 块用地的效率，结果发现长治市存在明显的土地集中用地区域和分散区域，集中区域分布在建成区南北两侧，用地效率较高，分散区域用地效率较低。分散区域为主要更新改造阵地，通过搬迁整合、产业转型、补充配套等手段，提供用地效率优化策略建议，推动老旧厂区转型升级、功能优化和提质增效，有利于促进存量资源集约高效利用，解决城区用地资源紧张的问题，提高长治市为市民生活、产业发展服务的能力。

关键词： 长治市第三方城市体检；老旧厂区；用地效率评价；优化策略

1 研究背景

为深入贯彻习近平总书记关于建立城市体检评估机制的重要指示精神，落实中共中央办公厅、国务院办公厅《关于推动城乡建设绿色发展的意见》部署要求，以年度为单位开展城市体检工作。该工作要求完善城市体检指标体系，在住房和城乡建设部更新的指标体系范畴里，增加特色指标，构成具有本地特色、结合本地实际的指标体系，使得所选特色指标能够体现当下城市建设的特色内容，并且该指标可量化、可感知、可评价。长治市是资源型老工业城市，依托城市体检工作以及国家新一轮科技和产业革命的契机，瞄准未来产业发展趋势，制订相关发展策略，是解决长治市产业发展瓶颈的一种手段，也是实现《长治市未来产业和战略性新兴产业"十四五"发展规划》的一种方式。

借鉴同类工业城市发展经验。例如，为构建收缩城市低效用地识别体系，英国曼彻斯特、德国凯泽斯劳滕就曾以城市更新作为对抗低效用地导致城市收缩的手段。国内也有齐齐哈尔市、苏州市的相关案例。老旧厂区用地效率评价可以作为城市体检特色指标，选出长治市建成区内工业用地中低效用地加以改善。国内外学者都对优化转型有所研究。欧美一些国家推动低效用地重新产生价值，如配置金融机构等；国内也有一些学者借助西方国家经验，利用城市更新的手段合理应对收缩。

长治市作为典型的北方资源型工业城市，建成区范围内工业用地成分占比较大，工业用地使用效率尤其重要，低效且难以盘活的工业用地、老旧厂区对政府财政、社会运行形式都会产生负面影响；新时代国家新型城镇化工作重点与"十四五"规划中都明确要进行老旧厂区改造，培养产业新动能。评价老旧厂区用地效率，推动老旧厂区转型升级、功能优化和提质增效，有利于促进存量资源集约高效利用，解决城区用地资源紧张的问题，实现"人民城市为人民"的城市更新改造目标。

2 数据来源

本文构建的评价体系研究涉及 2023 年长治市第三方城市体检工作，数据来源涉及项目收集到的第三次土地调查数据，2023 年长治市建成区边界、建成区内街区划分边界、建成区内社区划分边界等数据来源于长治市住房和城乡建设相关单位以及社区党群服务中心调研所得数据。

此外，还有天地图遥感数据开放数据源、安居客房源网站数据、山西省生态环境厅关于企业污染等公开数据，并借助企信宝企业数据、高德地图数据等实现企业应用程序接口定点和范围爬取。

3 研究方法

依据工业用地情况，从第三次土地调查中提取工业用地，影响工业用地的指标较多，主要与用地区位要素、用地企业效益、企业社会效益关系较大。结合国内外有关工业用地效益评估指标体系的相关研究、国内相关规范，基于实际研究数据可获得性总结制定指标体系内容，如表 1 所示，指标分级及权重标准参考历史研究成果。

表 1 老旧厂区用地效率评价指标

目标	一级因子	二级因子	具体指标
老旧厂区用地效率评价	土地使用效率	空间效率	建筑密度、绿地率、土地使用状态
		社会经济效益	企业注册金额、企业污染影响程度
	未来发展潜力	土地发展潜力	交通可达性
		企业发展潜力	企业与政府政策方向吻合程度

土地使用效率主要从空间效率和社会经济效益两个角度出发，从建筑密度、绿地率、土地使用状态、企业注册金额、企业污染影响程度五个方面进行综合分析，反映不同工业用地土地使用效率差异。

建筑密度：工业用地上的建筑的基底面积，加上露天堆场及操作场地的总面积与工业用地总面积比值，数值以百分比表示，为正相关指标。

绿地率：工业用地内的绿地面积与工业用地总面积的比值，数值以百分比表示，为负相关指标。

土地使用状态：对工业用地上现存企业现状经营情况的描述，包括停产、闲置、存续等，为正相关指标。

企业注册金额：工业用地上现存企业注册的金额，数值单位是万元人民币，为正相关指标。

企业污染影响程度：反映工业企业的生产活动对城市生态环境的影响。按照工业企业所属行业污染级别进行取值，为负相关指标。

未来发展潜力主要考虑与当地发展规划要求相适应和区位交通便利程度，便于物资流通、商贸交流，从土地发展潜力和企业发展潜力两个角度进行分析，利用交通可达性和企业与政府政策方向吻合程度两个指标反映不同工业用地未来发展潜力。

交通可达性：基于路网对工业用地交通便利程度进行打分，为正相关指标。

企业与政府政策方向吻合程度：查询当地产业规划内容，将企业从事行业和主营业务内容与"十四五"产业相关规划相匹配，按照匹配程度进行打分，为正相关指标。

4　结论与讨论

4.1　老旧厂区用地效率评价分析

现阶段城市发展已经进入到城镇化发展中后期，加上乡村振兴等国家战略的实施，城市发展趋向于提质增效，注重依托城市体检的手段发现城市问题为城市更新提供依据，长治市同样面临部分工业逐渐衰退，老城区和郊区出现工业遗存的问题，需要进行功能调整与产业升级。工业用地尤其是老旧厂区，曾经是重要的工业化进程载体，随着城市功能的演变、城市发展策略的变化、人口迁徙等，老旧厂区出现转型滞后、产能低效、模式落后、配套设施失衡、经营不善倒闭等问题，在城市体检中可以借助大数据手段对存在以上问题的老旧厂区进行识别，同时借助指标评价体系，以及 ArcGIS10.7 软件平台，对老旧厂区用地效率进行判别。

通过"三调"数据提取，建成区内共包含工业用地 115 块，具有明显的城东、城西集中分布特征，并且土地使用效率、未来发展潜力评价数据较高；建成区中部工业用地分布较为分散，未来发展潜力较大，但其目前的土地使用效率远远没有达到理想的程度。经过与大数据端企业数据相互匹配可知，建成区现存整体规模小、建筑密度略低、绿地率面积超标等低效用地，分布较为零散，该情况出现在常青街道、英雄中路街道和太行东街街道。

关于闲置用地的数据显示，建成区内大规模用地基本均有企业，且处于存续状态，投资规模较大，土地使用效率较高，小规模用地中存在部分闲置用地，且该类用地上的企业存在停业的情况，该类工业用地主要位于常青街道、英雄中路街道，所占面积在 $0.5\sim7.0\ hm^2$；地块规模较小，但其在常青街道分布较为集中，所处区域的交通路网分布较为密集，未来发展潜力较大，现阶段虽处于低效使用的状态，但其综合使用效率具备提升的潜力。

经过指标体系计算，大辛庄街道工业用地土地使用效率较高且较为集中，且规模较大、建筑密度高、绿地占比低，结合交通及企业主营内容分析，该地区工业用地属于高效用地，区域内的企业大多数为科技型企业，如新能源、新材料、装备产业等，契合长治市产业发展规划方向。建成区南部延安南路街道和五马街道的工业用地规模较大且较为集中，建筑密度高、绿地占比低，厂区覆盖有各类企业，且电子科技类企业占比较大。

4.2　老旧厂区用地效率优化策略

根据老旧厂区用地效率结果，对其低效区域提出优化策略，老旧厂区提质增效的手段主要有三种：功能改变、拆除重建、综合整治，需要政府对基础设施和公共设施提供支持。提质增效的关键问题是找到公共效益和市场优化平衡点，兼顾效率与服务的功能，破解方式就在于更新成本的市场化重置和增值收益的持续性捕获。老旧厂区的建设用地分布主要有南北两侧集中分布厂区和市区内零散分布厂区两种类型。对不同类型的厂区应实施分类引导，对不同规模的工业用地片区制定分类优化的策略，并且依据已有的公共基础服务设施、现状社会需求、人才需求和企业条件等，采取合适的工业用地优化模式。

长治市属于资源型老工业城市，建成区内交通路网较为发达，现状工业用地集中分布于建成区南北两侧，区域内工业用地规模较大、土地使用效率较高，根据企业经营内容、交通路网分析，结果显示南北两侧工业用地属于高效用地，但集中分布区域内仍有部分属于空置用地，可以整合空置用地，进行产业招商，逐渐形成产业规模化、连片化布局，自然形成工业产业园区；对区域内其他设施资源进行转化，或者改变空闲用地用途，补足片区城市配套设施短板，利用老旧厂区提供文化体育、停车服务、学前教育、医疗养老等服务，提升产业园区配套设施水平；在不大拆大建的前提下，配备园区商业设施或者公共绿地设施，更好地服务园区内的企业，通过完善设施提高园区用地吸引力，便于日后招商引资。

常青街道、太行东路街道、英雄中路街道、西街街道内存在规模较小、土地使用效率较低的工业用地，用地闲置率高且分布较为零散，可以考虑将工业用地搬迁整合，发展经营性业态，遵循街区控制性详细规划前提和产业发展规划前提下，将其用途改造为现代服务业等，或者满足职住平衡的要求，将符合规划及建设项目规划使用性质的用地改造建设为职工宿舍和人才保障性住房用地；部分工业用地临近水源与居住区，其产业招商应考虑企业污染程度。结合《长治市"十四五"未来产业发展规划》《长治市"十四五"战略性新兴产业规划》对发展重点和重点工程的要求，上述街道交通条件较好，距离各类居住区较近，可以考虑布设信息技术应用产业，打造长治市高端电子产业信息工业厂区，培育数字数据资源管理产业，突破关键性技术壁垒，打造大数据资源平台。该区域内各类公共服务设施较为丰富，能够为人才提供相应的生活条件，逐步完善人才储备工作。

[参考文献]

[1] 王存刚. 城市工业用地更新方法研究：以苏州工业园区为例 [J]. 城市建筑，2021，18（3）：66-69，134.

[2] 叶嘉安，宋小冬，钮心毅，等. 地理信息与规划支持系统 [M]. 北京：科学出版社，2008.

[3] 黄鹤. 精明收缩：应对城市衰退的规划策略及其在美国的实践 [J]. 城市与区域规划研究，2017，9（2）：164-175.

[4] 周盼. 基于绿色基础设施的老工业收缩城市更新策略研究 [D]. 武汉：华中农业大学，2015.

[5] 潘斌，彭震伟. 产业融合视角下城市工业集聚区的空间转型机制：基于上海市的三个案例分析 [J]. 城市规划学刊，2015（2）：57-64.

[6] 黄慧明，周敏，吴妮娜. 佛山市顺德区低效工业用地空间绩效评估研究 [J]. 规划师，2017，33（9）：92-97.

[7] 赵燕菁，宋涛. 城市更新的财务平衡分析：模式与实践 [J]. 城市规划，2021，45（9）：53-61.

[8] 陈培阳，周江怡，吴佩瑶. 创新城区视角下大城市老城区工业遗存更新策略研究 [J]. 中国名城，2024，38（3）：25-30.

[9] 陆婕. 低效工业用地提质增效路径探索：以南京市江宁区为例 [J]. 建筑与文化，2024（1）：186-188.

[10] 杜金莹，何冬华，欧静竹. 成本·收益·回流：城市存量工业用地更新困境及政策建议 [J]. 城市发展研究，2024，31（2）：26-34.

［作者简介］

史晨璐，助理工程师，就职于山西省城乡规划设计研究院有限公司。

乔娜，高级工程师，就职于山西省城乡规划设计研究院有限公司。

城市更新背景下实景三维模型多元化任务场景应用研究

□曹华生，夏超，李栋阳，阮思远，孙嫒嫒

摘要： 城市更新是在可持续发展理念下提升公共空间利用效率、激活存量空间使用频率、提升居民空间活动质量的过程。实景三维作为真实、立体、时序化反映人类生产、生活和生态空间的时空信息，能够辅助城市管理者进行宏观分析与科学决策。本文基于城市更新大数据时代环境下应用场景的复杂性与多元性，从城市更新任务解读、实景三维模型框架分类、城市更新全生命周期管控路径三个方面，构建实景三维模型城市更新任务场景体系，探索实景三维模型在城市更新建设领域多场景应用，同时提供有效的实景三维治理手段支持城市数字化管理应用。

关键词： 城市更新；实景三维模型；任务场景；模型应用；数据治理

0 引言

城市更新通过优化土地配置、提升空间品质和优化运营效率等方式实现土地再分配收益增值。其实质上是政府善治导向下机制维度的重建，是市场经济产权的重组与市民社会关系的重构下三方沟通博弈的城市演进过程。在城市更新项目"微治理"过程中，传统二维表达的更新方式存在空间分析能力较弱、可视化交互能力不足、规划方案推演情况不明等技术短板。因此，具有直观高效形式表达、分析与模拟的实景三维模型在提升城市风貌与环境品质场景中有更广泛的应用，实景三维模型逐渐成为城市地理空间信息的主要表现形式。同时，以政府、市场、公众为主体的城市管理决策博弈，也需要实景三维模型的分析作为有效科学支撑。

自然资源部发布的《实景三维中国建设总体实施方案（2023—2025 年）》提出，实景三维中国是数字中国整体框架构建的核心要素和重要内容。随着实景三维数字技术迭代下模型精细度的提高与数据底座的完善，相关部门将精力投入实景三维模型逻辑场景构建中，以满足城市更新中空间、社会和技术多视角、多元化任务场景的个性化要求，进一步降低数据治理的生产成本与维护难度。实景三维模型的大数据治理底座可以辅助城市更新发展方向的宏观决策，协调城市空间布局和各项建设所做的综合部署与管理方案。通过实景三维模型对城市已拆改区域的复建模拟与对未来区域的预演模拟，可以有效获得对既有城市更新的合理依据，使城市更新兼具前瞻性与独立性。

1 发展概况

城市更新在我国的发展经历了大拆大建的 1.0 时代、增量发展的 2.0 时代、综合治理的 3.0 时代后，进入以人为本的 4.0 时代。4.0 时代的城市更新呈现出产业赋能、片区统筹、政企联动、文化保育和生态智慧的时代特征，城市更新的主要任务也由增量开发的"全部改造"向存量更新的"微改造"转变。从城市更新 2.0 时代开始，三维模型经历了"人工采集—几何建模—素材库贴图"的 1.0 时代到倾斜摄影处理、三维 TIN 可视化模型的 2.0 时代，再到如今从宏观到微观、从室外到室内、从地上到地下的真三维高精度的 3.0 实景三维模型时代（图 1）。

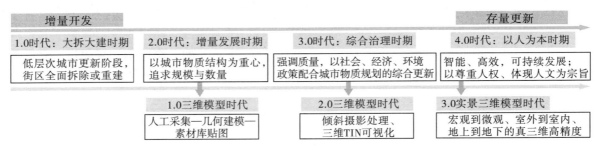

图 1　实景三维模型发展图解

2　城市更新背景下三维模型任务场景体系构建

2.1　城市更新任务解读

城市更新的总体目标是建设宜居城市、绿色城市、韧性城市、智慧城市、人文城市。在存量规划时期，城市更新由原先以城市开发为主向重视城市经营转变，在政府统筹管理、公众利益优先、维护市场秩序的多元主体运行原则下，实施一体化、渐进式城市更新活动。城市更新的主要任务包括完善城市结构、实施生态修复、保护特色风貌、推进社区建设、强化基础设施、改造老旧小区、提升抗灾能力、推进城镇化建设等八项基本内容。三维模型以实景三维为数字底板支持数据共享，通过整合城市更新中基础地理信息提供可视化场景平台，综合考量技术发展、社会需求、政策导向要求与使用者利益的理性标准，利用数字化手段服务城市更新活动，建立批、征、供、用、建、验、登数据空间化关联，在城乡治理、智能交通、应急救灾、生态保护等诸多城市更新领域辅助城市管理者决策、保护城市历史文化风貌、提升现代化治理与产业监管效能，助力城市应急救援管理与安全运维，实现技术赋能，最终优化城市整体布局，为城市更新发展提供具有持续性与适应性的技术指导（图 2）。

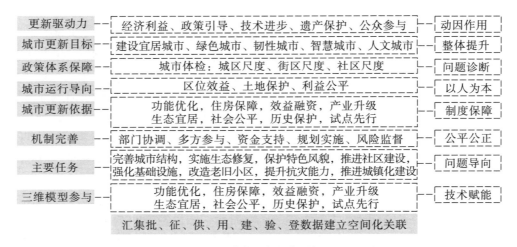

图 2　城市更新任务图解

2.2 实景三维模型框架分类

实景三维模型是城市更新中的信息规划空间框架，其基于影像分析法的地形表面模型与地物单体化的立体环境表达，实现高精度的二维数据与多解译的三维数据的交互。其以 BIM、GIS、IOT 为技术基础，整合城市地上地下、建筑室内室外、从过去到未来多尺度的空间与多维度的物联感知数据。按照城市更新中表达内容与层级的不同，实景三维通常分为地形级、城市级和部件级；根据模型数据源、表达特征和场景精细程度，三维模型可分为地表模型、框架模型、标准模型、精细模型、功能模型与构件模型（表1），其中层级越高的模型包含的城市信息越多。实景模型从规划、建设、管理、运行等角度进行多维度、全方位、深层次的数据分析融合，实现城市更新中从数据流到执行层、管理层、决策层的贯通，并作为城市治理可视化载体，全要素精细化表达城市空间，在规划设计中，可帮助设计者规避可能性问题，优化设计方案；在建设施工中，帮助多方参与者直观了解地形地貌与建筑布局，提高工程的安全性与工作效率；在城市管理与运行中，实时分析城市运行状况并为城市的正常运转提供保障。

表 1　实景三维模型框架基础分类

模型类别		基础源数据	数据来源	城市更新场景应用
地形级	地表模型	行政区、地形、水系、主要道路等信息	DEM、DOM、DLG 等	区域和城市群更新，支持宏观城市交通形态更新场景研究
	框架模型	增加交通、植被、建筑等信息	DEM、DOM、DLG、房屋楼盘表、地名地址等	市域城乡更新和建设管理底图，支持城市天际线重塑等更新场景研究
	标准模型	增加场地、地质等信息	DEM、DOM、DLG、质模型、专题图、房产分层分户图等	城市建成区更新、建设和管理，支持城市功能分区等更新场景研究
城市级	精细模型	细化补充建筑外观细节与单元信息、交通、水系、植被、场地、管线管廊、地质等信息	DEM、DOM、DLG、城市三维人工精细模型、激光结合倾斜摄影模型、专题图、建筑设计 CAD 图、BIM（LOD1.0）	中心城区、重点区域更新、建设、管理、运行，支持城市生命线、城市体检等更新场景研究
	功能模型	建筑内、交通、场地、地下空间等要素及主要功能分区的小范围场景信息	BIM（LOD2.0）、激光扫描室内模型、地下空间模型、建筑设计 CAD 图等	园区、社区建构筑物管理，支持智慧社区、智慧园区、老旧小区改造、历史资源保护等更新场景研究
部件级	构件模型	建筑、交通、场地、地下空间等要素分区及主要构件	BIM（LOD3.0）、激光扫描室内模型、地下空间模型、建筑设计 CAD 图等	建筑物设备构件管理，支持基础设施、施工建造安装等更新场景研究

2.3 城市更新全生命周期管控路径

实景三维城市建模是在二维地理信息的基础上，由数据收集、数据处理、数据交互等工作环节构成，贯穿于城市更新总体调控、项目策划、规划建设、监管监控的全流程（图 3）。实景三维模型通过收集地物实体数据、地理场景数据、地理单元数据及物联感知数据打造城市更新基础数据、业务数据与共享数据底座。针对存量更新总体调控中的低效用地问题，获取分析对象项目空间范围内对应的规划审批数据，提醒规划审批数据的各个项目所约定区间是否存在容积率不足的现象；同时在地形生成的基础上进行项目策划，对城市更新中土地与房屋进行权属调查，对用地中供地、批地、合规性、设施、人口密度等现状进行分析，对重大公共服务设施进行选址推演，并通过空间关联技术对项目"地—楼—房—权—人"与"人—地—事—物—情"等属性信息进行叠加管理，及时共享信息并处理潜在的问题。在地块规划设计中，利用倾斜摄影技术进行建筑模型自动单体化与室内建模的分层分户设计，实现建筑模型动态化、可视化、智能化管理。基于大场景的设计与分析，编析同步，从交通条件、体块生成、建筑构件、材质贴图、景观环境等方面进行方案推演，展示城市更新仿真设计成果。

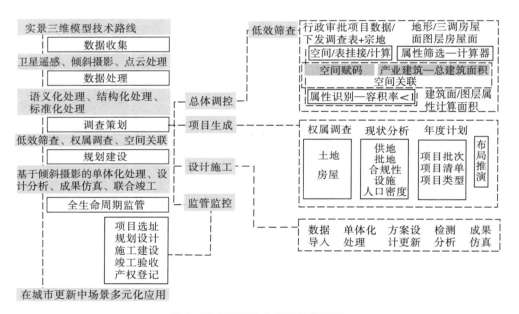

图 3　城市更新生命周期管控路径

2.4 城市更新多元化任务场景应用

在多元复杂的城市更新场景中，三维模型涉及老旧小区改造、城市生命线管理、智慧社区管理、历史建筑保护、城市体检等多场景应用要求。

2.4.1 整改提升：提升老旧小区

存量时代下的城市更新的工作任务逐渐由新建扩张向既有改造过渡。老旧小区作为集约经济条件下的产物，具有环境条件差、配套设施不全、管理服务机制不全、利益主体分割等特点，既有老旧小区不宜整体拆除重建，其更新整改通常是政府统筹下的非营利活动。在老旧小区提升改造场景中，在技术层面利用 GIS、倾斜摄影技术进行高精度、全方位的扫描实现多源基础数据采集与空间精准定位，时态化留存实景场景，进而从安全质量检测、建筑改造应用及建筑运营维护三个方面，针对老旧小区原有设计图纸缺失、建筑内外结构老旧等问题，结合倾斜摄影单体化技术与BIM技术进行可视化、可测量的整体设计改造过程预演，快速精准地完成小区停车位等基础设施优化、外立面升级改造、建筑内部空间设计等，打造测量高准精、设计可推演、验收高效率的老旧小区综合性、整体性、内在性的应用任务场景；同时改善小区整体空间环境，打造长期有序的小区运维平台，建立全面的管理制度与安防预警机制（图4）。

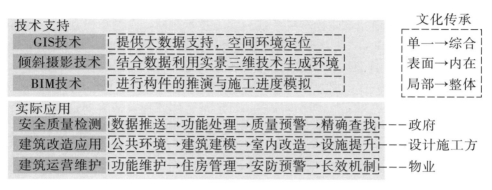

图4 老旧小区应用场景展示

2.4.2 精准治理：延续城市生命

城市生命线包括水、电、气、热、交通等，是人民生产生活、经济社会发展、城市运行的血管，担负着城市的能源输送、排涝减灾等功能，保障着城市生命的正常运行，在城市更新中其管理问题也日趋明显。实景三维模型通过室内外原位传感器及GPS等位置传感器，以及卫星/无人机影像等技术基础，实现基础数据库、物联传感监测库、决策库的多源数据融合匹配，进而实现数据融合、数据承载、空间分析、可视化渲染、模拟仿真、历史回溯、标准化定制与共享交换多源数据管理，保障城市安全运行。贯穿于城市更新建设、运营、维护的各个阶段，涉及对供水、排水、燃气、洪涝、桥隧等独立内容的监测，采用可配置、可扩展、可独立运行的技术思路，直观表达高程的合理程度与设施管线的交错情况，故障精准定位，优化设备管控参数，在满足不同类型管线、管沟、附属设施的高效建模和良好的模型表达效果的基础上，实现所有监测内容的交互表达与城市生命线场景在多部门、多层级、多区域、多系统、多业务之间的联动，提高城市的安全韧性（图5）。

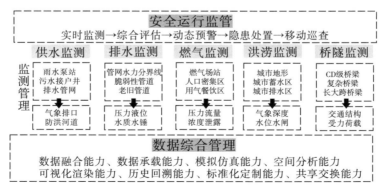

图5 城市生命线应用场景展示

2.4.3 综合分析：多维城市体检

无体检，不更新。作为城市更新规划管理领域的重点工作内容，城市体检一方面补全城市更新的底线与上限，另一方面树立了城市更新"体检先行、规划统筹、设计引领"三大制度体系，呈现出多层级、主客观、多专项的发展趋势。城市体检场景从时间、空间、社会、环境四个维度，以信息数据收集、体检模型构建、城市运行分析的实施步骤进行城市的"体检＋复诊"，扫描排查城市更新系统问题并应对智慧化城市运行中的潜在风险。国土空间规划实施监测网络（CSPON）作为多尺度国土空间规划监测网络平台，以"场景认知—动态感知—智能模型—询证决策"的数字化贯通城市体检全链条规划实施技术逻辑，在城市更新二、三维管控系统上获得一定成效。基于 CSPON 算法模型的复合性和可拓展性，在具体场景的应用中充分体现规划要素的上下传导衔接，打造城市体检数据模型底座，整合地下空间、地表基质、地表覆盖、业务管理等各类国土空间数据，把城市发展现状与实施效果纳入"空间规划一张图"全面掌控，结合实时交通、城市热力监测等技术层面内容，打造常态化体检评估管理数据库，构建时空索引机制，引导城市特色发展宏观目标，形成科学的城市体检指标体系，打通多部门协调渠道，利用自体检、第三方体检与社会调查进行多层次复合体检，并将成果上报，汇总为"一表四清单"（图 6）。

图 6 城市体检应用场景展示

2.4.4 三维联动：打造智慧社区

社区是城市更新中社会管理的基本单元，智慧社区场景的建设以小区实物的"一地多诉"为"导线"，关联"一事多诉，一人多诉，一物多诉"的社区服务事件、居民需求报告与设施运维报告，构建"模型库分析模拟—多场景需求规划决策—动态反馈衔接方案"的智慧社区建设机制，以了解社区服务事件进程、追踪居民需求报告、查看设施运维情况。通过三维模型场景的可视化漫游展示，交互呈现社区二、三维空间动态信息与人员流动数据，通过 WEB 网页显示基础服务管理、政务党建活动、便民利民服务、安全综合治理等具体业务实施状况，实现"地—楼—房—权—人"与"人—地—事—物—情"在社区、单元、城市层面的多层次的网格化数据治理，开拓基于三维场景中建筑物"以人查房、以房查人"路径，解决人口管理上范围广、体量大管理痛点，实现社区精细化管理与社区业务流的贯通。在社区管理、社区政务、社区服务与社区安全的精细化和个性化服务过程中，实景三维技术辅助实现用户对社区基础设施信息问题上报与协同处理突发情况，帮助政府部门进行社会性决策，解决居民实际利益诉求，推动城市更新中的公共服务一体化建设进程（图7）。

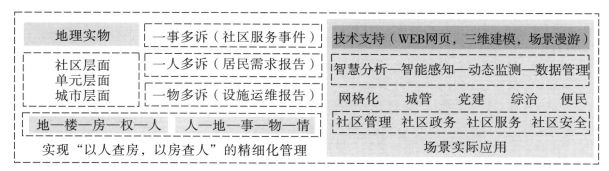

图7　社区智慧管理场景展示

2.4.5　整合要素：保护历史文化

城市更新应同时关注历史文脉的延续与现代功能的演化，对历史文化资源从整体周边场地到建筑内部环境进行多尺度监测与多维度活化利用。三维技术利用倾斜摄影、激光扫描等信息化技术手段采集信息，从微观、中观、宏观整合历史文化保护场景全样本、全要素的数据，进行全方位、多角度、精细化模拟建模，呈现三维室内室外场景漫游效果。同时，"历史名城一张图"的建立为使用者提供了历史资源数量、位置、类型、保护级别等信息预览，通过历史环境遥感调查打造全景矢量地图并提供信息查询功能，生成多样化统计图直观表达历史信息，同时为使用者打造沉浸式旅游路径，提供丰富的感官体验，远程感受历史文化氛围。

在历史建筑测绘工作中，场景提供监测、保护及恢复重建的数据基础，实现文物信息留存，辅助文物保护人员进行保护修复工作。实景三维模型可以实现历史资源区域的历史变迁的环境模拟，推演变化历程，增强历史资源在信息传达过程中的真实性与可读性，延续城市历史特色（图8）。

图8　历史文化可视化场景展示

3　结语

城市作为人才的聚集地，在城市更新4.0时代建设目标由规模化、目标化的增量发展向重视公众利益的"以人为本"存量更新过渡，面临经济、生态、社会多层次的挑战。技术创新是城市更新发展的重要动力，随着地理信息技术、倾斜摄影技术、物联感知技术等三维模型技术手段的兴起，将实景三维模型、BIM模型、人工模型、点云构建的室内室外三维精细模型融合到城市更新的全生命周期管控中显得尤为重要。实景三维的优势在于高度逼真的场景重构和虚实相济的空间拓展，目前在城市更新部分区域的应用已有了新进展，但大量的城市更新场景是潜在和未知的，如在经济场所数字化营销、工业园区配套管理等领域亟须实景三维模型介入，实景三维模型的未来充满新挑战与新机遇。

[参考文献]

[1] 杨天人，吴志强，潘起胜，等. 城市发展的模拟与预测：研究进展、发展挑战与未来展望 [J]. 国际城市规划，2022，37（6）：1-8.

[2] 王永海，王宏伟，于静，等. 城市信息模型（CIM）平台关键技术研究与应用 [J]. 建设科技，2022（7）：62-66.

[3] 阳建强，孙丽萍，朱雨溪. 城市存量土地更新的动力机制研究 [J]. 西部人居环境学刊，2024，39（1）：1-7.

[4] 蔺希，贺彪，郭仁忠，等. 面向城市精细化治理的"地楼房权人"实体构建 [J]. 测绘工程，2021，30（6）：40-45.

[5] 吴刚，侯士通，张建，等. 城市生命线工程安全多层次监测体系与预警技术研究 [J]. 土木工程学报，2023，56（11）：1-15.

[6] 黄梅婷，卢鹏，廖骅. 基于 GIS＋BIM 技术的南宁市老旧小区微改造城市信息模型承载平台应用研究 [J]. 中国建设信息化，2023（10）：62-65.

[7] 周韵，舒汉伦，赵磊，等. 新型城市生命线管理系统的概念模型及其创新应用 [J]. 网络与信息，2012，26（6）：44-46.

[8] 党安荣，胡海，李翔宇，等. 中国历史文化名城保护的信息化发展历程与展望 [J]. 中国名城，2023，37（1）：40-46.

[9] 魏玺，甄峰，孔宇. 社区智慧治理技术框架构建研究 [J]. 规划师，2023，39（3）：20-26.

[10] 曾田. 计算机仿真技术在建筑工程设计中的应用 [J]. 智能建筑与智慧城市，2020（6）：60-61.

[11] 燕琴，翟亮，刘坡. 实景三维中国建设关键技术研究综述 [J]. 测绘科学，2023，48（7）：1-9.

[作者简介]

曹华生，教授级高级工程师，就职于浙江省杭州市余杭区住房和城乡建设局。

夏超，高级工程师，就职于合肥众智软件有限公司。

李栋阳，就职于合肥众智软件有限公司。

阮思远，就读于加州大学戴维斯分校。

孙媛媛，就职于合肥众智软件有限公司。

类型学视角下基于深度学习的历史地区智能辅助设计系统研究

□吴娟，杨慧萌

摘要：历史街区具有重要的历史价值，是城市文化的重要承载地。将类型学思想应用于历史街区保护中，是一种高水平的、能够体现地方历史文化内涵的创新方法，可以充分发挥自然科学和社会科学融合的优势。近年来，国内外学者虽进行了一些尝试，但尚未形成可大范围推广的方法体系，更缺少与现代科技手段的结合。本文以类型学思想为内核，构建空间类型识别与应用技术体系，将其与计算机深度学习技术融合，应用于历史街区保护更新与设计的场景之中。基于类型学思想构建的卷积神经网络模型，经过训练后可使计算机自主对历史街区空间类型进行分类，通过构建智能辅助规划设计系统平台，可自动生成基于地区空间类型的规划方案，并自动迭代完善空间原型库。将其广泛应用于历史地区的城市更新设计工作中，可有效提升工作效率与质量，帮助城市建立文化自信，助力历史保护工作再上新台阶。

关键词：类型学；深度学习；历史地区城市更新；智能辅助设计

1 理论研究——从建筑类型到空间类型

类型，是指按照事物的共同性质、特点而形成的类别，即一种事物的普遍形式。类型学是按相同的形式结构对具有特性化的一组对象所进行描述的理论，其目的是从以往多种多样的排列中发现空间的普遍原则。

"原型"代表着事物自身特征的形状，是事物原初的类型及其形态特征。心理学中的"原型"概念由卡尔·荣格提出，指世世代代普遍性的心理经验，是历史在"种族记忆中"的投影。原型是集体无意识的内容，其存在并不取决于个人后天的经验，它具有形成具体意象的能力。

阿尔多·罗西的"建筑类型学"理论，深受"原型意象"和"集体记忆"概念的影响，该理论提出了"类似性"的城市构成概念，即城市由场所感、街区、类型构成，是一种心理存在和"集体记忆"的所在地，因而是形式的，它超越时间，具有普遍性和持久性，蕴含着能够引发记忆联想的原型意象。因此，罗西认为"类型"不是创造的，而是从集体记忆和人类认知的原型中抽取而来的。

类型的特点决定了其具有永恒性和适应性两大特点。永恒性指深层结构，是通过所谓集体无意识，将历史和记忆附着沉积于形式上，具有一种"历史理性"，它的表述就是公共秩序和形式自主性。适应性是指类型在不同时期、具体环境中的具体表现，即表层结构。

罗西的类型学给予了人们全新的视角去认识建筑。城市规划领域的研究对象是城市公共空间。因此，本文尝试将建筑类型学思维拓展到城市层面，聚焦建筑、空间和人的相互关系，以及研究建筑之间的空间组合关系，剖析提炼城市空间类型。

通过研究，本文将建筑类型概念拓展到城市空间层面，认为类型包含空间类型与建筑类型两个层次，空间类型即产权地块与外部世界的联结关系，建筑类型即产权地块内部建筑空间的组合关系。

纵观世界各大城市，都是由住宅建筑构成了城市的背景空间。由于住宅在城市中是持久的，可以经历若干世纪而不改变，与大多数人的真实生活密切相关。住宅类型经过人的认可而成立，并被尊重和遵守，具有原型的特征。因此，住宅可以说是城市中空间类型的最典型的代表，本文将其作为研究对象。

2 类型研究——以天津市为例

2.1 类型的演变

基于城市形态地图，梳理天津市不同历史发展阶段的空间类型的演变，总结历史上出现过的 3 种空间类型，即院门型——独立产权地块，通过院门联系内外空间；楼门型——开放式住区集合住宅，无公私用地边界，通过楼门联系内外空间；园门型——现代封闭居住区，通过居住区出入口联系内外空间。共涉及花园别墅、新式里弄、周边式楼房、行列式单元住宅、点式单元住宅等 15 种建筑类型。

2.2 典型空间类型研究

类型学建立在对于场所长期以来所沉淀的共同心理的基础上，建立空间和感受两大要素之间的联系。本文通过类型学的方法抽象出集体记忆中的空间原型，选取天津市历史发展过程中最具代表性的老城厢和英租界五大道地区作为典型场所的研究对象。

2.2.1 老城厢

一是要素提取。"一个地点和空间是否能够成为场所还需要与'家'或者'家园'的营建活动联系起来。"以家族血缘关系为纽带是中国自古以来形成的独特的社会组织模式，四代同堂、五世同宅，累世同居共享社会荣辱。将家族错综复杂的亲属关系及长幼尊卑的礼制秩序，融于空间布局之中，形成了以"家庭"为单位对外封闭的中国合院格局，是中国传统空间组织模式的典型代表。随着时间的沉淀，院落逐渐成为中国文化的一部分：高高的院墙、围合的院落，使住宅自成一个与外界隔绝的空间，阻断了外界的喧嚣，营造出宁静、安全、私密的环境，反映出人们封闭谨慎、寻求保护的意识，以及对安定生活的渴望。因此，"院"是中国传统空间中重要的要素之一，承载着千百年来中国人的集体记忆。

"巷"是中国传统空间的另一重要因素。北方的胡同、南方的弄堂，作为连接"街"与"院"的过渡空间，是私人空间与外部世界的重要转换，兼具了交通和交往双重功能。"巷"在形态上表现出被两侧高墙或者房屋山墙"挤"出的狭长空间感的特征，在历史演进的过程中不断记录着人们的生活。人们在日常活动中对"巷"发生感知，达到对"巷"这一场所的认同，可以说"巷"承载着集体记忆。

综上，本文选取"院"与"巷"两个传统空间要素，基于二者的空间组合关系，对老城厢进行空间类型研究。

二是类型研究。天津市老城厢按照传统营城制式，平面以鼓楼为中心形成"经纬纵横、十字方城"，城垣东西长 1.5 km，南北宽 1.0 km，形成"田"字形的空间格局。内部街巷密布，经统计共有各级街巷 168 条，其中南北向街巷 120 条、东西向街巷 48 条，表现出"纵密横疏"的特征。此外，"窄街密巷"特点明显。老城厢内街巷宽度主要集中在 2～5 m 的范围内，平均宽度约为 3.5 m，最宽的东、南、西、北四门内大街宽度亦不超过 8 m。

虽然老城厢内街巷纵横交错、盘根错节，但是通过类型要素的提取与分析，可以总结其空间组合内在的逻辑规律。通过对"院"和"巷"空间组合关系的研究，可以将二者的关系划分为干院式、干支式和全支式 3 种类型。

干院式，指院落与主干街巷连接。街巷等级较高，交通性强；院落规模大，私密性好。

干支式，指院落与次级街巷连接，入户须从主要街巷进入次级街巷后入户，形成一定空间序列。街巷的交通量适中，是街巷两侧住户日常相遇、交流的场所。

全支式，指院落与支巷连接，入户须从主要街巷进入次级街巷、支巷后入户，形成丰富的空间序列。街巷的交通性较弱，一般只有居住在附近居民通过。由于此类院落规模较小，很多生活功能外溢，占据部分了街巷空间。

2.2.2 英租界——五大道

近代以来，中西文化在这里发生碰撞、涵化、交融，孕育出了天津市独具特色的文化。1860—1945 年，英、法、美、德等国在天津市相继设立租界地，用地近 16 km²。英租界，即五大道地区，是 1860 年天津市首个设立的租界，也是至今保存最为完好的历史街区。本文以英租界五大道地区为例，分析天津市"原型"对典型场所的影响。

英租界在规划时，采用了当时英国极为盛行的"田园城市"思想。区域由 5 条由南向北并列的道路组成，规划设计出略带弯曲的方格路网格局，营造出连续并富有变化的街巷空间。为了使更多的住房享受更多阳光，保证建筑内的通风，道路网以东西向为主。在"田园城市"思想影响下，建设了大量以花园洋房为代表的西式院落住宅，"户户有院落"成为五大道地区洋楼建筑的重要特点。

田园城市理论产生于 19 世纪的英国，作为现代城市规划学科的重要里程碑，在世界范围产生了深远影响，也先后建设了一批"田园城市"。通过对比中西方田园城市的空间特点，剖析天津空间原型在空间发展中的影响。

一是"田园城市"在英国。"田园城市"思想起源于英国，是在解决城市居民居住问题的基础上产生的。始建于 1903 年的第一座田园城市——莱彻沃斯（Letchworth），充分体现了"田园城市"思想。作为城乡综合体，莱彻沃斯的空间布局融合了欧洲城市居住空间与乡村居住空间的特点，即明确的用地边界，沿街围合式布局，每户都有临街界面的均好性布局模式，以及每家每户都有院落，形成了最终花园住宅的空间模式（图 1）。

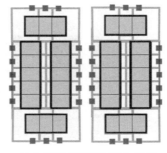

（a）莱彻沃斯航拍图　　　　（b）莱彻沃斯空间分析图

图例：
□ 院落及院落边界
■ 住宅
■ 院门

图 1　第一座田园城市——莱彻沃斯航拍图及空间分析图

二是"田园城市"在天津。英租界五大道地区按照"田园城市"思想进行规划设计。在地块划分过程中，尽量保证每户临街，形成均好的临街界面。此外，通过在狭长的街廓内进行地块划分，形成大量双侧临街或单侧临街的地块，满足五大道高级住宅区内建筑布局和采光通风要求，进而有利于在住宅建设时，形成规整统一的住区肌理。

然而，五大道在实际开发过程中，受到了天津市城市"原型"的影响。通过研究发现，五大道地区除了有田园城市典型的独立花园住宅（门院式住宅），还存在大量院落式与里弄式住宅。院落式住宅是由 3～4 户独立住宅围合成半公共院落空间；里弄式住宅则是较多户小户型住宅联排居住的狭长空间。院落式和里弄式住宅，都是由道路通过确定的入口和通道进入内部半公共空间，再经住宅院落入户，形成"公共－半公共－私密"的空间序列，这与老城厢空间提炼的分析结论吻合。

2.3 原型小结

通过上述时间与空间维度的分析，可以总结出天津市的空间原型：明确的用地边界，在适宜的尺度下形成相对围合的半公共空间，形成较为丰富的空间序列。在老城厢中，干支式、全支式两种类型即是原型的具体表现；在五大道地区，西方的"田园城市"思想受到天津空间原型影响，创造出新的空间类型，诞生了大量院落式与里弄式建筑（图 2）。

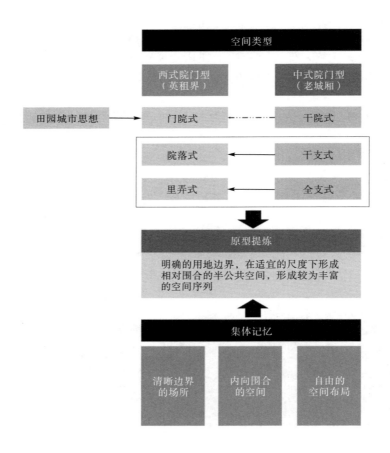

图 2　天津市空间原型提炼思路图

3 基于深度学习的城市空间类型识别

3.1 原理概述

深度学习是人工智能领域中一个新的研究方向，它的发展让计算机真正实现了独立自主的"思考"。

深度学习能够学习样本输入与输出数据之间的非线性和高度耦合的映射关系，对于计算机理解文字、图像、声音、数字等信息有很大的帮助。深度学习被广泛应用于计算机时间、语音识别等诸多领域。

在传统的机器学习中，算法的结构大多充满了逻辑，这种结构可以被人分析，最终抽象为某种流程图或者一个代数中的公式，最典型的如决策树，具有非常高的可解释性。传统机器学习的特征提取主要依赖人工，对于特定的简单任务，人工提取特征简单有效，但是该方法并不能通用。

深度学习的特征提取并不依靠人工，而是由机器自动提取的。因此，深度学习的可解释性很差，深度学习的中间过程不可知，深度学习产生的结果不可控。简单来说，深度学习的工作原理，是通过一层层神经网络，使得输入的信息在经过每一层时，都做一个数学拟合，这样每一层都提供了一个函数。因为深度学习有很多层，通过每一层的函数的叠加，深度学习网络的输出就无限逼近目标输出。这样一种"万能近似"，很多时候是输入和输出在数值上的一种耦合，而不是真的找到了一种代数上的表达式。

CNN 卷积神经网络构造了多层的神经网络，其中较低层的识别初级的图像特征，若干低层特征组成更上一层特征，最终通过多个层级的组合，最终在顶层作出分类。

3.2 思路与方法

对基地进行空间类型划分，是研究的核心内容。通过计算机深度学习进行分类，将有效提高类型划分的准确性，同时避免人工分类面临的主观性强等问题。

本文选取五大道地区地块作为案例研究，进行计算机智能识别空间类型研究。

3.2.1 定义三种类型标签

以五大道地区为例，对每个样本划分了各自类型标签，训练空间分类模型，使计算机可自主提取要素并自动识别空间类型。最后通过模型测试，验证了该模型具有较高的分类精度。

本次计算机深度学习模型构建分为"定义—训练—测试"3 个主要阶段。

分别定义 3 种主要空间类型：门院式、里弄式、院落式，从与街道关系、出入口位置、院落空间等方面，对 3 种类型的空间特征分别进行提炼，并定义成计算机可识别标签。

3.2.2 神经网络模型训练

所谓的深度学习，指的就是深度神经网络通过大量学习不断调整权重的过程。这个学习过程通常也称为对神经网络的训练。

对五大道（部分地区）50 个地块进行空间类型分类训练。将地块分成两个集，其中随机挑选 36 块为训练集，另外 14 块为测试集。

3.2.3 准确率测试

通过计算机对训练集的深度学习后，用测试集的 14 个地块进行测试检验（表 1）。预测结果正确率达 100%。

表 1 深度学习测试结果

序号	名称	真实分类标签编号	预测分类标签编号
1	Lilong－07－01.png	0	0
2	Lilong－05.png	0	0
3	Lilong－03－02.png	0	0
4	Lilong－03－01.png	0	0
5	Lilong－06－01.png	0	0
6	Lilong－06－02.png	0	0
7	Menyuan－03－02.png	1	1
8	Menyuan－05－01.png	1	1
9	Menyuan－07－02.png	1	1
10	Menyuan－05－03.png	1	1
11	Menyuan－07－01.png	1	1
12	Yuanluo－03－01.png	2	2
13	Yuanluo－03－03.png	2	2
14	Yuanluo－04－01.png	2	2

4 场景应用——空间类型规划智能辅助设计系统

4.1 技术路线

以计算机深度学习进行城市空间类型识别为核心技术，融合智慧城市 CIM 平台、多维数据比对、可视化分析、多方案比较等功能，构建一个具有理论思想支撑的智能辅助设计系统（图 3）。

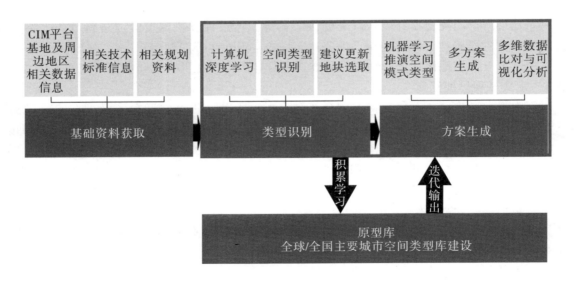

图 3 技术路线图

4.2 系统设计

4.2.1 现状资料一站式获取

在平台选取输入基地范围，通过自动调取遥感影像，获取现状资料信息，具体包括基地三维空间模型、地区实时数据信息。可以通过选取具体建筑/地块，获取相关基础信息。同时，通过平台可快速获取相关规划资料内容及选取片区相关分析内容，提升工作效率。

4.2.2 类型识别

在系统上选取具体更新设计地块即可查看地块各类信息。基于既有信息内容，计算机对地块内空间类型自动识别。计算机通过类型分析，给出地区更新建议。

4.2.3 方案生成

点取适合更新类型，计算机进行自动推演学习。根据空间类型，计算机进行空间推演，自动生成方案。可对方案进行空间分析，并进行多方案比选，与相关规划要求进行比对。未来，随着各地项目不断增多，将逐步完善原型库，自动生成的方案将越来越丰富。

[参考文献]

[1] 阿尔多·罗西. 城市建筑学 [M]. 黄士钧，译. 北京：中国建筑工业出版社，2006.

[2] 汪丽君，舒平. 类型学建筑 [M]. 天津：天津大学出版社，2004.

[3] 沈克宁. 重温类型学 [J]. 建筑师，2006（6）：5-19.

[4] 刘健. 巴黎精细化城市规划管理下的城市风貌传承 [J]. 国际城市规划，2017，32（2）：79-85.

[5] 余真. 基于BIM的三维规划辅助决策系统研究与实现 [J]. 城市勘测，2019（3）：23-27.

[6] 覃俊，钱乐祥，吴志峰，等. "多规合一"背景下古建筑规划保护辅助审批系统应用研究：以东莞市古建筑为例 [J]. 计算机应用与软件，2021，38（2）：8-12，77.

[7] 贾跃，曾银龙. 扬州市三维数字规划综合平台建设与应用研究 [J]. 地理空间信息，2015，13（3）：74-76，10.

[8] 汪旻琦，冯琰，顾星晔，等. 上海市3维城市规划辅助审批系统建设与应用研究 [J]. 测绘与空间地理信息，2013，36（7）：97-100.

[9] 龚竞，张新长，唐桢. 三维城市规划辅助审批系统的设计与实现研究 [J]. 测绘通报，2010（6）：51-53，77.

[10] 魏建平. "数字合肥三维城市景观系统"的建设与应用 [J]. 城市勘测，2008（4）：18-20.

[11] 刘屹林. 数字三维仿真城市的研究与设计 [D]. 武汉：武汉理工大学，2009.

[作者简介]

吴娟，高级规划师，就职于天津市城市规划设计研究总院有限公司。

杨慧萌，高级规划师，就职于天津市城市规划设计研究总院有限公司。

基于语义分割与计算机视觉的建筑色彩分析

——以天津市红桥区西站北片区城市更新项目为例

□ 张琳，吉祥

摘要：建筑色彩是城市空间中非常重要的要素之一。建筑色彩不仅可以为城市空间打造层次丰富的视觉体验，还可以反映城市的文化和品质。传统的建筑色彩分析研究常以主观评估和定性分析为主，容易产生效率低和受主观因素影响大的问题，进而影响研究结果的准确性和客观性。本文利用 Python 编程语言和计算机图像分析算法对图片进行批量处理和特征量化，实现了对建筑色彩特征的客观和准确分析；利用语义分割算法模型，提取照片中建筑主体部分，剔除其他无关要素；利用计算机视觉工具对图片进行像素化处理，采用 KMeans 聚类算法对建筑色彩特征进行量化，分析画面主要色彩结构。本文研究所使用的图片数据包含坐标信息，通过 GIS 空间分析工具将拍照点位进行空间落位，从而清晰地看到色彩特征分布规律。本文的研究思路和方法可为城市色彩空间或其他相关规划内容的分析研究提供思路与借鉴。

关键词：建筑色彩；语义分割；计算机视觉；Kmeans 聚类；GIS 分析；Python

0 引言

建筑色彩是构成城市空间的重要因素之一，具有展现城市风貌、传承和弘扬城市文化的重要作用。不同的建筑色彩可以体现不同建筑的风格和特点，可以增加城市空间的多元化和个性化；可以营造不同的城市氛围，实现多样的场景体验，提升城市品质，提高城市的可读性和易识别性，进而增强城市的吸引力。

在城市更新项目中，建筑色彩规划是重要环节之一。保留和延续历史建筑的色彩特征，有利于传承城市的历史文脉、文化底蕴；整治和优化色彩空间，可以为老城区增添活力，提升视觉美感；同时，通过新建筑与老建筑色彩的协调搭配，可以形成和谐统一的视觉效果，增强城市整体的美感。

都灵建筑师协会早在 19 世纪初就开创性地提出了城市色彩规划方案，将淡雅色调的"都灵黄"作为城市主色调。这一创举不仅赋予了都灵市别具一格的色彩风貌，更是对全球范围内的城市色彩规划产生了深远的影响。随后，在 20 世纪 60—70 年代，色彩地理学学科创立且环境色彩研究方法体系逐渐形成，使现代城市色彩规划研究有了理论依据与基础。

这些研究推动了全球范围内城市色彩规划的蓬勃发展，越来越多的城市开始重视并实践色彩规划。20 世纪中叶，日本东京因快速发展而引发了"色彩骚动"问题。对此，东京推出了极具指导意义的《东京色彩调查报告》。由吉田慎悟所著的《环境色彩设计技法——街区色彩营造》一书也对当时的城市色彩规划研究产生了积极和深刻的影响。

进入 21 世纪，城市色彩规划的研究持续深化，各国学者和设计师不断拓展其领域与扩大影响。2000 年在首尔举办的国际环境色彩研究学组学术交流会上，与会者围绕"色彩与环境"这一主题展开了热烈的讨论和交流。这次会议进一步推动了城市色彩规划领域的国际交流与合作，为未来的城市色彩规划发展注入了新的活力。

与西方发达国家相比，我国在城市景观色彩规划领域的研究相对滞后。因此，在初期进行城市色彩规划体系研究时，主要是参照和吸收了西方的城市色彩规划理论。在近几年的城市规划编制工作中，我国政府和城市规划管理部门已经深刻认识到色彩在塑造城市形象、提升城市品质方面的重要性，逐步推出了相关技术导则和规范性文件，并且在多个城市相继开展了城市色彩专项规划编制工作。例如，2009 年长沙颁布了《长沙市建筑色彩管理规定》，旨在塑造既统一协调又富有层次的城市建筑色彩风貌，以及统一和谐、丰富有序的城市建筑色彩形象；2020 年北京颁布的《北京市城市管理办法（试行）》提出要加强对城市色彩的管控；2022 年福州颁布的《福州市城市色彩规划实施导则》提出要进一步优化城市建筑色彩的主色调，简化规划管控方式，使其更贴近实际需求，便于各部门参与和执行，增强规划的实时性；2012 年贵阳发布的《贵阳市城乡规划局关于加强城市建筑色彩管理的通知》提出加强城市色彩管理，要营造出"浅描淡写，画意筑城"的城市色彩意境；2018 年上海编制完成的《上海张江科学城城市色彩规划》通过探寻城市色彩的发展历程，梳理城市色彩特征，打造一个兼具"科技智能"与"艺术品质"的城市形象。

随着计算机科学的发展，人工智能、深度学习、大数据挖掘等研究方法不断演进，为城市规划专业研究提供了新的探索视角和分析工具。这些技术的应用不仅提高了规划工作效率，还有助于人们全面、深入地解析城市色彩特征，为规划方案的优化提供科学依据。

江浩波、卢珊、肖扬等通过 OpenStreetMap 获取道路矢量数据，通过调用腾讯应用程序接口，采集了上万张街景图片，通过 OpenCV 语义分割算法处理图像，利用 Python 中的 PIL 库识别图片色彩，对上海历史文化风貌区进行色彩评价。郭俊平利用百度应用程序接口获取百度街景全景图，利用 DeepLabV3＋模型分割街景全景图，使用 K－Means 聚类识别图片色彩，对广州历史街区进行建筑色彩和谐度评价。郑屹利用百度应用程序接口获取南京中心城区街道全景静态图数据，利用全卷积神经网络（FCN）和 ResNet 模型来识别图像数据，研究南京的城市意向的形成模式。洪志猛利用 PSPNet 卷积模型对图片进行识别处理，利用 ColorImpact4 对图片颜色进行提取分析，对福建省大田县屏山乡樱花生态风景林进行视觉景观评价。吕美、王湘荃、孙冬、黄功虎等通过谷歌街景获取建筑样本照片，使用 Adobe Photoshop 剔除照片中的非建筑色彩像素，再利用 ColorImpact4 软件获取建筑主体的颜色 HSB 值，对加州伯克利城镇的建筑色彩质量进行评价。

1 研究目的

本文利用计算机图像分析算法和 Python 编程对图片进行图像处理及数值量化，提取关键信息进行数据分析。客观、科学地解析研究区域内建筑色彩的特征和分布规律，依据分析结果提出针对性强且具有可操作性的改造策略，为城市色彩空间或其他规划分析提供思路和借鉴。

2 研究内容

本文采用图片数据、语义分割算法模型、计算机视觉处理技术及 GIS 空间分析系统，对城市的建筑色彩进行现状分析，对区域的色彩空间进行细致入微的研判，揭示城市建筑色彩的分布特征、规律及与城市环境的内在联系。在此基础上，深入挖掘现存问题，并结合实际情况提出具有针对性的改进策略。

2.1 图片数据

本文将项目调研期间实地拍摄的照片作为核心图片数据，这些照片不仅带有精确的地理空间定位信息，而且具有极强的时效性，能够准确反映当前城市建筑色彩的最新现状，为研究的准确性和实时性提供了有力保障。

2.2 GIS

GIS 即地理信息系统软件，具备集成、存储、编辑、分析和展示与地理位置相关的各类数据的功能，包括地图、卫星图像及实地调查数据等。

本文所采用的图片带有坐标信息，通过 GIS 软件的空间定位功能，将每一张图片的点位进行空间落位，为下一步的城市建筑色彩空间分布特征分析奠定基础。

2.3 语义分割

语义分割算法模型是基于深度学习和大数据训练而形成的算法模型，可以实现物体识别、物体检测等功能。近年来，这一模型被广泛应用到各行各业，尤其是无人驾驶、智能安防系统模块中。

首先，语义分割算法模型对图像中每一个像素点进行特征分类。其次，依据像素点的特征分类结果，对图像实现区域划分处理。

本文采用了关庆锋教授团队（中国地质大学武汉信息工程学院）基于 ADE＿20K 的数据集，进行深度学习训练的全卷积网络模型（FCN）。该模型能够区分 151 种不同类别的物体，为本文的图像处理和分析提供了强有力的支持。

2.4 KMeans 聚类

KMeans 聚类分析是一种无监督学习方法，可用于样本数据分类。本文采用 Python 语言中的 Scikit－learn 库来进行这一算法计算。

首先，该算法随机生成 K 个聚类中心，作为初始聚类中心。其次，各个像素点根据与这 K 个中心的距离来进行分组。再次，将每组的平均值作为该组的颜色特征，经过不停地重复"分组—平均"这一步骤，直到聚类中心的颜色特征不再发生任何变化，或者完成预设的迭代次数。最后，原图片中复杂多样的色彩就会被简化成几种关键色彩，清晰地将色彩结构展示出来。

3 实例分析

3.1 研究区域

项目位于天津市西站北侧，南邻子牙河、东临西沽公园，主要分为两个片区，总面积为

42.2 hm²。其中，片区一北至五爱道，南至现状闲置地，西至丁字沽三号路，东至红桥北大街，面积约 26.3 hm²；片区二位于子牙河北侧，面积约 15.9 hm²。

该片区内主要涵盖 3 种类型的用地，包括居住、商业和教育。本次城市更新项目的研究重点是老旧小区改造，主要涉及 6 个老旧社区，分别是风貌里、光采里、流霞里、青春里、仁和里及运河西里，包括风光公寓、风貌里、松楠楼、青春里、流霞里、流霞东里、流霞新苑、望河楼、仁和里、三江里、红桥大楼 11 个小区，它们的建筑年代为 1980—2000 年。

在实地调研走访时，发现小区现状存在很多亟待改善的问题：小区道路和市政设施等基础设施破败陈旧、物业管理及社区服务治理状况不佳、缺少智慧物业服务及适老化服务设施、社区环境卫生差、空间低效利用、活动场地及设施单调、部分楼体存在采光通风保温等隐患、建筑年久失修、建筑立面破损等。

3.2 研究数据处理

对照片进行筛选与甄别，最终选出 58 张满足研究要求的照片。照片带有准确的坐标信息，而且图像质量较高，画面清晰、主体突出，便于进行下一步研究。

3.2.1 建筑物主体提取

本文采用 FCN 对图片进行语义分割。首先，FCN 会对图片中的逐个像素进行分类操作，为每个像素都赋予一个类别标签值，如建筑、车辆、植物、天空等。为提取建筑主体，将与建筑紧密相关的几种类别作标签，如建筑、窗、门、房子等，统一标记为建筑主体，从而筛选出所需的建筑主体部分。其次，利用 GIS 软件中内置的掩膜提取工具，将原始照片作为输入栅格，而将之前 FCN 生成的语义分割结果作为掩膜要素，提取出特定区域的图像信息，剔除可能会影响研究结果的像素信息。准确地从照片中提取出建筑部分，为下一步的图片颜色识别分析提供基础数据。

3.2.2 计算机视觉处理

首先，利用 Python 的 PIL 库中的工具对照片进行重采样和像素化处理。通过这一处理，可以简化图像数据，减少图像中的像素数量。一方面，可以加快聚类算法的运算速度；另一方面，像素化后的图像具有更少的颜色细节和更清晰的块状结构，使人们更容易识别出图像中的主要颜色区域，并为后续的聚类分析提供更为准确的数据基础。其次，利用 Python 中的 Sklearn. cluster 模块中的 Kmeans 分析算法，对图像的颜色进行聚类。针对每一张照片，设定分类族数为 10，筛选族内元素数量最多的 3 个族的特征信息，即将画面色彩分为 10 类，筛选占比最多的 3 类颜色作为这幅画面的主色、配色、点缀色。

主色在画面中占比数量最多，可以为画面奠定色彩基调，直接体现出建筑特点和空间氛围；配色占比次之，可以突出建筑细节部分，通过与主色的协调搭配，丰富画面、增添层次；点缀色作为画面的亮点，虽然占比最少，但是可以为整个画面增添活力。

3.3 结果分析

3.3.1 现状色彩分析

经过语义分割、聚类分析等工具的批量处理，能够从每个图片数据中准确地提取出建筑色彩的主色、配色和点缀色；同时，结合图片数据的坐标信息，利用 GIS 空间分析处理，将色彩数据与地理空间位置精确对应。

经过数据量化分析，可以看出整体片区的色彩空间呈现自然、质朴、温暖的特点，同时传达出一种温馨的感觉。

总体来看，片区的色彩空间主要由棕色、灰色、米色及暖色等中性色构成，因此画面的整体性强。同时，舒适和安宁的感觉，非常契合居住区所追求的和谐、宁静的氛围。

片区色彩空间的主色主要由一些较浅和较深的中性棕色与灰色调的颜色构成，主要应用在建筑立面、墙体和屋顶等面积较大的元素上。

片区色彩空间的配色主要由深灰、暗棕、深蓝等颜色构成，主要应用在建筑的装饰构件等元素上。配色主要是在主色的基础上，对色相和饱和度做了微妙的调整，使整体画面色彩既协调统一，又富有层次变化。

片区色彩空间的点缀色主要由一些较为明亮或饱和度较高的颜色构成，主要应用在门窗框架、装饰线条、标识等面积较小的元素上，使画面更加生动活泼，还能创造视觉吸引点。

3.3.2　现状问题

现状的建筑色彩符合居住区温馨平静的氛围，尤其是中性和棕色系的色彩能够营造出一种宜居、舒适的居住环境。同时，这种色彩也与居住区的功能定位相契合，有助于增强居住区的归属感和安宁感，满足人们对家的情感需求。但是，现状建筑色彩空间仍有一些问题亟待改善。

一是色彩印象陈旧。片区内的建筑物年代相对悠久，配以中性或偏暗的色调，在一定程度上给人以陈旧过时的感觉。这种色彩搭配使得建筑与时代脱节，整个区域也因此显得沉闷而缺乏生机。在当下追求现代、时尚和活力的城市发展趋势下，这种陈旧的色彩运用显然已经无法满足现代都市人日益增长的审美需求。

二是缺乏记忆点。现状建筑色彩总体显得相当平淡，缺乏鲜明的特色。片区紧邻子牙河与西沽公园两大景观资源，但是建筑色彩未与其形成呼应和关联，没有形成和谐共生的关系。这种色彩的脱节不仅削弱了建筑与自然环境之间的和谐共生关系，还使得整个片区在视觉上显得单调乏味，缺乏层次感和动态变化，无法体现片区的整体美感和居住品质。

三是缺乏统一规划。现状建筑色彩呈现出一种杂乱无章的状态，缺乏统一的规划和设计。这种色彩混乱的现象很可能是历史上缺乏明确的色彩标准和规划指导造成的。这种随意的色彩组合对城市空间的整体协调性产生了负面影响，使人们在视觉上感到混乱和不适。这会降低城市的品质和影响城市的形象，削弱其对外的吸引力和竞争力。

3.3.3　更新策略

一是拆除突兀色彩。对片区内色彩突兀、与整体环境格格不入的元素进行拆除，如大面积的广告牌、亮度刺眼的灯牌等。拆除后，对片区进行色彩规划，统一广告牌和灯牌的风格、色彩，确保片区整体环境协调，同时又能凸显片区的特色。

二是新建色彩融合。在设计新建筑时，应对片区周边的原建筑色彩进行统一考量，确保整个片区的色彩达到和谐统一的效果。同时，利用新建建筑的形态、功能布局以及公共空间的设计，集聚人群、提升场地的互动性，为老片区注入新的活力，使其焕发生机。

三是自然色彩呼应。充分发挥种植设计对空间色彩的调节作用，通过种植色彩鲜明、季相变化的植物来丰富空间色彩，比如春季的海棠、桃花、紫藤，夏季的槐树、榕树、银杏树，秋季的梧桐、银杏树、菊花，冬季的松树、柏树、金叶女贞等。同时，使片区景观与子牙河、西沽公园的自然景观和谐融汇，共筑一个自然美丽、和谐一致的画面。

四是点缀活力色彩。虽然点缀色在画面整体的色彩结构中占比不大，但作用却不小。比如，建筑立面的门窗框架、装饰线条等要素的颜色，通过采用红色、黄色等鲜明亮丽的色彩，可以创造视觉吸引点，为空间增添活力。更重要的是，这种改造工程量虽然相对较小，但却可以取得立竿见影的效果。

五是公共设施调色。公共设施虽然在街道中不是主要物体,但它们的色彩配置却能对整体的街道空间起到重要的调色和活跃作用。比如,选择与环境色相协调的垃圾桶色彩,或者在垃圾桶上加入一些装饰性的图案或元素,使其更加生动有趣;街道上的休闲座椅根据不同的空间选择木制或者金属等不同的材质;人行道上的路灯可以采用不同颜色灯罩或彩色灯光来为街道增添一种神秘而浪漫的氛围。

通过对这些公共设施的色彩进行精心设计,可以使它们在与周围环境相协调的同时,也能为街道空间增添一抹亮丽的色彩。这些看似微不足道的色彩细节,却能在无形中提升街道的整体美感和品质。

4 结语

在城市规划与设计中,建筑色彩是重要的设计要素之一。它不仅可以塑造城市空间视觉效果和场景氛围,还可以深刻反映和塑造城市的文化内涵与精神风貌。

通过语义分割和计算机视觉处理技术,可以把图片的定性分析转变为客观、准确、科学的定量分析;可以实现大规模数据样本的采样分析,从而对整个城市的建筑色彩布局进行宏观分析;可以针对特定区域内的建筑色彩进行更深入、更多元的微观剖析。这有助于规划师更好地把握城市色彩特征脉络,为未来的规划编制与设计决策提供方法指导。

[参考文献]

[1] 刘玥含 . 旧城改造中的城市景观色彩提升设计研究:以西安明城区为例 [D] . 西安:西安建筑科技大学,2021.

[2] 江浩波,卢珊,肖扬 . 基于街景技术的上海历史文化风貌区城市色彩评价方法 [J] . 城市规划学刊,2022(3):111-118.

[3] 郭俊平 . 基于街景影像的历史街区建筑色彩和谐度评价:以广州市历史街区为例 [J] . 居舍,2023(1):155-158.

[4] 周欣,顾静军,陈刚,等 . 城市建筑风景照片的自动识别和分类 [J] . 计算机应用研究,2003(5):35-36,69.

[5] 李丽,刘朝晖 . 城市老旧街区建筑环境色彩更新策略研究:以大连市更生社区老旧街区为例 [J] . 城市建筑,2022,19(18):36-38.

[6] 翁绮苑,冯艳,朱薇 . 基于 CiteSpace 的城市色彩规划研究进展与趋势 [J] . 绿色科技,2023,25(15):38-44.

[7] 时子健 . 基于 GIS 的首都功能核心区现代居住建筑色彩研究 [D] . 北京:北方工业大学,2022.

[8] 陈莉 . 基于城市更新现状分析厦门城市色彩研究 [J] . 智能建筑与智慧城市,2021(5):53-54.

[9] 郑屹 . 基于街景大数据的城市意象形成模式研究:主观感知与客观环境偏差视角 [D] . 南京:东南大学,2021.

[10] 金明华 . 基于街景数据的北京中轴线钟鼓楼地区建筑色彩研究 [D] . 北京:北方工业大学,2022.

[11] 吕美,王湘荃,孙冬,等 . 基于街景图像测量的城镇建筑色彩质量评价方法研究:以加州伯克利为例 [J] . 小城镇建设,2023,41(5):32-41.

[12] 刘钰 . 基于街景图像的历史风貌区建筑色彩研究:以上海市外滩历史文化风貌区为例 [J] . 流

行色，2023（6）：10-12.

[13] 马宁.基于特征提取的建筑色彩聚类分析方法初探［D］.重庆：重庆大学，2007.

[14] 洪志猛.基于图像语义分割技术的樱花林视觉景观评价［J］.林业科技通讯，2023（12）：70-75.

[15] 丁美辰，柳燕，陶勇.基于网络图像媒介的城市景观风貌研究：以漳州市为例［J］.城市建筑，2020，17（25）：172-176.

[16] 苟爱萍.上海城市色彩营造问题探讨［J］.科学发展，2020（2）：72-78.

［作者简介］

张琳，规划师，工程师，就职于天津市政工程设计研究总院有限公司。

吉祥，规划师，高级工程师，就职于天津市政工程设计研究总院有限公司。

旅游体验视角下的聚落景观风貌更新研究

——以浙江省舟山市庙子湖岛为例

□ 魏晋，孙欣，王舒婷

摘要：随着乡村振兴与旅游发展热度不断上升，风貌塑造成为推动聚落景观提升与文旅品牌打造的重要手段。本文以浙江省舟山市庙子湖岛为例，通过量化测度的方式，探讨旅游体验视角下的聚落景观风貌更新策略。重点通过建立三维空间数字沙盘技术，结合游客轨迹和停留点数据，分析视线聚焦区域特征，构建聚落景观风貌体系；进一步结合现状评价结果，构建更新整治矩阵，制定各类建筑更新改造策略；并通过微更新组团的划分，有序推进聚落品质更新提升。本文的研究成果不仅丰富了聚落景观风貌更新的理论和方法，也为类似旅游型岛屿的景观风貌更新提供了实践指导，对于提升聚落景观风貌、推动乡村旅游发展具有重要意义。

关键词：旅游体验；聚落；景观风貌；更新改造

0 引言

景观风貌是聚落文化内涵彰显的重要表现，其中建筑风貌更是景观风貌的核心表征。在旅游开发的背景下，大多旅游型岛屿、村庄的开发建设由于早期缺乏规划设计的介入与统筹，自主性更新改造带来了风貌杂乱、各自为政等一系列问题。现阶段，盘活存量空间，一体化更新设计并统筹更新改造，是推动聚落景观风貌塑造的重要手段。

目前，诸多学者在乡村聚落景观风貌塑造与提升方面，主要围绕风貌体系构建、管控要素细分、分类引导等方面开展相关研究。刘名瑞、邵琴、孙文浩等学者从总体引导、要素分级、分类指引等方面，分别对广州市乡村风貌提升与海岛风貌提升提出管控引导要求；贺佳等学者通过制定乡村风貌分级管控标准，对乡村风貌规划设计提出具体实施策略。也有部分学者从感知视角出发，提出有针对性的提升改造策略。文钰菀从感觉、知觉、认知3个层面分析乡村风貌感知问题出现的原因，并针对问题出现的原因从感觉要素提供、风貌空间整合与梳理及乡村意境感知营造3个层面提出环境感知视角下乡村风貌的营造方法；柳燕等学者通过网络大数据与线下问卷相结合的方式，分析人群轨迹、停留点等特征与空间功能业态分布的关系，挖掘内在冲突点，从而提出提升改造策略。现阶段，聚落景观风貌塑造多从主观感知视角出发，对聚落空间问题进行诊断，并通过分级分类方式对空间要素进行解构，使管控引导要求覆盖全面，但此类方法往往缺乏客观性、量化数据支撑，主观性较强，同时对游客、居民感知视角考虑不足，从而容易造成难以抓住重点、资源投放浪费、提升成效不明显等问题。

本文从游客旅游体验视角出发，结合游客轨迹、停留点打卡数据，进行游客视线模拟，分析视线聚焦区域分布特征，构建聚落景观风貌体系；结合聚落建筑现状风貌综合评价，制定各类建筑更新方式，提出有针对性的更新策略，引导建筑有序更新。

1 技术方法与数据来源

1.1 技术思路与方法

基于现状地形地貌 DEM 数据及建筑矢量轮廓数据、高度数据，构建三维空间数字沙盘。结合人群行为轨迹及停留点数据，分析人群可视域范围，并通过加权叠加分析，分析人群空间感知区域的强弱程度特征，从而划分核心景观风貌区、重点景观风貌区、一般景观风貌区，构建景观风貌展示体系；进一步结合现状建筑材质、质量、风貌等特征，综合评价现状风貌条件。基于风貌展示体系与现状风貌条件，构建聚落风貌更新矩阵，提出差异性的更新改造策略。同时，结合街巷道路、自然景观，划分微更新单元，提出各微更新单元重点，从而分组团有序推进片区更新改造（图 1）。

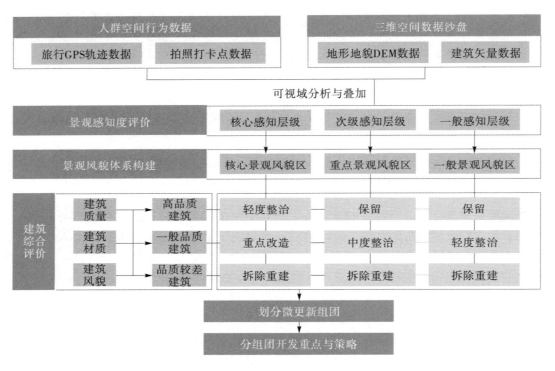

图 1 技术路线

1.2 数据来源

三维空间沙盘数据包括地形地貌基底数据及建筑数据，数据来源于政府部门 1∶1000 地形图中的高程点数据及建筑轮廓与层数数据。

旅游人群轨迹数据及停留点数据来源于开源网络平台（两步路 APP、六只脚 APP）中用户上传的旅行足迹数据。本文共获取 116 条游客 GPS 轨迹数据和 471 处游客打卡拍照位置数据。

2 聚落景观风貌体系构建

2.1 研究对象概况

庙子湖岛作为东极镇主岛，属于舟山市东部远海岛屿，距离舟山主岛约 50 km，具有"多湾多岙、湾岬相间、岬角狭长"的地形地貌，"山海村相映、港湾村相依"的聚落空间格局。现状岛屿聚落多为商业民宿建筑及传统民居，是东部沿海知名旅游型岛屿。围绕"小岛您好"行动要求及"122388"小岛共富思路，重点推动庙子湖岛更新改造，提升岛屿空间风貌品质与形象品牌，打造"极地文化岛·文艺理想邦"。

2.2 景观感知度评价

基于游客感知视角分析空间区域感知度的强弱，从而明确聚落空间景观重要性。通过分析人群在旅游行进过程及停留打卡过程中可感知的空间范围，并通过 GIS 平台分析线性轨迹可视域及打卡拍照点可视域，进行加权叠加，计算不同聚落空间区域可被看见与感知的强弱性。通过专家评分的方式，邀请 10 位规划、建筑与景观相关专家，对权重进行赋值，形成轨迹可视域与打卡点可视域权重比例为 3∶7。基于叠加分析结果，通过自然间断法，划分空间感知层级。

进一步将矢量建筑数据与上述计算结果进行叠加分析，计算每个建筑立面及第五立面的感知度强弱，并结合自然间断法，划分建筑外立面与第五立面感知层级。

基于计算结果，核心感知层级区域主要分布于沿港区域及山脊凸出区域，主要为开元酒店、沿港湾民俗街及镇政府；次级感知层级区域主要分布于中部山腰区域，主要为保留的民居以及新建的民宿建筑；一般感知层级区域主要位于街巷内部空间，主要为倒陡街沿线的商铺以及周边的民居建筑。

2.3 景观风貌体系构建

基于景观感知度特征，划分核心景观风貌区、重点景观风貌区及一般景观风貌区，构建景观风貌塑造体系。

核心景观风貌区作为聚落景观感知的引领性要素，是聚落形象与文化的代表，是营造聚落氛围的关键景观，通过标志性建筑风貌塑造，强化庙子湖岛"极地文化岛·文艺理想邦"的发展定位。

重点景观风貌区作为整个聚落风貌的基质景观代表，是对聚落景观本底风貌的展现。通过对重点建筑进行更新改造，塑造本底风貌景观。

一般景观风貌区主要位于视线感知较弱区域，仅需进行一般性整治改造，保障其与整体风貌相协调。

3 分类风貌管控策略制定

在明确聚落景观打造意图的基础上，结合现状建筑综合评价结果，构建更新改造方式矩阵，并提出各类建筑更新改造策略。

3.1 现状建筑综合评价

现状建筑综合评价主要围绕建筑质量、建筑材质及建筑风貌进行综合评价。建筑质量一方面基于住房和城乡建设局房屋质量鉴定的建筑鉴定结果（即含C、D级危房数量与分布数据）进行评价，另一方面通过现场踏勘进行评价；建筑材质结合地形图中相关标注进行判断；建筑风貌则结合现场踏勘进行风貌分类。

评价结果显示，高品质建筑主要分布于沿港区域、倒陡街南段、东部片区及镇政府，多为新建及改造民宿、酒店建筑，以平顶白墙、红顶白墙风貌为主；一般品质建筑主要位于山腰区域，主要为现状的民居建筑，以灰顶水泥墙、灰顶石墙风貌为主；品质较差的建筑分布较为零散，以荒废、坍塌的建筑为主。

3.2　建筑更新综合评价

根据现状建筑综合评价与风貌体系塑造要求，构建建筑更新矩阵，形成5类更新改造方式。其中，除核心景观风貌区高品质建筑需进行轻度更新外，其余高品质建筑整体进行保留，主要包括东部片区及庙坑片区以白墙立面形式为主的建筑；品质较差的建筑进行拆除重建；其他一般建筑中，位于核心景观风貌区的建筑进行重点改造，位于重点景观风貌区的建筑进行中度更新，位于一般景观风貌区的建筑进行轻度改造。

3.3　分类更新改造策略

结合不同更新改造要求，提出有针对性的更新改造策略，分别从建筑立面、屋顶檐口、门窗构件、外摆空间、店招等层面提出改造要求，精细化推进聚落景观提升。

3.3.1　轻度整治

轻度整治主要针对核心景观风貌区的高品质建筑、民居建筑及部分风貌不协调的民宿建筑进行立面色彩、材质更新，主要包括镇政府周边、倒陡街两侧民居及个别民宿空间（图2）。建筑立面在延续既有的石墙基础上，以白色立面为主，以马卡龙色系为辅；屋顶檐口与墙体主色系或者辅色系相同；门窗构件以黑白色金属材质或者木材为主，以马卡龙色系为辅；外摆空间选用怀旧文艺元素，如老旧电视、收音机、唱片机、信箱等元素或者现代化动漫、影视等IP品牌元素及海洋文化元素；店招以留白、镂空或者小巧精致形式为主，字体以纤细字体或者艺术字体等形式为主。

石屋建筑作为聚落的独特景观要素，对其石材风貌进行保留，对局部空间进行更新改造，主要包括门窗边缘刷白、门窗构件换新、院墙檐口刷白，强化传统风貌与现代设计语言的融合，丰富建筑细部，提升整体风貌。

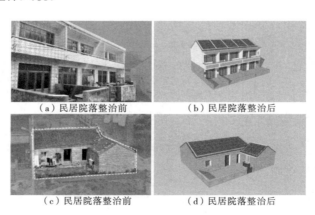

（a）民居院落整治前　　　　　（b）民居院落整治后

（c）民居院落整治前　　　　　（d）民居院落整治后

图2　轻度整治策略

3.3.2 中度提升

中度提升针对核心街巷、山海小径、公共空间周边建筑，对建筑的立面色彩、材质、门窗形式进行改造设计及部分功能重置（图3）。其中，建筑立面与院墙以白色为主，同时阳台立面融合本土马赛克瓷砖装饰；阳台空间进行重新改造，融入现代化栅格与木材扶手设计语言；门窗构件以黑色边框与大面积玻璃形式为主，彰显简约特色；同时对山墙面、院落等空间进行景观化设计，营造现代简约文艺特质。

（a）民居建筑提升前　　　　　　　　（b）民居建筑提升后

图3　中度提升策略

3.3.3 重点改造

重点改造主要针对重要公共空间节点、片区进行详细设计，包括倒陡街北段、原中小学片区、沿港新老码头片区（图4）。对于建筑立面，主要是在整体白墙要素的基础上，通过立面外挂玻璃幕墙形式，强化传统民居与现代设计语言的融合，营造简约文艺气息；门窗构件则是以浅青绿色等马卡龙色系为主，强化立面几何构图关系，并以大面积玻璃门窗为主，减少立面空间分割感，强化简约风貌特征；院墙空间则是保留原有聚落石砌墙体特色；山墙面墙体则结合地方文化要素进行渔民画彩绘，展现地域文化特色。

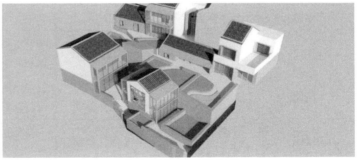

（a）民居建筑提升前　　　　　　　　（b）民居建筑提升后

图4　重点改造策略

3.3.4 拆除重建

拆除重建主要针对坍塌荒废及部分质量较差建筑，远期结合实际需求，对建筑进行重新设计并改造重建，整体风貌结合功能与周边建筑相协调。整体以白墙立面为主、马卡龙色系点缀，打造简约现代化的建筑风貌。

4 实施开发机制建立

4.1 划分微更新组团

以往小岛聚落的更新改造方式存在分散化、碎片化、同质化等问题。其中，现状宅基地改造使民宿的空间分布分散化；各自独立发展运营，导致设施配置与公共空间布局碎片化；相似的民宿产品与运营方式，造成了要素配置同质化。

因此，综合考虑更新改造与实施运营的可持续性，提出分片组团式开发的策略，将小岛聚落打造成拥有集中管理的组团式民宿聚落，既能保护原始村落风貌，又能展现村落独特文化魅力，吸引追求高品质的游客；既避免了大拆大建的巨大耗资，又可保护濒临坍塌的老建筑。

结合地形、街巷道路，划分多个开发组团。每个组团内打造多样化的共享空间，分组团推进小岛更新改造，共划分为码头组团、埠头组团、山塘组团、龙桥下南组团、山丘组团等 16 个微更新组团。

4.2 分单元开发策略与重点内容

各组团对整体景观、公共空间进行一体化设计，并利用现状民宿、荒置民居民宿、闲置政府公产等建筑空间，通过建筑重建、功能植入等方式，更新改造 21 处共享公共场所。

以埠头组团与山塘组团为例，重点强化功能植入、共享客厅营造，将咖啡轻食、文创展售、特产售卖等功能植入其中，打造共享服务客厅；同时，加强路径串联、服务设施共享，各组团通过公共游览路径串联起共享服务设施，形成主要游赏和服务路径。

其中，埠头组团依托组团中心现状民宿首层空间，结合建筑院前开敞绿地空间进行一体化改造，植入咖啡、文创等共享服务功能；山塘组团则围绕山塘周边荒废闲置建筑、空地、坡地等空间，重新植入共享客厅、聆风山坡、打卡节点等功能，重新塑造共享活力空间（表1）。

表 1 共享场所营建与微更新组团重点划分情况

组团名称	共享客厅	状态	更新重点
码头组团	黄金海岸民宿	已建	结合室外平台，开放首层功能，植入咖啡、轻餐饮功能
埠头组团	恋岛海楼北民宿	在建	首层空间结合建筑院前开敞绿地空间进行一体化改造，植入咖啡、文创等共享服务功能
山塘组团	山塘南侧建筑、山塘北侧老旧民居	荒置、破败	山塘北侧老旧民居改造为共享志愿者之家，南侧荒置建筑植入餐饮服务等功能
山塘北组团	双宝客栈上坡地民居	未利用	利用坡地多层级平台特征，植入咖啡、酒吧等功能
龙桥下南组团	游客之家南侧雨棚建筑	未利用	进行拆除重建，协调周边建筑风貌，设计成文艺咖啡店
龙桥下北组团	开元酒店	已建	
油彩画苑西组团	海子吧、海平面餐厅	已建	

续表

组团名称	共享客厅	状态	更新重点
菜场山岙组团	菜场	已建	重新设计菜场内部空间，使其契合全岛简约文艺风貌特色，充分利用屋顶空间，优化餐饮、酒吧等功能
菜场山岙北组团	托老所	部分未利用	开放部分闲置空间，并补充文创展售、轻餐饮等功能
街南组团	博物馆	已建	补充咖啡、文创产品、特产展售等功能
街北组团	影剧院、花园	改造	补充文青影视放映、文创展售等功能
山丘组团	原中学	未利用	结合原中学闲置建筑与空地，重新改造为音乐草坪，植入餐饮、文创等功能
政府北组团	原小学、政府东建筑	荒置、未利用	利用闲置建筑与平台，植入轻餐饮、咖啡等功能
石码头组团	海浪花东侧建筑	荒置	利用荒置建筑与屋顶平台，植入酒吧、咖啡等功能
庙坑北组团	转角民宿	已建	
庙坑南组团	奶茶餐厅	已建	

4.3　建立实施保障机制

统筹政府与企业，明确各方权责，有序推进小岛聚落更新改造。一是强化责任、统筹整合，精心优化工程组织实施方案，强化政府部门、投资建设方、规划编制方等多方整合，明确各方责任，有序推进项目实施建设。二是加快工程立项，成立专班，组织强有力的工作班子，由政府部门牵头，协同市自然资源和规划局、市住房和城乡建设局等相关部门，加快规划、建筑、景观等设计方案的编制与审批流程。三是协同分工，高效推进，高效编制和分解任务，落实责任要求，强化协同对接，交叉作业，同步作业（图5）。

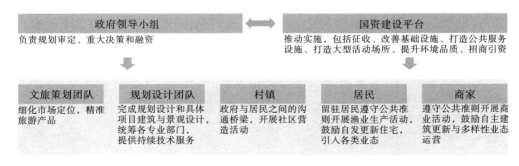

图5　实施组织机制

5　结语

风貌要素是聚落景观的核心体现，是彰显聚落文化与内涵的重要载体。本文从游客体验感知视角出发，通过量化计算方式对景观价值进行评价，结合现状建筑综合评价，并以矩阵构建的方式，明确更新改造的方式，从而抓住聚落景观感知重点，明确重点改造方向，促使聚落更新有的放矢，避免全面铺开式的更新带来的资源投放浪费与低效开发。本文通过定量为主、定性为辅的方式，构建聚落景观风貌更新改造体系，具有较强的操作性，对于同类型的旅游型岛屿、乡村聚落等片区的景观风貌提升具有一定的借鉴意义。

[参考文献]

[1] 刘名瑞，江涛，刘磊，等．全要素指引下的广州市村庄风貌管控体系与规划设计策略研究[J]．小城镇建设，2021，39（7）：94-103.

[2] 孙文浩．长岛渔家民居建筑风貌特色提升策略研究[D]．青岛：青岛理工大学，2020.

[3] 贺佳，张勤，赵怡．大都市区周边乡村风貌提升管控研究：以上海市4个乡村振兴示范村为例[J]．小城镇建设，2024，42（2）：59-66.

[4] 文钰窈．环境感知视角下白鹿原狄寨镇乡村特色风貌营造策略研究[D]．西安：西安建筑科技大学，2023.

[5] 柳燕，丁美辰，兰思仁．旅居体验下的世界文化遗产地社区景观风貌研究：以厦门鼓浪屿为例[J]．中国园林，2020，36（6）：51-55.

[6] 刘逸琳，施秀晶，马军山．舟山海岛型传统聚落景观特征研究[J]．山西建筑，2020，46（1）：46-48.

[作者简介]

魏晋，规划师，就职于江苏省规划设计集团有限公司城市更新规划设计院。

孙欣，高级工程师，就职于江苏省规划设计集团有限公司城市更新规划设计院。

王舒婷，景观设计师，就职于江苏省规划设计集团有限公司城市更新规划设计院。

智慧平台构建与数字孪生应用

面向平台思维的空间规划编制技术探索：发展演进、前沿趋势与实施框架

□冷炳荣，刘清全，李乔

摘要："大智移云"时代新技术应用不断地向其他领域渗透，也为提升空间规划编制水平带来了新机遇。本文应用平台思维，系统梳理当前国内规划编制信息平台建设的主要进展，并从数据来源、设计流程、服务方式、工作过程等方面总结前沿趋势，总结出当前规划编制信息平台存在数据治理能力不强、数据应用程度不深、规划从业者技术赋能不足、工作方式较传统等问题，提出了"数据资源—模型工具—业务场景—成果输出"的规划编制信息平台整体框架，以期为我国规划编制朝数字化赋能、平台化操作提供支撑与借鉴。

关键词：规划信息化；规划编制平台；流程再造

近年来，互联网、云计算、大数据、人工智能、计算机视觉等技术不断涌现，以信息化平台为载体，集成 3S、计算机辅助设计、智能模型等信息技术，推动规划编制技术升级、提升规划编制效率、提高方案设计科学性的平台思维应运而生。伴随信息技术的升级演进，推动信息技术与规划数据、生产需求、业务流程等的深度融合，开展规划信息平台的迭代更新，是大势所趋。本文在系统梳理国内规划编制信息化平台建设进展的基础上，通过对当前新技术领域向其他行业技术渗透的形势判断，提出规划编制信息化的未来发展趋势。为应对这种发展趋势，本文结合当前的行业发展现实条件，阐述当前存在的主要问题与面临的重大挑战，由此提出未来规划编制平台信息化的建设方向，以期推动规划编制平台的快速发展和行业进步。

1 空间规划编制信息化发展演进回顾

1.1 借助计算机辅助设计技术，提升设计工作自动化水平

1987 年，我国城市规划界第一次信息技术全国性会议在昆明市召开，以此为标志，拉开了规划信息化行业发展的序幕。根据使用软件及产品特点，我国规划编制信息化大致可分为早期计算机辅助绘图、空间信息采集与应用、城市计算模型量化 3 个阶段（图 1）。

一是早期计算机辅助绘图阶段（1980—2000 年）。20 世纪 80 年代初，特别是 1998 年，Autodesk 公司推出了具有填充色块功能的 AutoCAD R14 版本，CAD 软件成为规划设计领域的重要生产工具。到 20 世纪 90 年代末，AutoCAD、Photoshop 和 3ds MAX 成为规划领域"甩图板"的三大软件工具，实现了计算机辅助规划设计，至今仍是规划设计的主流软件。

二是空间信息采集与应用阶段（2001—2010 年）。20 世纪 90 年代后期，以遥感影像（RS）、地理信息系统（GIS）、全球定位系统（GPS）为代表的 3S 技术得到了飞速发展，数据采集与处

理手段发生了巨大变化。RS技术可以快速获取现状基础资料，GIS的空间分析功能弥补了CAD统计分析功能的不足，GPS技术可精准记录关键的空间信息，促使规划的前期数据收集、空间分析与方案论证水平快速提升。

三是城市计算模型量化阶段（2011年以来）。计算机软硬件、移动互联网、云计算的快速发展，极大地提高了数据运算性能与传输效率，使视觉传达与仿真模拟技术得以广泛应用，赋予空间方案动态推演的能力。伦敦大学学院高级空间分析中心（CASA）、MIT可感知城市实验室、北京城市实验室等在这一领域均做了大量探索性工作，但在规划设计行业的实际应用中仍处于起步阶段。

图1 我国规划编制信息化发展阶段

1.2 探索模型工具深度应用，提高规划方案的科学性

我国虽然从1950年开始探索城市模型研究，但并没有将城市模型发展为主流的规划设计理论与基本工具，模型探索在规划设计中的应用一般集中在城市交通、水文与水力、土地利用等各个专项领域（表1）。我国的城市模型研究与使用主要集中在宏观层面，侧重于城市用地分析、土地扩张等。微观层面与人们日常生活息息相关的定量模型，一方面受数据来源不足、参数多样、专业程度高等影响，工具编译难度较大；另一方面实际应用门槛较高，普通用户使用困难。

表 1 模型工具应用领域与方向

领域	模型工具	应用方向
城市交通	TransCAD、VISUM、EMME、Cube	模拟交通流的时空变化，引导交通生成、交通分布、交通方式划分等内容
水文与水力	SWMM、Hydro Works、Digital Water Simulation、MIKE11	用于管网建模与优化，为城市雨水内涝、污水溢流等问题提供了快速、精准的数字化分析
土地利用	空间均衡模型、系统动力学模型、元胞自动机	为城市用地布局、设施配置的推演、城市动态模拟提供技术支撑
城市模型	POLIS、TRANUS、BUDEM、GeoSOS、QUANT	城市问题定量研究、城市公共政策的影响效益、规划方案推演等方面

1.3 探索整合集成的辅助编制平台，提高规划编制的系统性

为解决规划编制中存在的信息共享弱、协同工作差、智能化水平低等问题，国内出现了以规划业务编制流程为线索，集成使用 GIS 技术、数据库技术和互联网技术，构建综合规划编制平台的探索思路与实践（表2）。针对传统数据的收集、查询、管理等功能已成为规划辅助编制平台必备的功能，但针对多源精细化的空间大数据与传统数据的快速融合、灵活连通有待进一步实现，方案在线协同水平有待进一步提升，三维数据处理能力有限。

表 2　规划辅助编制平台主要功能

研发单位	平台名称	主要功能
深圳市规划国土发展研究中心	深圳市规划编制在线平台	提供数据获取与管理，数据信息挖掘、分析、统计等规划编制必备的模型工具
上海市城市规划设计研究院	多源数据应用平台	提供多源数据整合重塑、可视化交互式操作功能，实现数据分析的产品化、标准化
河南省城乡规划设计研究总院股份有限公司	河南省空间规划辅助编制平台	提供空间数据管理、模型计算、影像信息提取、快速制图、协作分享等功能
厦门市城市规划设计研究院有限公司	国土空间规划编制基础信息平台	具有大数据动态更新、在线协同编制、编制成果数字化转译等功能
中国城市规划设计研究院	规划成果辅助编制工具	涵盖项目管理、数据预处理、辅助分析、辅助制图和成果质检5个模块
北京市城市规划设计研究院	北京规划编制系统	提供二维/三维空间信息数据展示、视景仿真、地理信息分析等功能
武汉市自然资源和规划局	武汉城市仿真实验室	具有数据汇聚、评估预警、仿真模拟、智慧决策4大功能
广东省城乡规划设计研究院科技集团股份有限公司	国土空间信息平台	具有数据管理、地图服务发布、数据共享、二维与三维可视化展示等功能
江苏省规划设计集团有限公司	江苏省数字城乡规划信息系统	具有数据资源管理中心、数据共享、云计算、CIM 展示等功能
天津市城市规划设计研究总院有限公司	规划信息汇总查询系统	提供数据查询、管理、辅助分析功能

2 规划编制技术面临的前沿趋势与主要问题

2.1 前沿趋势

2.1.1 数据来源精细化

规划编制业务传统数据主要包括基础地理信息、社会经济统计资料、规划实施信息等，主要通过遥感测绘、现场调研、行业主管部门等获取，缺乏细节信息，数据分析重复度较高。在"大智移云"时代，很多新数据被应用于规划编制中，这些新数据以大数据和互联网开放数据为主，具有数据体积海量、更新高频、来源多样等特点，且数据空间粒度更加精细，时间精度越来越高，质量越来越好（表 3）。这些新数据可用于对城市的物理空间和社会空间的现象与规律进行精细剖析。然而，新数据的技术处理难度较大，有必要通过将固化算法转化为模型工具等方式，降低数据处理的技术门槛。

表 3　新数据特点与应用方向举例

数据类型	数据特点	规划应用方向举例
OSM	免费和开放，格式兼容度高，可编辑，空间覆盖率广，要素多样	分析交通网络下的交通流量；优化道路布局，改善公共交通路线；分析自然资源、保护区域和其他环境要素
POI	大数据量，动态更新，质量不稳定，结构多样，应用场景广泛	对城市活力、用地混合度、建筑密度、容积率等指标进行分析
签到数据	高度时空伴随特性（与位置、时间、签到/评论内容同步相关），强时效性	分析社区居民的签到习惯和需求，分析城市空间的满意程度
手机信令	高实时性，信息多样性，不完整性（信号/设备原因造成信息缺失），非结构化（二进制存储）	了解人口的分布和流动情况，精细化反映人口空间移动特征，分析城市的环境污染情况
IC 刷卡	信息详细（消费时间、地点、卡号、终端号等），高准确性（设备自动采集，无人为操作）	分析个人的出行行为模式，线路变动对乘客出行的影响
出租车/公交GPS 轨迹	数据体积海量，时间精度高，更新高频	定量描述人口出行情况，分析交通与用地结构问题

2.1.2 设计流程智能化

受益于大数据、分布式计算、网络通信技术的发展，人工智能（AI）在近 10 年取得了出乎意料的进展。规划编制涉及现状调研、发展评价、空间布局、功能配套等环节，通过对不同环节的规范性内容进行数字化解析，嫁接相应的模型算法，实现若干主题与内容的智能化操作。许多规划院也主动拥抱新技术变革，与大型信息化、互联网企业进行跨界合作，依靠 IT 领域强大的技术资源来提升规划行业数字化及智能化的程度。人工智能基于庞大的数据资源和高速运算力，依托机器学习等算法进行自我演变，可为社会经济、城市交通、生态环境和土地资源等多要素提供大尺度、细粒度时空推演与情景模拟方案，并依据知识信息库自动形成相关评价体系，遴选出最优方案，从而实现再造规划编制流程的目的。

2.1.3　服务方式多元化

信息技术的发展为规划编制提供了技术支撑，依托规划信息平台，将文字、表格、图片等传统规划编制成果进行数字化表达，同时可为用户提供具有可展示多维、可持续维护、可自主探索、可扩展内容的多元化服务（图2）。具体服务内容包括二三维联动、图表可视化等展示功能，按统一标准实时更新数据，点击、框选、拖曳等交互式操作功能，规划成果数字化转译与新数据上传等。

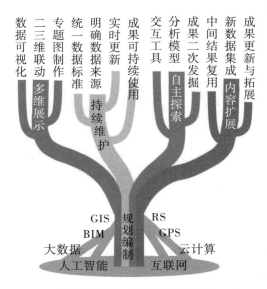

图2　信息技术多元化支撑规划编制示意

2.1.4　工作过程协同化

在数字化浪潮下，企业服务正在向多样化、移动化、云端化发展，互联网厂商在自动化办公领域逐渐开展线上协同办公、远程移动办公、云办公的研发。最初的线上协作平台以文档协作为主，如金山文档、腾讯文档、云笔记等，这些平台仅支持基础文档信息多人线上共享、储存、审阅、协作编辑。目前，线上协作平台向一站式协作平台发展，成为集即时通信、视频会议、文档协同、OA平台办公、高效工具等功能于一身的一体化协作平台，如钉钉、企业微信、飞书等。规划编制的多工种、多数据、多规范标准协同特性，使其需要通过跨地区、跨部门、跨领域、多团队合作的方式开展工作，协同化工作将使此工作更加高效，规划行业亟须拥抱协同办公的发展。

2.2　主要问题

2.2.1　数据标准缺失，数据治理能力不强

在精准规划和高效分析的需求背景下，规划编制工作表现出数据处理标准缺乏、数据集成与共享程度不够、数据处理智能化程度偏低等问题。缺乏数据存放标准与使用标准，将造成后续数据入库时无法与已有数据建立逻辑联系，数据之间难以综合使用。规划院总体上以项目组为基础开展规划编制研究业务，将收集的大量数据存放在个人电脑，数据未经清洗治理、整合

集成，导致大量数据沉默，重复利用率低。虽然已有规划院研发了辅助编制平台，实现了部分数据有限场景的智能分析，但面对复杂多变、高定制化的规划需求，仍显捉襟见肘，多数设计人员依旧使用桌面软件在个人电脑上进行低效分析处理。

2.2.2　行业应用热情不高，数据应用程度不深

新数据的出现使规划领域对数据量化分析出现了前所未有的应用热情，但大部分单位在规划编制过程中，仍然以传统规划数据为主，对新数据应用接纳程度不高，主要原因有以下方面：一是现阶段受制于数据挖掘能力，数据分析结果多数集中在对现状规律的反映，对经验判断的实证缺乏辅助规划方案的提出、评判和提升，涉及规划方案编制核心内容不多；二是现有分析技术以探索性居多，数据的获取、处理、分析很难标准化，往往需要规划院本不多见的数据分析人员与规划设计师开展深度合作，限制了规划从业者对数据的应用。

2.2.3　知识复合要求高，对规划从业者技术赋能不足

在传统城市规划向国土空间规划转型的过程中，规划从业者除应具备规划、建筑、园林及市政等基础专业知识外，还需了解产业经济、社会文化、地理信息系统、遥感测量、生态环境、气象气候、地质地貌等相关知识，知识的复合度越来越高。为应对国土空间问题的复杂性，将不同的知识赋能给不同专业背景的规划从业者变得尤为重要。但很多时候专注于数据处理的工程从业者并不知道数据分析的用途，而专注于方案策划的规划从业者又不了解数据的特性。现有的知识和经验还是分散在不同背景专业技术人才的头脑中，未通过数字化转译的方式实现知识的综合输出。

2.2.4　工作方式较传统，智慧化转型困难

规划编制工作需要规划从业者运用传统基础数据、大数据和互联网开放数据等，开展大量的数据整合分析。在数据海量、单元细粒度、更新频率快的大数据时代，采用分布式架构处理海量精细化数据性能优势明显，规划编制人员习惯的个人计算机数据处理方式则难以"招架"。部分规划编制辅助平台已开始具备数据共享、文件共享、方案共享、软件集成等功能，力图在统一的数字底座上实现项目组成员的查询、浏览、协同编辑与修改，但这种协同办公模式尚未在全行业内推广。

3　转向平台思维的空间规划编制技术实施框架

在国土空间规划改革的背景下，规划编制正朝着数据精细化、设计智能化、服务多元化和工作协同化的方向发展，为完善数据标准、强化数据应用、实现技术赋能，需构建集数据、模型、应用于一体的一站式服务平台，推动规划编制流程再造，实现规划编制向平台化、智能化方向跃升。

3.1　迈向数据驱动设计的规划编制流程再造

以数字技术推动传统产业转型发展是各行各业创新发展的必由之路。空间治理现代化需要数字化技术的全力"加持"，规划行业作为空间治理的重要参与者，推动规划行业的数字化转型十分必要。为实现规划编制流程的自动化与智能化，以数据为驱动、以模型算法为分析手段、以业务场景为牵引、以结果输出为知识服务成果，形成打通"数据资源—模型工具—业务场景—成果输出"的规划编制辅助平台（图 3），进而提升整合集成的业务应用能力，推动规划设计数字化转型。

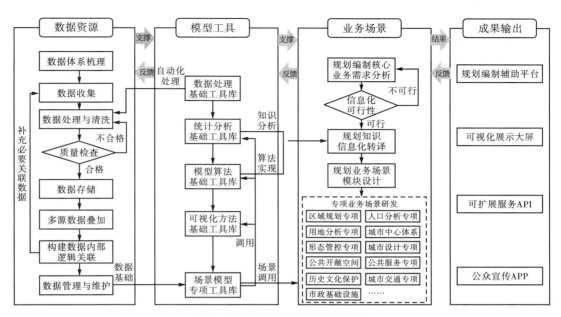

图 3　数据驱动的规划编制流程图

3.2　建立多维联动、相互关联的数据资源库

数据是平台运行的基础。建立数据资源库，不仅要对数据进行梳理、提取、存储和管理，更要确保多源数据之间可实现相互关联与空间叠加。数据资源库建设包括汇集多源多维数据、梳理资源目录、统一数据标准、建立映射关系。汇集多源多维数据即收集规划需求的所有要素数据，比如城市大数据、地理空间数据、社会经济数据、互联网公开数据等。梳理资源目录要结合规划编制需求，将数据横向分类、纵向分级，同时兼顾数据更新、维护和使用需求，建议目录级别不超过三级。考虑数据来源的多样性，应规范数据结构、统一数据标准，便于数据的管理、更新与关联叠加。基于资源目录与统一的数据结构，根据空间范围、分析方法、使用模式，确定数据间的映射关系，让看似零散的数据相互连通，如将社区单元、人口、公共服务设施等数据建立关系映射，在进行社区生活圈评价时，数据间直接叠加运用，提高工作效率。

3.3　形成为设计赋能的模型工具库

以智能算法为基础，构建能解决实际规划编制问题的模型工具库。一方面，针对多源数据处理，提供数据处理、分析、挖掘工具，以提高工作效率。将常用的数据清洗方法、预处理算法封装为工具，实现数据整理重复性工作自动化。将常用数据统计分析算法（如核密度分析、回归分析、地理统计等）、可视化方法（如唯一值统计、分段分类统计等）进行封装，便于专项数据分析处理，如根据手机信令数据的特点，形成人口流量、人口密度、人口时空分布分析工具，实现数据的智能化处理。另一方面，针对规划场景中遇到的具体问题进行抽象提炼，通过多种算法的组合协作，形成专项应用模型，如职住平衡分析模型、城市活力评价模型、智能选址模型等。使用该类工具时，用户可以不必知道单个指标、算法的具体计算过程，只需选择数据、参数，就可得出综合分析结果。

3.4 建立面向业务场景的专家知识库

规划编制涉及的业务场景内容丰富。在长期规划编制工作中，规划师积累了大量经验与知识，这些知识隐性存在于规划师大脑中。针对规划业务场景，对规划标准、规范要求进行梳理，构建规划编制规则体系，运用语义分析、机器转译等技术，将规划业务的核心内容转译为计算机可识别、可运算的规划指标、管控规则、计算方法等，形成专家知识图谱库，实现规划知识的显性化表达。比如，识别规划场景的对象，将明确场景中涉及的使用数据；识别规划指标，将明确场景中涉及的应用模型，有助于回溯算法、定量分析。结合数字可视化技术，形成可感知、可量化的规划知识库。

3.5 拓展设计咨询的知识服务库

面向专业技术人员、政府管理者和普通公众，形成"看得懂""查得到""用得上"的知识服务体系。面向专业技术人员，通过数据资源、模型工具和专家知识转译，按需满足各类规划项目的方案编制需求，平台可快速响应，形成数据输出、图示输出和报告输出结果，提升工作效率。面向政府管理者，可通过提供应用程序服务接口的方式与开发的"现状一张图""规划一张图""实施一张图"进行无缝对接，满足规划管理的日常查询与版本对比需要。面向普通公众，围绕老百姓关心的民生热点问题，形成规划知识一点通，加入公众反馈栏目，公众可畅谈意见并举证，保障公众对规划的知情权、参与权与监督权，增强公众的满意度和获得感。

4 结语

受互联网平台思维的影响，信息化赋能规划编制从最初的计算机辅助制图软件，到空间处理分析GIS软件，如今已发展到对数据、标准、模型、信息技术进行封装搭载的规划辅助平台阶段。本文通过分析规划编制信息平台的发展趋势，总结出当下规划编制在数据治理、数据应用、规划赋能、工作方式等方面存在的问题，并运用平台思维提出了数据驱动设计的规划编制整体框架。

由于规划编制过程中的数据处理规模越来越大、精度要求越来越高，可展示的要求也在日益增加，面对灵活多变的规划需求，未来规划信息平台将会朝综合平台方向发展。同时，平台操作更加注重人机互动的友好性，具有更高自由度的定制化设置，规划人员使用感觉更轻量敏捷，以促进规划行业数字化转型。

［参考文献］

[1] 宋小冬. 信息技术在城市规划中应用的调查及建议（摘要）[J]. 城市规划，1999（8）：59-63.

[2] 乔泽源，戚少兵. 规划设计院成果资料管理面临的问题及信息化解决思路探讨 [J]. 规划师，2009，25（10）：14-18.

[3] 何梅，吴志华，潘聪. 数字规划现状评析及展望 [J]. 城市规划学刊，2009（增刊1）：233-235.

[4] 茅明睿，王腾. 裂变：城市规划信息化发展历程及趋势分析 [J]. 北京规划建设，2017（6）：62-66.

[5] 龙瀛，沈尧. 数据增强设计：新数据环境下的规划设计回应与改变 [J]. 上海城市规划，2015（2）：81-87.

[6] 刘伦，龙瀛，麦克·巴蒂. 城市模型的回顾与展望：访谈麦克·巴蒂之后的新思考 [J]. 城市规

划，2014，38（8）：63-70.

[7] 万励，金鹰. 国外应用城市模型发展回顾与新型空间政策模型综述 [J]. 城市规划学刊，2014
（1）：81-91.

[8] 杨天人，吴志强，潘起胜，等. 城市发展的模拟与预测：研究进展、发展挑战与未来展望 [J].
国际城市规划，2022，37（6）：1-8.

[9] 魏明，杨方廷，曹正清. 交通仿真的发展及研究现状 [J]. 系统仿真学报，2003，15（8）：1179-
1183，1187.

[10] 梁风超. 城市排水管网建模及其应用技术研究 [D]. 青岛：青岛理工大学，2018.

[11] 龙瀛，张雨洋. 城市模型研究展望 [J]. 城市与区域规划研究，2021，13（1）：1-17.

[12] 钟镇涛，张鸿辉，刘耿，等. 面向国土空间规划实施监督的监测评估预警模型体系研究 [J]. 自
然资源学报，2022，37（11）：2946-2960.

[13] 武慧君，邱灿红. 人工智能2.0时代可持续发展城市的规划应对 [J]. 规划师，2018，34（11）：
34-39.

[14] 徐猛. 基于数据融合和规划场景设定建设多源数据规划应用平台 [J]. 上海城市规划，2018
（1）：57-62.

[15] 王鹏，袁晓辉，李苗裔. 面向城市规划编制的大数据类型及应用方式研究 [J]. 规划师，2014，
30（8）：25-31.

[16] 刘璐，鞠洪润，张生瑞. OSM路网和POI数据相融合的城市休闲旅游功能区识别研究 [J]. 中
国旅游评论，2021（3）：124-135.

[17] 秦萧，甄峰，李亚奇，等. 国土空间规划大数据应用方法框架探讨 [J]. 自然资源学报，2019，
34（10）：2134-2149.

[18] 茅明睿. 大数据在城市规划中的应用：来自北京市城市规划设计研究院的思考与实践 [J]. 国际
城市规划，2014，29（6）：51-57.

[19] 姜鹏，曹琳，倪砼. 新一代人工智能推动城市规划变革的趋势展望 [J]. 规划师，2018，34
（11）：5-12.

[20] 《网络安全和信息化》编辑部. 办公协同软件发展三大趋势及应用建议 [J]. 网络安全和信息化，
2020（3）：30-49.

[21] 黎栋梁，陈行. 智慧规划下的协同编制信息资源平台研究 [J]. 测绘通报，2019（1）：149-154.

[22] 牛强，胡晓婧，周婕. 我国城市规划计量方法应用综述和总体框架构建 [J]. 城市规划学刊，
2017（1）：71-78.

[23] 赵四东，王志玲，陈春炳. 基于功能性和组织性解构与重构的规划院转型研究 [J]. 规划师，
2018，34（3）：11-15.

［作者简介］

冷炳荣，正高级工程师，就职于重庆市规划设计研究院。

刘清全，高级工程师，就职于重庆市规划设计研究院。

李乔，就职于重庆市规划设计研究院。

CSPON 背景下区域规划信息化平台建设思路与路径

□邹伟

摘要：党的二十大作出加快建设网络强国、数字中国的战略部署，中共中央、国务院印发的重要文件明确要求建设全国国土空间规划实施监测网络，而当前区域规划信息化平台建设也逐步成为建设全国国土空间规划实施监测网络的重要部分之一。本文提出以目标需求为导向，突出空间规划与区域治理的核心要义，遵循"目标—指标—策略（机制）"规划框架，围绕区域多层次空间范围，形成"目标—数据—指标—应用（策略）"的建设逻辑思路，并开展体现区域规划特点、支撑体检评估要求的数据库建设，服务应用场景建设、反映多层次差异的指标体系研究，转向精细耦合、实时动态、智能决策的应用功能架构，夯实安全可靠、高效稳固、升级扩展的基础设施环境管理等建设实施路径，为全国各地区域规划信息化平台建设提供有益借鉴。

关键词：区域规划；国土空间；CSPON；指标体系；体检评估；信息平台

0 引言

党的二十大作出加快建设网络强国、数字中国的战略部署，中共中央、国务院印发的《全国国土空间规划纲要（2021—2035 年）》《数字中国建设整体布局规划》明确要求建设全国国土空间规划实施监测网络（CSPON）。当前，全国各地国土空间规划成果陆续完成报批，国土空间规划实施监督工作也进入全面深化和推进阶段。开展区域规划信息化平台建设是建设全国国土空间规划实施监测网络的重要部分之一，既能支撑实现国土空间规划全生命周期管理的"智能化"，也有助于高效服务发展格局构建和城市高质量发展，推动美丽中国数字化治理体系构建和绿色智慧的生态文明建设。

结合 CSPON、区域规划信息化平台等建设要求，以及国内外区域规划信息化平台案例经验，本文提出以目标需求（区域规划及实施、"全国—都市圈—市县"等多尺度跟踪）为导向，突出空间规划与区域治理的核心要义，遵循"目标—指标—策略（机制）"规划框架，围绕区域空间范围，形成"目标—数据—指标—应用（策略）"的建设逻辑思路，并开展体现区域规划特点、支撑体检评估要求的数据库建设，服务应用场景建设、反映多层次差异的指标体系研究，转向精细耦合、实时动态、智能决策的应用功能架构，夯实安全可靠、高效稳固、升级扩展的基础设施环境管理等建设实施路径，为全国各地区域规划信息化平台建设提供有益借鉴。

1 建设工作要求

1.1 CSPON 建设要求

党的二十大作出加快建设网络强国、数字中国的战略部署,中共中央、国务院印发的重要文件明确要求建设全国国土空间规划实施监测网络。2023 年和 2024 年全国自然资源工作会议持续作出部署,强调要"深入开展国土空间规划实施监测网络建设试点,完善数字化治理政策机制和技术标准体系"。

"十四五"国家重点研发计划"国土空间规划实施监测网络关键技术研发与应用"项目围绕 CSPON 建设的科研需求,提出数字化转型背景下面向多层级、全生命周期管理的国土空间规划实施监督理论,形成需求导向的"数据—模型—决策"一体化的 CSPON 总体框架和关键技术,并在典型地区开展综合示范。2023 年 9 月,自然资源部办公厅印发《全国国土空间规划实施监测网络建设工作方案(2023—2027 年)》,明确了建设目标、工作原则、主要任务和保障措施等,全力打造"可感知、能学习、善治理、自适应"的智慧国土空间规划,大力推进国土空间治理"数智化"转型,推动构建美丽中国数字化治理体系和建设绿色智慧的数字生态文明。2023 年 12 月,自然资源部办公厅印发《关于部署开展国土空间规划实施监测网络建设试点的通知》,明确在长三角生态绿色一体化发展示范区和 16 个省份、29 个城市、1 个区(县)开展试点。

随着全国各地国土空间规划成果陆续完成报批,国土空间规划实施监督工作也进入全面深化和推进阶段。CSPON 建设是贯彻落实党中央、国务院重大会议精神和重要文件的落脚点,"数字化""网络化"支撑实现国土空间规划全生命周期管理"智能化",高效服务发展格局构建和城市高质量发展,推动美丽中国数字化治理体系构建和绿色智慧的生态文明建设。CSPON 建设以业务需求为牵引、以智能工具和算法模型为支撑,注重顶层设计和基层探索有机结合,技术创新和制度创新双轮驱动,加强系统互联和数据治理,体现"可感知、能学习、善治理、自适应"的智慧国土空间规划和国土空间智慧治理体系。

1.2 区域规划信息化建设要求

党的二十大报告提出促进区域协调发展的要求,并相应部署了区域协调发展战略、区域重大战略、主体功能区战略、新型城镇化战略等一系列重大区域性战略。党的十八大以来,开展实施了京津冀协同发展、长江经济带发展、粤港澳大湾区建设、长三角一体化发展、黄河流域生态保护和高质量发展等若干区域发展战略。

当前,自然资源部加快区域规划在内的各级各类国土空间规划编制和审批,除已获批的长三角生态绿色一体化发展示范区和"长江经济带—长江流域"的国土空间规划外,京津冀、长三角、黄河流域等重大区域国土空间规划也正在推进中,以期有力支撑国家重大战略落地。此外,自然资源部不断完善国土空间规划管控政策,强化对各专项规划的指导约束作用,建立健全规划实施监督管理制度,实施规划全生命周期管理,提高区域空间治理的数字化水平。

近年来,自然资源部也陆续发布相关区域规划信息化建设要求,进一步加快推进区域规划实施、体检与评估工作。《都市圈国土空间规划编制规程(报批稿)》提出"建立基础信息平台与体检评估机制",明确要求"构建图数一致的都市圈国土空间规划'一张图'实施监督信息系统",对规划主要目标、空间布局、重大工程等规划执行情况定期开展体检评估,对规划实施情况开展动态监测和预警,强化规划全生命周期管理。省级、市县级国土空间规划编制技术规程等文件也明确提出构建省级（市县级）国土空间规划"一张图"、实现全国多层级互联互通的数据共享等要求，对跨省、跨市、跨县等不同层次的区域规划提出了相应的信息化建设目标及要求，强化区域规划落地实施与区域空间治理的数字化水平。

2　国内外案例经验剖析

2.1　国外案例——欧洲空间规划观测网（ESPON）

2002年欧盟委员会建设ESPON，主要研究欧洲区域发展的政策基础和实施办法及邻国的空间关系，加强网络化工作模式的稳固性和持续性。通过动态观测网络，ESPON成为决策者、行政管理者和科研人员之间的桥梁，为有效落实欧洲空间发展远景计划（ESDP）等提供了创新制度和方法保障。

当前，ESPON已开展多期项目，其中ESPON2020项目主要开展4个方面的工作：一是应用研究，专注于欧洲2020战略、欧洲投资计划等国土发展重要议题，为制定欧洲政策提供可靠的国土信息和分析依据；二是目标分析，基于欧盟现有政策发展进程，为利益相关者提供了政策背景相关视角；三是地图展示工具，通过具有可视化信息的地图表达方法和工具，更清晰、客观地展现了不同区域的空间政策、空间目标现状及影响，为决策者和操作人员提供了用户友好且易于访问的国土数据支持；四是监测产品分享，用于提高社会各界对欧洲国土空间发展的认识和使用率，更好地了解空间规划战略实施效果，并及时对规划进行调整与更新。在ESPON建设过程中，重点体现了多元共治的合作体系、多样化的社会经济主题、网络化的监督与约束机制、数据体系化且可视化形式丰富等特点。

2.2　国内案例

2.2.1　自然资源部国土空间规划监测评估系统

为建立国土空间规划体系并监督实施，推进"多规合一"，构建国土空间规划监测评估预警机制，自然资源部国土空间规划主管部门以国家级国土空间规划监测评估预警管理系统建设工作为抓手，推进国土空间全域全要素的数字化和信息化。

从国土空间规划信息化顶层设计的视角出发，该系统建设主要涉及以下内容：一是编制配套相关标准规范，结合国土空间治理及国土空间规划体系建设要求，建立项目配套相关标准规范，为国土空间规划监测评估预警的数据建库、成果管理、应用开发及运行维护工作提供技术指引；二是完善国土空间大数据体系，基于国土空间基础信息平台的基础数据内容，开展数据层面的顶层设计，采用数据资源规划方法，在国土空间规划业务体系分析、研究基础上，制定统一的数据资源编码与分类体系，建立国土空间规划数据资源目录；三是构建国土空间规划指标模型库，根据全覆盖、可落实、可定制的基本原则，形成一套国土空间规划实施监测评估预警基础指标，梳理明确各指标的意义与内涵、指标属性、计算方法、获取方式、基础数据、评估方式等；四是开发规划监测评估预警管理系统，基于"大平台、微服务、轻应用"的思想进行系统总体技术架构设计，在现有信息化基础上，开发国土空间规划监测评估预警管理系统，建设国土空间规划辅助编制、辅助审查、监测评估预警等应用子系统及指标模型管理子系统。

2.2.2　全国新型城镇化监控与评估平台

全国新型城镇化监控与评估平台用于及时准确地反映城镇化发展趋势和空间分异特征，并且对全域空间资源的开发与保护，以及城乡规划实施情况、城市运行体征进行持续、动态的监测与评估。

该平台聚焦城镇化监测、空间规划实施评估等工作，重点构建了 3 大模块：一是多源融合空间数据集成，平台整合基础地理信息数据、权威发布统计数据、城乡规划成果数据及网络开放数据等多种数据源，应用多源数据融合技术，实现多源数据的多尺度展示和城镇化评估指标的计算与模拟；二是多尺度多维度城镇化动态监测，基本要素涉及土地、人口、经济、公共服务、资源与环境等方面，基于多源时空数据，实现对各类要素的动态监测和城镇化指标的模拟与预测；三是规划实施评估，汇集各级各类城乡规划及空间性规划成果，实现统一空间坐标下的展示。此外，平台还构建了城市体检、新城新区建设评价等功能模块，如城市体检模块主要是对城市规划实施评估，将城市作为一个整体，评估规划指标与目标的实现情况，并对城市内部的空间特征、问题开展细粒度分析与评价。

2.3 案例经验借鉴

基于 ESPON、自然资源部国土空间规划监测评估系统、全国新型城镇化监控与评估平台等国内外案例经验和相关跨区域信息平台成果，结合 CSPON、区域规划信息化等建设要求，当前及未来区域规划信息化平台建设须具备以下特点：一是构建共享融合、互联互通的国土空间数据体系，基于网络化、智能化等建设背景，在统一格式、统一接口等数据交换标准下，建设数据可共享可融合、不同网络环境互联互通、跨领域数据结构的国土空间信息模型和数据体系；二是以业务需求为导向建设应用场景及指标体系，结合当下"三区三线"划定、国土空间保护利用、文化遗产保护、基础设施联通等业务工作要求，兼顾不同区域发展的特性与共性，构建满足区域规划实施与发展的应用场景和指标体系；三是多元协同、众创众智的新型国土空间规划信息化治理生态，联合国土空间规划的多元业务主体，统筹不同专业、不同层级的相关方力量，通过多元协同、众创众智等方式，基于统一的信息化平台媒介，推动形成新时期国土空间规划信息化治理生态。

3 建设思路与框架

3.1 总体定位与思路

基于 CSPON、区域规划信息化建设要求，以及国内外区域规划信息平台案例经验，区域规划信息化平台应重点着力于监测单元识别、数据融合标准制定、监测指标体系构建、实时动态反馈等方面，其总体定位为：通过整合现状基础、规划成果、区域对标、政策动态等数据及资料，构建面向区域多个层次的单元范围识别、国际国内对标、规划协同监测、规划体检评估等指标体系，实现数据概览、规划体检与定期评估、态势感知与发展研判等核心应用，形成"以数据为驱动、以指标为核心、以应用为载体"的信息化平台。

依照总体定位内容，进一步明确区域规划信息化平台总体建设思路为：以目标需求（区域规划及实施、"全国—都市圈—市县"等多尺度跟踪）为导向，突出空间规划与区域治理的核心要义，遵循"目标—指标—策略（机制）"规划框架，围绕区域多层次空间范围，以用促建，形成"目标—数据—指标—应用（策略）"的实施路径，着重关注生态、交通、产业、创新、文化、功能等长期跟踪的数据要素，逐步建立长效的运维机制。

3.2 总体建设框架

按照"目标—数据—指标—应用（策略）"的实施路径，区域规划信息化平台围绕数据层、指标层、应用层、基础环境层等层次建设核心数据与应用功能，并同步完善管理制度、运维保障等机制措施（图1）。

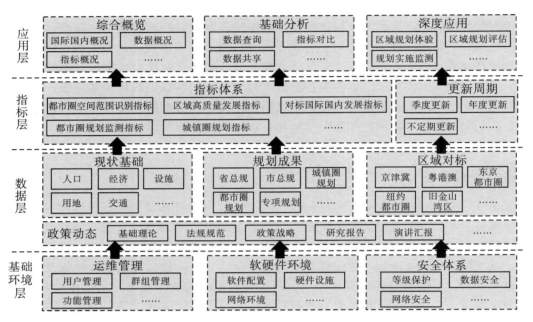

图1 区域规划信息化平台总体建设框架

区域规划信息化平台总体建设框架主要包括4大部分：一是数据层建设，包括现状基础、规划成果、区域对标、政策动态等，其中现状基础数据涵盖行政区划（省、市、县、乡）、水系、交通（公路、铁路）等，范围涉及全球、全国、都市圈、省、市等不同尺度；二是指标层建设，梳理已有成果中的成熟指标体系内容，包括都市圈空间范围识别指标、都市圈规划监测指标、城镇圈规划指标、区域高质量发展指标等；三是应用层建设，遵循实用性、系统性、可操作性等原则，直接服务平台业务及管理等大体量需求，包括平台门户、基础底图、数据浏览查询、图表统计分析、空间分析等功能；四是基础环境层建设，支撑信息平台稳定运行、有效提高信息平台技术能力，涉及运维管理、软硬件环境、安全体系等多方面基础环境内容。

4 建设路径与技术要点

4.1 数据层：体现区域规划特点、支撑体检评估要求的数据库建设

4.1.1 建设内容

区域规划信息化平台数据库建设工作纷繁复杂，通常包括基础测绘、现状、规划、公共管理等多个维度，数据间互为依托、各有侧重，当前基础地理信息数据层次不一、现状及规划空间矢量数据缺失情况不同，尚需进一步获取及梳理业务专项数据。在平台数据库内容构建上以国土空间信息模型（TIM）数据建设为主，包括行政区划（省、市、县、乡）、水系、交通（公路、铁路）等，梳理已有成果中的现状、规划、管理等数据，聚焦专题研究、指标对标、规划实施监测评估等工作任务，开展生态、交通、产业、创新、文化等专项数据建设。

4.1.2 数据架构

平台数据库内容主要包括以下两大类：一是数据类，按数据类型分为空间矢量数据和单元

统计数据，按数据含义可分为现状数据和规划数据，按空间尺度分为全国、长三角、都市圈等数据；二是资料类，主要包括基础理论、法规规范、研究报告等。国土空间规划数据库标准及省级、市县级国土空间规划数据库标准等官方指导性文件，均划分出现状、规划、管理、社会经济等类别，支撑信息平台实现快速数据查询及分类分析应用。在平台数据库架构工作中，按现状基础、规划成果、区域对标、政策动态等大类架构，从空间层次、逻辑关系等方面进一步组织大类中的各个数据分类及排序。

4.1.3　坐标系统

区域规划范围涉及省、市、县等多种层级，基本城市层面采用了各具特点的地理坐标系统（GCS）和投影坐标系统（PCS），直接拼合各城市数据将造成空间位置的偏移或错位。当前，国家已启用 2000 国家大地坐标系（CGCS2000），并将其作为我国新一代的大地基准，自然资源部最新公开的全国矢量数据亦使用了该坐标系，并主动推进全国各地统一使用该坐标系。区域规划信息化平台统一坐标系统中，省级或跨区域层面的数据成果可以 2000 国家大地坐标系为准，城市及以下层面的数据成果以城市地方坐标系为准，并建立各城市地方坐标系与 2000 国家大地坐标系的转换技术或渠道。

4.1.4　数据精度

因数据生产方式、空间尺度及应用需求等因素的差异，各类数据的数据精度不一，包括不同比例尺矢量（点、线、面、体）、栅格（100 m、500 m、1000 m等）、统计单元（省、市、县、乡）等，涵盖用地、人口、经济、设施等不同类型的矢量数据或统计数据。基于平台数据库建设内容及工作要求，应分类设定各类数据精度，并尽可能实现数据精度至最小，即保障数据有效支撑业务需求且降低数据建设工作量级。故平台可考虑按 1∶2000 比例尺获取基础地理类矢量数据，并以该数据最小精度获取其他矢量数据；全国及省内统计数据的空间单元精确到区（县），都市圈或城市内统计数据的空间单元精确到乡镇、街道。

4.1.5　数据来源

当前，区域规划信息化平台数据来源主要包括政府官方、专业机构及商业公司等，官方渠道数据具有可信度高、更新周期稳定等特点，专业机构数据在特定领域的深度及粒度上具备优势，商业公司数据则具有量大、实时等特点。从区域规划信息化平台的定位及建设要求来看，数据来源要具备权威性、深度性、更新稳定等特点，并具有核心独有数据的获取渠道，以支撑规划实施等工作，故需重点开拓获取官方渠道数据（如省市测绘部门、委办局等），深化合作获取专业机构数据，采购或合作获取商业公司数据。对于平台数据来源工作，可按照"官方数据优先＋专业数据补充＋商业数据校核"的原则，以官方数据获取渠道（如区域各地市数据部门、国家部委机构等）为主，以专业机构数据来源为补充，以社会商业大数据为校核。

4.2　指标层：服务应用场景建设、反映多层次差异的指标体系研究

4.2.1　指标体系内容

指标体系是由表征评价对象各方面特性及其相互联系的多个指标构成的具有内在结构的有机整体，遵循系统性、典型性、动态性等原则，具有可比、可操作、可量化、易获取等特点。当前，根据不同层次的区域规划成果已形成多套成熟的指标体系，在落实规划任务、响应业务需要的要求下，按照"现有基础＋后续扩充"的方式，构建指标体系类别框架，按类细化落实指标体系内容及梳理方法，并开展监测单元范围识别、规划实施监测、区域发展评价等专项指标体系建设工作。

4.2.2 指标建构方法

指标体系涵盖全国、都市圈、省市、城镇圈等不同空间尺度，涉及人口、用地、经济、生态、产业等多个维度的数据。指标体系间的不同指标存在一定的空间尺度、规划逻辑等不同关系，具备互相支撑、评价、对比等联系。在指标体系建构过程中，需明确不同指标体系间的层次逻辑及数理方法关系，细化各项指标的信息内容，包括指标项（大类、中类、名称）、基本属性（单位、使用范围、出处）、指标内涵、数据来源、计算方法、参考精度（更新频率、空间单元）等信息。

4.3 应用层：转向精细耦合、实时动态、智能决策的应用功能架构

4.3.1 应用总体架构

根据国际国内区域规划信息平台建设经验，信息平台建设架构一般包括数据层、指标层、应用层等层次。按照"目标—数据—指标—应用（策略）"的建设逻辑，根据精细化数据耦合、实时动态结果反馈、智能化决策预判等要求，平台应用总体架构包括数据层、指标层、应用层及基础环境层等层次，涵盖综合概览、基础分析、深度应用等模块，重点建设数据查询、共享、应用等功能。

4.3.2 应用功能设计

应用功能设计遵循实用性、系统性、可操作性等原则，直接满足平台业务及管理等大体量需求，有效提升日常工作效率。当前，国际国内区域规划信息平台通常包括数据查询及共享、成果展示、在线分析等功能，部分平台提供深度应用分析与模型建设等功能。根据区域规划信息化平台的目标定位，平台应着重细化明确综合概览、基础分析、深度应用等模块的功能设计及要求，建设综合概览模块及基础分析模块中的数据查询、数据共享等功能。

4.4 基础环境层：夯实安全可靠、高效稳固、升级扩展的基础设施环境

4.4.1 软硬件环境

在软硬件环境中，软件包括操作系统、GIS 软件平台、数据库管理软件、系统开发工具等，硬件包括数据中心机房、服务器系统、存储系统等，用于支撑信息平台稳定高效运行，保障数据文件存储安全可靠。当前，各地已建立起成熟完备的软硬件环境，取得了软件正版化和硬件年度更新补充等规范性、持续性成果，并根据特定的数据保密、网络隔离等要求构建了独立管理的服务器运行环境。在开展平台基础设施环境建设工作中，近期可以已有软硬件环境为基础，开展信息平台开发建设；中远期结合数据保密、平台运行效率等要求，采购自用的硬件设备（服务器、存储硬盘等），构建独立运行的软硬件环境。

4.4.2 安全体系

安全体系涉及计算机硬件的物理安全、网络安全和信息安全，信息保密涉及信息的访问控制、密级控制及加密处理等，保障信息平台安全建设。结合国家涉密网建设和系统安全的相关法规和文件，按照可实施性、可管理性、安全完备性、可扩展性和专业性等原则，参考目前国内国际有关网络安全的专业规范和相关安全标准，建立涵盖网络安全、通信安全、数据安全、应用安全的完整安全控制体系。

4.4.3 运维管理

平台运维管理涉及系统管理、用户管理、角色与权限管理、日志管理、数据字典管理等系统的运行与维护管理，由专门的系统管理人员使用，保障系统正常稳定运行。信息平台涉及数

据、指标、应用功能和软硬件设备等，根据长期的更新、升级及维护等要求，需由专门团队负责平台运维管理，确保平台的平稳运行及长期更新使用。

5 结语

开展区域规划信息化平台建设是建设全国国土空间规划实施监测网络的重要部分之一。本文提出了以目标需求（区域规划及实施、"全国—都市圈—市县"等多尺度跟踪）为导向，突出空间规划与区域治理的核心要义，遵循"目标—指标—策略（机制）"规划框架，围绕区域空间范围，形成"目标—数据—指标—应用（策略）"的实施路径。围绕新时期 CSPON、区域规划信息化等建设要求，开展区域规划信息化平台建设将有益于更好地推进国土空间规划实施监督工作，支撑实现国土空间规划全生命周期管理"智能化"，推动美丽中国数字化治理体系构建和绿色智慧的生态文明建设。

［参考文献］

［1］王浩，宁晓刚，张翰超，等. 欧洲空间规划观测网（ESPON）：体系·案例·启示［M］. 北京：科学出版社，2023.

［2］王武科，胡颖异，唐轩，等. 城市体检评估技术方法与系统应用：以宁波市为例［C］//中国城市规划学会城市规划新技术应用学术委员会，广州市规划和自然资源自动化中心. 夯实数据底座·做强创新引擎·赋能多维场景：2022 年中国城市规划信息化年会论文集. 南宁：广西科学技术出版社，2022：558-564.

［3］龙小凤，姜岩，杨斯亮. 大西安区域历史地理信息共享服务平台设计与应用［J］. 规划师，2019，35（21）：23-29，37.

［作者简介］

邹伟，高级工程师，就职于上海市城市规划设计研究院。

面向绿地系统规划数字化管理的智慧园林"一张图"平台建设

□赵阳，张浩彬，潘俊钳

摘要：在打造宜居、韧性、智慧城市的背景下，借助数字化手段提高绿地系统规划管理的精细化、智能化水平已是大势所趋。当前我国园林绿化行业的数字化程度不足，缺少辅助规划管理的抓手，无法满足美丽中国建设背景下的新要求。本文聚焦国土空间规划实施监督背景下城市绿地系统规划管理工作面临的新要求和新问题，提出智慧园林"一张图"平台优化建设思路，梳理总结珠海市的园林绿化数字化实践经验，并提出绿地管理工作从"弱空间"向"强空间"转变，形成"标准统一、质量可控、年度联动"的城市绿地动态遥感监测机制，在搭建各层级间的协同工作链路的同时，灵活运用大数据辅助决策能力，有力提升城市管理和公共绿地的建设效能。

关键词：绿地系统规划；数字化；智慧园林；辅助决策；规划实施监测

0 引言

绿色是建设新时代美丽城市的底色，优质的生态环境直接关系到民众的生活福祉。城市绿地系统是城市中唯一有生命的基础设施，是推进美丽城市建设，实现绿色低碳、环境优美、生态宜居、安全健康、智慧高效等目标的关键载体。在追求宜居、韧性和智慧城市的时代背景下，借助数字化手段提高绿地系统规划管理的精细化、智能化水平已是大势所趋。

珠海市是首批"国家园林城市""国家生态园林城市""国家生态文明建设示范市"。为进一步推动宜居、绿色、韧性、人文的生态园林城市建设，落实科学绿化的要求，珠海市积极探索园林绿化管理数字化建设工作。本文聚焦国土空间规划实施监督背景下的城市绿地系统规划管理工作，提出智慧园林"一张图"平台优化建设方向，并梳理总结珠海市的园林绿化数字化实践经验，以期为其他城市的园林绿化管理工作提供参考。

1 绿地系统规划数字化管理的机遇与挑战

1.1 科学推动国土绿化，数字赋能美丽城市建设带来新机遇

随着城市建设的高速发展，城市园林绿化管理工作日趋复杂化和精细化，因此有必要借助数字化手段提高绿地系统规划管理的精细化、智能化水平。2021 年 6 月，国务院办公厅印发《关于科学绿化的指导意见》，明确要求依据国土空间规划"一张图"，将绿化任务和绿化成果落到实地、落到图斑、落到数据库，这是在监测评价方面对国土绿化工作提出的更高要求。2024

年1月，《中共中央、国务院关于全面推进美丽中国建设的意见》正式发布，提出建设美丽城市，强调加快数字赋能，构建美丽中国数字化治理体系，建设绿色智慧的数字生态文明。为落实党中央、国务院的战略部署，推动园林绿化信息化体系建设，首要任务是推进城市绿地基础数据的数字化，提升信息化建设和管理能力。

1.2 提高园林绿化数字化水平是巩固国家园林城市建设的必要条件

2022年，住房和城乡建设部印发修订后的《国家园林城市申报与评选管理办法》，更新了《国家园林城市评选标准》中的指标体系，并规定了动态管理及复查工作的开展方式，要求定期开展城市绿地遥感测试工作。其中，城市绿地率、城市绿化覆盖率、人均公园绿地面积、公园绿化活动场地服务半径覆盖率、城市绿道服务半径覆盖率、城市林荫路覆盖率、城市道路绿化达标率、建成区蓝绿空间占比等8大项11小项指标结果以遥感测试结果为准。参照新版《国家园林城市评选标准》各项指标进行自评成为巩固国家生态园林城市建设成果的必要工作。

1.3 当前绿地系统规划管理数字化建设面临的核心问题

一是当前我国园林绿化行业的数字化程度不高。随着生态城市建设越来越受到重视，园林绿化的资金投入和建设标准日益提高，精细化、动态化管理的要求也越来越高。受限于客观条件，很多城市的绿地数据和园林绿化工程数据仍以简单的电子表格或纸质材料方式分散保存，城市绿化基底数据不准确、更新不及时，无法适应城市快速发展、土地利用快速更迭的现状，导致园林绿化主管部门难以准确掌握绿化现状和保证规划管理的科学性及时效性。

二是缺少空间数据支撑，数据标准不一，难以精细化辅助规划决策。传统绿地系统规划的辅助决策方式较为单一，以城建统计年鉴、面向公众的满意度调查和现场踏勘为主。虽然很多城市已经开展资料数字化工作，但是由于未将绿地数据进行空间化，极大限制了绿地数据的利用价值。园林绿化指标统计、绿化工程项目选址、绿地规划选址等工作依旧高度依赖从业者的经验判读，无法有效发挥大数据辅助绿地规划决策的作用。

三是缺乏统一建设标准的顶层设计，未能搭建多层级管理的应用平台，给园林绿化主管部门各层级间的协同管理带来不便，各层级间的数据无法实现快速传导和共享，严重限制了园林绿化行业管理工作的提质增效。

2 面向绿地系统规划管理的智慧园林数字化建设思路

2.1 绿地管理工作从"弱空间"向"强空间"转变，实现数据共建共享

园林绿化数字化建设应通过园林绿化信息资源成果梳理，形成由现状数据、规划数据及底图数据构成的绿地管理平台空间数据体系，通过管理平台实现绿地资源的空间查询调用和业务流程的空间映射管理。同时，改变传统数据平台运营封闭僵化、服务单一的模式，采用开放式数据连接模式实现园林绿化数据的共建、共享与共用，实现跨部门专业数据的互联互通，避免产生"信息孤岛"。

2.2 形成"标准统一、质量可控、年度联动"的城市绿地动态遥感监测机制

以高空间分辨率遥感监测和空间分析技术为基础，建立绿地遥感调查测试标准化操作流程和指标解算规则库，形成"标准统一、质量可控、年度联动"的绿地动态遥感监测机制。以《国家园林城市评选标准》中的指标体系为基础，实现全国城市园林绿化各类数据的统计分析与指标解算，形成动态监测评价预警机制，提升园林绿化监测信息化、精准化水平。

2.3 革新园林绿化工程项目管理机制，实现市、区两级上下传导

通过建设城市园林绿化管理平台，有效搭建市、区之间的协同工作链路，针对需要定期进行的绿化工程信息汇集等管理工作构建相对稳定的协同范式，强化绿化项目相关审查事项的事中事后监管，建立绿化项目的信息化管理机制。

2.4 智能化绿地分析评估，提升城市管理决策能力

提升园林绿化管理的智能化水平，在建立绿地资源空间数据库的基础上，通过城市绿地指标体系分析，灵活运用大数据辅助决策能力，提高园林绿化数字化治理能力。通过城市园林绿化管理平台的大数据分析能力建设，可以整合绿地位置信息、面积、服务人口、服务覆盖率等数据和指标，通过对城市绿地率、城市绿化覆盖率、公园绿化活动场地服务半径覆盖率、城市绿道服务半径覆盖率等指标的分析，为绿地系统规划提供决策依据，同时深度挖掘动态更新的历史数据，直观体现城市园林绿化的动态变化，通过趋势分析与预测辅助园林绿化工程项目的选址、布局等工作，有效强化绿地系统规划的实施与监测评估。

3 珠海市绿地"一张图"管理平台的建设探索

珠海市于 2023 年完成了《珠海市绿地系统专项规划（2020—2035 年）》的编制工作。为更好地开展绿地系统专项规划实施工作，提升园林绿化数字化水平，珠海市开展了绿地"一张图"管理平台的建设，通过整合城市绿地遥感调查和指标统计、绿色图章工程管理及绿地占补方案分析评估等功能模块，构建园林绿化监测评价、工程管理、规划决策全流程循环体系，打造园林绿化建设管理的"珠海模式"。

3.1 珠海市绿地"一张图"管理平台建设的内容

3.1.1 珠海市城市绿地遥感调查及指标统计分析

以高空间分辨率遥感影像为基本信息源，在综合收集、分析各类基础地理信息数据、规划数据并进行实地调研的基础上，对珠海市建成区的绿地进行遥感调查，参照绿地系统规划指标体系和《国家园林城市申报与评选管理办法》评价珠海市各类园林绿化指标，为珠海市的绿地系统规划实施监督和国家生态园林城市复查等工作提供依据（图 1）。

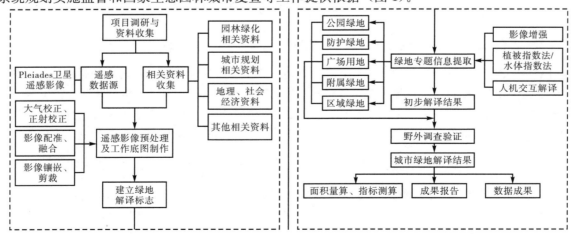

图 1 珠海市城市绿地遥感调查及指标统计分析流程图

3.1.2 绿地空间数据采集建库及业务数据规整入库

建立珠海市绿地"一张图"管理平台数据库标准，构建绿地"一张图"管理平台数据体系；结合绿地系统规划成果与遥感测试工作成果，开展数据规整入库工作，形成坐标统一的绿地空间基础数据；参考"绿色图章"工程管理规程，结合"绿色图章"工程审批业务办理实际，梳理形成"绿色图章"工程审批流程业务数据标准，并完成电子化规整入库。

3.1.3 搭建珠海市绿地"一张图"管理平台，实现绿地科学化、精准化管理

珠海市绿地"一张图"管理平台以数据为核心，以统一的应用服务和 GIS 服务为支撑，以园林绿化相关业务体系为重点进行设计开发。平台采用分层架构，从下至上依次划分为数据层、服务层、业务层和表现层（图2）。

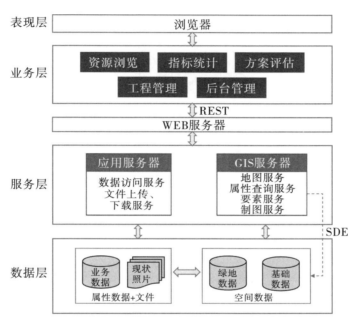

图 2　珠海市绿地"一张图"管理平台总体设计图

在完成数据标准制订及数据资源规整入库的基础上，搭建绿地"一张图"管理平台，主要包括以下功能模块（图3）。一是资源浏览模块。汇集绿地系统中关键的图层资源，支持图层查阅、属性查看、要素查询、专题出图。二是指标统计模块。以市、区两级行政区为统计单元，统计分析绿地系统各类核心指标，形成全市及各区的统计报表。三是项目管理模块。实现"绿色图章"工程审批事项全生命周期信息录入、文件存档及数据查询调阅等功能。四是方案评估模块。评估城市绿地占补方案，计算绿地总量、服务半径覆盖率及其他核心指标变化情况，判别方案合规情况。

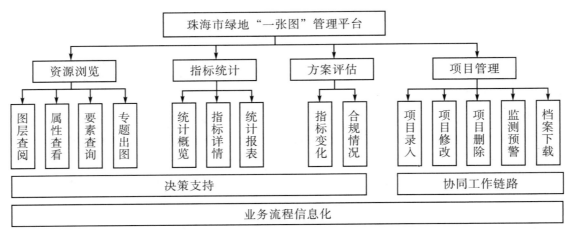

图 3 珠海市绿地"一张图"管理平台功能设计

3.2 珠海市园林绿化数字化建设实践与成效

3.2.1 数字化助力绿地系统规划管理决策,实现园林绿化建设提质增效

基于绿地"一张图"管理平台,对园林绿化基础数据进行汇总分析,针对重点指标展开深入调研,形成管理决策支持体系。通过对城市绿化覆盖率、公园绿化活动场地服务半径覆盖率、城市绿道服务半径覆盖率等指标的分析,为园林绿化建设规划提供决策依据,同时深度挖掘动态更新的历史数据,直观体现城市园林绿化的动态变化。通过趋势分析与预测辅助园林绿化工程项目选址、绿地系统规划实施、绿地占补平衡等工作,有力提升城市管理决策能力和公共绿地建设效能。同时,得益于园林绿化基础数据体系的建立和大数据辅助决策能力的提升,珠海市积极探索绿地绩效单元应用机制,形成智能化绿地占补方案分析评估能力,在满足单元内公园绿地规模总量不减少的前提下,公园绿地具体位置可在绿地绩效单元内调整。控制性详细规划调整涉及公园绿地占补平衡时,实行分级管控制度,综合公园、专类公园原则上可在城市基本组团内落实占补平衡,社区公园、口袋公园原则上在控制性详细规划编制单元内落实占补平衡。

3.2.2 常态化园林绿化指标监测维护,支撑绿地系统规划实施及国家生态园林城市复查

通过城市绿地遥感调查测试和国家生态园林城市指标统计分析,形成《珠海市城市绿地遥感测试研究报告》和《珠海市国家生态园林城市复查技术报告》,有效支撑珠海市国家生态园林城市复查工作;各项统计指标同时为年度城建统计工作的填报提供支持。

3.2.3 打造园林绿化建设管理的"珠海模式"

2020 年以来,珠海市住房和城乡建设局针对园林绿化工程管理的重要环节,制定了《珠海市园林绿化工程"绿色图章"管理办法》《珠海市园林绿化工程景观效果评价办法》《珠海市园林绿化认建认养管理办法》等规范性文件,组织实施了新一轮绿地系统专项规划,初步建立了园林绿化建设闭环管理的政策制度体系。珠海市通过绿地"一张图"管理平台的建设,有效搭建市、区之间的协同工作链路,打通"绿色图章"、景观效果评价、认建认养管理等关键环节的信息流,构建园林绿化监测评价、工程管理、规划决策全流程循环体系,打造园林绿化建设管理的"珠海模式"(图 4)。

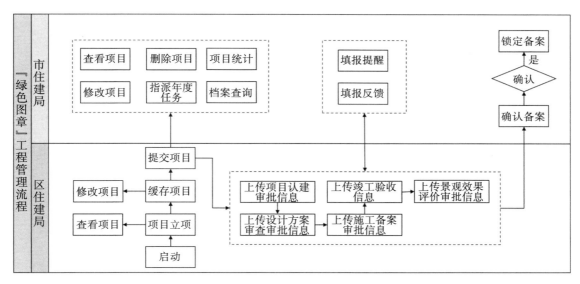

图 4 珠海市绿地"一张图"管理平台园林绿化建设管理信息协同链路设计

4 结语

随着美丽中国建设的全面推进，城市绿地作为建设天蓝、地绿、水清的美好家园的重要组成部分，将发挥越来越重要的作用。城市绿地系统数字化管理水平的提升将成为构建美丽中国数字化治理体系、建设绿色智慧的数字生态文明的重要课题。本文聚焦国土空间规划实施监督背景下城市绿地系统规划管理工作面临的新要求和新问题，提出了智慧园林"一张图"平台优化建设思路，梳理总结了珠海市的园林绿化数字化实践经验，并提出了绿地管理工作从"弱空间"向"强空间"转变，形成"标准统一、质量可控、年度联动"的城市绿地动态遥感监测机制，在搭建各层级间的协同工作链路的同时，灵活运用大数据辅助决策能力，有力提升城市管理和公共绿地建设效能。

[参考文献]

[1] 李友文，张颖敏，周枫. 以生态园林城市为导向的绿地系统规划策略研究：以平湖市为例 [C] // 中国城市规划学会. 人民城市，规划赋能：2023 中国城市规划年会论文集. 北京：中国建筑工业出版社，2023.

[2] 蔡文婷，徐萌，廖智. 中国城市园林绿化行业数字化管理之发展现状及趋势探析 [J]. 风景园林，2014（4）：42-46.

[3] 师卫华，郑重玖，申涛，等. 全国园林绿化数字化管理体系及平台建设研究 [J]. 风景园林，2019，26（8）：39-43.

[4] 张晓军. 城市园林绿化数字化管理体系的构建与实现 [J]. 中国园林，2013（12）：79-84.

[5] 何子张，吴宇翔，李佩娟. 厦门城市空间管控体系与"一张蓝图"建构 [J]. 规划师，2019（5）：20-26.

[6] 吴岩，贺旭生，杨玲. 国土空间规划体系背景下市县级蓝绿空间系统专项规划的编制构想 [J]. 风景园林，2020（1）：30-34.

[7] 金涛，刘俊，赵征，等. 国土空间规划背景下绿地系统专项规划编制路径 [J]. 规划师，2021（23）：12-16.

［作者简介］

赵阳，工程师，就职于珠海市规划设计研究院。

张浩彬，工程师，就职于珠海市规划设计研究院。

潘俊钳，高级工程师，就职于广东省城乡规划设计研究院科技集团股份有限公司。

基于 GIS 技术的城市综合交通大数据平台建设及应用

□洪德法，刘福生，赖丽娜

摘要：在城市快速发展和国家数字化转型背景下，城市综合交通大数据平台在赋能交通规划、建设、管理业务方面发挥了重要作用。针对空间信息技术和交通数据在交通大数据平台中应用不足的问题，本文提出了基于 GIS 技术的城市综合交通大数据平台的总体方案、关键技术和构建流程，并开展了长春市城市综合交通大数据平台的建设和应用实践。平台综合运用了GIS、大数据等信息技术和多源城市交通数据，实现了城市道路交通运行监测和评估、居民出行规律分析、交通拥堵成因分析、交通出行需求预测等功能，为城市交通规划、基础设施建设、交通管理等提供了重要支撑，对于其他城市的综合交通大数据平台建设具有一定的借鉴和指导意义。

关键词：GIS；城市综合交通大数据平台；多源数据融合；交通仿真模型

0 引言

随着城市化进程的推进和交通机动化水平的快速提升，居民出行的多样化和个性化需求无法满足、停车供需矛盾突出、交通拥堵不断加剧、公交出行发展缓慢等城市交通问题日益突出。城市综合交通大数据平台作为提升交通管理效率、交通运行效率的有效技术手段，国内多地城市已经建设并投入到城市交通业务中，以优化城市交通流动、降低交通拥堵、提高出行效率。但目前城市综合交通大数据平台多侧重于支撑交通业务方面的应用，没有有效发挥空间信息和GIS 技术的作用。

为了更好地支撑交通政策的落地与跟踪评估、重大基建设施规划建设和评估、片区治理与改善，进一步发挥空间大数据在交通治理中的作用，本文提出综合利用全市交通数据资源和行业管理数据，基于 GIS 技术构建城市综合交通大数据平台的技术流程、总体方案、关键技术，并以长春市为例进行建设和应用实践。城市综合交通大数据平台是综合运用 GIS、物联网、云计算、大数据等信息技术，以城市道路基础地理信息数据为基础，通过公交车、出租车、交通视频、交通检测器、客货运车辆、手机信令等多源数据的融合分析，实现实时监测城市道路交通运行状态、分析居民出行规律、评估交通运行状况、分析交通拥堵成因、预测交通出行需求、评估交通措施实施效果等功能。平台可为城市交通规划、基础设施建设、交通管理提供科学的决策支持。

1 总体设计

1.1 总体目标

一是实现城市交通数据和行业相关数据的汇聚、整合、信息挖掘与共享。

二是实现对轨道交通、公共交通等多种交通方式的一体化监测，支持城市交通运行状态的判别、分类、推演和预警。

三是建立城市交通拥堵评价指数和宏观、中观、微观三级交通模型体系，为城市交通的建设、管理和研究提供技术手段。

四是实现城市综合交通分析评估、居民出行规律分析，为政府提供宏观管理决策支持、日常管理决策支持和应急管理决策支持。

1.2 总体框架

城市综合交通大数据平台的建设在技术选择上遵循"先进成熟、稳定高效、安全可靠"的原则，并以"掌握现状、找出规律、科学诱导、有效指挥"为指导思想。平台采用基于B/S的云服务架构，主要包括基础设施层、数据层、支撑层、应用层和业务层（图1）。

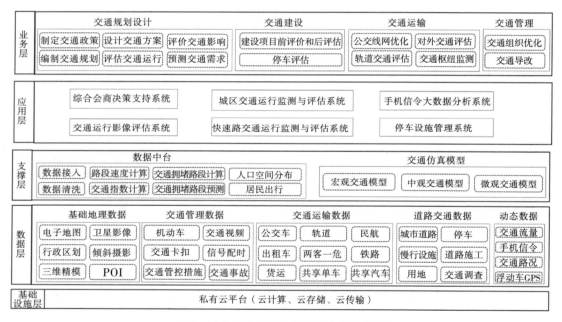

图1 城市综合交通大数据平台总体框架

1.2.1 基础设施层

基础设施层主要提供平台运行需要的软、硬件设施，包括私有云平台、云存储及数据库、GIS等基础软件，其中私有云平台的建设有助于提升数据治理和平台运行的稳定性，以及数据的安全性。

1.2.2 数据层

数据层由基础地理数据、交通管理数据、交通运输数据、道路交通数据和动态数据组成。该层实现了交通数据的标准化处理、统一编码、存储和管理，可作为各类业务应用的基础数据源。

1.2.3 支撑层

支撑层包括基于云技术和微服务架构搭建的数据中台及交通仿真模型，为上层应用提供标准化统一的数据治理与数据分析计算服务，并将数据成果以接口的形式进行共享。

1.2.4 应用层

应用层统一提供数据展示、查询、统计、应用分析、指标监测、地图输出等功能，为城市综合交通应用场景提供辅助决策。

1.2.5 业务层

业务层是城市综合交通大数据平台可提供支撑的具体业务，涵盖交通规划、设计、建设、管理业务的全生命周期。

2 建设内容

以"分析现状、找出规律、数据支撑、科学决策"为指导思想，以支撑城市交通规划、交通基础设施建设、交通管理为目的，开展平台应用系统建设。平台建设内容包括城市综合交通数据资源体系、数据规范和标准体系，以及由交通数据中台和交通仿真模型体系组成的支撑平台体系、应用系统。

2.1 城市综合交通数据资源体系

整合全市基础地理信息和城市道路、公交车、出租车、交通视频监控、轨道交通、三客一危、交警检测器、民航、停车泊位、无人机航拍、气象数据、手机信令数据，依据数据成果标准，搭建全市综合交通数据库，包括空间数据库和非空间数据库。空间数据库用于存储城市基础地理信息数据，以及道路、公交车线路和站点、停车泊位、轨道线路和站点等交通设施静态数据；非空间数据库用于存储交通业务和运行数据，并通过编码进行关联和互相操作。

2.2 数据规范和标准体系

参照国家技术规范和行业标准，结合城市综合交通大数据平台的实际需求，制定交通 GIS 数据成果、属性数据等技术标准和数据更新、信息安全及运行维护管理等要求，保障城市综合交通大数据平台的顺利运行。

2.3 支撑平台体系

2.3.1 交通数据中台

交通数据中台用于交通数据采集、清洗、存储、计算、分析、共享与交换，统一为上层应用系统提供交通数据成果。基于出租车 GPS、公交车 GPS、交通卡口数据和路网 GIS 矢量数据，在经过数据清洗后，实时计算道路运行速度、常发拥堵路段、交通运行指数等道路交通运行指标，以及基于手机信令和交通卡口大数据，计算城市人口数量、职住空间分布、居民出行特征等指标。交通数据中台实现了交通数据资源与应用功能服务的解耦，减少了上游数据的调整对下游平台应用造成的影响，提高了数据集成管理效率和数据安全性。

2.3.2 交通仿真模型体系

交通仿真模型体系涵盖宏观、中观、微观三级城市交通模型，用于评估交通政策实施效果、评价建设项目对城市交通的影响、预测交通出行需求、分析交通组织方案优化效果等。宏观交通仿真模型基于信令数据和综合交通调查数据，联合交通基础设施数据、交通管理数据，基于

TransCAD 仿真软件搭建而成，主要用于城区交通拥堵成因分析、交通方案评估、交通需求预测等。中观交通仿真模型基于 TransModeler 软件和改进后四阶段法进行建模，并利用手机信令、公交刷卡、轨道刷卡、交通调查等多源交通大数据进行交通方式的校核与优化调整，用于城市道路交通、公共交通、商圈区域等的精细化评估。微观交通仿真模型基于 VISSIM 软件搭建而成，用于城市关键交叉口、广场、上下匝道、枢纽等重要节点的交通流模拟和交通分析。

2.4　应用系统

基于 HTML5、WebSocket 等现代 Web 技术和 GIS 技术、大数据技术，研发具有模块组件化、强负载、高扩展的综合交通大数据平台，实现道路交通运行监测、居民出行分析、数据管理、共享交换等功能。具体包含综合会商决策支持系统、城区交通运行监测与评估系统、手机信令大数据分析系统、交通运行影像评估系统、快速路交通运行监测与评估系统、停车设施管理系统 6 个应用系统。

2.4.1　综合会商决策支持系统

该系统从城市交通、出行特征、城市路网、快速路网、公共交通、静态交通、道路建设、对外交通 8 个方面对城市交通大数据进行全方位的数据挖掘分析，并通过 GIS 和 WebGL 可视化图表形式进行直观展示，便于决策者全面了解城市综合交通运行现状动态，准确把握交通的需求总量、结构和发展趋势。

2.4.2　城区交通运行监测与评估系统

该系统融合应用城市出租车与公交车的 GPS 数据、交通卡口数据和城市路网 GIS 数据，结合城市交通特点和指数需求，采用改进型的 TTI 算法，经过坐标纠偏、地图匹配、路径预测等计算操作，获得各条道路任意时段的路段平均车速，根据行程时间比与交通运行指数转换关系，获得用于评价路况的交通指数，实现对中心城区次干路以上道路交通拥堵状态的准确辨识、动态监测和自动预警。

2.4.3　手机信令大数据分析系统

该系统以手机信令数据为基础，实现对长春市人口职住分布、人口出行、公共场所往来、城市联系强度等的量化分析和可视化，为居民出行活动时空分布规律分析、交通拥堵成因分析提供量化支撑。

2.4.4　交通运行影像评估系统

通过无人机技术获得全市重要交通节点和堵点的航拍视频，搭建系统对视频影像进行统一管理和查询应用，利用视频影像的空中俯视视角，直观掌握交通运行状态与重点工程建设进度，以及交通变化规律和产生拥堵的问题根源，从而以问题为导向制定相应的治堵措施，并利用同一交通节点的多期视频影像的直观对比，跟踪评估交通改善效果。

2.4.5　快速路交通运行监测与评估系统

以交通卡口和浮动车 GPS 为主要数据源，建立城市快速路交通运行监测与评估系统，实时掌握快速路交通流量、出行 OD、常发交通拥堵点情况，为快速路体系完善及出入口控制、交通资源优化配置、交通运行状况改善提供科学的数据支撑。

2.4.6　停车设施管理系统

该系统可实现城市路内停车位、路网停车泊位、公共停车场的浏览、信息查询、统计、分析、制图输出功能，还可实现对停车供给分布、供需矛盾、停车设施结构等进行分析和展示，为政府停车设施建设和管理提供可视化数据支撑。

3 技术创新

3.1 多源信令数据采集与集成应用技术

基于运营商手机信令数据，使用同样的算法从不同时空尺度计算长春市的人口和出行特征，并使用相关系数等指标判断两个数据源计算结果的相似性。

3.2 基于多源数据融合的道路交通状态判别技术

在使用出租车和公交车 GPS 数据、交通卡口数据的基础上，使用最大后验概率（MAP）、奇异值分解（SVD）等算法，融合公交车、网约车、视频卡口和地磁微波检测器数据，立体分析城市交通运行状态，提高分析的维度、广度和精度。

3.3 基于动态数据环境的城市交通模拟模型搭建技术

将手机信令数据、浮动车数据、流量检测数据等多种交通大数据作为搭建交通模型输入的数据源，构建基于大数据融合分析的交通模型。

3.4 交通大数据和地理信息技术在交通领域的深度集成应用

通过地理信息技术的地图匹配、空间分析及地理可视化，实现从时空维度发现交通规律、预测交通趋势、可视化分析结果。

4 应用成效

城市综合交通大数据平台的应用，有效提高了城市规划、建设与管理的决策科学化、管理现代化和服务社会化水平，尤其是为 2019 年以来长春市交通综合治理提供了重要支撑。

4.1 在重大交通政策制定方面的应用

长春市于 2020 年发布了城市交通发展白皮书，明确了未来 5～10 年城市交通发展的目标、战略和政策，构建统筹协调的体制机制，达到缓解城市交通拥堵、改善停车秩序、提升公交吸引力等综合目标，而白皮书的编制需要以城市综合交通大数据平台提供的系统性分析和城市综合性交通数据为支撑。

4.2 在重大交通基础设施建设方面的应用

通过平台对重大交通基础设施建设进行预评价，能够确保重大基础设施建设的科学性、合理性、有效性，保障国家投入巨资建设的城市基础设施发挥出最大的社会效益和经济效益。

4.3 在城市交通管理方面的应用

平台为政府交通管理部门进行日常交通组织、重大交通决策、重大社会活动的管理提供数据支撑和信息服务。比如，利用交通大数据平台辅助制订地铁施工期间的交通导行方案，借助交通模型仿真评估方案并进行优化，以此加强交通管理，减小施工期间对道路通行能力及服务水平的影响。

4.4 在城市综合交通治理方面的应用

通过城市综合交通大数据平台自动发现交通问题、监测交通运行状态、分析评估交通治理效果，为城市常发拥堵路段治堵、医院学校商圈治堵、公共交通优化、信号配时优化等综合交通治理决策提供依据。

一是学校周边交通治理。利用平台监测评估全市比较拥堵的学校路段，并自动分析这些学校学生出行方式、学校周边交通特性、静态停车供需等交通指标。根据每个学校不同特点，制定相应治理措施，以此缓解全市中小学周边交通压力，实现由点到面的向全市推广的交通治堵措施。

二是快速路拥堵治理。利用平台分析快速路及周边的常发拥堵路段、交通流量和居民交通出行量、出行距离等出行特征，支持制定涵盖区域路网提升、打通断头瓶颈、优化主路交通组织、挖潜地面辅路、匝道控制、强化公交优先、信号协调等措施的快速路治理方案。

5 结语

本文针对空间信息技术和多源数据在交通大数据平台中应用不足的问题，提出了基于 GIS 技术的城市综合交通大数据平台设计方案、总体架构、关键技术，并开展了长春市城市综合交通大数据平台的建设研究和应用实践。

城市综合交通大数据平台是综合运用 GIS、物联网、云计算、大数据等信息技术，以城市道路基础地理信息数据、专题交通数据等多源数据的融合分析为基础，搭建的具有监测城市道路交通运行状态、分析居民出行规律、评估交通运行状况、分析交通拥堵成因、预测交通出行需求、评估交通措施实施效果等功能的数字化平台，在支撑城市交通规划、基础设施建设、交通管理等业务方面发挥了重要作用。

［参考文献］
[1] 张天然，朱春节，王波，等. 上海市交通规划大数据平台建设与应用 [J]. 城市交通，2023，21（1）：9-16.
[2] 吴雁军，光志瑞，李明华，等. 基于"湖仓一体"技术的城轨大数据平台设计与升级改造实践 [J]. 都市快轨交通，2024，37（1）：54-62.
[3] 张震，马继骏，肖瑞洁，等. 省级交通大数据平台中数据资源规划设计 [J]. 河南科技，2023，42（4）：19-24.
[4] 李星辉，曾碧，魏鹏飞. 基于流计算和大数据平台的实时交通流预测 [J]. 计算机工程与设计，2024，45（2）：553-561.
[5] 黄帅. 上海交通出行大数据平台建设探索与实践 [J]. 上海信息化，2023（8）：34-37.

［作者简介］
洪德法，高级工程师，就职于中水东北勘测设计研究有限责任公司。
刘福生，正高级工程师，就职于长春市市政工程设计研究院有限责任公司。
赖丽娜，高级工程师，就职于长春市市政工程设计研究院有限责任公司。

国土空间规划技术资源共享平台建设路径研究

□于靖，林杉，曹先

摘要：数据资源、知识资源、产品资源等技术资源对国土空间规划业务具有重要意义。本文从利用信息化手段辅助技术资源整合与共享的角度，开展国土空间规划技术资源共享平台建设路径研究，主要包括技术资源内容研究、技术资源目录体系建立、技术资源库建设、技术资源共享平台建设及标准规范与管理机制建设，并针对每项建设内容进行了系统阐述。

关键词：技术资源；数据资源；知识资源；产品资源；共享平台

0 引言

自然资源部成立以来，高度重视规划和自然资源领域信息化工作，相继印发了《国土空间规划"一张图"建设指南（试行）》《国土空间规划"一张图"实施监督信息平台建设指南（试行）》以及省、市、县、乡镇级国土空间规划数据库标准规范等，要求对国土空间规划相关各种类型数据进行梳理，分析各类数据间的层次、类别和关系，对国土空间信息的数据资源进行统一规划，制定统一的数据资源分类体系，建立国土空间规划数据资源体系，实现数据资源的整合汇总及高效利用。

在实际国土空间规划项目中，除数据资源外，知识资源、产品资源、人才资源等对项目工作亦有非常重要的参考意义。然而这些资源大多分散于规划设计企业各部门、各设计人员，缺乏整合汇总，规划师需耗费大量精力汇集项目内相关数据，搜索相关行业案例资料，才能开展项目工作。企业并未充分挖掘分析其所积累的大部分资源用以支撑管理及业务生产工作，难以发挥技术资源的最大效用，满足多场景业务需求。为顺应数字时代发展潮流，推进全方位数字化发展，提升企业核心竞力，构筑未来竞争新优势，引领高质量发展的全过程规划，汇集整合国土空间规划相关各类技术资源，建立技术资源共享平台，充分挖掘利用技术资源价值至关重要。

1 技术资源类型

为提高规划编制质量，提升自然资源利用水平，贯通国土空间规划全产业链条，基于国土空间规划编制项目技术资源需求，需整合包含数据资源、知识资源、市场资源、产品资源、人才资源、软件资源、固定资产资源等七类技术资源，支撑国土空间规划项目的编制和分析（图1）。

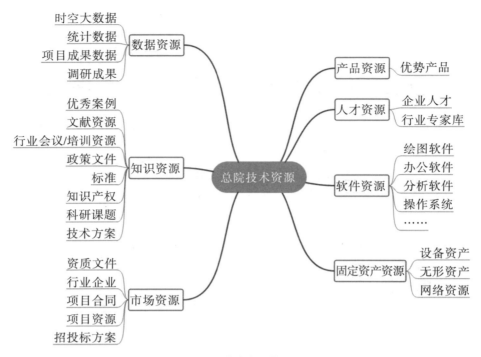

图 1　技术资源体系

1.1　数据资源

数据资源指全城市视角、覆盖全行业、动态更新的规划和自然资源大数据资源，用于支撑企业规划和自然资源业务发展，为规划编制、审查、咨询分析等数据协同调用提供畅通渠道。包含时空大数据、统计数据、项目成果数据、调研成果，其中，时空大数据包括现状数据、规划管控数据、业务管理数据、社会经济数据；统计数据包含统计年鉴数据、统计公报等全行业统计数据，以及交通年报、水资源公报等专项统计数据；项目成果数据为企业承建项目成果数据，包含矢量数据、文本成果、图集和档案相关成果等。

1.2　知识资源

知识资源包含国内外行业优秀案例、文献资源、行业会议/培训资源、国家/行业/部门政策文件、国家/行业/部门标准、知识产权、科研课题、技术方案。整合知识资源能助力企业人才技能及项目质量提升，降低资源搜索成本，提高规划编制效率。

1.3　市场资源

市场资源包含资质文件、项目资源、项目合同、客户资源、招投标方案等。其中，项目资源包含本企业项目及行业其他企业项目，招投标方案为企业项目招投标技术方案。市场资源用以支撑企业业务领域潜在市场拓展、优势产品推广。

1.4　产品资源

产品资源主要为优势产品资源。

1.5 人才资源

人才资源包含企业人才资源、行业专家库。企业人才资源包含人才基本信息、业务方向、项目经历等；行业专家库包含专家基本信息、业务领域等。人才资源能辅助企业项目人力资源的合理配置，提供专家咨询等。

1.6 软件资源

软件资源包含绘图软件、办公软件、分析软件、操作系统等，用以服务各类业务，节约网络查找成本，方便业务工作。

1.7 固定资产资源

固定资产资源包含硬件设备资产、无形资产、网络资源，用以支撑企业固定资产盘点、使用、闲置出租等固定资产管理。

2 技术资源共享平台建设路径

从全过程规划、设计、建筑、城市更新、智慧城市等业务出发，基于企业全员共同参与、协同工作的方式，按照统一的标准规范，汇集行业相关企业内外优质技术资源，从需求应用角度出发，挖掘资源间的逻辑关联关系，开展资源清洗、抽取、集成、分析等资源整合工作，构建覆盖全行业、动态更新的时空大数据资源库、知识资源库、市场资源库、产品资源库、人才资源库、软件资源库、固定资产资源库，建立技术资源共享平台并将其作为企业规划设计项目编制的重要基础设施，助力企业承接规划编制、城市设计、更新、建设、智慧城市治理等全过程、全链条业务（图2）。技术资源共享平台建设路径包含一套技术资源目录体系、一套技术资源库、一个技术资源共享平台、一套技术资源管理制度。

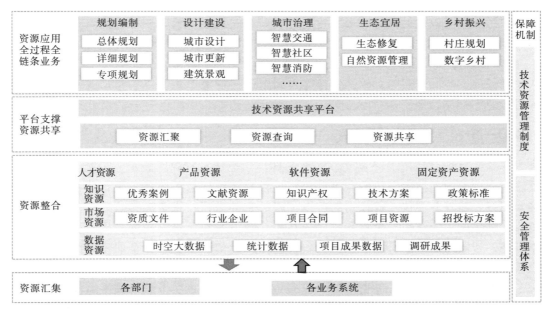

图2 技术资源共享平台架构

2.1 建立一套技术资源目录体系

从规划和自然资源业务体系及智慧城市业务出发，依据《自然资源信息化顶层设计》等文件要求，结合国土空间规划项目、智慧城市专题需求及企业各部门规划设计人员数据需求调研，对数据资源、知识资源、市场资源、人才资源、产品资源、软件资源、固定资产资源等进行梳理，建立技术资源建设目录体系。在此基础上，按技术资源需求紧急程度及企业业务方向发展规划，制订技术资源目录清单及建设实施计划。

2.2 构建一个技术资源库

技术资源库是将汇集到的各类技术资源，按照相关标准规范进行资源整合、处理、清洗、建库，并按照一定的逻辑结构和物理结构入库，构建包含数据资源库、知识资源库、市场资源库、人才资源库、产品资源库、软件资源库、固定资产资源库在内的一个技术资源库。

2.2.1 数据资源库

为实现数据资源共享，汇集各类数据资源，依据数据标准，构建 GIS 数据资源库。由于原始数据资源可能包含 GIS、CAD、图片、表格等各类型数据，将涉及不同数据格式的转换、编码的转换、符号化方案的转化等问题。对转换过程中不规则、错误数据进行编辑修改后，应进行图形、属性、接边的检查和处理。在完成建库后，还需要进行数据库的更新维护、日常管理应用等。其一般建设流程可分为分析设计、数据整合处理、数据入库、地图符号配置及服务发布等阶段，形成可接入平台可共享的标准化数据。

分析设计阶段主要包括数据梳理、技术设计两方面内容。通过数据梳理，摸清数据基本情况和需求，进行数据分类分层、数据库结构分析、要素属性表结构分析。数据整合处理主要是对数据进行逐一整理加工，并经过质量检查，形成满足入库要求的数据成果，包含格式转换、属性挂接、坐标转换等。

2.2.2 知识资源库

知识资源库主要以文件数据的形式进行建设，为实现高效检索资源，需对每项知识资源进行标签化处理，如设置类型、主题、关键字等不同的检索类别，并将标签化信息入库保存。

2.2.3 其他资源库

人才资源库、产品资源库、软件资源库、固定资产资源库主要以表格形式台账及附件文件数据库进行建库存储管理。

2.3 建设一个技术资源共享平台

技术资源共享平台是技术资源核心管理工具，亦是技术资源库展示、浏览、查询功能的载体，能在线实现部门间技术资源的共享调用，提供数据统计分析服务。平台的建设从技术资源应用场景出发，梳理各项技术资源间的逻辑关联关系并进行技术资源整合，建立逻辑串联的技术资源库，利用爬虫、索引、检索和排序等技术，建设资源检索规则库，构建企业规划资源行业搜索引擎，智能快捷检索所需信息，打破各部门间的信息壁垒，为企业不同的业务需求提供便捷、精准的信息检索与下载服务，实现业务领域相关时空数据、产品、市场、人才、政策、标准规范、优秀案例、软硬件等资源的一键查询、浏览、共享及下载。该平台能为管理者进行市场分析、人才利用提供辅助决策支撑，为业务人员开展项目工作提供基础数据资料、优秀案例、标准规范等参考。具体包括技术资源查询浏览、技术资源共享、技术资源智能推送、技术资源使用情况分析四项功能。

2.3.1　技术资源查询浏览

基于技术资源共享平台实现技术资源的在线查询浏览，可探索采用 VPN（虚拟专用网络）方式满足企业职工在出差场所随时随地查询浏览平台技术资源的需求。

2.3.2　技术资源共享

各部门基于平台进行离线技术资源申请、审批、调用，便于技术资源共享统计与留痕。

2.3.3　技术资源智能推送

基于用户对技术资源的使用类型、浏览次数、浏览频率等情况，对用户偏好进行分析，实现技术资源的智能推送，辅助用户及时了解所关注的信息。

2.3.4　技术资源使用情况分析

分析各项技术资源使用频率，基于用户实际需求，确定后续技术资源建设维护重点。

2.4　建立一套技术资源管理制度

基于技术资源应用场景需求，制订技术资源标准规范，规定技术资源分类与命名规则、资源格式、资源标签（关键词）等，支撑技术资源的收集、入库与更新要求，达到规范统一资源格式、资源检索形式的目的，为企业技术资源规范化管理、共享利用提供标准基础。

制定技术资源管理机制，包含技术资源建设职责分工、技术资源汇交、技术资源建库、技术资源更新、技术资源共享、技术资源安全等，保障形成长期、良性的技术资源库建设更新共享机制。

3　结语

在信息化高速发展的当下，运用信息化手段整合各类技术资源，实现技术资源高效共享利用，将成为企业数字化转型的重点建设内容之一。本文从信息化技术角度研究了国土空间规划技术资源共享平台建设路径，主要包括技术资源内容研究、技术资源目录体系建立、技术资源库建设、技术资源共享平台建设及标准规范与管理机制建设等，助力整合数据资源，挖掘数据价值，以提高技术人员业务水平、提升项目质量，开拓业务领域市场。

［作者简介］

于靖，高级工程师，就职于天津市城市规划设计研究总院有限公司规划十一院。

林杉，工程师，就职于天津市城市规划设计研究总院有限公司规划十一院。

曹先，工程师，就职于天津市城市规划设计研究总院有限公司规划十一院。

基于 Cesium 的数字孪生城市平台建设方法研究

□潘俊钳，徐可，陈铨，阮浩德

摘要：数字孪生城市是真实城市的数字化载体，在数字孪生城市与真实城市的交互中，城市管理逐步走向智能化。随着大数据、互联网、云计算等数字化技术的高速发展，数字孪生城市建设方法得到了补充、完善与提升。本文基于 Cesium 的数字孪生城市平台，使用多源异构数据融合方法协助快速建立城市数据库，通过大尺度 LOD 渲染技术和 Cesium 等 JS 库实现城市模型在数字孪生城市平台的快速渲染与展示，微服务架构和前后端分离的开发方式使系统开发过程更具灵活性，以满足数字孪生城市平台的服务扩展需求。上述方法能够较好地解决数字孪生城市平台多源异构大数据的管理和展示及大范围城市模型快速渲染等问题，具有一定的创新性。数字孪生城市平台实现城市的数字化和智能化建设，能够为城市管理和规划提供决策支撑。

关键词：数字孪生城市；多源数据融合；LOD 渲染；Cesium

0 引言

数字孪生城市是指利用大数据、互联网、物联网等数字化技术将城市的虚拟模型与真实空间相结合的一种仿真模拟技术。将真实的城市转化为虚拟城市场景，有助于城市的智能化管理和精准管控规划。早在 2003 年，Michael Grieves 教授提出基于现实世界的数据建立虚拟空间"信息镜像模型"的构想，即"数字孪生"的初步概念。在数字化技术的高速发展下，城市虚拟数字化经历了由设想到逐步被实现的发展过程，信息与通讯技术（Information and communication technology，ICT）设施、数据中心等硬件基础得到了大力发展，云计算、物联网等新技术被应用到数字孪生城市建设中。众多城市规划、建筑领域的学者基于数字孪生的概念，设计了智慧城市排水系统、公交综合管理系统等智慧城市应用，从环境、交通等角度为城市管理提供智能化管理工具。本文在多源数据融合、大尺度 LOD 渲染等多种关键技术的基础上设计基于 Cesium 的数字孪生城市平台，实现平台的总体设计和初步搭建。数字孪生城市平台作为城市管理的全新工具，将为城市的智能化发展带来无限可能。

1 建设要求

随着数字化技术的日益成熟，区块链、云计算、人工智能等新技术被应用到数字孪生城市建设中，使数字孪生城市以更加真实、覆盖领域更加全面的形式展现。数字孪生城市通过仿真的城市模型与现实交互，在交通、能源、生态等方面结合真实数据对当前的城市环境进行展示、模拟。因此，数字孪生城市需要具备综合性和实时性的特点，使用户可以及时获取城市多个角度的全面信息，迅速作出判断和响应。同时，在多人使用数字孪生城市时也需保证数据的安全性和隐秘性，避免出现信息泄露的情况。基于三维建模、前后端开发等技术建立 B/S 结构的数字孪生城市平台能够较好地解决上述问题。

数字孪生城市平台基于城市大数据建立城市三维模型，并对多种数据进行展示和应用，通过多种资源分配和服务发布，对已有资源进行处理和开发，实现模型浏览、地图展示等基础功能，随着业务的不断扩展，在已有系统上不断增加环境监测、交通管理、城市规划等新的功能（图 1）。

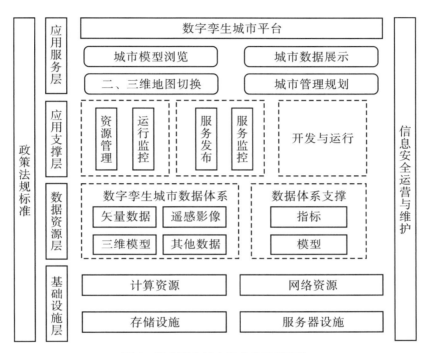

图 1　数字孪生城市平台的建设架构

数字孪生城市平台需要实现数据展示、地图展示等基本功能，在此基础上实现城市管理规划等其他业务功能。收集城市相关数据并进行数据清洗、数据融合等操作，建立数字孪生城市数据库。利用数据库中的数据建立地形和建筑模型，而 LOD 渲染技术使城市模型具有更加流畅的渲染效果，在平台展示时通过 Cesium 加载。采用微服务架构和前后端分离的开发方式建立数字孪生城市平台，为系统扩展服务时的开发工作提供便利。

数字孪生城市平台进行总体设计时需要严格按照行业的相关政策法规标准及信息安全运营与维护规定进行开发和运行。探索数字孪生领域数据标准和应用示范，实现数据共享和资源互通，提升信息分析、信息强化、信息挖掘、智能决策等能力，为用户提供更加便捷的数据服务。为最大程度地满足用户需求和体验，平台设计还需充分考虑用户在数据可视化、平台交互性方面的需求，确保平台界面美观、操作方便。加强平台稳定性的维护，保证用户数据隐秘性和安全性。融合游戏引擎、元宇宙等新技术，使平台能够提供更加先进、智能的可视化服务。

2 关键方法

2.1 多源异构数据融合

数字孪生城市需要展示与城市相关的土地资源、基础设施、环境生态等多个方面的信息，这些信息表示为文本、表格、图片等形式的多源异构数据。融合多尺度、多时序数据，结合前端技术在数字孪生城市模型的基础上展示多空间尺度下的时空大数据。对已有的多源异构城市数据进行融合处理，通常需要经过数据清洗、数据转换、数据匹配等关键步骤（图 2）。

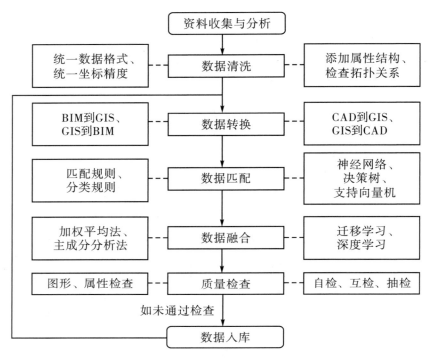

图 2 多源异构数据融合流程

从政府公开网站或第三方平台等渠道收集有关城市的多源异构数据，经过分析和整理进行数据清洗工作。采用数据仓库技术（Extract－Transform－Load，ETL）对包含图片、表格、GIS 的多种格式数据进行清洗，通过将 Kettle、Sqoop、OpenRefine 等常见的 ETL 工具应用到数据仓库中来实现该过程。ETL 过程是建立数据仓库的关键步骤，在业务系统数据库收集到业务相关的多源异构数据后，对数据库中文本、表格等形式的大量数据以临时数据的方法进行抽取、转换、加载工作，最终整合到目标数据库中。数据抽取包括全量抽取和增量抽取等方式，两者的区别在于是否针对系统中发生变化的数据；数据转换过程包括清洗、整合、规范化等过程，确保数据具有统一的格式，可以进一步使用；数据加载步骤是将处理好的符合规范的数据加载进入目标数据库，针对发生变化的数据和相关事务、场景，采用全量加载、增量加载、事务性加载等方法。作为大数据处理的常用工具，Kettle 能够对城市相关数据进行快速增、删、改、查操作，适用于数据清洗工作。利用 ETL 工具查询异常值和缺失值，经过删除和替换等操作，实现结构化大数据的批量处理。

对 BIM、CAD、GIS 等多种格式的数据按照要求进行相互转换。利用多种 BIM 插件和 GIS

平台，将 BIM 转换成 FBX、OSG 等格式，便于 GIS 平台读取和使用。同样，GIS 数据也可以导出坐标、面积、高度等信息，供 BIM 数据使用。结合 AutoCAD 和 ArcGIS 平台，编写 AutoLisp 代码，实现 CAD 与 GIS 数据间的转换操作。

已有数据经过清洗、转换等操作后再进行数据匹配工作，得到格式统一的标准化数据。数据匹配通常采用基于规则和基于分类器两种方法，根据实际需求进行选择。基于规则的数据匹配通常需要根据数据结构、属性等内容预先设定匹配规则或者分类规则，一般应用于小范围特定场景。基于分类器的数据匹配包括神经网络、决策树、支持向量机等分类算法，通过训练数据自动匹配。经过数据匹配操作，对多源异构数据进行融合，通常采用加权平均、主成分分析等方法，以及机器学习中的迁移学习、深度学习等方法。以来自在线地图平台的城市兴趣点（POI）数据为例，POI 数据融合通常采用基于相似度和机器学习等方法进行 POI 数据的匹配和融合。从名称、地理位置等角度判断数据的相似度并进行匹配，采用 KNN（K-近邻）等分类器进行训练、分类和融合。

完成融合处理后，对经过清洗、处理、转换等步骤的多源数据进行质量检查，查看是否符合入库要求。对表格等结构化数据和 GIS、CAD 及图片等非结构化数据进行质量检查，主要包括以下内容：检查多种数据之间的格式与坐标系是否一致，以及数据之间的拓扑关系是否正确；检查图形本身是否存在几何错误，对存在错误的图形利用 ArcGIS、QGIS 等 GIS 平台进行修复操作；检查属性结构是否符合数据库规范等要求，符号与行业规范是否相符。如数据未通过质量检查，则需重新进行转换等步骤。完成所有处理步骤后，按照规范将数据整理入库，在数字孪生城市平台中通过数据库连接等方式对城市数据进行展示和应用。

2.2 大尺度 LOD 渲染

在多源异构数据的基础上以二维、三维一体化的形式展示高精度数字孪生城市模型，采用大尺度 LOD 渲染技术实现细节充足且速度较快的渲染效果。LOD 渲染技术是指在不同尺度下根据模型细节决定渲染资源分配的技术，根据位置和重要程度等细节分层次对模型进行渲染，被广泛应用于城市模型展示等应用场景中。

由于精细城市模型数据量往往较大，且城市所占地形范围较大，在展示城市模型时往往会占用大量的资源，进而产生卡顿等现象。在此基础上，大尺度 LOD 渲染技术通过 LOD 模型创建和层次细节选择等步骤，较好地解决了大面积城市范围内精细模型快速渲染的问题。大尺度下的 LOD 渲染技术流程主要包括模型分割、LOD 级别设计等（图 3）。

经过前期数据收集，对需要建立城市模型的区域进行具体场景分析，确定需要详细制作和可以简化的区域。从模型几何、纹理分辨率、材质参数等角度将模型分割为重要程度不同的部分，每个部分设置为 LOD100～LOD500 的级别。LOD 级别越高，模型完成度越高、模型越细致，同时渲染占用的资源也将变多，因此 LOD 级别需要根据模型各部分重要程度等评价标准进行取舍。确定 LOD 级别后，需要设置不同级别的 LOD 模型在切换和过渡时的处理效果，确保不同位置、不同视角、不同距离下的模型切换和过渡的效果自然。最后从 GPU 等外部硬件条件和模型自身纹理、光照等角度再次对模型进行优化，以便得到最佳渲染效果。从城市模型渲染效果可以看到城市中的建筑模型在不同 LOD 层级下具有不同的细节层次，模型的细节随着视角的推进而增加（图 4）。

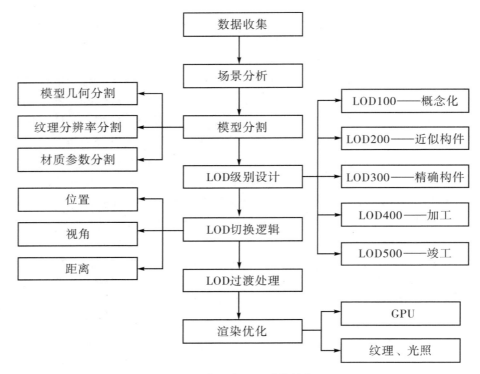

图 3 大尺度 LOD 渲染流程

图 4 不同层级城市模型渲染效果

在建立城市模型前需要根据具体场景收集道路等矢量数据、研究区遥感影像、建筑物点云数据，以及与地形相关的 DEM 数据等有关城市模型的多源数据。在 DEM 数据的基础上，采用 ROAM 算法、Voronoi 图算法等常见方法建立地形模型。大尺度下的城市模型构建通常涉及复杂的地形网络结构，在传统的 LOD 层次细节选择算法的基础上，引入四叉树网络结构对模型进行快速细节选取，实现对地形模型的优化。基于点云数据，根据建筑物参数和模型建立规则设计建筑物模型，使用 CAD、SketchUp 等三维建模软件辅助建立模型。创建城市模型完成后，采用对顶点、等边几何元素删除的方法，通过选取和删除部分要素来实现对局部几何细节的简化。根据观察距离等方法设计建筑物的 LOD 模型，确保不同 LOD 级别的渲染效果。在完成地形、建筑及植被等细节的创建后，再次调整模型整体的渲染效果，从不同级别 LOD 模型加载速度等方面进一步调整和测试。完成模型总体优化后，将数字孪生城市模型通过应用程序接口调用的方式投入使用。

2.3 基于 Cesium 的三维场景浏览

在浏览器端展示城市三维模型，主要通过 Cesium 的 JS 库实现。Cesium 是一款三维地图框架，广泛应用于三维可视化平台建设中，能够支持 WMS、TMS 等多种地图服务的调用和 3D Tiles 等多种格式模型的展示。使用 Cesium 加载 3D Tiles 格式的三维模型的主要前端代码（图 5）。

```
<body>
    <div id="cesiumContainer"></div>
    <script>
        // 创建Cesium Viewer实例
        var viewer = new Cesium.Viewer('cesiumContainer');

        // 创建3D Tiles数据集的实体
        var tileset = viewer.scene.primitives.add(new Cesium.Cesium3DTileset({
            url: 'tileset.json' // 3D Tiles数据集的URL
        }));

        // 设置模型的最大/最小缩放级别
        tileset.maximumScreenSpaceError = 2; // 控制细节级别，值越小细节越多
        tileset.maximumMemoryUsage = 1024; // 设置最大内存使用量（以MB为单位）

        // 将视图缩放到3D Tiles模型
        viewer.zoomTo(tileset);

    </script>
</body>
```

图 5 Cesium 加载模型代码

在 HTML 文件中引入 Cesium 的 JS 库，初始化 Cesium Viewer 作为展示三维模型的容器。将城市模型保存为 3D Tiles 格式，使用 Cesium 的 3D Tileset 应用程序接口加载和显示城市三维模型，调整 Cesium Viewer 相机位置、缩放级别等参数，设置模型初始化位置。添加点击、缩放等交互功能，使模型具有更好的浏览效果。Cesium 不仅可以提供三维视图，还可以使用二维视图，在 Cesium Viewer 中设置视图参数，即可实现二、三维视图的切换。二、三维地图联动使城市模型得到全方位的展示，结合交通、生态、土地利用等其他与城市相关的矢量或栅格形式的地图数据，用户可以对城市有更加全面的了解，以便作出决策。

2.4 微服务架构

采用微服务架构的形式对数字孪生城市平台进行系统设计，将应用拆分为多个微服务，各自独立开发部署。传统的 MVC 架构包括模型、视图、控制器 3 个部分，存在耦合性高、项目复杂等问题。为便于项目管理，在面向服务的体系结构（SOA）的基础上设计微服务架构。微服务架构将复杂的单一应用程序拆分为一组小的独立服务单元，每组服务单元独立开发、单独测试、分开部署，服务之间相互配合。这种拆分服务的构架模式使项目开发方式更加灵活，项目扩展性得到提升，适用于数字孪生城市平台的开发和使用过程。

数字孪生城市平台建立在微服务构架的基础上，将从前端 UI 界面到后端数据库访问全部拆分为独立的应用，各个微服务间通过基于 HTTP 的 RESTful 应用程序接口等方式进行交互和集成。每个微服务除了完成自身的应用功能，还需通过与其他服务交互完成平台整体功能。在具体实施和部署的过程中，各个服务需要进行统一的注册和管理，从需求分析、详细设计到开发和上线实现全流程管控。面向需求可以及时更新组件，针对特定服务进行扩展，无须对整体进行改动，能更加灵活地面对业务扩展等场景。微服务架构有助于实现各个粗粒度服务组件的独

立开发、部署，使系统耦合度降低，开放性和共享性得到提升，系统迁移性较强，适用于多种智慧城市应用场景。

2.5 前后端分离

数字孪生城市平台基于前后端分离构架对前端和后端分别进行开发与部署，在使用时前后端之间通过多种应用程序接口进行通信和调用。前后端分离构架是广泛应用于 Web 应用的架构模式，与传统的架构模式相比能够大幅提升开发效率。浏览器端将 HTTP 请求发送到前端服务器和后端服务器，前后端以 Html、CSS、JS、JSON 等格式将反馈结果返回到浏览器端。在具体应用中，后端使用 Spring Cloud 微服务框架，前端使用 Vue、Angular、React 等前端框架，在后端建立数据库连接，后端接收到前端的 HTTP 请求后，将数据库操作结果以 JSON 的格式通过 HTTP 响应结果返回前端，从而实现前后端的交互操作。

数字孪生城市包含大量需要展示和应用的多源异构数据，前后端分离的开发方式使前后端数据可以独立处理，一定程度上提高了系统的性能。数字孪生城市需要实现城市规划、水文地质、GIS 等多个领域的需求与功能。前后端分离使系统的可扩展性增加、耦合程度降低，系统可以按照需求定制多种需要具备的功能，系统中的组件按照定制功能相应扩展。前后端分离技术虽然具备一定的优势，但是有可能会使开发进度不同步、开发过程的沟通成本增加，以及引起跨域等安全性问题，对用户体验存在一定影响。针对上述问题，可以采用设计合理的项目进度管控等方法进行解决。

3 应用场景

3.1 城市模型浏览

基于微服务架构，采用前后端分离的开发方法设计数字孪生城市平台。平台提供资源展示、模型控制、预设视角、测量等功能，便于用户从多个视角查看城市模型（图 6）。大尺度 LOD 渲染技术使城市模型在平移、缩放等操作中均保持较好的渲染效果，且在浏览器端使用流畅。预设视角、漫游等工具能够提供多种角度的观察模型，使用户可以获得全方位的观察视角和沉浸式的观察体验。测量等工具提供测量长度、高度等功能，获取模型的精确数据，深度挖掘模型中隐含的数据和信息，实现虚拟模型与现实世界的深层次交互，满足用户的个性化需求。

图 6 城市模型浏览

3.2 城市数据展示

通过列表的方式展示与城市有关的数据资源,将二维数据与三维模型叠加显示(图7)。平台在城市数据库的基础上,将现状数据、规划数据、管理数据、社会经济数据等类别的矢量数据依托 ArcGIS Server 平台发布服务,通过调用服务在资源目录功能模块中以列表的形式展示。使用时勾选需要显示的图层,二维地图数据与三维城市模型叠加显示,呈现更加贴近现实的可视化效果。在地图上查看矢量数据,点击对应的地块就能够弹出属性表查看详细信息。在程序中引入 Cesium,添加点击事件监听器,触发点击事件时执行查询操作,弹出属性框展示属性信息。平台提供测量、查看属性表等功能,通过数据分析和可视化工具使城市数据与三维模型的结合更紧密。

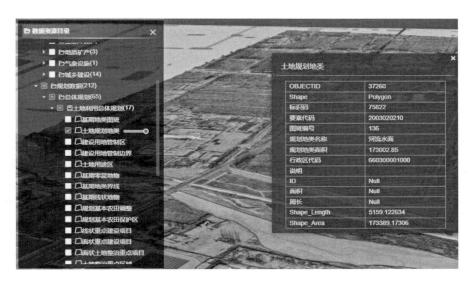

图7 城市数据展示

4 结语

本文基于 Cesium 和多源数据融合、LOD 渲染等其他关键技术设计与建立的数字孪生城市平台,能够实现数据展示、城市模型浏览等基本的数字孪生城市功能。本文得到以下结论:一是通过设计多源异构数据融合、大尺度 LOD 渲染等关键技术方法,更好地渲染和展示城市模型,更加高效地完成数字孪生城市平台建设;二是建立数字孪生城市平台,能够实现城市模型展示、城市数据展示、二维与三维视图切换等功能,辅助用户对城市进行管理和规划。

尽管已经初步建立数字孪生城市平台,但平台在业务、性能等方面仍需改进。在业务方面,数字孪生城市平台除了数据和模型展示功能,交通管理、城市规划等功能还需尽快投入使用并推广;在性能方面,模型制作和渲染技术有待提高,以便呈现更加接近真实的效果。在元宇宙等概念的提出和快速发展下,未来的数字孪生城市将更加真实、更具交互性。依托新兴的数字化技术,数字孪生城市平台存在的业务赋能价值、数据安全和隐私等问题具有广阔的研究空间与发展前景。

[参考文献]

[1] 姜敏. 智慧城市数字孪生与元宇宙的探讨与研究 [J]. 中国高新科技，2023 (17)：44-46.

[2] GRIEVES M. Product lifecycle management：the new paradigm for enterprises [J]. International Journal of Product Development (S1477-9056)，2005，2 (2)：71.

[3] 徐辉. 基于"数字孪生"的智慧城市发展建设思路 [J]. 学术前沿，2020 (8)：94-99.

[4] 冯鹏飞. 数字孪生智慧城市排水系统建模研究 [D]. 汕头：汕头大学，2021.

[5] 伦嘉铭. 基于数字孪生的公交运行状态预测与调度优化 [D]. 广州：广东工业大学，2021.

[6] 张新长，廖曦，阮永俭. 智慧城市建设中的数字孪生与元宇宙探讨 [J]. 测绘通报，2023 (1)：1-7，13.

[7] 邹鹏，肖泽文，李珺，等. 数字孪生城市及其关键技术 [J]. 智能建筑与智慧城市，2024 (3)：42-44.

[8] 徐志发. 2024 年中国城市数字化转型十大关键词 [J]. 中国建设信息化，2024 (1)：22-26.

[9] 张竞涛，陈才，崔颖，等. 数字孪生城市框架与发展建议 [J]. 信息通信技术与政策，2022 (12)：2-11.

[10] 肖益，董晶. 数字孪生城市多视域数据治理框架研究 [J]. 信息技术与标准化，2023 (4)：30-35.

[11] 魏大鹏. 数字孪生城市云管理平台的建设研究 [J]. 网络安全和信息化，2023 (11)：23-25.

[12] 周浩成. ETL 技术的装备大数据治理应用 [J]. 无线互联科技，2022，19 (5)：81-82.

[13] 王婷婷. 基于位置与属性的多源 POI 数据融合的研究 [D]. 青岛：中国海洋大学，2014.

[14] 韩涛. 大规模城市外景虚拟现实中 LOD 技术的研究 [D]. 西安：西安电子科技大学，2010.

[15] 李朝奎，王宁，吴柏燕，等. 一种新的 ROAM 算法及其在地形建模中的应用 [J]. 地球信息科学学报，2018，20 (9)：1209-1215.

[16] 张盼兴. 基于 LOD 技术的数字城市模型的研究 [J]. 测绘与空间地理信息，2013，36 (11)：138-139，143.

[17] 方孟元，罗年学，许毅，等. 基于 Cesium 的 BIM 与实景三维模型集成可视化研究 [J]. 测绘地理信息，2022，47 (2)：111-114.

[18] 范志斌. 微服务架构的通信框架的设计与实现 [D]. 成都：电子科技大学，2022.

[19] 王琰洁，张晶，王树杰，等. 前后端分离场景下权限系统认证集成方式研究与实现 [J]. 电力信息与通信技术，2023，21 (8)：84-88.

[20] 郭启幼. 三维虚拟城市景观服务平台建设策略 [J]. 地理空间信息，2010，8 (4)：42-44.

[基金项目：国家重点研发计划 (2020YFB2103905)]

[作者简介]

潘俊钳，高级工程师，就职于广东省城乡规划设计研究院科技集团股份有限公司。

徐可，就职于广东省城乡规划设计研究院科技集团股份有限公司。

陈铨，助理工程师，就职于广东省城乡规划设计研究院科技集团股份有限公司。

阮浩德，教授级高级工程师，就职于广东省城乡规划设计研究院科技集团股份有限公司。

数字孪生驱动的智慧城市发展模式与关键技术分析

□云露阳，崔羽，唐明，靳升

摘要： 本文系统分析数字孪生技术如何驱动智慧城市的发展，并深入探讨其关键技术。首先阐述数字孪生技术在智慧城市规划、管理、服务等方面的应用，揭示其优化资源配置、提升城市运行效率的巨大潜力。其次通过对物联网、大数据、云计算、人工智能等关键技术的详细分析，展示这些技术在数字孪生系统构建和运营中的重要作用。最后以数字孪生的四项核心技术为基础，提出沈阳市建设智慧城市的策略与路径，还指出数字孪生技术在实际应用中面临的挑战，并对未来智慧城市的发展趋势进行了展望。

关键词： 数字孪生；智慧城市；物联网；大数据；云计算；人工智能；关键技术分析

0 引言

智慧城市是以信息技术和通信技术为支撑，以实现城市运行管理更高效、人民生活更美好为目标的新形态城市。它通过集成物联网、云计算、大数据、空间地理信息集成等智能计算技术，实现对城市基础设施、公共服务、社会治理等领域的全面感知、广泛互联、智能应用，从而提升城市管理效率、优化公共服务、促进产业创新、改善民生福祉。

随着全球城市化水平的迅速提高，城市人口不断增加，城市规模持续扩大，带来了诸多挑战，如交通拥堵、资源短缺、公共安全等。传统的城市管理模式已难以满足现代城市发展的需求，急需通过技术手段实现更高效、更精细的城市管理。近年来，新一代信息技术飞速发展，为城市管理和服务提供了强大的支撑，使得城市基础设施、公共服务、社会治理等领域能够实现智能化、信息化和数字化，通过整合和共享城市数据资源，可以有效提升城市运行效率和服务水平。

数字孪生技术是一种集成物理模型、传感器更新、运行历史等数据，通过多学科、多物理量、多尺度、多概率的仿真过程，在虚拟空间中完成映射，从而反映相对应的实体装备全生命周期过程的技术。它通过将物理实体进行数字化建模，创造出与之相对应的虚拟实体，实现物理世界与虚拟世界的无缝连接。

数字孪生技术可以通过对城市各种数据进行自动化分析、分类、标记，生成具备可操作性的数字城市数据，帮助规划者更好地把握城市的发展脉搏。通过模拟运算和不断优化，可以预测城市发展的态势，从而制定更科学、更合理的城市规划和设计方案，实现对城市运行状态的实时监测和数据分析，包括掌握人口流动、环境状况、城市安全等方面的情况。此外，数字孪生技术还可以帮助城市管理层实现决策的智能化、精细化与集成化。

本文基于数字孪生技术的应用，研究智慧城市发展的新模式，包括数据驱动的城市规划、智能决策支持的城市管理、精准高效的公共服务等，以推动城市的可持续发展。分析数字孪生技术在智慧城市应用中所需的关键技术，并探讨这些技术在实际应用中所面临的挑战和解决方案，提出数字孪生技术在智慧城市中的发展策略，以促进数字孪生技术在智慧城市中的广泛应用。

本文有助于丰富和完善智慧城市发展的理论体系，推动数字孪生技术与城市规划、城市管理等领域的交叉融合，为智慧城市的发展提供新的理论支撑，为智慧城市的规划和建设提供具体的指导和参考，帮助城市管理者和规划者更好地理解数字孪生技术的应用价值和潜力，提升智慧城市建设的科学性和有效性。

1　数字孪生驱动的智慧城市发展模式

1.1　智慧城市的发展阶段与数字孪生的关系

智慧城市的发展并非一蹴而就，而是经历了多个阶段，每个阶段都有其特定的技术支撑和发展重点。数字孪生技术作为近年来兴起的先进技术，与智慧城市的发展阶段紧密相连，为智慧城市的构建提供了强大的技术支撑。数字孪生技术与智慧城市的发展阶段紧密相连，具体体现在以下四个方面。

基础设施数字化阶段：数字孪生技术可以通过构建城市的虚拟模型，为基础设施的数字化提供支持。通过对基础设施的实时监测和数据分析，数字孪生技术可以帮助城市管理者更好地了解基础设施的运行状态，为后续的维护和管理提供依据。

信息融合与互联互通阶段：数字孪生技术可以通过构建城市的数字孪生模型，实现城市各个领域信息的互联互通和融合。通过数字孪生模型，城市管理者可以更加全面地了解城市运行状态，为城市管理和服务提供更加准确的数据支持。

智能化应用与服务阶段：数字孪生技术可以为智能化应用和服务提供强大的技术支撑。通过数字孪生模型，可以模拟各种复杂场景和情况，为城市管理者提供更加精准和科学的决策依据，实现更加高效和便捷的城市管理和服务。

可持续发展与创新阶段：数字孪生技术可以通过对城市的全面监测和分析，为城市的可持续发展和创新提供科学依据。通过数字孪生模型，可以预测城市的未来发展趋势和可能面临的问题。

1.2　数字孪生驱动智慧城市的规划与建设

1.2.1　数字孪生驱动的智慧城市规划

城市规划的智能化：通过对城市数据的自动化分析、分类、标记，生成具备可操作性的数字城市数据。这些数据不仅可以帮助规划者更好地把握城市的现状和发展趋势，还能通过模拟运算和不断优化，预测城市发展的态势，从而制定出更科学、更合理的城市规划方案。

城市规划的精细化：无论是城市的空间布局、交通网络、绿地系统，还是公共服务设施的配置，都可以通过数字孪生技术进行细致入微的模拟和评估。这种精细化的规划方式有助于提高城市规划的针对性和实效性，使城市的发展更加符合实际需求。

城市规划的集成化：从规划编制、审批、实施到监测评估，数字孪生技术都可以提供全面的数据支持和决策依据。这种集成化的规划方式有助于实现城市规划的全过程管理和动态调整，提高城市规划的科学性和有效性。

1.2.2 数字孪生驱动的智慧城市建设

城市管理的智能化：数字孪生技术可以帮助城市管理层更好地了解城市的实时运营状态，包括人口流动、环境状况、城市安全等方面的情况。通过数据分析，可以预测城市的发展趋势，及时发现可能出现的问题，并采取相应的措施进行预警和干预。

基础设施的智能化：通过对基础设施的实时监测和数据分析，可以预测设施的运行状态和可能出现的问题，提前进行维护和保养。这种智能化的管理方式有助于延长设施的使用寿命，提高设施的可靠性和安全性。

公共服务的智能化：通过数字孪生技术，可以实现对公共服务的实时监测和调度，提高公共服务的效率和质量；同时，数字孪生技术还可以帮助公共服务机构更好地了解市民的需求和反馈，从而不断优化服务内容和方式。

1.3 基于数字孪生的智慧城市创新发展路径

1.3.1 构建数字孪生平台

智慧城市的建设需要建立一个统一的数字孪生平台。该平台能够集成各类数据资源，为城市规划、管理和服务提供全面、准确、实时的数据支持。数字孪生平台的建设需要注重数据的采集、存储、处理和分析能力，确保数据的准确性和可靠性。

1.3.2 推动数据共享与开放

智慧城市的发展需要实现数据的共享与开放。政府应该积极推动数据资源的共享和开放，鼓励企业、社会组织等各方参与智慧城市的建设和管理；同时，还需要制定相关的法规和政策，保障数据的安全和隐私。

1.3.3 加强技术创新与应用

智慧城市的发展需要不断推动技术创新和应用。政府应该加大对科技创新的投入，鼓励企业、高校等科研机构加强技术研发和成果转化；同时，还需要加强技术创新与应用的示范和推广，提高智慧城市建设的整体水平和质量。

1.3.4 优化智慧城市治理模式

基于数字孪生的智慧城市需要优化治理模式。通过数字孪生技术，可以实现城市的精细化管理，提高治理效率；同时，还需要注重治理的民主化和多元化，鼓励市民参与城市的管理和决策，增强城市的凝聚力和向心力。

1.3.5 培育智慧城市产业生态

智慧城市的发展需要培育完善的产业生态。政府应该积极引导和支持相关产业的发展，推动产业链的完善和升级；同时，还需要加强产业间的合作与交流，促进资源共享和优势互补，提高整个产业的竞争力和创新能力。

通过构建数字孪生平台、推动数据共享与开放、加强技术创新与应用、优化智慧城市治理模式及培育智慧城市产业生态等措施，可以推动智慧城市的创新发展，提高城市的运行效率和服务质量，为城市的可持续发展提供有力支撑。

2 智慧城市中的数字孪生关键技术分析

2.1 多源数据融合技术

数据是数字孪生最核心的要素。它源于物理实体、运行系统、传感器等，涵盖仿真模型、环境数据、物理对象设计数据、维护数据、运行数据等。数字孪生体作为数据存储平台，采集各类原始数据后将数据进行融合处理，驱动仿真模型各部分的动态运转，有效展示各业务流程。

多源数据融合技术可具体划分为数据级融合技术、特征级融合技术和决策级融合技术。其中，数据级融合技术是将原始数据经过简单处理即进行融合；特征级融合技术则是提取数据源的特征信息，通过分析和处理再进行融合；决策级融合技术通过分析与识别，在对源数据有一定研判的基础上进行融合（图 1）。

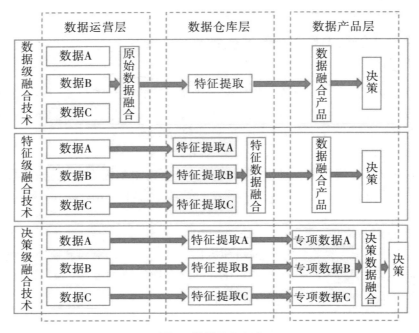

图 1 数据融合方法

将通过环境检测设备、视频监控设备、政府部门信息化平台等多种平台采集的多源、异构数据进行导入、预处理、融合、存储等，汇总成为支撑数字孪生城市智慧应用场景的数据资源（图 2）。三类数据融合技术在其中起到关键作用，根据不同数据的特征和应用需求对数据进行不同等级的融合，形成高度关联融合的块数据，支撑数字孪生城市的智慧应用场景。

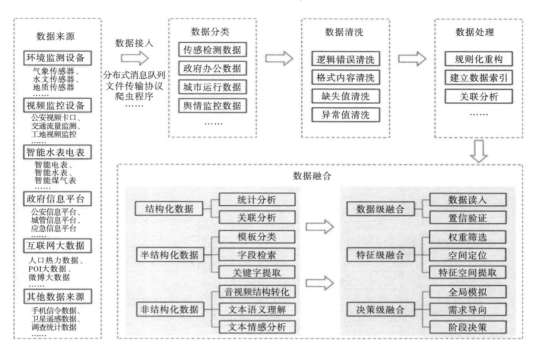

图 2　多源数据融合技术路线

2.2　三维建模技术

建设数字孪生城市需要不同精细程度的城市三维模型，模型构建内容各异。按模型所处地理空间位置可以大致分为地上三维空间模型和地下三维管线模型；按模型精度还可以分为建筑白模、基于倾斜摄影和地面激光雷达技术的三维实景模型、基于 BIM 的高精度模型等。

基于多源数据融合的三维实景建模技术的基本原理是利用获取的数据生成点云数据，从而构建 TIN 三角网，最后对 TIN 三角网进行贴膜处理。倾斜摄影技术与地面激光雷达技术进行融合建模的本质是利用无人机影像生成的稀疏点云与激光雷达点云融合，最后生成更高精度的三维模型。

基于多源数据融合的三维实景建模技术路线（图 3），先输入前期采集的数据，然后利用 Context Capture 对倾斜航摄数据进行像控制点、空三解算，并在其点云模块下导入车载点云等三维移动测量成果，在 Tie Points 三维视图下进行数据融合检查，重新提交模型重建任务，最后生成三维实景基本模型。

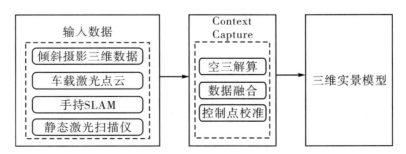

图 3　基于多源数据融合的三维实景建模技术路线

2.3 物联感知技术

物联网作为新一代信息技术的高度集成和综合运用平台，具有渗透性强、带动作用大、综合效益好的特点，是继计算机、互联网、移动通信网之后信息产业发展的又一推动者。物联网技术是通过射频识别（RFID）、红外感应器等信息传感设备，按约定的协议，把任何物品与互联网相连接，进行信息交换和通信，以实现智能化识别、定位、跟踪、监控和管理。根据信息生成、传输、处理和应用的原则，可以把物联感知技术分为感知层、网络层和应用层（图 4）。通过物联感知技术支撑数字孪生城市建设，主要工作包括布设传感设备、建立传感网络、建立服务平台和应用平台三个方面。

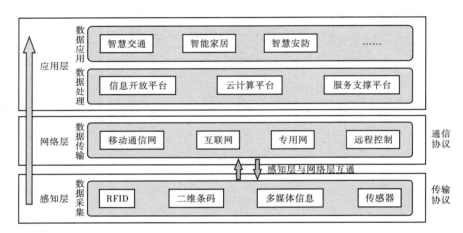

图 4　物联感知技术框架

2.4 人工智能技术

一是深度学习算法。深度学习算法是人工智能领域的重要技术之一，它通过模拟人脑神经网络的结构和功能，实现对复杂数据的处理和分析。在智慧城市中，深度学习算法可以应用于图像识别、语音识别、自然语言处理等领域，提高数据处理的准确性和效率。

二是强化学习技术。强化学习是一种通过试错来学习最优策略的机器学习方法。在智慧城市中，强化学习技术可以应用于自动驾驶、机器人导航等领域，通过不断尝试和学习，实现自主决策和智能控制。

三是迁移学习技术。迁移学习是一种将从一个任务中学到的知识迁移到另一个相关任务的机器学习方法。在智慧城市中，迁移学习技术可以应用于跨领域的数据分析和预测模型中，提高模型的泛化能力和准确性。

人工智能与机器学习技术在智慧城市建设中发挥着越来越重要的作用。通过应用这些技术，可以实现对城市运行状态的实时监测和预测、优化资源配置、提高公共服务效率等目标。未来随着技术的不断发展和完善，人工智能与机器学习技术将在智慧城市中发挥更加重要的作用。

3　数字孪生关键技术赋能沈阳建设智慧城市

3.1 多源数据融合技术赋能沈阳智慧城市建设

沈阳自 2016 年"多规合一"改革实施以来，以"一网统管"和"一网通办"建设为抓手，一直积极推动数字孪生城市的智慧应用场景建设，利用多源数据融合技术将各政府部门的信息化平台、环境监测设备、视频监控等数据进行关联、融合，再配合人工智能等技术，实现单一部门或数据解决不了的问题。例如，通过公安视频卡口、渣土车 GPS、车管所登记信息等数据的融合，实现城管执法局对渣土车的在线精准管控，快速发现违规车辆，实行无接触执法，解决原来渣土车违规发现难、执法难的问题；通过工地视频监控、空气质量监测、渣土车 GPS 等数据的融合，实现城乡建设局对工地的智能管控，实时发现疑似工地、违反安全规定、扬尘超标等问题，实现靶向执法，提高工作效率。除城市管理中的智慧应用场景外，通过多源数据的融合，还能实现市领导对城市运行情况的精准掌握，通过实时的城市综合体征指标，代替各部门的单一行业指标，使城市的运行状态和出现的问题能更直观的展现，对城市规划和管理的重要决策制定起到更好的支撑作用。

3.2 三维建模技术赋能沈阳智慧城市建设

基于 BIM 的精细化建模技术可以在文物保护单位及其他重点区域的高精度还原展示、导览、管理等方面发挥重要作用。沈阳历史悠久，具有 2300 多年的建城史，是体现东北地区多民族和多元文化交融的典型城市。基于 BIM 的精细化建模技术对城区历史文化保护和重点区域进行三维精细化建模，完成旧城保护的信息化管理。建设的三维模型数据用于数据浏览、分析，并与其他二维数据叠加分析旧城保护策略。基于参数化方法的地下管线三维建模技术可以在进行城市地下管廊的规划及管理时，结合三维模型，实现对地下管线可视化管理，提取所需的实景化的业务专题数据，更好地满足其在管理与决策上的高层次应用。

3.3 物联感知技术赋能沈阳市智慧城市建设

在沈阳数字孪生城市建设中，物联感知技术可应用到交通、历史文化保护、智能水电表、安防等领域。

沈阳拥有 900 多万人口、300 余条公交线路，机动车保有量达 200 余万辆，这些因素都导致了非常大的交通运行和管理压力，物联感知技术凭借其特点可以解决公路和桥梁、公交、停车等方面的问题，助力智慧城市建设。

通过物联感知技术辅助历史文化保护，保护城市的历史底蕴，丰富市民的文化生活。在古迹和历史建筑保护方面，通过物联感知技术实时监测古迹和历史建筑的"健康状况"，对发现的隐患及时进行处理和修复，使古迹和历史建筑得以长期保存。

沈阳在城市大脑、智慧城市建设中一直都重视智慧水务、智慧电网的建设，如通过物联感知技术使家庭的水表、电表等成为智能表，与管理平台实时联动，方便市民生活；通过智能电表、水表等的实时监测能够及时发现独居老人在家中发生意外、水管发生泄漏等情况，保障市民生命和财产安全。

沈阳是国家和国际大型体育赛事、重要会议的常用举办地。而在大型赛事和会议方面，可通过物联感知技术形成成千上万个覆盖地面、栅栏和低空探测的传感节点网络，防止危险人员的翻越、恐怖袭击等，保障人们的安全。

3.4 人工智能与深度学习技术赋能沈阳智慧城市建设

在百度地图、北京交通发展研究院等单位联合发布的《2021 年度中国城市研究报告》中，沈阳的通勤高峰交通拥堵指数在全国百城中排名第 14 位，交通拥堵情况严重，因此建设智慧城市对交通领域的治理和提升有重要意义。智慧交通是目前人工智能技术运用较多的领域,传统交通指挥模式大多依靠交警,需要大量人力且效率提升困难。通过深度学习的图像识别技术,自动判断车流量、人流量,自动改变交通信号,指挥交通,可大幅提升交通运行效率。

沈阳作为中国的老工业基地,制造业底蕴深厚,而且一直致力于高新技术与制造业的深度结合。人工智能与深度学习技术有望实现制造业从半自动化生产到全自动化生产的转变。工业以太网的建立、传感器的使用以及算法的革新将使工业制造过程中所有生产环节的数据得以打通,人与机器、机器与机器之间实现互联互通。一方面,人机交互比较便利;另一方面,机器之间的协作办公,既能够精细化操作,又能及时预测产品需求并调整产能。

4　结语

数字孪生技术通过构建城市物理世界的数字化镜像,实现了对城市运行的实时监测、预测和优化,为城市规划、管理和服务提供了精准、高效的数据支持。这一技术的应用,不仅推动了智慧城市从概念到实践的转变,也为城市可持续发展提供了新思路。本文从数据采集、处理、分析到应用等方面,系统梳理了数字孪生技术在智慧城市中的关键技术。同时,以沈阳市为例,提出了四项数字孪生核心技术赋能沈阳市智慧城市建设的方法,并提出相应的实现路径。

展望未来,数字孪生驱动的智慧城市发展将呈现以下趋势:随着物联网、大数据、云计算等技术的不断发展,数字孪生技术将与其他先进技术进行深度融合,形成更加完善的技术体系,数字孪生技术将在更多领域得到应用,如智能交通、智慧能源等;随着数字孪生技术在智慧城市中的广泛应用,数据安全和隐私保护问题将受到更多关注。未来需要加强对数据安全和隐私保护技术的研究和应用,确保智慧城市建设的可持续发展。为了推动数字孪生技术在智慧城市中的广泛应用和健康发展,需要制定和完善相关政策与标准,为数字孪生技术的发展提供有力支持。

[参考文献]

[1] 张新长,华淑贞,齐霁,等. 新型智慧城市建设与展望:基于 AI 的大数据、大模型与大算力 [J/OL]. 地球信息科学学报,2024,26 (4):779-789.

[2] 史文中,迈克尔·古特柴尔德,迈克尔·巴蒂,等. 城市信息学展望 [J]. 国际城市规划,2024,39 (1):11-20,66.

[3] 邓兴瑞,张芙蓉,许镇,等. 数字孪生在城市安全中的应用研究综述 [J]. 工业建筑,2024,54 (2):35-42.

[4] 陈才,张育雄,张竞涛,等. 数字孪生城市的驱动力、功能框架与建设路径 [J]. 上海城市规划,2023 (5):11-17.

[5] 万励,尹莘懿,汤俊卿,等. 数字孪生在城市规划实践应用中的批判性思考 [J]. 上海城市规划,2023 (5):18-23.

[作者简介]

云露阳,工程师,就职于沈阳市规划设计研究院有限公司。

崔羽,高级工程师,就职于沈阳市规划设计研究院有限公司。

唐明,高级工程师,就职于沈阳市规划设计研究院有限公司。

靳升,高级工程师,就职于沈阳市规划设计研究院有限公司。

数字孪生技术在美丽中国建设中的研究与应用

□崔羽，唐明，云露阳，靳升

摘要：随着信息技术的飞速发展，数字孪生技术作为一种新兴的数字化手段，在城乡建设中展现出巨大的潜力。首先，本文概述了数字孪生技术的核心原理及其在城乡规划中的基本应用框架。其次，本文详细分析了数字孪生技术在城市规划设计、城市管理与服务、生态环境保护等多个方面的具体应用实践，并通过案例研究展示了其在提高规划效率、优化资源配置、增强城市可持续发展能力等方面的积极作用，此外还就数字孪生技术在美丽中国建设中可能面临的挑战与问题进行深入讨论，并提出相应的对策与建议。最后，本文展望了数字孪生技术在未来城乡规划领域的发展趋势和应用前景。本文不仅有助于深化对数字孪生技术的理解，也为美丽中国建设的实践提供了有益的参考。

关键词：数字孪生技术；美丽中国；可持续发展；城市规划；智慧城市；生态城市

0 引言

随着信息技术的飞速发展，数字孪生技术作为一种新兴的技术手段，正在逐渐改变城市规划建设的传统模式。数字孪生技术通过构建城市的数字镜像，实现了物理世界与虚拟世界的深度融合，为城市规划建设提供了全新的视角和方法。在美丽中国建设的时代背景下，数字孪生技术的应用显得尤为重要，它不仅能够提升城市规划的科学性和精准性，还能够促进城市资源的优化配置和增强城市管理的智能化水平。

我国正处于城镇化进程加速发展的关键时期，城市规划建设面临着诸多挑战和机遇。一方面，城市人口不断增长、资源环境压力日益增大，要求城市规划建设必须更加注重科学性和可持续性；另一方面，信息技术的快速发展为城市规划建设提供了更多的可能性和选择。数字孪生技术作为信息技术的重要代表，在城市规划建设中的应用前景广阔，具有巨大的潜力和价值。

数字孪生技术通过集成多种信息技术手段，可以实现对城市的全面感知、精准分析和智能决策。通过对城市数据的收集、处理和分析，数字孪生技术可以构建城市的数字孪生体，为规划者提供丰富的信息和数据支持。同时，数字孪生技术还可以模拟城市的发展过程和未来趋势，预测城市的演变方向，从而帮助规划者制定更加科学、精准的城市规划方案。

在美丽中国建设中，数字孪生技术的应用具有多方面的优势。首先，它可以提升城市规划的科学性和精准性，避免传统规划中的主观性和盲目性；其次，它可以促进城市资源的优化配置，提高城市资源的利用效率；最后，它可以提高城市管理的智能化水平，提升城市管理的效率和质量。

然而，数字孪生技术在美丽中国建设中的应用仍面临一些挑战和问题，如数据安全受到挑战、技术标准不统一、人才短缺等问题制约了数字孪生技术的进一步推广和应用。因此，需要加强对数字孪生技术的研究和探索，不断完善技术体系和应用模式，推动其在美丽中国建设中的更好应用。

本文旨在探讨数字孪生技术在美丽中国建设中的应用，分析其优势与潜力，并提出相应的实施策略和建议。通过深入研究数字孪生技术及其应用实践，为美丽中国建设提供新的思路和方法，推动城市的可持续发展。

1 数字孪生技术概述

数字孪生技术作为近年来信息技术领域的一项重大创新，正逐渐改变着人们对城市规划与建设的认知。它通过将物理世界的实体与虚拟世界的数字模型进行深度融合，实现了对城市运行状态的实时监测、精准预测和智能决策，为美丽中国建设提供了强大的技术支撑。

数字孪生技术的核心在于构建一个与物理世界高度一致的虚拟世界，即数字孪生体。这个虚拟世界不仅包含了物理实体的几何形状、空间位置等基本信息，还集成了实时动态数据、历史演变记录等多维度信息。通过集成大数据、云计算、物联网、人工智能等先进技术，数字孪生技术能够实现对城市运行状态的全面感知和深度分析，为城市规划者提供前所未有的决策支持。

数字孪生技术从最初的概念提出，到如今的广泛应用，经历了多个阶段的迭代与升级。随着技术的不断进步，数字孪生技术的精度和效率得到了显著提升，在城市规划建设中的应用也愈发广泛。随着 5G、边缘计算等新一代信息技术的融入，数字孪生技术将呈现出更加智能化、精细化的发展趋势。

在城市规划建设领域，数字孪生技术的应用具有显著的优势。首先，它能够实现对城市运行状态的实时监测和预警，帮助规划者及时发现并解决问题。其次，它能够模拟城市的发展过程和未来趋势，为规划者提供科学的决策依据。此外，通过数字孪生技术，规划者还能够对不同的规划方案进行模拟评估，从而选择最优方案。

综上所述，数字孪生技术作为一种新兴的技术手段，在美丽中国建设中具有广阔的应用前景和巨大的潜力。通过深入研究和实践应用，数字孪生技术将为美丽中国建设注入新的活力，推动城市的可持续发展。

2 美丽中国建设的现状与需求

2.1 美丽中国建设的现状

美丽中国建设是我国城市规划与发展的重要战略方向，旨在通过科学的规划和精心的建设，实现城市的绿色、低碳、可持续发展。当前，美丽中国建设的进展显著，城市面貌焕然一新，生态环境得到明显改善。一方面，各级政府高度重视美丽中国建设，并出台了一系列政策措施，推动了城市规划建设工作的深入开展。同时，各地也在积极探索符合自身特色的规划建设模式，形成了一批具有示范作用的典型案例。另一方面，随着技术的不断进步和人们环保意识的提高，城市规划建设中的绿色、低碳理念得到了广泛推广，越来越多的城市开始注重生态环境的保护和修复、对自然资源的合理利用和节约利用。

然而，尽管美丽中国建设取得了显著成效，但是仍然存在一些问题和挑战。例如，部分城市在规划建设中过于追求短期效益，忽视了长期可持续发展；一些城市在生态环境保护方面仍存在不足，环境污染问题仍然突出；此外，城市规划建设与管理的体制机制仍需进一步完善。

2.2 美丽中国建设的需求

在推进美丽中国建设的进程中，数字孪生技术的应用显得尤为重要。这是因为数字孪生技术能够满足美丽中国建设的多方面需求，为城市的可持续发展提供有力支持。

2.2.1 美丽中国建设需要实现更加精准的规划和决策

数字孪生技术可以通过对城市数据的收集、处理和分析，构建城市的数字孪生体，为规划者提供丰富的信息和数据支持。这有助于规划者更加全面地了解城市的现状和发展趋势，制定更加科学、精准的规划方案。

2.2.2 美丽中国建设需要加强对生态环境的保护和修复

数字孪生技术可以通过模拟城市的环境变化和资源利用情况，预测生态环境的发展趋势和潜在风险。这有助于规划者及时发现并解决环境问题，采取有效的措施保护和修复生态环境。

2.2.3 美丽中国建设需要提升城市管理的智能化水平

数字孪生技术可以通过实时监测和预警机制，帮助管理者及时发现并解决城市运行中的问题。同时，数字孪生技术还可以为管理者提供智能化的决策支持，提高城市管理的效率和质量。

综上所述，美丽中国建设对数字孪生技术有着迫切的需求。应用数字孪生技术可以更好地推进美丽中国建设，实现城市的绿色、低碳、可持续发展。

3 数字孪生技术在美丽中国建设中的应用框架

在美丽中国建设的宏大背景下，数字孪生技术的应用框架不仅是一个技术实施体系，而且是一个融合了数据、模型、算法和决策支持的综合系统。它旨在通过构建城市的数字镜像，实现对城市运行状态的全面感知、精准预测和智能决策，从而推动美丽中国目标的实现。

3.1 应用框架的构建原则与目标

构建数字孪生技术在美丽中国建设中的应用框架，需遵循以下原则：一是数据驱动，确保数据的准确性和实时性；二是模型精准，确保数字孪生体能够真实反映城市的运行状态；三是决策智能，通过算法和模型为规划者提供科学的决策支持。

构建应用框架主要为了实现以下目标：一是提升城市规划的科学性和精准性，避免传统规划中的主观性和盲目性；二是促进城市资源的优化配置，提高城市资源的利用效率；三是提高城市管理的智能化水平，提升城市管理的效率和质量；四是推动城市的可持续发展，实现经济、社会和环境的协调发展。

3.2 应用框架的组成要素

通过多源数据融合技术对各项空间信息数据进行调度与共享，为数字孪生城市构建"骨架"。运用三维建模技术，建立一个集设计、计算、管理、评估于一体的城市全要素信息模型平台（CIM），构建多种精度、多种类型的城市二维、三维基础数据底板，完成对城市的精准复刻，并实现对二维、三维时空数据的高效管理、发布以及可视化分析，为数字孪生城市构建"血肉"。基于空间物联数据的调取、融合、展示与分析，构建一个智能化的城市信息网络，实时

"读写"真实城市的各项指标，同时利用人工智能技术和深度学习技术，在海量实时数据中进行自主学习，从而实现自动决策及对物理世界的反向智能控制，以推动城市自主学习和智慧成长，构建数字孪生城市的"大脑"。实现对经济、环境、建筑、交通、能源等要素的实时监测、模拟、分析、预测等功能，最终打造直观可视、动态感知、虚实交互的三维可视化虚拟城市孪生体，提升城市精细化管理效能。

3.2.1 多源数据融合

多源数据包括城市基础数据、实时监测数据、历史数据等，是构建数字孪生体的基础。通过大数据技术和物联网设备，实现对城市数据的全面采集和整合。基于多源数据融合技术建立数字孪生城市的数据接入和处理技术框架（图1），将通过环境检测设备、视频监控设备、卫星接收站、政府部门信息化平台、互联网、智能化水表电表、通信基站等多种平台采集到的多源、异构数据进行导入、预处理、融合、存储等，汇总成为支撑数字孪生城市智慧应用场景的数据资源。数据级融合技术、特征级融合技术和决策级融合技术在其中起到关键作用，根据不同数据的特征和应用需求对数据进行不同等级的融合。

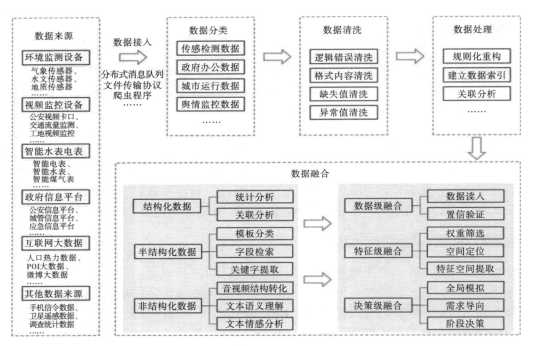

图 1　多源数据融合技术路线

3.2.2 物联感知

物联感知通过射频识别（RFID）、红外感应器等信息传感设备，按约定的协议把任何物品与互联网相连接，进行信息交换和通信，以实现智能化识别、定位、跟踪、监控和管理。根据信息生成、传输、处理和应用的原则，可以把物联感知技术分为感知层、网络层和应用层（图2）。

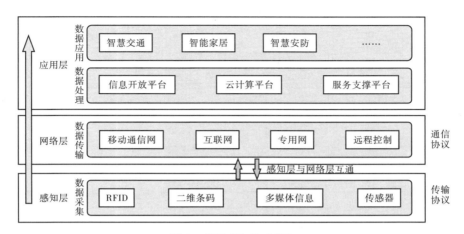

图2　物联感知技术框架

4　数字孪生技术在美丽中国中的应用实例——沈阳市和平湾数字孪生平台

强化数字政府建设，落实沈阳市政府"五工程、一管理"工作要求，完善和平湾"国际城、健康城、公园城"基础设施配套，和平湾数字孪生平台项目基于二维、三维城市基础底座模型及现状、规划空间数据，以"线下一座城，线上一座城"为目标，以数字规划、数字建设、招商引资为着力点，将和平湾范围内重要的资源要素进行建模，打造直观可视、动态感知、虚实交互的三维可视化虚拟城市孪生体，提升城市精细化管理效能，建设智慧城市示范区。

和平湾规划建设数字孪生平台由 CIM 数据底座（后台）、中枢系统（中台）和应用场景（前台）三个部分构成（图3）。CIM 数据底座（后台）指和平湾地区涉及规划、建设、管理等方面的二维、三维基础数据与模型，包括现状空间数据、规划空间数据、城市运维数据、业务信息数据等，为应用场景及中枢系统提供基础数据支撑。中枢系统（中台）主要通过跨专业、跨层级、跨部门之间的数据整合，实现数据互通和系统互通，包括数据中台、中枢协议和业务中台三个部分。应用场景（前台）以功能需求为导向，通过数据协议与智能计算，形成辅助决策、招商引资、项目管理、基础设施运维四大模块 N 个协同应用场景，打造和平湾智慧城市建设和治理新模式。

在和平湾这一独特地区的发展中，和平湾 CIM（城市信息模型）平台崭露头角，为城市规划和管理注入创新能量。平台融合了 GIS、BIM 及物联网 IOT 等新一代信息技术，整合地理、环境、人口、基础设施等多维数据，实现了和平湾海量多源异构数据从城市的"规、设、建、管"等多个方面入手，打造资源"一张图"、基础设施成本测算、项目全生命周期管理、日常任务管理、城市设计、智慧招商、三维场景和征拆评估等功能场景，实现城市资源的合理调配，保障城市规划建设管理运行的数字化、立体化、精细化、智慧化。

未来，将以和平湾 CIM 平台为底层搭建各项"和平湾 CIM+"应用，不断拓展探索 CIM 平台在城市建设管理方面的应用，实现现有信息化资源的充分整合和信息共享，以城市空间为纽带，融合各类信息，形成一个坚实的三维数字底座，构建一套坚实的保障机制，打造和平湾智慧城市建设和治理新模式，建设智慧城市示范区，让城市更"聪明"，让人民生活更幸福。

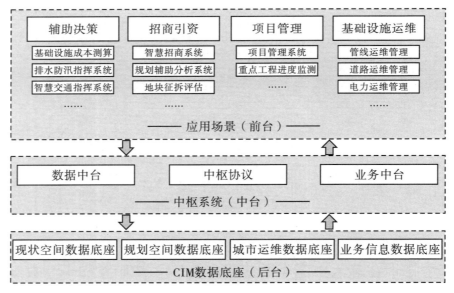

图 3 和平湾数字孪生平台框架图

5 数字孪生技术在美丽中国建设中面临的挑战与对策

数字孪生技术在美丽中国建设中展现出巨大的应用潜力和价值，然而在实际应用过程中也面临着一些挑战。为了充分发挥数字孪生技术的优势，推动美丽中国建设的深入发展，需要认真分析这些挑战，并提出相应的对策。

5.1 面临的挑战

5.1.1 数据安全与隐私保护问题

数字孪生技术涉及大量城市数据的收集、存储和处理，如何确保数据的安全性和隐私性成为一大挑战。数据泄露、非法访问等风险不容忽视，一旦数据被滥用或篡改，将给城市规划建设带来严重后果。

5.1.2 技术标准与互操作性问题

数字孪生技术尚未形成统一的技术标准和规范，不同系统之间的互操作性较差。这导致在数据共享、模型互通等方面存在障碍，影响了数字孪生技术在美丽中国建设中的广泛应用。

5.1.3 人才短缺与技能不足

数字孪生技术的应用需要一批具备相关技能和知识的人才的支持。然而，当前相关领域的专业人才相对匮乏，无法满足美丽中国建设的实际需求。同时，现有的人才队伍在技能水平上也存在一定的不足，需要进一步提升。

5.2 对策与建议

5.2.1 加强数据安全与隐私保护

建立健全数据安全管理制度，加强对数据收集、存储、处理和使用等环节的监管。采用先进的数据加密技术和访问控制机制，确保数据的安全性和隐私性。同时，加强对数据安全事件的应急处置能力，及时应对潜在的风险和挑战。

5.2.2 推动技术标准与规范制定

加强与国际先进标准的对接和互认，推动数字孪生技术相关标准的制定和完善。同时，加强不同系统之间的互操作性研究，促进数据共享和模型互通。通过制定统一的技术标准和规范，为数字孪生技术在美丽中国建设中的广泛应用提供有力保障。

5.2.3 加强人才培养与技能提升

加大对数字孪生技术相关人才的培养力度，通过设立专门的教育机构、开展培训课程等方式，培养一批具备相关技能和知识的人才。同时，加强对现有人才队伍的技能提升和转型培训，使其更好地适应数字孪生技术的发展需求。

此外，政府、企业和研究机构等各方应加强合作与交流，共同推动数字孪生技术在美丽中国建设中的应用和发展。通过政策引导、资金支持等措施，为数字孪生技术的研发和应用提供有力支持。

综上所述，数字孪生技术在美丽中国建设中面临着数据安全、技术标准、互操作性、人才短缺等挑战。为了充分发挥其优势，需要推动数据安全保护、技术标准制定、人才培养与技能提升等方面的工作。通过不断努力和探索，相信数字孪生技术将为美丽中国建设注入新的活力，推动城市的可持续发展。

6 结语

经过对数字孪生技术在美丽中国建设中的应用进行深入探讨，可以得出以下结论：数字孪生技术作为一种前沿的信息技术手段，在推动城市绿色、低碳、可持续发展方面发挥着至关重要的作用；通过构建城市的数字镜像，数字孪生技术实现了对城市运行状态的实时监测、精准预测和智能决策，为美丽中国建设提供了有力的技术支撑。

然而，我们也必须清醒地认识到，数字孪生技术在应用过程中仍面临着诸多挑战，如数据安全与隐私保护问题、技术标准与操作性问题、人才短缺与技能不足等。这些问题不仅制约了数字孪生技术的进一步推广和应用，也对美丽中国建设的深入推进造成一定的阻碍。

展望未来，随着技术的不断进步和应用的不断深化，数字孪生技术将在美丽中国建设中发挥更加重要的作用。一方面，随着数据安全技术的不断发展和完善，人们可以更好地保障城市数据的安全性和隐私性，为数字孪生技术的应用提供坚实的基础。另一方面，随着技术标准的逐步统一和操作性的不断提升，数字孪生技术将能够更好地实现跨系统、跨领域的数据共享和模型互通，为城市规划建设提供更加全面、精准的信息支持。

总之，数字孪生技术作为推动美丽中国建设的重要力量，其应用前景广阔、潜力巨大。相信在政府、企业和社会各界的共同努力下，数字孪生技术一定能够在美丽中国建设中发挥更加重要的作用，为实现城市可持续发展和人民美好生活作出更大的贡献。

［参考文献］

［1］聂蓉梅，周潇雅，肖进，等. 数字孪生技术综述分析与发展展望［J］. 宇航总体技术，2022，6（1）：1-6.

［2］姚俊华. 基于物联网和生态系统的智慧城市可持续设计研究［J］. 科技资讯，2023，21（21）：253-256.

［3］郭全中，杨元昭. 回调、蓄力：元宇宙发展现状、困境与趋势分析［J］. 新闻爱好者，2023（6）：9-15.

[4] 蒋明，李琪，龚才春，等. 元宇宙技术及应用研究进展 [J]. 广西科学，2023，30（1）：14-26.

[5] 张新长，廖曦，阮永俭. 智慧城市建设中的数字孪生与元宇宙探讨 [J]. 测绘通报，2023（1）：1-7，13.

[6] 赵建海，屈小爽. 我国新型智慧城市评价指标体系构建与发展建议 [J]. 未来城市设计与运营，2022（8）：16-19.

[7] 王家耀. 人工智能赋能时空大数据平台 [J]. 无线电工程，2022，52（1）：1-8.

[8] 张新长，李少英，周启鸣，等. 建设数字孪生城市的逻辑与创新思考 [J]. 测绘科学，2021，46（3）：147-152，168.

[9] 李德仁. 数字孪生城市　智慧城市建设的新高度 [J]. 中国勘察设计，2020（10）：13-14.

[10] 刘燕，金珊珊. BIM＋GIS 一体化助力 CIM 发展 [J]. 中国建设信息化，2020（10）：58-59.

[11] 李欣，刘秀，万欣欣. 数字孪生应用及安全发展综述 [J]. 系统仿真学报，2019（3）：385-392.

［作者简介］

崔羽，高级工程师，就职于沈阳市规划设计研究院有限公司。

唐明，高级工程师，就职于沈阳市规划设计研究院有限公司。

云露阳，工程师，就职于沈阳市规划设计研究院有限公司。

靳升，工程师，就职于沈阳市规划设计研究院有限公司。

基于数字孪生技术的天津市中央商务区运营提升实践

□黄亮东，张硬，曹先

摘要： 数字孪生技术在当前智慧城市建设中应用广泛，城市 CBD（中央商务区）既是城市产业经济发展的中心，也是城市发展的窗口，其智慧化建设对于数字孪生技术应用需求迫切。天津市基于数字孪生技术，构建了一整套 CBD 运营提升方案。本文针对天津市 CBD 当前存在的主要问题和提升目标，介绍天津市的"智慧平台＋策划方案＋行动计划＋评估报告"的 CBD 运营提升模式。本文以数字孪生智慧平台的建设实践为主，阐述数字孪生平台在城市二维及三维可视化呈现、载体管理、产业经济运行监测、配套设施共享服务、招商推介等方面的有效作用，同时提出工作机制保障建议。期望以数字孪生平台为基础的 CBD 运营提升模式得到更广泛的应用。

关键词： 数字孪生；CBD；运营提升；招商

0 引言

随着智慧城市理念的普及和国家政策的支持，城市 CBD 的运营管理正逐步向数字化、智能化转型。近年来，住房和城乡部、国家发展改革委、工业和信息化部等部门出台了一系列政策文件，旨在加快推进智慧城市建设。2024 年 4 月 2 日，国家数据局发布《深化智慧城市发展推进城市全域数字化转型的指导意见（征求意见稿）》，鼓励有条件的地方推进城市信息模型、时空大数据、国土空间基础信息、实景三维中国等基础平台的功能整合、协同发展、应用赋能，为城市数字化转型提供统一的时空框架，因地制宜有序推进数字孪生城市建设，推动虚实共生、仿真推演、迭代优化的数字孪生场景落地。在这一背景下，数字孪生技术作为实现城市智慧化的关键技术之一，受到关注并得到广泛应用。

数字孪生技术通过构建城市的数字模型，将物理实体与数字空间相融合，为城市规划和运营管理提供了全新的视角和手段。国内外学者对数字孪生技术在智慧城市中的应用进行了深入研究。例如，日本国土交通省联合多家单位和企业，在东京等 50 多个城市发起了基于 3D 城市模型应用的 PLATEAU 项目，以国土交通省建立的地理空间情报标准为依托，整合了建筑、交通、地理、经济、医疗、防灾等一系列数据，目前在城市活动监测、灾害管理、智慧规划等应用场景方面开展了先行示范建设。此外，王芬旗等人通过实证研究，在数字孪生城市中进行轨道交通二维、三维选线，贯通规划选线后，连接设计、施工和运维，轨道交通全生命周期管理在数字孪生城市中构成完美闭环。

本文旨在探讨数字孪生技术在城市 CBD 运营提升中的具体应用。以天津市 CBD 智慧平台为例，构建以平台为基础的城市 CBD 智慧化赋能提升总体方案，并重点分析数字孪生技术在资源可视化呈现、数字化管理等方面的作用。本文通过研究数字孪生技术的实施路径与机制，为其他城市 CBD 在运营提升智慧应用方面提供借鉴和参考。

1 区域定位及问题分析

1.1 区域定位

天津市 CBD 作为天津的经济心脏和形象展示窗口，承载着推动区域经济增长、促进国际贸易交流的重要使命。依托其优越的地理位置和完善的基础设施，该区域已成为国内外企业投资兴业的热土，汇聚了众多高端服务业和总部经济。其定位不局限于传统的商业贸易中心，更致力于成为华北地区乃至全国的金融服务中心、国际商务交流平台和高端生活体验区。通过持续的创新发展，天津市 CBD 正逐步成为引领城市现代化进程的重要引擎。

1.2 问题及提升目标

1.2.1 主要问题

天津市 CBD 作为城市经济发展的核心区域，面临着多方面的挑战，如经济贡献度不足、产业空心化、写字楼市场租赁需求低、空间治理手段不足及空间闲置问题突出等。

首先，在经济贡献度方面，尽管 CBD 集聚了大量高端产业和企业，但是其对整体经济的拉动作用尚未充分发挥。一些企业存在税收贡献不足、创新能力不强等问题，影响了 CBD 对经济增长的贡献度。其次，产业空心化现象逐渐显现。随着部分产业向外地转移或升级转型，CBD 内的传统产业逐渐失去竞争力，新兴产业的发展尚未形成规模效应，导致产业空心化问题日益突出。再次，写字楼市场租赁需求低。受经济下行和市场需求变化的影响，CBD 部分写字楼出现空置率上升、租金下降的情况，一些商务区内的商业设施、办公空间等存在闲置情况，不仅浪费了资源，也影响了 CBD 的整体形象和吸引力。最后，在空间治理手段方面，CBD 面临着城市规划、交通管理、环境保护等多方面的挑战。如何通过数字化、智慧化升级，进一步发挥空间要素对实体经济发展的支撑保障作用，算好、算活招商引资"空间账"，盘活空间载体资源、引导项目落地，有效整合各类资源，提升城市治理水平，促进 CBD 的可持续发展，是当前亟待解决的问题。

1.2.2 提升目标

一是深化落实"一基地三区"定位和"双中心"建设。CBD 作为航运、金融、商务、商贸等核心功能的聚集地，做好 CBD 的建设规划，就是落实北方国际航运核心区、金融创新运营示范区，以及国际消费中心城市、区域商贸中心城市建设的具体体现。通过规划建设，营造一个经济活跃、环境优越的 CBD，汇聚优势资源，吸纳众多市场主体，推动现代化大都市核心功能实现。

二是推动实现资产盘活、业态提升、产业转型。通过调动商务楼宇、消费市场、城市环境、主体人员等多方要素，盘活 CBD 空间载体的闲置资产，挖掘存量空间"效益"；优化商务市场业态结构，加快产业链相关环节集聚；促进产业转型，强化 CBD 的市场环境建设，加快传统产业升级、新经济产业导入，推动实现 CBD 经济实力、市场吸引力、城市活力的全面提升。

三是提升配套支撑系统能力与水平。坚持目标导向和问题导向相结合，优化 CBD 周边交通、商业、文娱、旅游等相关配套设施空间布局，强化交通动线、停车设施、文旅游线的人性化设计，优化场所体验，全面提升配套支撑系统的服务能力与服务水平。

四是推动服务管理可视化、动态化、智慧化升级。借助现代数字化、信息化技术方法，构建 CBD 的智慧平台，统筹纳入空间、经济、产业、人员、配套等相关信息，实现载体、业态、人员的即时反馈与动态更新，助力市场服务、政府管理、运营招商，推动治理水平治理能力现代化。

2 CBD 提升模式设计

2.1 总体模式设计

建立"1＋1＋N＋N"的 CBD 发展提升模式（图 1）。第一个"1"是指一个数字孪生智慧平台，基于 CBD 智慧平台，沉淀各类数据资源。第二个"1"是指一项发展提升策划方案，通过分析评估平台数据，编制发展提升策划方案。第一个"N"指编制多项行动计划，围绕重点工作、重点领域，形成行动计划；最后一个"N"指多个运行报告，结合平台数据变化及各项行动计划的运行监测情况，编制多项运行报告，形成从平台、策划、行动计划到运行报告的闭环发展提升模式。

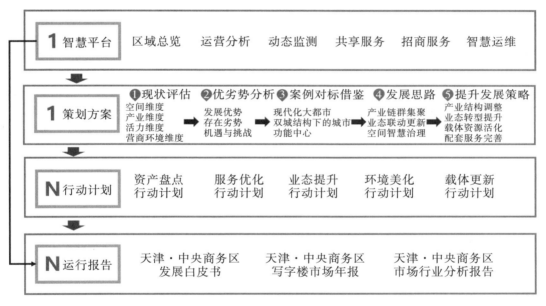

图 1 CBD 提升总体模式设计

2.2 数字孪生平台的定位作用

2.2.1 汇聚数据资源

平台的核心功能之一是数据的汇聚和动态管理。CBD 作为一个复杂的城市综合体，涉及建筑、交通、能源、产业经济等多个领域，每个领域都产生大量的数据。数字孪生平台能够将地形地貌、实景三维、BIM 模型等城市空间数据及重点产业发展数据、企业动态变化数据等数据整合到一个统一的平台上，实现数据的集中存储和动态管理。通过动态更新数据，平台能够反映 CBD 的最新状态，为管理者提供准确、全面的数据支持。基于数字孪生平台沉淀数据的分析，可开展区域提升策划方案、行动计划及运行报告的编制，是各类提升工作的基础数据支撑。

2.2.2 三维可视化及动态监测

紧扣"顶层设计、统一标准"的原则，汇集城市现状、规划、建设、管理全周期要素，以实景三维模型和建筑 BIM 模型为基础，融合二维空间数据，构建 CBD 空间数据底座，利用平台的超渲染功能，实现对现实世界的三维可视化高效呈现。在数字孪生场景中，重点围绕 CBD 的核心发展诉求，实现载体、产业经济、配套设施、楼宇运维、招商服务等维度信息的动态监测和综合分析，为城市发展提供有力支持。

3　数字孪生智慧平台建设

3.1　平台架构

数字孪生平台建设，紧密围绕 CBD 发展提升需求，汇聚二维、三维数据资源，通过数据治理实现数据的标准化建设和三维场景的美化呈现。围绕数据沉淀和管理需求及应用功能开发需求，提供数据资源管理、场景管理、服务管理及二次开发管理。在平台基础上，围绕可视化呈现、楼宇经济运营分析、区域经济活动监测、配套资源共享服务、楼宇的智慧运维、招商服务等场景需求，面向大屏、PC、移动端等多使用场景，提供定制化的数字孪生应用（图 2）。

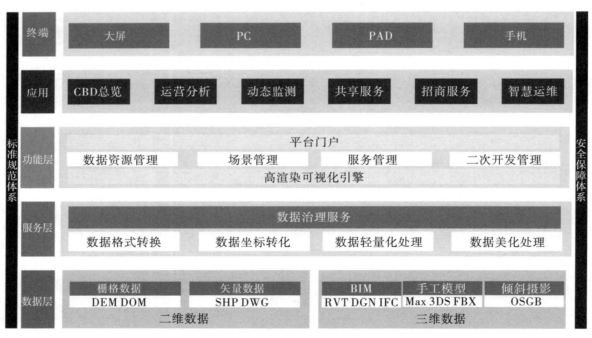

图 2　数字孪生平台总体架构

3.2　关键技术

3.2.1　三维模型轻量化技术

数字孪生平台汇聚海量的实景三维数据、BIM 模型数据，其中数据的轻量化处理是关键。采用三维模型轻量化技术，实现多源异构的各类 GIS、BIM 等数据的无缝融合。在保障数据精度的前提下，通过减少模型的顶点数、三角面数量等方式，降低模型的复杂度，从而减小模型的文件体积。通过合并相似的纹理、使用更高效的纹理压缩算法等方式进行模型轻量化处理。

对模型的顶点位置、法线、颜色、纹理坐标等数据进行压缩,减小模型文件体积。通过轻量化处理,实现几何、属性、纹理等全要素信息的转换,保障模型信息的完整准确。利用多线程技术和分布式处理技术,提升处理效率,保障大范围实景三维数据的建模转换。

3.2.2 高性能图形引擎技术

高性能图形引擎技术提供浏览器端、移动端实时渲染服务,在轻量级平台展现三维场景。运用视频流技术,降低针对系统内存的读写,实现功耗节省目标,减少对终端设备运行温度的影响,不占用过多的硬件资源。

3.2.3 基于 LOD 技术的场景无缝切换技术

三维场景内容越丰富,模型量越巨大,在城市级三维场景中,可视化渲染呈现需要在确保重量级三维场景展示效果的同时也具备最优的性能。通过利用智能 LOD 技术、多级标准划分与模型贴图处理,在保障三维模型外观完整和无缝切换前提下,实现城市级海量数据流畅调度、三维场景可视化漫游、高保真场景渲染。

3.2.4 空间数据云服务技术

空间数据云服务技术不但具备云计算自身的特征,如提供基于 Docker 云架构部署模式、提供基于微服务架构的多实例机制、提供多用户高并发快响应能力、提供多种 NoSql 数据库类型支持能力,而且可将云计算的特征用于支撑地理空间信息各要素的建模、存储、处理,如提供近实时的动态矢量切片技术、提供瓦片数据实时更新能力、提供空间数据一体化存储管理能力等,让平台、软件和地理空间信息方便、高效地部署到以云计算为支撑的"云"基础设施之中,以弹性的按需获取的方式提供基于 Web 的服务。

3.3 建设内容

3.3.1 数据采集治理及模型轻量化

紧密围绕天津市 CBD 提升工作及数字孪生平台运行需求,以按需采集的原则,确定数据采集治理范围,制定数据治理方案,明确数据的责任主体。开展实景三维数据采集、重点楼宇BIM 建模、配套设施数据采集及产业经济等业务专题数据的收集,对各种渠道收集的数据进行治理建库,形成统一的二维、三维数据底座。

一是数据建设范围(表1)。

表 1 数据建设范围

序号	分类	数据名称	数据内容	格式
1	基础地理	DOM	CBD 范围内 0.2 m 精度航空正射影像	tif
2		实景三维模型	CBD 范围内优于 2 cm 精度的实景三维模型	osgb
3		行政区边界	天津市各区行政边界	shp
4		片区边界	高端商务服务集聚区、现代金融服务集聚区、国际航运集聚区	shp
5	建筑	建筑基底	CBD 及周边 2 km 范围的建筑基底数据,包含建筑高度	shp
6		建筑体块模型	基于建筑基底和建筑高度构建的建筑体块三维模型	obj
7		重点建筑 BIM 模型	37 座重点推介写字楼 BIM 模型(基于竣工图)	rvt

续表

序号	分类	数据名称	数据内容	格式
8	产业经济数据	写字楼基本信息	37 座重点推介写字楼基本信息	xlsx
9		载体租售数据	每座写字楼里具体载体的租售情况信息	xlsx
10		企业数据	写字楼内企业分布和企业信息	xlsx
11		税收数据	每栋楼的税收记录、楼内企业的税收记录、区域税收记录	xlsx
12	配套设施	城市路网	城市主干路网	shp
13		轨道交通	地铁线路及地铁站点	shp
14		交通枢纽	火车站、机场	shp
15		公共停车	区域内的公共停车场	shp
16		活力绿道	区域内规划和现状活力绿道	shp
17		星级酒店	区域内四星、五星级酒店	shp
18		商业中心	区域内购物中心、大型商超	shp
19		城市公园	区域内城市综合公园、区级公园	shp
20		特色景点	全市 AAAA 级以上景点、网红打卡地	shp
21		游乐设施	区域内游乐设施	shp

二是 BIM 模型深度。为配合平台应用及可视化需求，对 37 栋商务楼宇进行逐楼层拆分，建筑平面结构按照设计图纸进行真实反映，建筑外墙及外部装饰效果，根据现场拍摄图片、效果图、影像等资料进行设置，外部装饰风格根据立面图示意展现（图 3）。

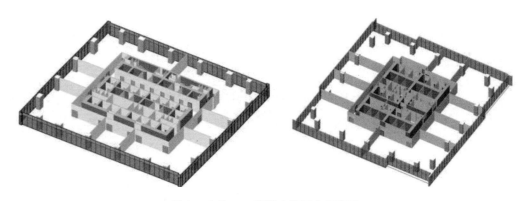

图 3　建筑 BIM 模型建模深度示意图

3.3.2　应用功能

面向领导决策、政府招商和企业服务三个业务场景，提供 CBD 总览、楼宇配套空间全要素信息共享、产业集聚分析等信息服务。通过政务大屏和招商门户，满足不同主体的信息获取及招商选址等诉求。企业可以根据需求，设定个性化比选条件，以获取匹配的招商资源，统揽周边空间要素信息，实现 CBD 资源的精细化、立体化管理与应用。

一是政务大屏。基于多源数据，面向展示、分析、监测、服务、运维五大功能需求，形成 CBD 总览、运营分析、动态监测、共享服务、智慧运维五大模块，实现数据即时更新的可视化、数字化、智慧化应用。

CBD 总览：从人口、用地、配套设施等维度总体介绍 CBD 的概况，按照 CBD 的不同功能分区定位，分别展示区域的空间载体、税收、企业指标，从重点写字楼宇的角度展现楼宇数量、税收、企业、出租情况。

运营分析：按照区域、楼宇、楼层的不同空间尺度，综合分析主要商务写字楼对应的载体、企业、税收情况。以办公规模、出租状态、建筑年代反映空间载体品质与经营情况；以企业数量、行业构成、世界 500 强企业、企业总部反映企业品质与行业集聚情况；以分区、分季度、分行业、分楼宇税收反映 CBD 各层面的经济贡献与产出效率。

动态监测：从载体经营、企业注册、地区活力三个视角，按年度、季度跟踪 CBD 经济指标增减、运营活跃度的变化动态。其中，载体经营结合统计数据，按年度、季度分片区跟踪载体出租面积、税收变化，统计楼宇排行；注册企业结合统计数据，按年度、季度分片区跟踪企业数量变化，统计楼宇排行；地区活力结合网络大数据跟踪商业网点集聚度、点赞评论活跃度。

共享服务：从区域、片区、楼宇三个空间层级，展现交通、商业、文化、公共服务配套设施情况。按照 CBD 的高端商务服务、现代金融服务、国际航运服务定位，重点分析相关设施的配套成熟度。区域层面重点表达区域通达型交通设施、交通枢纽通行时间、大型商业设施、公共服务配套；片区层面重点表达公共交通设施配套、绿道、大型商业设施、公共服务配套；楼宇层面重点表达楼宇周边的停车设施配套、商圈设施构成、公共服务配套、人文设施。

智慧运维：大屏还预留了安防、通行、能源、设施等运维接口，结合相关楼宇的智慧化管理实际，未来将进一步集成楼宇智慧运维的相关信息，实现管理端的闭环。

二是招商门户。面向政府招商推介活动、楼宇招商人员外出推介、企业用户查询检索的需求，基于平台统一的空间和业务数据资源以及三维可视化能力，打造招商门户，创新性嵌入数字孪生场景，生动呈现 CBD 的区位、载体资源、产业集聚及配套政策优势。招商门户同时兼容 PAD 和手机移动端访问，轻便灵活。

三是企业服务。在门户首页整体介绍区域概况、各产业集聚区核心产业经济指标、重点推介楼宇的概况及楼宇内企业入驻情况。从区域、分区、楼宇三个角度总体呈现 CBD 的整体情况。融入数字孪生场景，以三维"一张图"的形式呈现招商载体的空间分布。企业可以通过地图飞行的方式，定位目标载体，在实景中了解载体具体信息。融入招商项目信息介绍、周边配套、可供招商的载体楼层三维可视化场景、项目内部实景图片等信息，供用户按需求进行项目筛选。汇总入驻企业信息，供政府及楼宇方给用户推介时介绍区域级楼宇内的产业链上下游企业集聚情况。汇总天津市、和平区、河西区及 CBD 的相关产业政策、惠企政策，与区域和楼宇进行关联，促使企业及时便捷了解有利信息，促进招商意向形成。

4 工作机制保障建议

4.1 联合专班工作机制

CBD 运营提升工作，依托于数字孪生智慧平台，以各部门专业数据为工作基础，统筹规划，各相关部门联合实施，这样才能达到立竿见影的效果。例如，商务主管部门掌握区域商业楼宇及周边商业情况，规划和自然资源主管部门掌握基础地理、规划及各类空间现状情况，发展和改革部门掌握各类基础投资和企业产值，金融管理部门掌握企业负债及股权情况，国资部门掌握国企的相关经营数据，区政府掌握周边的人口信息。各地开展类似工作，建议形成联合专班，统一工作目标，协同发力。

4.2 多专业协同

CBD 运营提升工作涉及平台开发、策划方案、行动计划、运行报告等多方面工作，该工作综合性强，建议由相关规划部门牵头，金融、交通、产业、社会学、计算机等行业专家参与，形成多专业协同的技术团队，共同制定工作方案并推进实施落地。

5 结语

基于数字孪生技术搭建的智慧平台，汇聚和呈现空间及业务专题数据，可以最大化发挥数字孪生技术在数据可视化呈现、实景模拟及云渲染等技术优势，为城市 CBD 的载体管理、载体运行情况分析、产业经济分析、区域配套设施管理、招商推介提供有效支撑。天津市探索构建以数字孪生智慧平台为基础的"智慧平台＋策划方案＋行动计划＋评估报告"CBD 运营提升模式，统筹谋划，立足基础数据汇聚沉淀，以数据驱动策划方案和行动计划编制，并通过评估机制进行反馈，具有一定的借鉴意义。

[参考文献]
[1] 王芬旗，柳婷，宗二凯. 数字孪生城市轨道交通规划选线应用 [J]. 测绘通报，2023 (5)：158-163.
[2] 王明浩，罗永泰. 科学发展天津 CBD 模式研究 [J]. 城市，2004 (6)：7-11.
[3] 陈龙，郭军，张建中. 三维模型轻量化技术 [J]. 工矿自动化，2021，47 (5)：116-120.

[作者简介]
黄亮东，工程师，就职于天津市城市规划设计研究总院有限公司。
张硬，工程师，就职于天津市城市规划设计研究总院有限公司。
曹先，工程师，就职于天津市城市规划设计研究总院有限公司。

智慧规划理论研究与实践

广东省建成区面积的标度律分析与应用研究

□张浩彬，赵阳，张秀鹏，潘俊钳

摘要：城市标度律是关于城市运行特质的具象反映，有关研究与应用能够支撑城市指标的量化分析与评估，辅助深化城市认知和城市治理及管理。本文基于遥感数据和统计资料进行分析，结果表明，广东省范围内地级市、县级行政区两个空间尺度下的建成区面积均符合城市标度律，地级市空间范围的城市标度律特征表现更加显著，两种尺度下建成区面积与人口规模均属次线性关系，与预期相符；与其他研究案例比较可以发现，广东省的土地利用集约化程度整体较高；广东省域范围内，珠三角与北部山区、东西两翼地区三个地区，均与经济社会发展不平衡的一般认知结果一致，地区之间的土地利用效率存在较为明显的空间分异，珠三角具有明显的土地集约与高效利用优势，且对比国内其他城市和发达国家珠三角在较高的水平，而东西两翼地区与北部山区的土地、人口的城镇化步调则相对失调。

关键词：城市标度律；城市运行；量化分析；土地利用

0　引言

经济社会发展推动世界范围内的城镇化进程不断向前，并达到一个新的高度。中国作为世界上最大的发展中国家，2023年城镇化率已达到66.2%。由于资源环境承载力约束、环境污染问题等与中国的可持续发展理念存在本质的现实冲突，高质量发展和以人为本的新型城镇化发展道路被提出，并得到广泛认可。考虑到均值指标在认识和定位城市方面存在不足，部分学者借鉴生物学、社会科学等领域的标度律范式，拓展和挖掘了城市标度律的研究和应用。根据Bettencourt等人的研究，城市标度律可以提供一种更为全面的城市指标量化研究方法，它基于城市的人口规模数值对城市指标进行线性或非线性的模拟和评估，进而更准确和全面地认知城市、管理城市、发展城市。

城市标度律主要关注城市（区域）体系的整体情况和特征，近年来随着城市作为复杂巨系统被广泛接受和认识，城市内部标度律的研究也逐渐展开。考虑到已有研究多在国家范围或是城市群范围内展开，本文聚焦城市标度律研究领域比较受关注的城市建成区面积指标，选择中国经济发展有代表性的广东省作为研究范围，对其城市标度律符合情况、标度因子所反映的土地利用情况及省域范围内不同经济区域之间的差异情况进行评估分析。本文研究的主要内容：一是广东省范围内，在地级市和县级行政区的不同空间尺度下，关于城市建成区面积的城市标度律符合情况和具体特征；二是基于城市标度律的省域范围地区之间的差异情况。

1　数据与方法

1.1　研究区与数据来源

1.1.1　研究区基本情况

广东省位于中国南部，与海南省隔琼州海峡而望，与香港、澳门联系紧密。广东省是中国改革开放的排头兵、先行地和实验区，经济发展活跃，GDP 总量连续多年居首，更在 2023 年成为首个 GDP 突破 13 万亿元规模的省份。广东省域范围内山地、丘陵、平原和台地均占一定比例，地貌复杂多样。广东省下辖 21 个地级市、122 个县级行政单元，其中东莞市和中山市无县（市、区）级单元。全省共划分为珠三角、粤东、粤西和北部山区 4 个经济区域。其中，粤东、粤西由于在地理位置和社会经济发展程度方面具有一定的相似性，为方便研究，本文将这两个区域合并为两翼地区，两翼地区与珠三角、北部山区所对应的地级市范围见表 1。

表 1　本文研究中的广东省 3 个经济区域划分

经济区域	地级市	地级市数量/个
珠三角	东莞市、佛山市、广州市、江门市、惠州市、深圳市、肇庆市、中山市、珠海市	9
北部山区	河源市、梅州市、清远市、韶关市、云浮市	5
两翼地区（粤东和粤西）	汕头市、汕尾市、潮州市、揭阳市、湛江市、茂名市、阳江市	7
合计		21

1.1.2　数据源及预处理

本文的研究数据主要使用了以下数据资料：一是常住人口数据，来源于广东省统计年鉴，经处理和汇总得到广东省 2021 年度各地级市、县（市、区）的常住人口数量；二是城市建成区数据，结合黄磊等人关于遥感数据与统计资料的比较，综合数据时间节点、空间精度、准确度等研究需要，数据源选择欧洲航天局地表覆盖数据（ESA WorldCover 10m 2021），该数据资料主要从遥感数据提取得到，空间分辨率为 10 m，整体准确度接近 77%；三是行政区矢量数据等其他辅助资料，来源于全国地理信息资源目录服务系统（https://www.webmap.cn/）。

其中，获取遥感数据之后，经拼接、裁切、格式转换与投影等一系列预处理，矢量数据经裁切、投影等预处理，两者平面坐标统一至 2000 国家大地坐标系（CGCS2000）、高斯克吕格投影 6 度分带，并完成数据检核与验证（表 2）。

表 2　数据来源情况

数据名称	时间	类型	参数	来源
常住人口数据	2021 年	文本		《广东省统计年鉴 2022》
城市建成区数据	2021 年	栅格	10 m	https://worldcover2021.esa.int/
空间矢量数据	2019 年	GDB	1∶1000000	https://www.webmap.cn/

1.2 研究方法

1.2.1 城市标度律

城市标度律可按照以下公式解释，用以量评城市在某一时点具体指标量关于城市人口规模的数量关系。

$$Y(t) = Y_0 N(t)^{\beta} \tag{1}$$

式中，Y 为城市指标量，N 为城市人口规模数量，β 称为标度因子，是城市指标关于城市人口规模的数量变化指示因子。根据已有研究，标度因子 β 代表城市（或区域）集合内样本单元随着人口规模的增加，城市指标增速的相对关系，其取值区间与对应解读一般可分为超线性（$\beta >$ 1）、次线性（$\beta < 1$）和线性（$\beta \approx 1$）3 个类别，分别表示城市指标增速超过人口增速、城市指标增速小于人口增速、城市指标增速与人口增速相近。以城市建成区指标为例，2016—2017 年的统计数据检验结果表明，国内城市的标度因子在 0.9 附近，说明国内城市土地面积的增加速度低于人口增速，这在一定程度上体现了经济社会发展的规模效应。

在应用环节，上述公式可做以下对数变换：

$$\log(Y) = \beta \log(N) + \log(Y_0) \tag{2}$$

此时 $\log(Y)$ 是关于 $\log(N)$ 的一阶线性方程，通过带入样本数据对该一阶线性方程进行拟合求解。如以上述公式（1）为代表的城市标度律存在，则预期样本点的拟合优度较好，同时可求解标度因子 β；反之，如拟合优度值较小，则说明拟合不理想，认为城市标度律特征不明显。

1.2.2 地理探测器

地理探测器可探测研究区范围的空间分异性，并用 q 值来具体表征这种分异的程度。广东省域范围内 3 个经济区域之间建成区面积的空间分异特征可基于空间探测器的探测首先予以确认和验证，再基于城市标度律开展比较分析与研究。地理探测器的原理可用以下公式表示：

$$q = 1 - SSW/SST \tag{3}$$

式中，SSW 为子区域内方差之和，SST 为研究区全区总方差；q 为空间分异影响因子，值域范围 $[0, 1]$，q 越大，表示空间分层异质性越强，反之则表示空间随机性分布。

2 研究结果

2.1 研究的空间范围说明

董磊等根据中美两国数据口径实际与比较研究的需要，提出关于标度律研究的城市范围观点：美国的大都市统计区的划定主要考量了人口规模、经济与交通联系等因素，这些因素更能映射区域经济社会的发展，所以美国大都市统计区的空间范围更适合城市标度律研究；有鉴于标度律研究的案例在中美都较为集中，参考地理范围等参数并与美国的空间单元对照，中国的地级市与美国的大都市统计区类似；进一步考虑中国城市化的发展水平，地级市范围由于仍有相当规模的非城市化地区，结合其他的研究案例及结果，综合认定地级市市辖区（或称建成区范围）更适合城市标度律分析与研究。

一方面，非城镇化本身是关于某一项或某一些具体指标的统计概念，而城市本身就包含了一定的非城镇化要素与特征。另一方面，城市标度律是关于城市系统复杂特质的规律机制，这种复杂特质所依赖的要素范畴与范围不得而知，已有研究也承认城市范围的准确描画确实不容易做到。所以，结合国内实际，即一般以行政区单元为施策与管理依据，有关数据资料也较为完善和规范，与此同时，考虑更加精细、更加准确及更加广泛的城市内部标度律适用探究需求，本文选择在地级市和县级行政区两个空间尺度进行。

2.2 城市标度律分析结果

根据公式（1）及公式（2）可计算得到广东省各地级市及县级行政区范围内建成区面积与人口规模的拟合结果（图1）。从中可以发现以下两点。

一是在地级市域范围的空间尺度，广东省各地级市建成区面积的城市标度律特征明显，拟合优度较好（0.8989），标度因子为0.8523，建成区面积与人口规模呈次线性关系，符合预期。说明从小城市到大城市，建成区面积的增加速度小于人口的增加速度，体现了城镇化发展的集聚规模效应。

二是在县级行政区范围的空间尺度，广东省122个县级行政区建成区面积的城市标度律特征仍然明显，拟合优度值为0.8117，比地级市略低，标度因子为0.7789，建成区面积与人口规模呈次线性关系，符合预期。说明在该尺度下从人口少的区域到人口多的区域，同样呈现建成区面积的增加速度较慢、人口的增加速度较快的特征，这与城镇化发展所具有的一般的集聚规模效应相符。

综合来看，在地级市或县级行政区的空间尺度，广东省各地级市、县（市、区）建成区面积的城市标度律特征均较为明显；相较于县级行政区的空间范围尺度，地级市范围的城市标度律特征更加显著。在不同的空间尺度下，建成区面积与人口规模均呈次线性关系，表明城市建设用地的扩张速度低于人口增速，这符合城市经济社会发展具有集聚规模效应的一般预期。基于标度因子与标度关系的定义与解读，对比2016年度和2017年度的研究案例，在地级市或县级行政区的不同空间尺度下，即使纳入非城镇化地区的因素考量，广东省的土地利用效率相较当年的全国平均水平（基于市辖区范围、遥感数据的标度因子为1.05）比较优势较为明显，且已接近或达到发达国家水平（标度因子0.6~0.8的范围）。

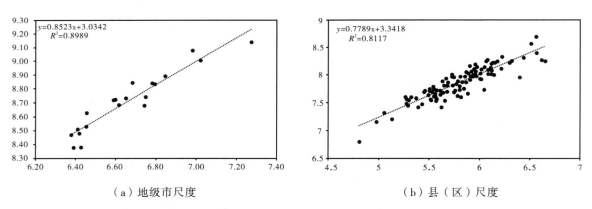

（a）地级市尺度 （b）县（区）尺度

图1 地级市尺度和县级行政区尺度下建成区面积标度律特征拟合结果

2.3 省域内地区差异分析

广东省内珠三角、北部山区与两翼地区的经济社会发展程度迥异，而土地作为发展的基础生产资料，其具体的利用情况差异与比较分析预期在一定程度上能够耦合地区间的经济社会发展特征。首先，基于地理空间探测器对城市建设用地指标的空间分异性进行确认，涵盖地级市、县（市、区）两个空间尺度，q 值分别为 0.2795、0.1165，说明建成区面积要素在两个空间尺度之间存在空间分异性；其次，分析和验证珠三角、北部山区与两翼地区建成区面积的城市标度律符合性，基于上述公式的拟合结果如图 2，3 个经济区域具有城市标度律特征；最后，基于标度因子与对应解释逻辑，对地区之间的用地情况差异进行比较分析。研究结果表明以下两点。

一是在地级市空间尺度，两翼地区及珠三角地区标度因子小于 1，建成区面积指标与人口规模呈次线性关系，但北部山区标度因子略大于 1（1.1208），建成区面积指标与人口规模呈超线性关系。说明在珠三角和两翼地区，建成区面积的增加速度小于人口的增加速度，这与城镇化发展具有集聚和规模效应的一般预期相符合；但在北部山区，建成区面积的增加速度大于人口的增加速度，土地的城镇化与人口城镇化呈现一定程度的速度失调现象。

二是在县级行政区的空间尺度，北部山区、两翼地区及珠三角地区标度因子均小于 1，建成区面积指标与人口规模呈次线性关系。说明建成区面积的增加速度小于人口的增加速度，这与城镇化发展具有集聚和规模效应的一般预期相符合。

汇总结果表明，在地级市或县（市、区）的不同空间尺度下，广东省 3 个经济区域之间建成区面积的标度因子与对比关系存在一定异同。其中，在不同的空间尺度下，北部山区建成区面积与人口规模的标度关系一个是超线性（地级市尺度，大于 1），一个是次线性（县级行政区尺度，小于 1）。在地级市空间尺度下，北部山区的标度因子大于两翼地区，县级行政区尺度下则相反，造成此种差异的原因，可能是涉及的 MAUP（modifiable areal unit problem）问题所致；在两个空间尺度下，珠三角地区对比两翼地区和北部山区，基于标度因子反馈的土地利用效率差异特征明显且一致，即珠三角对比两翼地区和北部山区具有明显的土地利用效率优势。与国内外城市的研究案例相比较，珠三角地区土地利用呈现较为集约和高效的状态，土地城镇化与人口城镇化双向运转比较协调，土地利用效率甚至接近 2016 年和 2017 年发达国家的极限水平，而两翼地区与北部山区的土地城镇化与人口城镇化的速度则相对失调，建设用地利用比较粗放且效率不高。该研究结果与赵绮琪关于广东省域范围珠三角、粤东、粤西和北部山区之间经济社会发展不平衡的研究结果基本一致，即珠三角"独秀"，且与其他地区的比较差距甚为明显。

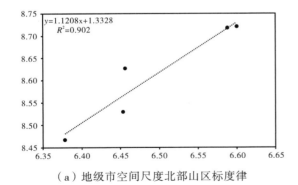

（a）地级市空间尺度北部山区标度律

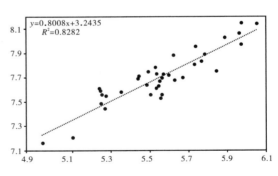

（b）县级行政区空间尺度北部山区标度律

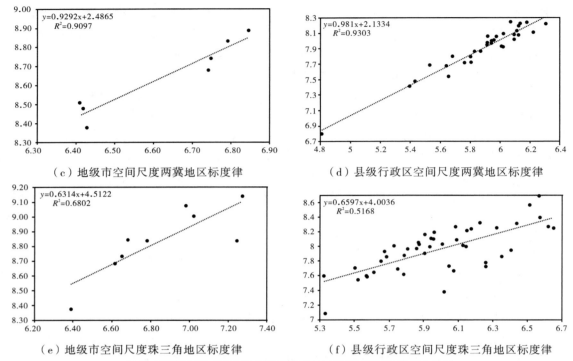

（c）地级市空间尺度两翼地区标度律　　　　（d）县级行政区空间尺度两翼地区标度律

（e）地级市空间尺度珠三角地区标度律　　　　（f）县级行政区空间尺度珠三角地区标度律

图2　不同尺度下三个经济区域建成区面积标度律特征拟合结果

3　研究结论

本文基于遥感数据、统计资料等对广东省域范围建成区面积的城市标度律符合情况进行了验证，并依据标度律因子关于土地利用效率的映射对广东省的土地利用与地区间差异等进行了探究。在标度律特征验证方面，广东省建成区面积在地级市、县（市、区）两个空间尺度下均具有明显的城市标度律特征，建成区面积与人口规模呈现次线性关系，与城市发展所具有的集聚规模效应一般预期符合，其中地级市范围的城市标度律特征更加显著。在土地利用效率比较与评价方面，基于标度因子的分析结果表明，广东省土地利用效率已接近或达到发达国家水平。在辅助和支撑省域内地区差异分析方面，有关分析结果与广东省域内珠三角与北部山区、两翼地区经济社会发展不平衡的一般认知一致，珠三角区域土地城镇化与人口城镇化发展协调，土地利用效率较高，土地的集约化与高效利用达到发达国家水平，而两翼地区与北部山区的土地、人口城镇化发展相对失调，土地利用效率偏低，与珠三角区域的比较差距明显。

[参考文献]

[1] BETTENCOURT L M A, LOBO J, STRUMSKY D, et al. Urban scaling and its deviations: revealing the structure of wealth, innovation and crime across cities [J]. PLoS ONE, 2010, 5 (11): e13541.

[2] 龚健雅, 许刚, 焦利民, 等. 城市标度律及应用 [J]. 地理学报, 2021, 76 (2): 251-260.

[3] 焦利民, 雷玮倩, 许刚, 等. 中国城市标度律及标度因子时空特征 [J]. 地理学报, 2020, 75 (12): 2744-2758.

[4] 符曼, 许刚, 陈江平. 不同类型城市用地面积与人口规模的标度律研究: 以长江经济带城市为例 [J]. 华中师范大学学报（自然科学版）, 2024, 58 (2): 234-243.

［5］官攀，张朠. 标度律视角下城市体检评估与地区差异研究［J］. 城市问题，2022，(8)：24-35.

［6］刘志强，宋佳，余慧，等. 中国城市公园的标度律特征分析［J］. 中国园林，2022，38（7）：50-55.

［7］XU G，XU Z，GU Y，et al. Scaling laws in intra－urban systems and over time at the district level in Shanghai，China［J］. Physica：Statistical Mechanics and its Applications，2020，560：125162.

［8］董磊，王浩，赵红蕊. 城市范围界定与标度律［J］. 地理学报，2017，72（2）：213-223.

［9］王劲峰，徐成东. 地理探测器：原理与展望［J］. 地理学报，2017，72（1）：116-134.

［10］陈彦光. 简单、复杂与地理分布模型的选择［J］. 地理科学进展，2015，34（3）：321-329.

［11］赵绮琪. 广东省域发展不平衡的测度与协调发展之路［C］//中国城市规划学会. 人民城市，规划赋能：2022中国城市规划年会论文集（14区域规划与城市经济）. 北京：中国建筑工业出版社. 2023：11.

［作者简介］

张浩彬，工程师，就职于珠海市规划设计研究院。

赵阳，设计师，就职于珠海市规划设计研究院。

张秀鹏，工程师，就职于珠海市规划设计研究院。

潘俊钳，高级工程师，就职于广东省城乡规划设计研究院科技集团股份有限公司。

基于 POI 数据的合肥市空间结构演变特征与驱动因素研究

□朱恒延，李丹，陈静媛，甘志强，张云彬

摘要：随着我国城镇化进程的不断推进，城市空间结构的演变成为学术界和政府部门关注的焦点之一。本文以合肥市辖区为研究对象，选取 2014 年、2018 年、2022 年城市内不同类型兴趣点（Point of Interest，POI），运用空间分析法、地理探测器、地理加权回归等方法探究城市结构演变特征与驱动因素。研究结果表明：合肥市辖区发展重心向南部移动，呈扩散趋势，但内部集聚程度仍较强；合肥市已形成"多核"发展的城市空间格局，主次中心明显；不同类型 POI 均呈现多中心发展趋势特征，但集聚程度和分布格局存在差异；城市空间结构的演变受到自然环境、经济社会、交通和政府政策等多因素的综合影响。

关键词：空间结构；POI 数据；演变特征；驱动因素

0 引言

随着我国城镇化进程的持续推进，城市空间结构的演变成为关注焦点。这一过程不仅涵盖了人口分布的调整、土地利用的优化、基础设施的完善，以及产业布局的更新，而且深刻反映了城市发展的内在规律和鲜明特点。深入研究城市空间结构的动态演变及其驱动因素，有助于我们更加深入地理解城市发展的脉络和内在规律，进而优化城市发展格局。

关于城市空间结构的研究，国内外学者主要聚焦于以下几个方面：定义与阐释其基本概念、识别与优化城市空间结构、分析城市空间结构的演化模式、评估其绩效和探究影响因素。在识别与优化城市空间结构的研究中，学者们广泛采用地理信息系统（GIS）、遥感技术和空间分析模型等工具，旨在揭示城市内部的空间布局、功能分区以及交通网络等特征。在绩效评估方面，研究涵盖了经济、空间和生态绩效。同时，学者们探讨了多种影响城市空间结构的因素，包括自然地理条件、政府政策导向、基础设施建设和经济发展水平。在研究方法上，在研究城市空间格局时常用的方法有阈值法和空间分析法，其能够有效地识别出城市的空间布局和特征。此外，研究者尝试运用缓冲区分析法和空间计量法探究影响城市空间结构的因素。传统的研究多依赖于通过调查获得的数据，但随着技术的进步，城市大数据在研究领域扮演着愈发重要的角色，包括夜间灯光数据、社交软件签到数据、网约车行驶轨迹、手机信令数据等。POI 数据具有规模大、覆盖面广、精度高等优点，使研究者能够更准确地识别不同功能的城市中心并进行定量分析。尽管城市空间结构研究已取得众多成果，但是主流关注点依旧集中在经济发达、空间结构相对稳定的城市。对于空间结构正在形成和发展中的城市，关注和研究相对较少。此外，对于影响因素的分析多停留在定性层面，研究维度也多为宏观的区县尺度，难以深入剖析城市内部空间结构形成的驱动因素及作用规律。在中国城镇化发展进入新阶段之际，优化城市空间结构对于提升城市发展质量、实现"提质增效"和"瘦体健身"的目标具有重要意义。

1 研究区域、数据来源与研究方法

1.1 研究区域

本文选取合肥市市辖区（蜀山区、包河区、瑶海区、庐阳区）作为研究区域，总面积 1339 km²，2022 年常住人口 532.3 万人，2022 年 GDP 总和为 4961.18 亿元。

1.2 数据来源

本文通过高德地图应用程序接口获取原始 POI 数据。对原始数据进行"清洗"处理，得到 3 个时间节点的 POI 数据集：2014 年 POI 数据 41941 条，2018 年 POI 数据 156001 条，2022 年 POI 数据 203555 条。并基于高德地图的 POI 分类体系，结合各类 POI 在城市中的功能，对其进行筛选和分类，同时参考兰峰对西安市多中心空间结构演变特征的研究，将 POI 数据细分为以下五类：生活商业类、公共服务类、休闲娱乐类、商务金融类和居住类（表 1）。

表 1 合肥市辖区 POI 数据类型

POI 分类	包含内容
生活商业类	购物服务、餐饮服务、生活服务
商务金融类	公司服务、金融服务、写字楼、商住两用楼、产业园区
公共服务类	科教文化、医疗保健、政府机构、社区中心、运动馆、交通基础设施
休闲娱乐类	住宿服务、娱乐场所、度假疗养场所、休闲场所、影剧院、风景名胜
居住类	住宅小区、宿舍、别墅、其他居住相关楼宇

1.3 研究方法

1.3.1 核密度函数估计法

核密度函数估计法用于揭示 POI 设施的空间分布特征和规律。以每个样本点为中心，通过核函数计算出每个栅格单元内 POI 设施的密度贡献。计算公式：

$$f_n(x) = \frac{1}{nh} \sum_{i=1}^{n} K\left(\frac{x - x_i}{h}\right) \tag{1}$$

式中，$x - x_i$ 表示样本点 x_i 与 x 间的距离，h 为核密度带宽，$k\left(\frac{x - x_i}{h}\right)$ 为核密度函数。文中根据已有城市的研究与合肥市辖区实际情况选取 1500 m 搜索半径做进一步分析。

1.3.2 标准差椭圆

标准差椭圆用于分析和描述 POI 设施的方向性分布特征和集中程度。通过计算一系列关键参数，如椭圆的几何特性、中心位置坐标、椭圆的旋转角度等，来量化并可视化 POI 的空间分布模式。计算公式：

$$\sigma_x = \sqrt{\sum_{i=1}^{n} \left[(x_i - \overline{x})\cos\theta - (y_i - \overline{y})\sin\theta\right]^2 / n} \tag{2}$$

$$\sigma_y = \sqrt{\sum_{i=1}^{n}\left[(x_i - \overline{x})\sin\theta - (y_i - \overline{y})\cos\theta\right]^2 / n} \tag{3}$$

式中，θ 为旋转方向角，σ_x、σ_y 分别为椭圆的长轴、短轴的标准差。

1.3.3 平均最近邻距离

平均最近邻距离用于分析和描述 POI 点之间的分布规律性、聚集性以及空间自相关特征。通过计算同类型 POI 点之间的平均距离，来量化并描述同类 POI 点的最邻近度。计算公式：

$$R = d_i / d_e = \frac{\sum_{i=1}^{n}\min(d_{ij}/n)}{1/2\sqrt[2]{n/A}} \tag{4}$$

式中，d_i 为平均最近邻观测距离值；d_e 为平均最近邻期望距离值。

1.3.4 热点分析

由于核密度估计中的高值地区可能不是具有统计学意义上的热点。热点分析能够分析 POI 设施在空间上的聚集模式，并确定这些模式是由随机过程而产生，还是由某种空间过程的非随机性所致，热点分析更具准确性。Z 值计算公式：

$$G_i^* = \frac{\sum_{j=1}^{n}W_{i,j}x_j - \overline{X}\sum_{j=1}^{n}W_{i,j}}{S\sqrt{\dfrac{n\sum_{j=1}^{n}W_{i,j}^2 - (\sum_{j=1}^{n}W_{i,j})^2}{n-1}}} \tag{5}$$

式中，x_j 为要素 j 的属性值，$W_{i,j}$ 为空间权重矩阵，S 为标准差，G_i^* 为 Z 得分。本文选取 500 m×500 m 的格网对合肥市辖区进行进一步分析。

1.3.5 地理探测器

地理探测器是一种统计学模型，其核心优势在于可高效地解析空间层次的精细异质性，非线性地揭示影响因素的关键作用。它突破了传统方法对线性关系和变量相关性的约束，独特地揭示了各变量间的复杂联系。本文通过地理探测器来确定城市空间结构演变的驱动因素。计算公式：

$$q = 1 - \frac{\sum_{h=1}^{L}N_h\sigma_h^2}{N_\sigma^2} = 1 - \frac{SSW}{SST} \tag{6}$$

$$SSW = \sum_{h=1}^{L}N_h\sigma_h^2,\ SST = N\sigma^2 \tag{7}$$

式中，N_h 为子区域样本数，σ_h 为子区域样本方差，q 值为自变量 X（评估因子）对因变量的解释力。

1.3.6 地理加权回归法（GWR）

使用地理加权回归（GWR）模型进行局部拟合，可以精确地揭示不同地理位置上的影响因素对 POI 要素聚集产生的具体效应。其考虑了空间异质性，允许回归系数在空间上随位置的变化而变化，从而提供比传统全局回归模型更为细致和准确的局部影响分析。模型计算公式：

$$y_i = \beta_0(u_i,\ v_i) + \sum_{j=1}^{k}\beta_{bwj}(u_i,\ v_j)x_{ij} + \varepsilon_i \ (i=1,\ 2,\ \cdots,\ n) \tag{8}$$

式中，$\beta_0(u_i,\ v_i)$ 为常数项，β_{bwj} 为局部回归得到的回归系数，$(u_i,\ v_i)$ 为第一个样本点空间坐标，x_{ij} 为解释变量，ε_i 为随机误差项。

2 结果与分析

2.1 合肥市空间结构演变总体特征分析

2.1.1 空间发展趋势

合肥市辖区总体城市发展方向为向南部偏移，发展速度不均衡。根据 3 个年份的标准差椭圆面积大小，2014 年的整体椭圆面积较小，呈现出较强的空间集聚特征。2018 年，标准差椭圆面积略微扩大，POI 设施的空间分布逐渐呈现向外扩散的态势。2022 年，标准差椭圆面积大幅增大，说明 POI 设施数量明显增加，并向周围地区扩散，但依然保持较强的集聚程度。从 3 个年份的空间平均中心坐标来看，研究期内合肥市辖区空间分布中心坐标偏移程度不大，2014—2018 年偏移了 0.45 km，2018—2022 年偏移了 0.46 km，平均中心依旧在南一环路与金寨路交叉口附近，移动路径呈现由东北向西南移动态势，速度较稳定；从 3 个年份椭圆分布方向上来看，合肥市辖区的 POI 设施分布总体上呈现出"东北—西南"的方位特征，研究期内椭圆的旋转角度由 78.28° 变化到 75.00°。总体而言，2014—2022 年合肥市辖区整体的发展方向变动较大。

2.1.2 集聚程度变化

合肥市辖区整体空间布局呈现向外扩散态势，但区域内部集聚程度依然较强。根据平均最近邻距离的结果（表 2），研究期内，合肥市辖区的 POI 设施总体 R 值由 2014 年的 0.206 增加到了 2022 年的 0.306，表明 POI 设施点的集聚程度有所降低，逐渐从城市中心地区延伸至城市外围地区。总体 POI 设施点的平均观测距离由 2014 年的 24.77 m 减小到了 2022 年的 17.58 m，表明 POI 设施点的数量虽然在增加，但仍存在显著的空间集聚特征。

表 2　2014 年、2018 年、2022 年合肥市辖区 POI 平均最近邻分析结果

POI 类型	年份	平均观测距离/m	R 值	POI 类型	年份	平均观测距离/m	R 值
生活商业类	2014 年	26.25	0.158	休闲娱乐类	2014 年	103.95	0.262
	2018 年	13.30	0.169		2018 年	52.68	0.243
	2022 年	19.43	0.277		2022 年	97.05	0.339
公共服务类	2014 年	68.43	0.253	居住类	2014 年	88.15	0.280
	2018 年	41.73	0.257		2018 年	115.63	0.387
	2022 年	50.00	0.361		2022 年	144.00	0.427
商务金融类	2014 年	56.95	0.211	总体	2014 年	24.77	0.206
	2018 年	37.02	0.231		2018 年	13.45	0.204
	2022 年	49.15	0.354		2022 年	17.58	0.306

2.1.3 核心分布变化

合肥市辖区已形成"一核多心"的空间结构形态，3 个次级核心已初具规模。通过对比 2014—2022 年合肥市辖区核密度分析结果可知，2014 年合肥市辖区的核心集聚区为四牌楼核心区，并由此逐渐向周围延伸，在双岗和长准附近出现次高值区域，同时，在天鹅湖、科学大道以及东二十埠附近出现二级集聚区雏形；2018 年合肥市辖区多极化趋势更加显著，城市主要核心区并未改变，但其聚集程度和辐射范围逐渐扩大，并向外围蔓延，与 2014 年出现的二级集聚

区相连，在经开区和滨湖新区出现新的二级集聚区雏形；2022 年合肥市辖区城市中心体系继续深化，四牌楼主核心区与合肥市政府次核心区融合形成局部高值区，并向外蔓延；同时，增加多个点状高值核心区雏形，在南部滨湖新区形成以合肥市滨湖世纪城为中心的集聚区，安徽省政府也临近该区域，在西南部经开区形成以中环购物中心为中心的集聚区，其二级集聚区与合肥市政府次核心区相连。

2.2 基于 POI 分类的空间结构演变特征分析

在各类型 POI 集聚特征方面，各类型 POI 设施点的集聚程度有不同的变化（表 2）。其中，居住类的扩散程度最高，R 值由 2014 年的 0.280 增加到了 2022 年的 0.427，说明伴随着合肥城市建设和社会经济的不断发展，吸引了许多外来人员；同时，由于合肥的新区基础设施不断完善以及老城区各类问题的凸显，人们对居住环境的要求提高，更加倾向于选择距市中心较远但环境更好、生活更便捷的区域居住。商务金融类的扩散程度也较高，R 值由 2014 年的 0.211 增加到了 2022 年的 0.354，说明在合肥各类新区和开发区不断发展和政府的政策引导下，许多公司企业总部选择向这些新区转移，形成产业集聚效应。但生活商业类的 POI 集聚程度仍较高，反映出生活商业设施仍集中于城市中心。从平均观测距离来看，公共服务类的 POI 平均观测距离缩小程度最大，从 2014 年的 68.43 m 缩小到了 50 m，说明合肥市在公共服务设施的建设上持续加大投入，并注重提升服务质量和覆盖范围，已颇见成效。居住类的 POI 平均观测距离最长并逐年增加，说明随着城市人口的增加和经济发展，合肥城市中心区域已经发展饱和，住房建设逐渐向外围地区扩散，形成了更广泛的居住区域。

在热点区域分布特征方面，公共服务热点区在 2014 年主要集中在四牌楼附近，作为合肥市最早的城市中心，该地区集中了大量的公共服务设施，是合肥市主要公共服务功能的重要承载地；到 2022 年，公共服务设施服务范围已整体扩大并南移，随着 2016 年安徽省政府搬迁到滨湖新区，带动了公共服务设施在此集聚，形成新的政务服务中心。居住类热点区始终呈现集聚分布格局，随着时间的推移，热点区和次热点区范围逐渐向周围扩散，最终形成连片的热点区。商务金融类热点区则始终呈现多中心发展格局，在外围地区形成多个热点区和次热点区，主要集中在高新区、经开区、滨湖新区、少荃湖等区域，这些热点区和次热点区已逐渐发展成各个区域的商务金融中心。生活商业类热点区 2014 年呈现明显的四牌楼核心集聚分布格局，在发展中逐渐向外蔓延，2022 年热点区呈现多峰分布格局，涵盖了万象城、高新银泰、滨湖银泰等大型商业购物中心。休闲娱乐类热点区 2014 年单中心分布格局逐渐瓦解并向南部扩散，2018 年热点区开始出现双核发展态势，2022 年在双核分布格局的基础上向周围扩散，次热点区逐渐相连形成带状格局。

3 合肥城市空间结构演变驱动因素

3.1 城市空间结构演变驱动因素选择

城市空间结构是一个错综复杂的系统，其演变受到多种因素的影响。这些因素包括但不限于自然条件、经济社会发展、交通设施水平及政府政策等，它们相互交织、共同作用，塑造了城市空间结构的独特面貌。自然条件在城市发展中发挥着基础作用，其中，高程和坡度直接影响着城市建设的难度和成本，从而影响城市空间结构布局。城市空间结构的演变在很大程度上是由社会经济的持续发展所推动的，城市不断扩张，人口和产业不断集聚优化，形成了规模效益，同时产生拥挤现象，迫使部分人口向城市外围迁移，引发城市空间结构的调整。交通网络对城市空间结构也具有重要影响，交通设施的布局决定了城市内部的交通流动性，影响着各个区域的发展。

经过多次验证，本研究以 1 km×1 km 格网作为均质单元，将格网内 POI 个数作为被解释变量。通过参考相关研究的研究成果并考虑数据的实际可获取性后，本文选取高程、坡度、人口密度、夜间灯光指数和道路密度这五项关键指标作为解释变量，以分析其对城市空间结构演变的影响（表3）。由于传统 GDP 统计数据多以城市或地区为单位进行汇总计算，难以揭示较小地理区域内的经济特性。因此，本文采用夜间灯光指数作为经济因素的替代指标，以更准确地捕捉社会经济活动在城市空间中的分布情况。

表 3　驱动因素指标描述

变量属性	变量	指标描述
自然因素	高程	每平方千米栅格平均海拔
	坡度	每平方千米栅格平均坡度
社会因素	人口密度	每平方千米栅格人口数量
经济因素	夜间灯光指数	每平方千米栅格平均灯光指数
交通因素	道路密度	每平方千米栅格路网长度

3.2　基于地理探测器的指标因素确定

通过地理探测器对影响因子进行探测，对 2014 年、2018 年、2022 年三年因素的影响因子平均值（表4）排序：人口密度（0.494）＞夜间灯光指数（0.340）＞道路密度（0.125）＞高程（0.106）＞坡度（0.098）。

从探测影响因子作用强度的时序演化分析可以看出，人口密度与高程两项影响因素的因子解释力呈下降趋势，社会经济作为核心驱动力推动了城市空间结构的动态变迁和扩展。但随着近些年合肥城市规划和管理的不断强化，产业结构不断调整和优化，使得合肥市城市空间布局受到社会经济因素的影响逐渐变小。同时，合肥市城市空间布局受交通因素的影响逐渐增大，路网密度的因子解释力呈上升趋势。

表 4　2014 年、2018 年、2022 年合肥市辖区影响因子探测结果

		坡度	高程	人口密度	夜间灯光指数	道路密度
年份	2014 年	0.090	0.127	0.498	0.349	0.101
	2018 年	0.093	0.116	0.506	0.322	0.127
	2022 年	0.111	0.074	0.479	0.349	0.146
平均值		0.098	0.106	0.494	0.340	0.125

3.3　基于 GWR 的影响因素空间分异

本文采用地理加权回归（GWR）模型，深入剖析城市空间结构影响因素在空间层面上的异质性，对合肥市辖区 2022 年的相关影响因素进行了局部空间回归分析，并获得了各指标系数的

空间分布图，从而进一步探讨了各指标影响效应在空间上的差异。

一是自然因素方面，兼具高程负效应和坡度正效应的区域涵盖滨湖新区、高新区和经开区，POI 要素分布受到自然因素影响相对较小。其中，坡度具有显著的负相关性，表现为由南向北递减的趋势；高程则呈现出由中心向南北两侧递减的趋势，其回归系数的空间分布差异显著，并且这种差异具有明显的不平衡性。

二是经济因素方面，尽管 POI 聚集受空间布局影响明显，但各网格单元间的回归系数表现出相对一致的波动性和显著的差异性。人口密度对于 POI 空间分布的不均衡性具有显著影响，形成了多个峰值区域。其中，合肥市中部和南部区域的回归系数相对较大。针对这一现象，有学者根据新经济地理学中的"集聚的外部不经济"理论进行了深入解释。

三是交通因素方面，路网密度的提升能有效地提升城市居民出行的效率和便捷性。道路路网密度的回归系数在城市的西部边缘区域显示最大，这凸显了在城市新区发展和建设中四通八达的路网的重要性。同时，随着城市公共交通体系的不断完善和提升，城市居民的出行体验得到了显著提升。

尽管自然、经济、社会、交通等多方面的指标能够较为全面地反映合肥市辖区城市空间结构的演变，但根据 R^2 值为 0.657（表 5），可以推断出仍有其他尚未被充分考虑的驱动因素在影响城市的空间结构演变，如历史文化、政策导向、科技水平、环境条件等因素。

表 5　影响因素地理加权回归分析结果

	最小值	最大值	中位数	平均值
高程	−5.015	5.123	−0.281	−0.243
坡度	−93.342	88.103	12.721	10.698
人口密度	0.012	0.074	0.034	0.035
夜间灯光指数	1.326	12.182	4.304	4.570
道路密度	−6.032	50.428	0.017	1.767
R^2	0.657			

注：R^2 为回归平方和与总离差平方和的比值。

4 结语

本文通过对合肥市辖区空间结构演变及其驱动因素分析，得到以下结论：合肥市辖区城市发展重心逐渐向南移动，发展速度不均衡，城市整体布局呈现扩散态势，但区域内部集聚程度依然较强。从空间格局来看，合肥市已形成"多核"发展的总体空间格局，城市主次中心分布呈现"多点辐射＋面状蔓延"的空间发展格局。各类型 POI 均呈现出多中心发展的演变特征，但不同类型 POI 集聚程度与分布格局仍存在不同。城市空间结构的演变受到自然环境、经济社会、交通和政府政策等多因素综合影响。

本文还存在许多局限之处。仅选取了 3 个时间节点的 POI 数据进行初步分析，虽然有效揭示了合肥市城市空间结构的演变趋势，但是未能全面展现其整体演变过程。同时，在数据的获取上，由于数据获取时涉及的年份存在跨度，不同年份信息化水平不一致，可能会存在数据误差。由于数据获取的局限性问题，对城市空间结构演变的驱动因素进一步研究则需要选取更加丰富的驱动因素进行分析。

[参考文献]

[1] 郭嘉颖，魏也华，陈雯，等. 空间重构背景下城市多中心研究进展与规划实践 [J]. 地理科学进展，2022，41 (2)：316-329.

[2] 毛帅永，焦利民，许刚，等. 基于多源数据的武汉市多中心空间结构识别 [J]. 地理科学进展，2019，38 (11)：1675-1683.

[3] 马秀馨，刘耀林，刘艳芳，等. 时间异质性视角下对中国城市形态多中心性演化的探究 [J]. 地理研究，2020，39 (4)：787-804.

[4] 刘修岩，李松林，秦蒙. 城市空间结构与地区经济效率：兼论中国城镇化发展道路的模式选择 [J]. 管理世界，2017，(1)：51-64.

[5] 王晓红，李宣廷，张少鹏. 多中心空间结构是否促进城市高质量发展?：来自中国地级城市层面的经验证据 [J]. 中国人口·资源与环境，2022，32 (5)：57-67.

[6] 陈洪星，杨德刚，李江月，等. 大数据视角下的商业中心和热点区分布特征及其影响因素分析：以乌鲁木齐主城区为例 [J]. 地理科学进展，2020，39 (5)：738-750.

[7] 王晖，袁丰，赵岩. 南京都市区就业空间结构与区位模式演变研究 [J]. 地理科学进展，2021，40 (7)：1154-1166.

[8] 徐银凤，汪德根，沙梦雨. 双维视角下苏州城市空间形态演变及影响机理 [J]. 经济地理，2019，39 (4)：75-84.

[9] 薛冰，肖骁，李京忠，等. 基于兴趣点 (POI) 大数据的东北城市空间结构分析 [J]. 地理科学，2020，40 (5)：691-700.

[10] 袁晓玲，王书蓓，贺斌. 中国城市多中心发展格局演化及驱动因素研究 [J]. 城市问题，2023，(12)：60-69.

[11] 兰峰，林振宇，黄歆. 基于 POI 数据的西安市多中心空间结构演变特征与驱动因素研究 [J]. 干旱区资源与环境，2023，37 (11)：57-66.

[12] 高子轶，张海峰. 基于 POI 数据的西宁市零售业空间格局探究 [J]. 干旱区地理，2019，42 (5)：1195-1204.

[13] 张爱霞，马斌斌，卢家旺，等. 基于 POI 数据挖掘的兰州市休闲旅游空间格局及其驱动机制研究 [J]. 干旱区资源与环境，2022，36 (11)：200-208.

[14] 兰峰，张祎阳. 教育的空间效应：均衡还是失配?：以西安市小学教育资源为例 [J]. 干旱区资源与环境，2018，32 (5)：19-26.

[15] 王劲峰，徐成东. 地理探测器：原理与展望 [J]. 地理学报，2017，72 (1)：116-134.

[16] 王雪，白永平，汪凡，等. 基于街道尺度的西安市零售业空间分布特征及其影响因素 [J]. 干旱区资源与环境，2019，33 (2)：89-95.

[作者简介]

朱恒延，就读于安徽农业大学林学与园林学院。

李丹，讲师，就职于安徽农业大学林学与园林学院。

陈静媛，讲师，就职于安徽农业大学林学与园林学院。

甘志强，就读于安徽农业大学林学与园林学院。

张云彬，教授，就职于安徽农业大学林学与园林学院。

融合空间要素的产业分析及准入决策数字化实践

——以东莞水乡功能区为例

□陆生强，黄滢冰，何莹，赵克飞

摘要： 产业发展布局决策研究有利于改变资源消耗大、污染环境的粗放型经济发展模式，有利于优化资源配置，促进产业转型升级。本文通过汇聚自然资源、产业、企业、经济等多源产业要素大数据，挖掘各要素间的内在关联及外在显现，构建包含 6 个一级指标、22 个二级指标的企业等级评价指标体系，完善匹配度计算和用地符合性分析的产业准入评价体系，制定企业分等定级划分和规划准入评测方法，并配套开发决策应用平台。结果显示，该体系方法可有效支撑企业分等定级划分和辅助用地配置决策，研发的可视化决策平台可实现准入规则空间分析，作为出台差异化管理政策和优化地区产业发展结构的重要参考。

关键词： 大数据；GIS；决策支持；产业招商

城市的产业用地（尤其是第二产业用地）作为城市经济发展的基础性生产要素和重要空间载体，是推动城市高质量发展的关键因素，其科学配置对推动空间集约节约利用、产业经济效益增长和产业创新具有重要意义，同时还影响着城镇空间结构的优化和国土空间的开发保护。在粗放式城镇化发展地区，产业用地布局相对散而无序，空间集聚性差，配套设施局部失衡，造成资源环境不可持续。当前是城市高质量发展阶段，亟须充分顾及全产业链协同发展和产业生态优化布局，统筹制定招商引资方案，推动产业转型升级和产业集群发展，提升城市形象。

空间数据是智慧城市各类应用场景研究的重要基础。在产业转型升级新阶段，融合空间要素的产业评价及智能决策支持研究，可在科学决策招商引资、优化产业布局、数据赋能城市品质提升及区域发展升级等方面发挥显著作用。本文以珠江口东岸的东莞水乡功能区为例，结合该地区产业层次整体不高、创新动力不足、基础相对薄弱等现实情况及地区转型升级政策，针对产业结构、土地利用、营商环境等问题，以产业要素为研究对象，结合地理空间大数据，构建符合该研究区实际的企业准入评价和分等定级评价方法，形成区域产业发展与布局决策支持模型，为产业用地利用提供科学诊断与优化思路，辅助甄选引入新项目和新企业，促进招商引资成效升级、产业园区提质增效、产城融合宜居宜业。

1 研究区概况及数据

1.1 研究区概况

东莞水乡功能区（以下简称"功能区"）位于东莞市西北部、粤港澳大湾区腹地，处于珠三角 1 小时生活圈的地理中心，是佛莞惠城际轨道、穗莞深城际轨道的重要换乘枢纽。功能区由五镇（麻涌、中堂、望牛墩、洪梅、道滘）组成，面积 270 km²，三次产业比例为 0.8：62.0：37.2。功能区产业结构仍较为传统，战略性新兴产业和新型服务业规模偏小，固定资产投资和高新技术培育略有不足，产业调整升级的迫切性较强。根据《东莞水乡特色发展经济区发展总体规划（2013—2030 年）》《东莞市水乡功能区产业协同发展规划（2020—2035 年）》，功能区将打造以 5G+智能制造、生命健康、现代服务业为主体的镇域经济产业体系。功能区将在要素资源有效配置、产业扶持政策强化及公共配套提升三大方面寻求突破，以建立更具竞争力的城市营商环境。

1.2 研究区数据

本文汇聚产业要素大数据，制定数据与信息的存储标准，通过云技术进行预处理和存储，构建企业知识库、区域产业知识库。本文的产业大数据涉及基础地理信息数据、规划专题数据、产业专题数据、管理专题数据。基础地理信息数据涉及行政界线、历年影像、各期地形图、历年土地利用现状、地籍数据、地名地址、路网、河流、存量土地、工业园区及兴趣点数据等；规划专题数据涉及土地利用总体规划、城市总体规划、控制性详细规划、各类专项规划等；产业专题数据涉及企业信息及其经济数据等 30 余项；管理专题数据涉及用地报批、土地供应、土地储备、规划设计红线、选址红线、用地红线、工程规划许可红线等。

经过对数据的汇聚和治理（统一时空基准、分析、清洗、萃取、提炼等），挖掘数据之间显性和隐性的产业信息关联关系，制定统一数据分类体系与编码规则，形成涵盖产业全要素的数据目录体系。基于产业用地的空间定位，为产业信息与土地数据建立有效关联，从实用的角度构建产业用地数据模型，建立产业与用地关联关系。通过产业、企业、空间、经济等多源产业要素大数据，挖掘各要素间的内在关联及外在显现，开展企业准入评价和企业运营评价（图 1），为产业布局优化及产业招商决策等应用场景提供更为科学精准的辅助决策支持服务。

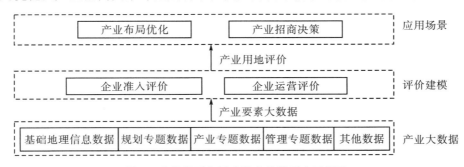

图 1　产业发展布局决策支持模型应用设计

2 评价决策方法

从分等定级评价和规划准入两个维度开展区域产业发展与布局评价决策支持研究，通过构建企业运营评价体系和企业准入评价体系，提供企业分等定级划分结果和准入评测结果，支撑产业布局优化和产业配置决策。

2.1　分等定级评价

2.1.1　评价指标构建

企业分等定级评价首先要构建已入驻的企业的运营评价指标体系。本文构建了包含 6 个一级指标、22 个二级指标的企业分等定级评价指标体系，其中一级指标为创新能力、成长态势、产业带动、经济实力、绿色发展、产城适配。该评价指标体系框架以综合性、科学性、系统性、可操作性与合理性为原则，同时参考和综合了国内外非政府组织企业评价指标体系及《广东省制造业企业发展质量评价指引（试行）》《东莞市先进制造业高质量发展综合评价办法（试行）》。

2.1.2　分等定级方法

评价过程和计算方法主要包括指标体系的选择、数据无量纲化处理、权重与目标值确定、综合评价等。本文分为确定评价指标权重、计算综合得分、企业分等定级 3 个步骤。

一是确定评价指标权重。采用专家调查法（Delphi）和层次分析法（AHP）确定评价指标权重，在此基础上结合综合评价，得出各级指标权重。评价指标权重设置按规模以上企业与规模以下企业分类，规模以上企业按照成长型、成熟型对应不同权重评价标准，规模以下企业实行统一权重评价标准。企业分等定级评价指标体系权重如表 1。

二是计算综合得分。制定企业分等定级评价指标体系权重值，计算企业单个指标评分以及增加权重比例的综合得分，企业综合得分为企业各项指标评分乘以权重之和。

三是企业分等定级。制定企业分等定级划分标准，对各项评价指标加权得分的结果按照从高到低原则排列。企业运营评价等级按照表 2 标准划分。

表 1　企业分等定级评价指标体系权重值

序号	数据要素	具体要素指标	权重（成长型规模以上企业）	权重（成熟型规模以上企业）	权重（规模以下企业）
1	自然资源相关要素	规划匹配度	0.02	0.03	0.09
2		已建容积率	0.02	0.02	0.08
3		土地及物业合法性	0.01	0.02	0.05
4		亩均工业增加值	0.04	0.07	
5		亩均税收	0.05	0.07	0.18
6		产业类型（行业前景）	0.08	0.09	0.20
7		产业上游空间集聚度	0.07	0.09	
8		建筑品质和形态	0.02	0.03	
9	科技创新相关要素	R&D 经费支出占主营业务收入比重	0.07	0.05	
10		智能机器装备应用覆盖率	0.09	0.06	
11		发明专利申请数量/软件著作权数量	0.06	0.05	

续表

序号	数据要素	具体要素指标	权重（成长型规模以上企业）	权重（成熟型规模以上企业）	权重（规模以下企业）
12	经济相关要素	工业增加值占全镇 GDP 比例	0.03	0.06	
13		净资产收益率	0.02	0.04	
14		近三年毛利润率增长率	0.04	0.03	
15		近三年用电量增长率	0.06	0.02	
16		近三年大专及以上学历人数增长率	0.04	0.02	
17		单位综合能耗增加值	0.06	0.03	
18		全员劳动生产率	0.03	0.05	0.07
19		下一年度增资扩产计划	0.07	0.03	
20	其他基本要素	主营业务东莞本地供应商数量占国内总供应商数量的比重	0.04	0.07	
21		污染源控制级别＋环保信用评级	0.06	0.04	0.10
22		企业从事研发和技术人员比例	0.02	0.03	
		亩均主营业务收入/（万元/亩）			0.11
		近三年主营业务收入增长率			0.12％

表 2　企业分等定级划分标准

企业类别	级别	划分标准
规模以上工业及仓储物流企业	A 级	排名前 1％～＜15％企业
	B 级	排名 15％～＜70％企业
	C 级	排名 70％～＜90％企业
	D 级	排名后 10％企业
规模以下工业及仓储物流企业	A 级	排名前 1％～＜15％企业
	B 级	排名 15％～＜70％企业
	C 级	排名 70％～＜90％企业
	D 级	排名后 10％企业

2.2　规划准入评价

规划准入评价是对企业进行准入检测评价，为区域产业发展与布局决策提供大量的候选决策对象。企业准入评价模型从产业库中通过输入用地规划、产业招商、布局优化等应用需求条件，自动比对得出符合条件的初选企业；再进行企业匹配度计算和产业用地符合性计算，得到候选的准入企业（图 2）。

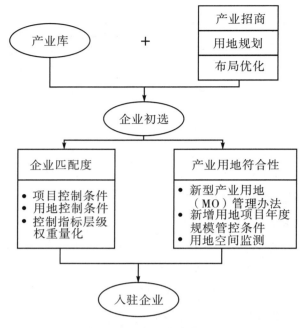

图 2　企业准入评价流程图

2.2.1　用地匹配度计算

对企业项目与产业用地的控制条件进行大数据分析，计算企业与用地的匹配分值，分值越高则吻合度越高，从而筛选更符合产业发展要求的企业入驻。参照企业运营评价体系，继续利用层次分析法对选取的指标进行层级权重量化，并根据得到的企业评价指标和权重，采用模糊综合评价法计算企业匹配度。

2.2.2　产业用地符合性计算

根据地区对新增用地项目实行年度规模管控的要求，按综合择优原则遴选。以控制线、土地利用规划、城市总体规划、控制性详细规划用地、耕地、自然保护区、水源保护区、名木古树、文物古迹、土地违法等作为评价指标体系构建模型，输出空间综合分析结果，判定企业是否满足产业用地准入门槛。

3　应用决策实践

基于产业要素大数据评价计算结果，针对产业布局优化、产业招商决策等应用特点，利用可视化呈现技术和模拟仿真技术，实现人机交互的产业布局优化及产业招商决策等可视化应用场景。

3.1　产业布局优化建议

产业布局优化场景采用企业运营评价方法对研究区洪梅镇的 64 家规模以上企业、73 家规模以下企业进行了评价，以支撑管理部门通过资源配置、政策扶持、优化服务、行政监管、限制发展、倒逼清退等方式，对经综合评价认定的 A 级、B 级、C 级、D 级企业采取差别化管理政策，对效益良好的企业鼓励提升、对低效企业引导退出或转型升级，优化功能区产业布局决策，增强产业发展的吸引力和提升集聚价值。

2020 年研究区洪梅镇规模以上企业评价结果显示，A 级、B 级、C 级、D 级企业分别有 10

家、35家、13家、6家。综合得分方面，A级、B级、C级、D级企业得分分别为5.78、4.05、2.85、2.11（表3）。各级企业的创新能力指标得分均偏低，在经济实力、产城适配、产业带动方面差异较大。规模以上A级企业在产城适配、经济实力和产业带动方面得分较高。产业类型方面，A级企业均为鼓励发展和允许发展类，B级企业多为允许发展类，C级企业多为禁止发展类，D级企业半数为禁止发展类。经济效益方面，A级企业亩均工业增加值是D级企业的15倍和C级企业的11倍，且D级企业亩均税收不到A级企业的4%。用地方面，A级、B级企业的自有土地比例较高，C级、D级企业则以租赁土地为主。各级企业均存在违法用地问题（约占规模以上企业总数的36%），其中D级企业违法用地比例最高、B级企业违法用地数量最多。各级企业在空间上具有一定聚集性，A级企业集中分布于黎洲角村和尧均村，B级企业集中分布于洪屋涡村、新庄村和乌沙村，C级企业集中分布于洪屋涡村、梅沙村和乌沙村，D级企业集中分布于乌沙村。企业的用地平均容积率均不高，其等级越低容积率越低，土地利用效率有待提高。

表3 2020年洪梅镇规模以上工业及仓储物流企业评价结果

序号	规模以上企业指标	A级企业	B级企业	C级企业	D级企业
1	企业数量/家	10	35	13	6
2	综合得分	5.78	4.05	2.85	2.11
	创新能力得分	0.24	0.27	0.16	0.02
	成长态势得分	0.52	0.42	0.35	0.27
	产业带动得分	0.46	0.34	0.46	0.17
	经济实力得分	2.16	1.24	0.73	0.34
	绿色发展得分	0.63	0.53	0.24	0.46
	产城适配得分	1.77	1.25	0.91	0.85
3	产业类型	鼓励发展类、允许发展类	允许发展类、禁止发展类	允许发展类、禁止发展类	允许发展类、禁止发展类
4	属于自有土地企业数量/家	6	19	5	1
5	平均占地面积/亩	51.26	119.37	52.47	44.28
6	税收占全镇比	8.23%	44.17%	0.97%	0.24%
7	亩均税收/万元	38.21	9.28	3.19	1.50
8	亩均工业增加值/万元	349.94	88.22	30.81	23.66
9	单位综合能耗产值/（万元/吨标准煤）	153.54	78.51	19.84	53.34
10	用地平均容积率	1.93	1.77	1.66	1.16
11	违法用地企业数量/家	2	13	4	4
12	集中分布村镇	黎洲角、尧均	洪屋涡、新庄、乌沙	洪屋涡、梅沙、乌沙	乌沙

规模以下（中小）企业评价结果显示（表4），73家规模以下企业中，A级、B级、C级、D级企业数量分别为11家、40家、15家、7家。产业类型方面，A级企业均为允许发展类，B级企业存在鼓励发展类，B级、C级和D级企业均存在允许发展类和禁止发展类，允许发展类占比随企业等级降低而降低。该地区规模以下企业整体土地利用集约度低，土地产出效率和总体

经济效益较低，土地及物业违法违规现象较为严重。A级、B级、C级企业亩均税收分别为9.55万元、3.49万元、0.60万元，分别是规模以上企业同等级亩均税收的25％、38％、19％。D级企业需政府较多财政补助以扶持企业发展和促进就业。规模以下企业用地容积率与规模以上企业类似，企业的用地平均容积率偏低且随企业等级降低其用地平均容积率越低。约有47％的规模以下企业涉及违法用地情况，B级企业涉及数量最多，C级企业次之。

表4　2020年洪梅镇规模以下工业及仓储物流企业评价结果

序号	规模以下企业指标	A级企业	B级企业	C级企业	D级企业
1	企业数量/家	11	40	15	7
2	评价得分	6.51	4.72	3.52	2.38
3	产业类型	允许发展类	允许发展类、禁止发展类、鼓励发展类	允许发展类、禁止发展类	禁止发展类、允许发展类
4	税收占全镇比例	1.49％	2.51％	0.30％	−0.01％
5	亩均税收/万元	9.55	3.49	0.60	−0.80
6	亩均主营业务收入/万元	223.94	52.55	11.49	12.15
7	用地平均容积率	1.8	1.72	1.67	1.63
8	涉违法用地企业数量/家	3	20	8	3

综上所述，管理部门应通过资源配置、政策扶持、优化服务、行政监管、限制发展、倒逼清退等方式，对经综合评价认定的A级、B级、C级、D级企业采取差别化管理政策，对效益良好的企业鼓励提升，对低效企业引导退出或转型升级，优化功能区产业布局决策，增强产业发展的吸引力和集聚价值。在用地及产业用房支持、高端人才奖补、行政服务支持等方面对A级企业应采取激励措施，对D级企业应实行倒逼清退与引导退出政策等。例如，该研究区已结合评价结果和《洪梅镇空闲土地处置盘活工作方案》，针对现行法规认定的闲置土地、已办证但未完全开发用地、镇村历史出让空闲地等3类29处土地实施治理，相继盘活了500余亩占地大、时间长的历史闲置用地。

3.2　空间分析辅助产业招商决策

产业招商决策场景采用企业准入评价方法，开展了产业发展、自然资源管理、城市更新及城市建设等项目在选址意向、土地利用现状、用地权属、城市规划、土地利用规划、专项规划及业务审批管理等方面的分析评价。通过可视化评价引擎，快速搭建面向产业要素的分析模型资源池，将产业要素各类分析服务进行封装、组合和编排，形成产业要素评价知识链，一键输出产业项目符合性分析报告，辅助产业转型升级和新兴产业项目落地决策。结合企业准入评价模型应用，研究区盘活历史闲置用地，并相继引进了新材料、精密制造、智能总部等重大先进制造业项目。

4　结语

本文提出了基于地理大数据区域产业发展与布局评价模型的整体设计与实现方法，并将其应用于地区产业转型升级实践中。采用企业分等定级评价和企业准入评价，通过产业用地匹配度、创新能力、成长态势、产业带动、经济实力、绿色发展、产城适配等多维指标对当前区域产业运行状态进行量化，通过企业匹配度和产业用地符合性分析来辅助区域产业发展与布局决策，为产业布局优化、生态招商、生态链完善提供了科学参考。一是探索因地制宜的企业分等定级评价方法有利于持续优化地区产业布局。可通过综合其他地区企业评价指标体系及本地区评价制度，结合地区产业转型升级战略方向形成贴合研究区发展特色的企业运营评价体系和等级划分标准。还可通过开展企业等级评价，采取差别化管理政策（资源配置、政策扶持、激励机制、优化服务、行政监管、限制发展、倒逼清退等优化方式）以实现产业布局持续优化，增强产业发展的吸引力和提升集聚价值。二是围绕地区产业升级转型政策，综合各类专项管控条件建立合规合理的产业招商决策准入评价方法有利于辅助综合决策和靠前服务。结合产业发展、自然资源、城市更新及城市建设等多个行业领域标准，提供产业项目符合性分析，能够支撑产业转型升级和新兴产业项目落地等快速决策。同时，融合空间要素的决策支持服务可进一步降低产业空间碎片化程度，提升产业和空间的匹配度，提升产业集聚效应，加快地区产业转型升级。

[参考文献]

[1] 唐爽，张京祥，何鹤鸣，等. 创新型经济发展导向的产业用地供给与治理研究：基于"人—产—城"特性转变的视角 [J]. 城市规划，2021，45（6）：74-83.

[2] 朱鹤，张圆刚，林明水，等. 国土空间优化背景下文旅产业高质量发展：特征、认识与关键问题 [J]. 经济地理，2021，41（3）：1-15.

[3] 张振龙，王玥蓉，姜玉培，等. 存量工业用地高质量利用评价及优化策略：以苏州工业园区为例 [J]. 规划师，2021，37（20）：13-21.

[4] 左学刚，邹滨，胡晨霞，等. 自然资源大数据助力的城市可持续发展评估 [J]. 测绘科学，2023，48（1）：189-200，213.

[5] 李方正，宗鹏歌. 基于多源大数据的城市公园游憩使用和规划应对研究进展 [J]. 风景园林，2021，28（1）：10-16.

[6] 龚健雅，张翔，向隆刚，等. 智慧城市综合感知与智能决策的进展及应用 [J]. 测绘学报，2019，48（12）：1482-1497.

[7] 李国杰，程学旗. 大数据研究：未来科技及经济社会发展的重大战略领域：大数据的研究现状与科学思考 [J]. 中国科学院院刊，2012，27（6）：647-657.

[8] 金兵兵，程相兵，刘洋，等. 产业用地信息平台的设计及关键技术研究 [J]. 工程勘察，2021，49（8）：65-68.

[9] 方大春，马为彪. 中国省际高质量发展的测度及时空特征 [J]. 区域经济评论，2019（2）：61-70.

[10] 李冰清. 产业用地利用绩效评价及提升机制研究 [D]. 武汉：中国地质大学，2019.

[11] 周麟. "十四五"时期高质量发展视角下的工业用地配置优化 [J]. 中国软科学，2020（10）：156-164.

［基金项目：国家自然科学基金青年项目（42101417）、广东省基础与应用基础研究基金区域联合基金项目（2020A1515110341）］

[作者简介]

陆生强，工程师，就职于广州城市信息研究所有限公司。

黄滢冰，高级工程师，就职于东莞市自然资源技术中心。

何莹，工程师，就职于广州城市信息研究所有限公司。

赵克飞，助教，就职于广东工业大学。

国土空间规划"一张图"实施监督信息系统的开发建设与数据融合应用

□宁德怀，车勇，黄田，周昱

摘要：本文从"一张图"实施监督信息系统开发建设、数据梳理整合、系统应用等3个方面进行详细阐述，以城镇土地资源评价为例，采用数据融合处理技术进行土地资源利用程度的应用研究，以体现系统建设的必要性、科学性和实用性。利用 ArcGIS，通过 DEM、坡度图、地形起伏度3个因子构建模型进行加权叠加分析，结果表明：与最新影像图对比，土地利用程度高的区域基本被开发建设，地表都有建（构）筑物覆盖，与地表实际和系统模型输出的结果吻合；系统为实现国土空间规划编制、审查、审批、实施、监测、评估、预警提供全过程的技术支撑。

关键词：空间数据库；国土空间规划；一张图；地理信息系统；数据融合

国土空间规划"一张图"实施监督信息系统建设的思路是充分利用已有的网络、服务器等信息化基础，依托昆明市国土空间基础信息平台（以下简称"基础信息平台"）的"一张底图"，构建自然资源体系"一张图"，并基于基础信息平台开发"一张图"实施监督系统，为统一国土空间用途管制、实施建设项目规划许可、强化规划实施监督提供依据和支撑，以便开展国土空间规划动态监测评估预警、实施监管及开发保护现状评估等工作。数据底层的打通需要依托自然资源"一张网"，横向与基础信息平台、昆明市国土空间规划智慧审批服务平台（以下简称"智慧审批平台"）、昆明市"多规合一"协同共享系统等实现数据融合打通，实现系统集成并与其他委办局进行数据交换和共享；纵向与省级"一张图"实施监督系统打通，便于数据上报和实施监管。

1 "一张图"实施监督信息系统的建设

"一张图"实施监督信息系统（以下简称"'一张图'系统"）主要涉及"一张图"建设、系统开发及其相关指标库、模型库、接口的建设。"一张图"系统中除国土空间总体规划、国土空间详细规划、专项规划和"双评价"数据外，涉及的规划数据、现状数据、管理数据和社会经济数据等其余数据皆依托基础信息平台，依靠数据融合打通实现调用。"一张图"系统根据 OGC 标准实现基础信息平台中历年影像数据和其他空间关联数据的调用，参与信息提取、展示、管理和应用。基础信息平台相当于是一个很大的数据池，所有系统的数据都会沉淀于基础信息平台。从自然资源体系的架构看，"一张图"系统是基础信息平台的一个子系统。现阶段，"一张图"系统中涉及的分析数据必须建库管理。值得注意的是，所谓的"一张底图"和"一张图"寄生于基础信息平台，"一张图"系统的生命在于"一张图"数据，所有的功能模块都是为了用活"一张图"数据而开发的。

1.1 系统详细设计

"一张图"系统详细设计见表 1。

表 1 系统模块详细设计

序号	模块名称	模块功能设计
1	数据应用	资源浏览、用地变化监测、专题图制作及空间查询、分析、共享等
2	分析评价	双评价、双评估、开发保护现状评估
3	审查管理	国土空间总体规划、详细规划、专项规划成果质检、审查和管理
4	监测评估预警	动态监测、及时预警、定期评估、辅助管理者决策
5	实施监管	智能辅助选址、合规性审查和建设项目审批全流程监管
6	承载力监测预警	综合监管、动态评估、决策支持
7	指标模型	实现监测评估预警过程中指标和模型的可视化管理与配置
8	运维管理	用户权限管理、系统功能管理、地图管理

1.2 系统架构

基础设施层以网络资源、软硬件、存储设施等为基础，保障系统的安全性、稳定性、可靠性和服务能力。数据层是分析和挖掘信息的核心，犹如汽车中的汽油，数据能驱动"一张图"系统实现"评价—编制—审查—实施—监测—预警—评估"的全流程管理。服务层提供对应的模型算法服务和常规的工具及统计服务，以参数、指标定量驱动数据库进行空间分析和数据叠加融合应用。应用层为用户提供 B/S 结构的应用系统，实现数据的浏览、查询、分析、可视化表达、输出及应用决策，可直接利用功能和模型实现监测、评估和预警。用户层是系统软硬件、数据、人员和管理体制中的组成部分，是系统"活着"的体现（图 1）。

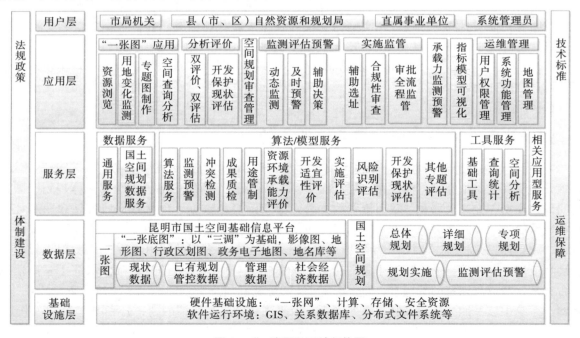

图 1 "一张图"系统架构图

1.3 数据库设计

数据库设计的目的是制定空间数据建库规范，统一规范并从底层打通各系统间的壁垒，消除"一张图"系统与基础信息平台、智慧审批平台、"多规合一"平台等系统之间的藩篱，破除信息壁垒和"数据孤岛"，实现数据的统一收集、汇交、清洗、建库、融合、存储、组织、管理、分析、应用和共享，也便于各系统间的数据集成和数据统计分析可视化表达，达到智能化规划和科学化决策的目的。

数据建库时，采用 CGCS 2000 和地方 2000 坐标系，高程采用 1985 国家高程基准。按照国家基本比例尺地图，地图投影分带，大比例尺采用 3°带，小比例尺采用 6°带，以有效控制因投影带来的长度、面积、角度变形误差。数据建库后，主要依靠 DBMS 针对国土空间规划数据进行高效的控制和管理，这些数据是集图形、属性、文档、表格等内容于一体的（表 2）。数据进行分层组织和存储，便于系统分析功能或者用户自己按照需求对各层数据进行叠加、提取和分析，输出对应的专题图和挖掘的信息，提高数据综合应用和管理效率，实现数据共享和国土空间规划信息的高效传递。空间数据库能统一存储大数据级的、多源异构的空间数据和属性数据，并对数据进行融合，实现时空一体化管理，满足矢栅混合查询分析和时空四维动态变迁管理。

表 2 城镇开发边界部分属性结构（属性表名：CZKFBJ）

序号	字段名称	字段代码	字段类型	字段长度/字符	约束条件
1	标识码	BSM	Char	18	M
2	要素代码	YSDM	Char	10	M
3	行政区代码	XZQDM	Char	12	M
4	行政区名称	XZQMC	Char	100	M
5	面积	YDMJ	Float	16	M
6	管控要求	GKYQ	Char	255	O
7	规划期限	GHQX	Char	20	M

注：①约束条件中"M"为必选，"O"为可选。
　　②面积的单位为 m²。

2 数据梳理整合

数据梳理整合是数据资源体系建设的必要措施，依托基础信息平台实现现状、规划、管理、社会经济等数据的分类、集成和融合，构建"一张图"为国土空间规划实施监督提供核心数据基础（表 3）。

表 3 国土空间信息数据资源分类

序号	数据大类	数据中类
1	现状数据	测绘、地质、地理国情普查、国土调查、耕地资源、矿产资源、森林资源、湿地资源、草原资源、水资源、交通、水利设施、生态环境
2	规划管控数据	双评价、重要控制线、国土空间规划、已有国土空间相关规划、自然资源行业专项规划、其他行业相关规划

续表

序号	数据大类	数据中类
3	管理数据	自然资源资产、不动产登记、自然资源确权登记、土地管理、规划管理、地质矿产管理、测绘地理信息管理、生态修复
4	社会经济数据	社会数据、经济数据、人口数据

3 "一张图"系统的应用

　　系统主要应用功能包括数据查询浏览、用地变化监测、专题图制作、对比分析、规划回溯、查询统计、规则模型和评价模型等，形成一个可浏览、可统计、可关联、可回溯、可分析、可定制的应用型地理信息系统。数据查询浏览可实现图属互查，分层勾选桌面可视化、移动、放大缩小、距离面积测量等；用地变化监测功能可对感兴趣的区域或某个地块进行动态监测，依据 GIS 时空演变规律进行土地利用变化分析，形成图、文、表一体的可视化结果，为规划和管理决策提供数据参考。专题图制作可依据对应的主题，以影像图、地形图等基础地理数据为底图，按照需求个性化制作详细规划以及矿产、森林、水系、道路等主题要素的专题图，并实现专题图的模板化定制和专题图制作的日志管理。对比分析常用的功能包含详细规划对比、专项规划对比、分屏对比、卷帘对比、自定义缓冲区分析等，这些类似的功能是应用型 GIS 系统必备的。通过分析，可实现在国土空间详细规划、总体规划、专项规划、生态保护红线、永久基本农田、城镇开发边界等之间进行自动对比分析，生成对比分析结果，并可定位存在异常的位置，辅助规划决策。同时，可通过绘制或上传点、线、面等 SHP 文件，进行缓冲区分析，用于统计房屋拆迁面积等，辅助选址和规划决策。规划回溯能将数据库中管理的现势数据和历史数据进行调用，以研究每个地块不同时期的规划指标和用地性质，同时可按照时间轴输出不同时期的规划成果。查询统计除常用的属性查询、工程证发证统计等外，还涉及图属互查、用途分类统计、分区统计、项目周边用地统计、设施统计、设施总量与分布统计等。

　　国土空间规划分析评价包括资源环境承载能力评价、国土空间开发适宜性评价、国土空间开发保护现状评价、国土空间规划实施评估和风险识别评估，其中风险识别评估包括生态保护、农业生产、城镇建设三个方面，可利用双评价相关成果数据与生态保护红线、永久基本农田、土地利用现状城镇用地等进行对比分析，完成问题发现和风险识别评估，同时生成可视化的图文表结果进行展示。"一张图"系统提供 GIS 数据规整、检测、差异协调分析，CAD 转 GIS，GIS 入库更新至 SDE，地图服务发布，地图服务切片更新等功能（表 4、表 5）。

表 4 "一张图"系统主要规则模型

序号	规则模型类型	小类规则模型
1	监测预警	管控边界监测预警、约束性指标监测预警
2	冲突检测	城市总体规划、土地总体规划用地冲突检测
3	成果质检	数据完整性检查、空间数据基本检查、空间属性数据标准符合性检查、空间图形数据检查、表格数据检查、规划内容检查
4	用途管制	辅助选址、合规性审查

表 5   "一张图"系统主要评估模型

序号	评估模型类型	小类评估模型
1	开发保护现状评估	基本指标空间计算、推荐指标空间计算
2	规划风险识别评估	生态安全风险识别、农业开发风险识别、城镇建设风险识别
3	其他专题评估	区域关系、公共服务设施、宜居环境评估模型

4   土地资源评价的数据融合处理及应用

"双评价"指的是国土空间资源环境承载力评价和国土空间开发适宜性评价。前者包括城镇资源环境承载力评价、农业功能指向的资源环境承载力评价和生态功能指向的资源环境承载力评价；后者包括城镇空间开发适宜性评价、农业适宜性评价和生态重要性评价（表6）。

表 6   "一张图"系统主要评价模型

序号	评价模型类型	小类评价模型
1	资源环境承载能力评价	土地资源、水资源、生态资源、地质环境、综合承载能力评价模型
2	国土空间开发适宜性评价	生态保护重要性、农业开发适宜性、建设开发适宜性评价模型

本文以城镇土地资源评价（土地资源可利用程度）为例，构建城镇资源环境承载力评价模型的表达式如下：

城镇资源环境承载力＝0.6×土地资源可利用程度＋0.2×水资源＋0.1×环境容量＋0.1×灾害。

以 25 m×25 m DEM 数据为基础，提取高程、坡度和地形起伏度 3 个影响因子，按其权重进行加权叠加分析，计算感兴趣区域的城镇土地资源承载力，计算公式如下：

土地资源可利用程度（Lua）＝0.2×高程＋0.4×坡度＋0.4×地形起伏度

高程因子细分为 5 级区间，按照高程将感兴趣区域进行分段后打分并计算，将 DEM 利用三维分析工具进行栅格整型计算，再利用自然间断点分级法对其分级，最后进行栅格重分类，将所有栅格点划入 5 级区间内，可用渐变色对地势的高低进行彩色可视化表达，得到高程权重影响因子。坡度因子的提取直接利用 DEM 进行三维栅格表面坡度分析得出坡度图，再对坡度分 5 级后重新分类分析，得到坡度权重影响因子。地形起伏度的提取首先将 DEM 进行 3×3 栅格阵列进行焦点统计领域分析，分别计算出每个栅格领域分析的最大和最小高程值，再利用空间分析中的地图代数栅格计算器，将高程最大值减去最小值即可得到地形起伏度权重影响因子。3 个因子确定后，进行加权叠加分析即可计算出土地资源可利用程度（图 2）。

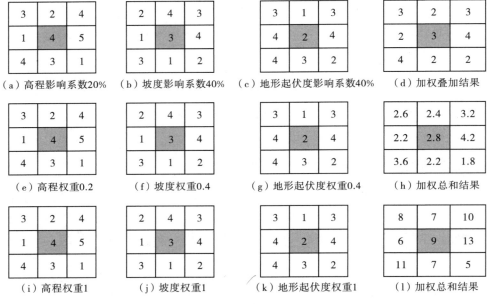

图2　加权叠加和加权总和

　　加权叠加适用于国土空间分级模型分析评价，其输入的高程、坡度、地形起伏栅格数据必须为整型，3个栅格因子数据都各自分配新值进行重分类，按照数据的影响程度百分比进行加权叠加，且3个影响程度百分比之和为100%，输出的结果亦就近舍入取整。加权总和支持整型和浮点型栅格数据，最简单的栅格属性叠加就是按照3个因子权重都为1进行累加，若要使加权叠加结果尽量接近于加权叠加，可分别按照高程权重0.2、坡度权重0.4、地形起伏度权重0.4对属性字段分别进行设置，只是输出的结果是浮点型，未进行取整，不利于按照分级模型实施分析评价（表7）。

　　评价结果显示，感兴趣区域地形四周环山，呈现坝子形状，临环湖周围土地利用程度很高，西侧临湖面适合修建环湖路，东侧为主城建成区，与实际现状吻合（表8）。

表7　城镇资源环境承载力评价之土地资源评价

影响因子	分级	分值	权重占比
高程	5级	0～4	0.2
坡度	5级	0～4	0.4
地形起伏度	5级	0～4	0.4

表8　城镇指向土地资源可利用程度统计

土地资源可利用程度	面积/km²	占比
高	1146.18	28.87%
较高	1474.18	37.13%
中等	971.77	24.47%
较低	378.43	9.53%

5 结语

结合昆明市国土空间规划管理现状和发展需求，集成数据分析挖掘、海量数据一体化管理、监测预警评价智能技术等关键技术，实现了数据管理、分析、应用的一体化建设，集规划编制、审查、实施、监督管理和公共服务于一体，实现了"现状评价—规划编制—规划实施—监督预警—实施评估"的全流程、全闭环管理，为自然资源和国土空间规划决策提供技术支撑与决策支持，提升了国土空间规划管理能力和信息化水平。经对比实验结果与最新影像地表现状，系统功能和模型的开发具有很强的适用性。下一步，将深入进行数据整治，厘清各层数据间的关系，深度融合数据、挖掘信息，逐步完善"一张图"建设，利用"多规合一"协同共享系统实现数据的实时更新、对外发布和交换共享。

[参考文献]

[1] 陆守一，唐小明，王国胜，等. 地理信息系统实用教程 [M]. 北京：中国林业出版社，2000.

[2] 崔海波，曾山山，陈光辉，等. "数据治理"的转型：长沙市"一张图"实施监督信息系统建设的实践探索 [J]. 规划师，2020，36（4）：78-84.

[3] 钟镇涛，张鸿辉，洪良，等. 生态文明视角下的国土空间底线管控："双评价"与国土空间规划监测评估预警 [J]. 自然资源学报，2020，35（10）：2415-2427.

[4] 霍雅琦. 国土空间规划"一张图"动态监测评估指标和技术框架研究 [D]. 厦门：华侨大学，2020.

[作者简介]

宁德怀，工程师，就职于昆明市自然资源信息中心。

车勇，工程师，就职于昆明市自然资源信息中心。

黄田，助理工程师，就职于昆明市自然资源信息中心。

周昱，高级工程师，就职于昆明市自然资源信息中心。

基于国土空间信息模型的自然资源"一张图"数据融合治理探索研究

□王玮，赵阳，潘俊钳，王妍

摘要：数据要素是数字经济时代的新质生产力，但由于各行业数据标准规范体系还在持续完善中，民生服务、营商环境、市场监管、社会治理等应用领域仍存在数据质量差、效率低等突出问题，多部门协同数据治理体系还未建立，共建、共治、共享的多方数据治理格局还未形成，传统的数据治理方式面临较大挑战，实现高效、有序的数据治理能力还需要较长时间探索与推进。本文以珠海市为例，基于国土空间信息模型的自然资源"一张图"探索研究数据融合治理，以期充分发挥数据要素的放大、叠加、倍增作用，形成跨层级、跨地区、跨部门、跨业务、跨系统的协同数据治理格局，推动政务事项标准化、业务流程优化，助力社会高质量发展与数字化转型。

关键词：国土空间信息模型；自然资源；数据融合治理

0　引言

数据要素是数字经济时代的新质生产力，充分发挥数据要素的放大、叠加、倍增作用，构建以数据信息化为关键要素的数字经济，是推动社会高质量发展与数字化转型的必然要求。2023 年 2 月，全国自然资源工作会议把"加快构建基于国土空间规划'一张图'的数字化空间治理体系"作为未来 5 年自然资源重点工作部署，通过建设国土空间规划"一张图"及建立数据动态更新机制，实现"一张图"信息动态更新，为监测评估和实施监管提供有力支撑。同年 9 月 5 日，自然资源部办公厅印发《全国国土空间规划实施监测网络建设工作方案（2023—2027 年）》，明确提出要以保障"一张蓝图"绘到底为导向，通过衔接数据标准、提高数据质量、夯实数据基础，为自然资源可持续发展、国土空间格局优化治理等方面提供支撑。

目标到 2025 年，基本形成对国土空间的全时全域立体监控的自然资源动态监测和态势感知能力。同时，以自然资源"一张图"为基础，建立可促进国土空间开发格局显著优化，实现资源利用节约高效的以"数据驱动、精准治理"的自然资源监管决策机制。通过整合利用实景三维中国建设成果、智慧城市时空大数据、国土调查数据、城市国土空间监测数据等多源数据融合治理成果，构建 TIM①。完善智慧国土空间规划模型体系，进而以国土空间基础信息平台为基础，建设全域覆盖、动态更新、权威统一、三维立体、时空融合、精度适宜的 TIM。

当前阶段传统的数据治理存在数据质量不高以及数据治理工作机制不健全的问题。由于各行业数据标准规范体系还在持续完善中，民生服务、营商环境、市场监管、社会治理等应用领域存在数据质量差、效率低等突出问题。同时，多部门协同数据治理体系还未建立，共建、共治、共享的多方数据治理格局还未形成，实现高效、有序的数据治理能力还需要较长时间推进。随着"数字政府"建设持续推进，各种政务服务新应用需求不断增长，基于 TIM 的数据治理工作除了提供相应的信息系统，还可通过建立数据治理协同工作平台，围绕数据的采集、管理、流通、应用等环节，形成跨层级、跨地区、跨部门、跨业务、跨系统的协同数据治理格局，推动政务事项标准化、业务流程优化、共享证照应用。多部门合力形成共建、共治、共享的良好生态，采用有效的数据治理措施，确保数据真实、及时、完整、准确、可用，让政府掌握实时、全量、全期、高质量的数据。通过解决信息不确定问题，提供专题分析报告，推动政府在经济社会发展、管理社会事务、服务人民群众方面的决策行为更高质量、更高效率、更加公平、更可持续。

1 关键技术

1.1 自然资源知识图谱构建

知识图谱是在领域中本体的映射地图，是显示知识发展进程与结构关系的图形，通过可视化技术描述知识资源及其载体，挖掘、分析、构建、绘制和显示知识及它们之间的相互联系。本文首先通过知识图谱建立自然资源本体实例间的关系，进而构建自然资源要素及管理要求的关系网络，通过知识图谱推理建立类定义外的联系（图 1）。

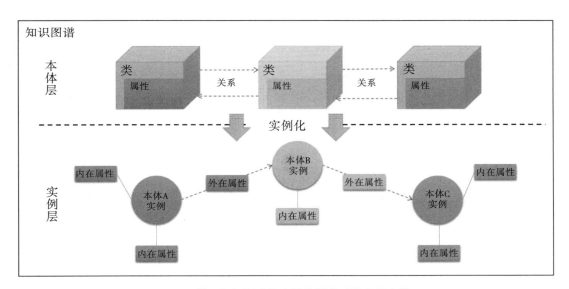

图 1 基于知识图谱的自然资源关系推理示意图

自然资源本体是面向自然资源管理领域中的管理对象进行设计的，其包含自然资源管理要素对应的类、关系、属性 3 个主要部分。"类"用于区分自然资源管理工作中不同类型的对象，是对自然资源管理要素进行建模的结果，其具有"类"自身的关系与属性。"关系"用于连接两个类的属性关系，实现类与类、类与实体、实体与实体间的联系。"属性"包含内在属性与外在属性，内在属性用于表达自然资源管理要素类的尽端性质，外在属性用于存储实体的属性，可通过对应关系实现与对应实体的联系。

1.2 国土空间信息模型

基于 TIM 的数据治理工作包括数据标准管理和应用能力、数据处理融合能力、元数据管理能力、数据治理管理能力、数据安全管理能力的构建。除了提供相应的信息系统，还需要建立数据治理协同工作平台，将信息系统与组织机构、人员队伍、运行机制、治理流程、技术规范等融会贯通，实现技术、业务、机制的深度融合，形成 TIM 数据治理的常态化运行机制，构建高质量的 TIM 数据库，实现数据可靠性的提升。

2 基于国土空间模型的数据融合治理体系构建

2.1 数据融合治理总体建设框架

通过整合国土空间现状数据、规划数据和管理数据三大类数据，形成一张底图。以自然资源部发布的统一的国土空间规划数据标准为基础，结合具有广东省以及珠海市本地特色的数据门类与标准，按照国土空间规划数据汇交要求、规划数据库质检标准、平台建设相关接口规范，建设形成市域全域覆盖、坐标统一的国土空间规划"一张图"基础数据库。同时，通过建立"一张图"的动态更新维护机制，实现"一张图"信息更新，最终依托规划辅助平台建设实现数据管理、使用和共享（图 2）。

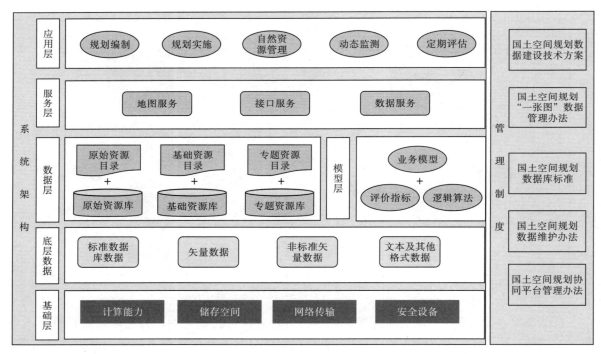

图 2 数据融合治理总体建设框架

2.2 自然资源数据融合治理规整阶段

通过收集遥感影像、矢量电子地图、地质与地理国情普查等基础地理信息数据，整合发展与改革、生态环境、住房建设、交通、水利、农业农村等部门的原始数据，建立原始数据库及资源目录。在此基础上开展数据格式转换、数据空间化、数据检查和统一坐标等数据处理。依据数据标准，开展数据规整、质量检查、统一空间参考后纳入基础数据库，实现数据从非结构化向结构化的转变（图3）。

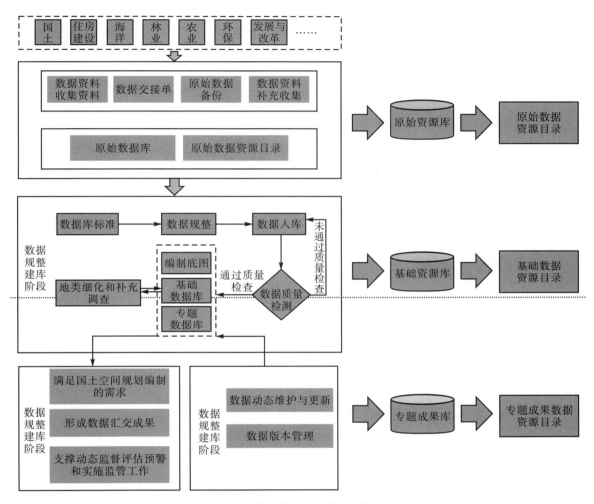

图3　自然资源数据融合治理规整阶段

2.3　基于知识图谱的自然资源业务融合治理

通过梳理土地、海洋、林业相关行政业务的业务顶层框架，明确自然资源全生命周期业务管理的起点和终点，确定业务办理流程的重点环节，对接自然资源一体化数据标准体系，根据业务流程搭建自然资源业务生命周期模型，按照业务模型中的逐条要素建立各环节的逻辑关系，建立业务办理范式，重构自然资源业务办理场景，规范审批环节的输入、输出信息，形成图、属、档挂接的自然资源一体化数据库，进而打通数据交流路径（图4）。

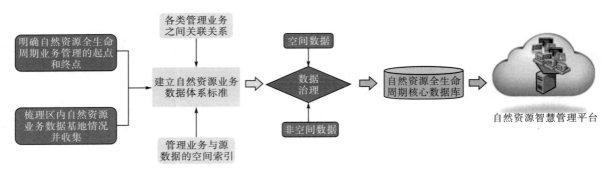

图4　自然资源业务融合治理路径

国土类业务以"建设用地规划许可证—建设用地批准书号—建设工程规划许可证—建设工程规划条件核实合格证"的关联为中心，面向土地行政类业务全流程拓展，实现土地行政类业务全链条关联（图5至图7）。林地业务以林业主管部门核发的使用林地审核同意书为关键图层，海洋业务以海域使用权不动产登记证书为关键图层串联林业与海洋业务流程。

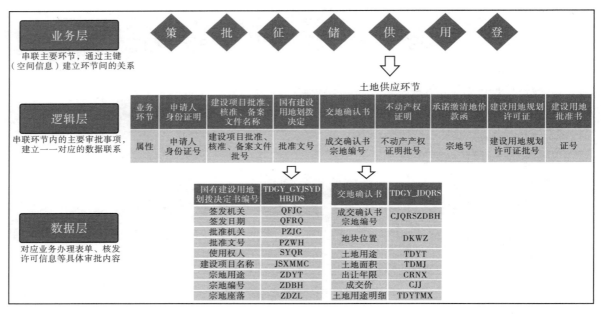

图5　土地业务逻辑图

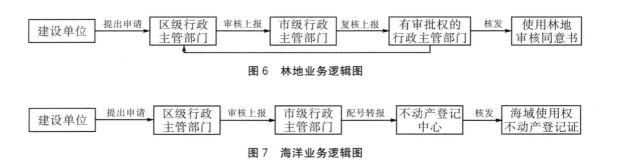

图6　林地业务逻辑图

图7　海洋业务逻辑图

3 基于珠海市"一张图"辅助规划平台的自然资源数据治理成果应用

3.1 平台建设背景

3.1.1 规划编制中的数据使用难题

规划编制过程涉及多类别基础数据，目前无固定获取渠道，数据获取难度大，所获取数据多存在权威性不足、周期长、时效性差等问题，导致成果反复修改，拖慢规划编制进度，影响项目质量。

3.1.2 国土空间规划"一张图"的建设契机

国土空间规划"一张图"基本建设完成并在不断更新维护中，其数据类别齐全，具有统一的空间参考、数据标准，可加以应用，满足规划项目编制需求。

3.1.3 规划方案审查及管理不足

规划项目编制涉及多个环节，但对规划方案审查主要集中在入库规范性检查，在方案合理性、成果合规性等方面有所欠缺，而在规划成果的管理上，当前也仅仅是简单归档，无法做到关联及后续应用。

3.2 平台建设目标

3.2.1 权威、高效、便捷的数据服务

提供标准规范、准确及时、发布权威、类别丰富的基础数据的查看及获取服务，简化数据申请审批流程，充分保障规划对基础数据的需求。

3.2.2 全生命周期的规划辅助功能

不仅满足规划项目对基础数据的需求，还能在此基础上分析现状的关键指标，辅助设计师的规划决策，并对涉及规划方案合规性、合理性的问题进行监测评估，完善规划方案，提供对规划成果的质量审查及管理等功能。

3.2.3 严密、有效的数据管理

针对数据管理使用要求，制定严密的分级管理规定，在申请、审批方面对管理严格的数据做好保护，将平台上使用数据服务、功能服务的操作以日志的形式存档。

3.3 自然资源"一张图"平台功能模块

3.3.1 资源浏览模块

资源浏览功能模块以地图形式展示平台数据资源，提供地图操作工具，实现数据的查询、统计、对比、专题出图，旨在协助用户快速获取数据类别、定位目标数据、开展统计分析及完成基本制图。该模块的主要功能如下：一是图层浏览。以树形图的形式展示图层数据，实现图层分组与浏览。二是查询统计。通过搜索语句，快速定位图层中的指定要素，根据空间范围进行统计分析。三是对比分析。实现同屏多视窗浏览与多个数据的同屏比对分析。四是专题出图。通过预设专题图模板，快速实现专题图的生成及下载。

3.3.2 数据申请模块

该模块为平台核心模块，提供项目规划数据底板、定制数据的申请及下载，旨在协助用户快速获取项目所需的数据资源。该模块的主要功能如下：一是项目底板数据。依据数据共享管理规定，根据项目类型，提供预生成的项目数据底板，支持项目前期工作。二是项目定制数据。

为项目底板外的数据提供定制化数据服务,经审批后提供数据下载。

3.3.3 项目现状评估模块

该模块以地图、统计图、表格等多种形式来呈现,评估结果支持用户下载使用,旨在协助用户快速了解项目范围内土地利用情况、管控红线等现状信息与已批复的规划信息,支持项目前期的快速开展。该模块的主要功能如下:一是现状底数分析。主要分析现状类数据,如遥感卫星影像图片、土地变更调查、国土空间管控红线,以及林业、海洋、矿业、饮用水源保护区和 25 m 等高线等专题数据。二是规划底数分析。主要分析规划类数据,如现行国土空间总体规划、控制性详细规划、专项规划及土地利用总体规划等。三是社会经济分析。主要分析社会经济数据,如统计年鉴。四是其他分析。评估其他与项目相关的现状信息(图 8)。

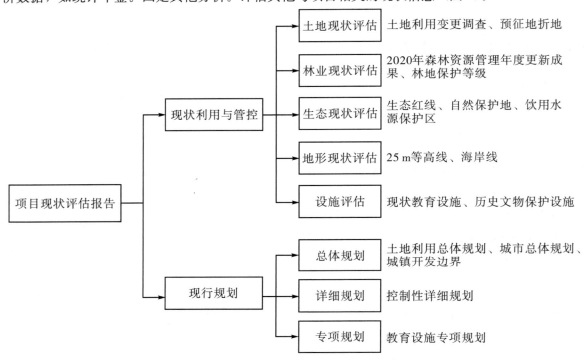

图 8　项目现状评估模块

4　结语

以珠海市为例,基于 TIM 的自然资源"一张图"探索研究数据融合治理,实现了单一业务地块与审批流程的横向关联、自然资源管理业务全要素的纵向关联,为地理信息与土地、林业、海洋、矿业政务审批信息的一体化集成提供有效的技术途径,不仅支撑和推动了自然资源要素在更大层面的融合,还夯实了国土空间规划实施监测网络的数字底座,也进一步加快了国土空间治理的数字化、智能化、智慧化发展,推动国土空间治理能力与治理体系现代化。

［注释］

①TIM:territory information model,国土空间信息模型。

［参考文献］

［1］徐政，郑霖豪，程梦瑶. 新质生产力赋能高质量发展的内在逻辑与实践构想［J］. 当代经济研究，2023（11）：51-58.

［2］唐华，汪洋，周海洋. 国土空间信息模型构建研究［J］. 自然资源信息化，2022（4）：1-9.

［3］颜佳华，王张华. 数字治理、数据治理、智能治理与智慧治理概念及其关系辨析［J］. 湘潭大学学报（哲学社会科学版），2019，43（5）：25-30，88.

［4］黄璜. 对"数据流动"的治理：论政府数据治理的理论嬗变与框架［J］. 南京社会科学，2018（2）：53-62.

［5］安小米，白献阳，洪学海. 政府大数据治理体系构成要素研究：基于贵州省的案例分析［J］. 电子政务，2019（2）：2-16.

［6］应荷香，赵骞，张朝忙，等. 土地全生命周期管理的知识图谱构建及应用［J］. 测绘科学，2022，47（6）：161-167.

［7］谢荣华. 中国古代哲学中的"本体"概念考辨［J］. 中国哲学史，2005（1）：13-18.

［8］ARP R，SMITH B，SPEAR A D. 基于基本形式化本体的本体构建［M］. 北京：人民医学出版社，2020.

［9］邵宁. 测绘地理信息技术在林业督查管理中的应用研究［J］. 农业与技术，2023，43（24）：53-56.

［10］张晓东，朱永凯，彭超，等. 基于上海市水务海洋行政审批数据技术分析及应用研究［J］. 水利技术监督，2019（3）：51-57，184.

［作者简介］

王玮，工程师，就职于珠海市规划设计研究院。

赵阳，工程师，就职于珠海市规划设计研究院。

潘俊钳，高级工程师，就职于广东省城乡规划设计研究院科技集团股份有限公司。

王妍，高级工程师，就职于珠海市自然资源与规划信息中心。

天津市国土空间规划实施监测网络研究

□王辰阳

摘要：本文针对天津市国土空间规划实施监测网络进行深入研究。首先阐述国土空间规划的重要性和实施监测网络的必要性。其次提出监测网络设计的原则与目标，介绍构建监测网络的关键技术与方法。最后总结研究的主要发现，并对未来的发展趋势与研究方向进行展望。

关键词：国土空间规划；实施监测网络；天津市；关键技术

1 天津市国土空间规划背景与现状

1.1 国土空间规划的重要性

2023 年 9 月，自然资源部办公厅印发了《全国国土空间规划实施监测网络建设工作方案（2023—2027 年）》，要求各省级自然资源部门结合当地实际，制定本省（区、市）实施方案，同时鼓励积极性高、工作基础好的地区，申报国土空间规划实施监测网络建设试点，探索多层级的建设方法路径和政策机制。

近年来，天津市在国土空间规划方面取得了显著的成就，通过科学规划、合理布局，有效地推动了城市的现代化进程。天津市作为京津冀协同发展和疏解北京非首都功能的重要节点与战略支撑，十分重视国土空间规划实施监测网络的相关工作，探索天津市 CSPON 建设，打造国土空间数字化治理示范城市。通过构建完善的监测网络，天津市能够实时掌握国土空间规划实施情况，为决策提供有力支持。这种监测网络的建立，不仅提升了规划管理的精细化水平，还为天津市的国土空间规划注入了新的活力。

1.2 实施监测网络的必要性

天津市国土空间规划的实施对于城市的可持续发展具有重要意义。通过对国土空间的科学规划和合理布局，可以优化资源配置，促进经济、社会和环境的协调发展。然而，规划的执行过程中难免会遇到各种问题和挑战，这就需要一个有效的监测网络来确保规划的顺利实施。

实施监测网络的必要性主要体现在以下方面。首先，监测网络可以及时发现规划执行中的问题和不足，为决策部门提供准确的信息反馈，有助于及时调整和优化规划方案。其次，监测网络可以评估规划实施的效果，通过对比规划目标和实际成效，判断规划是否达到预期效果，为未来的规划提供经验借鉴。

因此，为了加强天津市国土空间规划的实施监测，需要构建一个更加完善、高效的监测网络。这个网络应该具备合理先进的监测手段和技术、强大的数据处理和分析能力等，以确保规划的顺利执行，并为未来的国土空间规划提供有力支持。

2 国土空间规划实施监测网络构建

2.1 监测网络设计原则与目标

在国土空间规划实施过程中，构建一套高效、科学的监测网络至关重要。该监测网络的设计应遵循明确的指导原则，旨在实现精准、实时的规划实施监控，以确保规划目标的顺利达成。通过设立具体的建设目标和预期成果，监测网络能够有针对性地提升规划实施的透明度和有效性。此外，实施监测网络对于规划执行具有不可或缺的作用，它能够及时发现规划实施过程中的偏差和问题，为决策层提供有力的数据支持，促进规划方案的动态调整和优化。然而，现有的监测体系在一定程度上存在着数据采集不全面、信息处理不及时、监测结果不准确等问题，难以满足日益复杂的国土空间规划需求。因此，构建和完善国土空间规划实施监测网络，对于提升规划实施效果、推动国土空间治理现代化具有重要意义。

2.2 关键技术与方法

在构建天津市国土空间规划实施监测网络的过程中，关键技术与方法的选择和应用至关重要。首先，数据收集是构建监测网络的基础，需要借助遥感技术、地理信息系统（GIS）等先进工具，实现对国土空间规划实施情况的全面、高效、准确监测。同时，还要结合实地调研和问卷调查等方法，获取更加详细和真实的数据。其次，数据处理是监测网络构建的核心环节，需要对收集到的数据进行清洗、整理、转换和归纳等操作，以提取有用的信息和知识。在这个过程中，需要运用数据挖掘、统计分析等技术和方法，发现数据之间的关联和规律，为后续的监测和分析提供有力支持。最后，数据分析是监测网络构建的关键步骤，需要借助可视化技术、模型分析等方法，对处理后的数据进行深入剖析和解读。通过对比分析、趋势分析等手段，揭示国土空间规划实施的现状、问题和趋势，为政府决策和规划调整提供科学依据。

在监测网络设计原则与目标方面，应遵循科学性、系统性、可操作性和动态性等指导原则，明确监测网络的建设目标和预期成果。具体而言，监测网络应能够全面覆盖天津市国土空间规划实施范围，实时监测规划实施情况，及时发现和解决问题，为规划实施提供有力保障。同时，监测网络还应具备灵活性和可扩展性，以适应国土空间规划实施的动态变化和发展需求。

3 天津市国土空间规划实施监测网络实施方案

3.1 网络架构与布局

针对天津市国土空间规划实施监测网络的构建，在网络架构层面，充分利用现有底层网络及硬件基础资源。一是基于现有基础设施，升级涉密机房，打造兼顾设备、策略和评测的安全防护体系，为涉密版数据仓库建设和涉密业务服务提供基础环境。二是以天津市政务外网建设现状为基础，进行安全体系完善，并建立与涉密机房环境的常态化交互机制，为基础平台服务奠定基础。

在关键技术与方法方面，采用先进的数据收集、处理和分析技术。在数据收集环节，通过各类传感器实时采集相关数据，确保信息的时效性和准确性。在数据处理环节，运用云计算和大数据技术，对海量数据进行高效筛选、整合和存储，为后续分析提供有力支撑。在数据分析环节，则运用统计学、地理信息系统等多学科交叉方法，深入挖掘数据内在规律和潜在价值，为国土空间规划实施提供科学决策依据。

3.2　建设内容

按照国家建设要求及天津市建设实际，天津市建设内容包含标准体系建设、多源时空数据治理、天津市 CSPON 能力建设、网络及硬件基础资源建设。本文选取多源时空数据治理和天津市 CSPON 能力建设两个主要方面进行简要介绍。

3.2.1　多源时空数据治理

多源时空数据治理包含制定基础数据获取机制、融合多源时空数据治理、加强数据使用和共享、加强数据质量管理及建立数据安全防护机制。

数据获取机制是基于业务处室需求，梳理业务系统及业务流程的现状，确定数据获取方式、时间周期，获取各类基础数据，保障数据的及时性。

多源数据融合治理以自然资源数据为基础，从资源目录重构、数据图谱构建、多源数据汇聚、多维数据融合、数据信息挖掘的需求出发，构建从二维到三维、地上到地下、单时相到全时空的国土空间信息模型架构。结合业务审批逻辑，重构数据管理逻辑，建立涵盖过程数据、成果数据、现势数据、历史库的全生命周期数据管理体系，形成上下贯通、业务融合的时空数据体系。其中，关键基础工作为建立多级国土空间单元划分规则。依托国土空间基础信息平台，统筹行政单元、地理实体单元、社会经济单元、部门管控单元为统一空间单元，建立顾及自然资源要素对象多重分类与颗粒度划分的国土空间数据结构及面向规划实施监测的多级国土空间单元划分规则。基于单元划分规则进行多源数据融合、搭建 TIM 数据中台、建立指标评估模型等工作。

加强数据使用和共享，即制定数据共享范围、共享标准、共享流程等规范要求。在数据使用中，通过加强数据质量管理，建立全方位的数据质量治理体系，全周期提升数据质量，并建立数据安全防护机制，保证数据的采集、传输、存储、使用、共享及销毁都符合数据的防护要求，避免数据泄露问题。

3.2.2　天津市 CSPON 能力建设

天津市 CSPON 能力建设包含升级国土空间基础信息平台、升级国土空间规划"一张图"实施监督信息系统两大方面。

天津市按照工作实际已初步建设完成国土空间基础信息平台及国土空间规划"一张图"实施监督信息系统。相关国土空间规划业务场景的建设均以该平台与系统为基础进行扩展。

国土空间基础信息平台的升级主要是充分利用已有信息化基础和成果，在涉密机房升级完成后，按照自然资源部信息化顶层设计的要求以及数据入库、更新、管理、共享应用的需求，在涉密内网部署国土空间基础信息平台并升级相应功能。

国土空间基础信息平台（涉密版）主要在原有国土空间基础信息平台的基础上增强大数据分析能力，增加各类数据管理系统的政务外网调度任务管理，增加空间图形业务关联等各类综合应用功能，核心功能模块应包括大数据分析、调度任务管理、业务关联、分析应用（包括各类套合分析、关联分析等）。

国土空间规划"一张图"实施监督信息系统的升级主要包括扩展系统监测功能、强化系统管理功能、拓展系统应用场景。

在扩展系统监测功能中，结合市局业务处室的切实管理诉求，衔接超大城市国土空间规划体系和管理层级，强化对"三区三线"以及市、区、镇级国土空间总体规划、详细规划、专项规划的实施监测，综合运用遥感技术、计算机视觉、机器学习及大数据处理等技术，多尺度、多类型、多时段提升规划实施监测预警功能。

在强化系统管理功能中，从控制线、分区、指标、设施、资源要素等方面对总体规划、详细规划、相关专项规划开展符合性审查，重点为国土空间规划约束性指标、"三区三线"等刚性管控要求的合规性审查。在项目建设审批过程中，针对不同的管控规则，运用地理信息技术、空间计算及流程引擎等计算机技术，完成在审批流程中管控规则与项目建设情况的分析。

在拓展系统应用场景中，结合天津市地域特点及管理诉求，提出了建设京津冀协同治理环境下的城市行洪泄洪能力评估、基于模拟仿真的城市内涝推演、天津市产业空间韧性评估、天津市产业空间绩效评估、"津滨"双城高质量发展活力监测评估、智慧公共服务体系优化与布局规划、以人为本的城市智能推演模型、增强公众参与和公众服务、强化三维应用场景等 9 个方面的场景。

4 监测网络效能评估与持续改进

4.1 效能评估指标体系建立

在天津市国土空间规划实施监测网络研究中，监测网络效能评估与持续改进是不可或缺的一环。为了全面、客观地评估监测网络的效能，首先需要构建一个综合评价指标体系，该体系应涵盖评估监测网络效能的关键指标。这些指标应包括但不限于数据采集的准确性、传输的时效性、处理的效率以及信息的应用价值等方面。通过建立这样一个多维度的评价体系，可以对监测网络的整体性能进行科学、量化的评估。

在实施过程中，应遵循明确、可行的步骤，并合理安排时间。具体而言，首先需要收集并整理相关的基础数据和资料，为后续的分析和评估提供支撑。其次，运用适当的统计分析和模型方法，对监测网络的效能进行定量和定性评估。在此基础上，总结评估结果，识别存在的问题和不足之处，并提出有针对性的改进措施和建议。最后，将这些改进措施和建议纳入监测网络的持续优化计划，确保项目的顺利进行和长期效益的实现。

通过这样的实施步骤和时间安排，不仅可以对天津市国土空间规划实施监测网络的效能进行全面、系统的评估，还可以及时发现并解决潜在的问题，不断提升监测网络的性能和价值。

4.2 持续改进机制设计

针对天津市国土空间规划实施监测网络，为确保其持续、高效地服务于规划实施，必须设计一套科学、系统的持续改进机制。这一机制应围绕监测网络运行中存在的问题，提出具体可行的改进措施，并建立长效的监测网络优化和升级机制。首先，需要定期对监测网络进行全面、深入的诊断，识别出存在的问题和瓶颈。其次，针对这些问题，制定具体的改进措施，并进行优先级排序。这些措施可能包括技术升级、设备更新、流程优化等。最后，为确保改进措施的有效实施，必须建立一套长效的监测网络优化和升级机制。这套机制应包括资金保障、技术支持、人员培训等方面，确保监测网络能够持续、稳定地得到提升。通过这样的持续改进机制设计，天津市国土空间规划实施监测网络将能够更好地服务于规划实施，为天津市的可持续发展提供有力支撑。

5 结语

在对天津市国土空间规划实施监测网络进行深入研究后，本文得出了一系列重要发现和结论。本文系统地梳理了天津市国土空间规划实施的现状和挑战，揭示了监测网络在规划实施中的关键作用。通过构建综合实施方案，明确国土空间规划实施监测网络的建设思路。通过建立长效的监测网络优化和升级机制，以适应国土空间规划的动态调整和实施需求，为天津市的可持续发展提供有力支持。

总的来说，本文对天津市国土空间规划实施监测网络进行了全面深入的分析和研究，提出了一系列具有针对性和可操作性的改进措施。这些研究成果对于推动天津市国土空间规划的顺利实施和监测网络的不断完善具有重要意义。

展望未来，国土空间规划实施监测网络的发展将呈现出以下趋势：一是监测网络的覆盖范围将进一步扩大，实现更全面的数据收集和分析；二是监测手段将更加智能化和自动化，提高数据处理的效率和准确性；三是监测结果的应用将更加多元化，不仅用于规划实施的评估和监督，还将为政策制定和科学研究提供有力支持。未来研究可围绕这些趋势和领域进行深入探讨，以期为我国国土空间规划的持续优化和高效实施贡献更多智慧与力量。

［参考文献］

［1］付雄武，沈平，吴荡，等. 可持续发展的国土空间规划信息平台研发与应用［J］. 中国科技成果，2024（4）：25.

［2］刘艳华，王彦良，杜鹏超，等. 省级国土空间规划"一张图"实施监督系统的设计与实现［J］. 北京测绘，2022，36（6）：725-730.

［3］龚强. 助力国土空间规划智能化转型：构建 CSPON 的几点思考［J］. 测绘与空间地理信息，2023，46（9）：18-19.

［作者简介］

王辰阳，工程师，就职于天津市城市规划设计研究总院有限公司。

应用驱动下的国土空间规划实施监测网络构建

□周丹，于洋洋，魏琦，汪思梦，陈高

摘要：本文以探究应用驱动下的国土空间规划实施监测网络构建为目的，为国土空间规划实施监测网络的构建提供总体框架、业务框架、数据框架等构建思路，提出"数据先行，能力重构"的总体设计路线。在此路线指导下，探索基于应用场景的国土空间规划实施监测网络构建场景，如建设项目全周期管理、规划实施传导监测、建设项目智能审查、安全底线管控、绿色低碳发展、生活品质提升、重点保障监管和实施绩效评估等场景。从中得知必须紧密结合实际应用场景，确保每一步都紧密贴合实际需求，夯实数据底座，强化专业模型算法研发和信息化建设，同时建立健全标准规范和多部门协同工作的机制，推动国土空间治理体系和治理能力迈向现代化。

关键词：CSPON；国土空间规划；应用驱动

0 引言

为指导全国国土空间规划实施监测网络建设，以数字化、网络化支撑实现国土空间规划智能化的全生命周期管理，更加高效地服务新发展格局，促进城乡高质量发展，推动美丽中国数字化治理体系构建和绿色智慧的生态文明建设，2023 年 5 月，自然资源部办公厅印发了《全国国土空间规划实施监测网络建设工作方案（2023—2027 年）》，部署开展国土空间规划实施监测网络（CSPON）建设试点。

在构建国土空间规划实施监督体系的过程中，CSPON 被视为一个核心策略，旨在通过以下三个维度的任务来实现全面且有效的监督与管理：一是 CSPON 注重构建业务联动网络。为了满足国土空间规划实施监督监测的实际需求，需要充分利用调查监测工作体系的优势，将国土空间开发保护的全流程管理业务紧密相连。通过整合各级自然资源部门的力量，形成一种体系化、协同化的工作网络，以确保规划实施过程的连贯性和高效性。二是 CSPON 致力于构建信息系统网络。基于国土空间基础信息平台，对国土空间规划的"一张图"实施监督信息系统进行了升级和拓展。在纵向上实现了多层级规划"一张图"系统的互联互通，在横向上则实现了规划"一张图"系统与各关联业务系统的数据共享和互联。这一举措不仅提高了信息的标准化水平，还确保了数据传输的畅通无阻，为国土空间规划的实施监测提供了强有力的技术支撑。三是 CSPON 强调构建开放治理网络。依托数字化的开放平台等工具，不断完善政策机制，丰富工作形式，积极推广"共建共治共享"的治理理念。这一举措旨在构建一个有序、便捷、高效的国土空间治理网络，鼓励社会各界广泛参与、共同谋划、协同攻关、合力创新，共同推动国土空间规划的实施与监督。总体而言，CSPON 在构建国土空间规划实施监督体系方面发挥了至关重要的作用，通过业务联动网络、信息系统网络和开放治理网络三个维度的建设，实现了对规划实施过程的全面、高效、精准的监督与管理（图 1）。

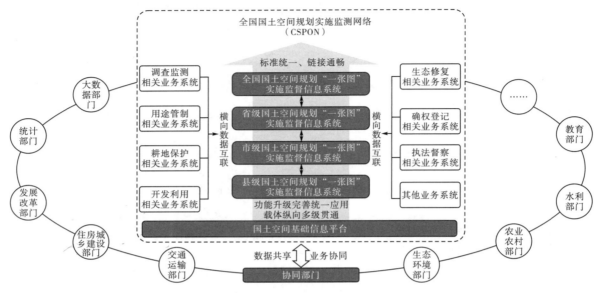

图 1　CSPON 架构关系图

预计到 2025 年，按照网络架构、场景功能、算法模型、数据治理等方面的技术要求搭建完成 CSPON 基础架构；在试点省市完成实践验证，形成一套可推广、可复用、科学可行的 CSPON 建设技术方案；规划实施监测、数据共享等支撑业务管理和网络运行的基础性政策标准逐步健全；理论、技术、产业三大体系构建初见成效，国土空间规划编制、审批、实施、监督全流程在线管理水平能够大幅提升。到 2027 年，CSPON 基本实现上下联通、业务协同、数据共享；中国特色智慧规划理论、技术、产业三大体系快速发展；国土空间规划全周期管理的自动化、智能化水平显著提升，开始迈向以数据赋能、协同治理、智慧决策、优质服务为主要特征的国土空间治理新阶段。

现阶段，国家初步建立了"多规合一"的国土空间规划体系，多地在此体系下对规划实施监测进行了探索，但仍然存在一些问题：一是规划编制和实施监测涉及的基础数据呈现多元化、多模态、海量化特点，而数据获取和处理无法满足实时动态监测的应用需求，其效率和治理能力需进一步提高；二是规划"一张图"系统的规划实施监测能力较弱，数据循环模式未形成，智能化、智慧化水平有限；三是多部门协同工作机制不健全，需提升部门间的业务交互能力来保障规划实施监测；四是规划实施监测网络的构建探索还存在重技术、轻应用的情况，存在监测目的不明确、监测空间范围不确定、监测目标不聚集的问题，场景需求和应用牵引需进一步明确。

围绕新时代国土空间规划发展诉求，基于大数据、人工智能、知识图谱等新技术，构建场景牵引、数据驱动、智慧赋能的 CSPON 解决方案，解决规划全流程在线管理应用不全面、数据和系统横纵联动贯通程度不高、智能化水平不足等问题，整体上实现 CSPON 对国土空间规划"一张图"实施监督信息系统的全面深化提升。其建设要拓展大数据、人工智能、知识图谱等新技术的应用广度和深度，从场景、数据、能力水平等进行全方位升级，从而解决规划全流程在线管理应用不全面、数据和系统横纵联动贯通程度不高、智能化水平不足等问题。

应用驱动下的CSPON构建探索路径：CSPON以保障"一张蓝图"绘到底为导向，健全国土空间规划编制、审批、实施、监督全周期在线管理制度，提升自动化和智能化水平，实现国土空间规划全生命周期管理智能化的目标。

1 构建思路

1.1 总体框架

CSPON以国土空间规划应用场景需求为切入点和落脚点，形成"四横四纵"总体框架（图2）。

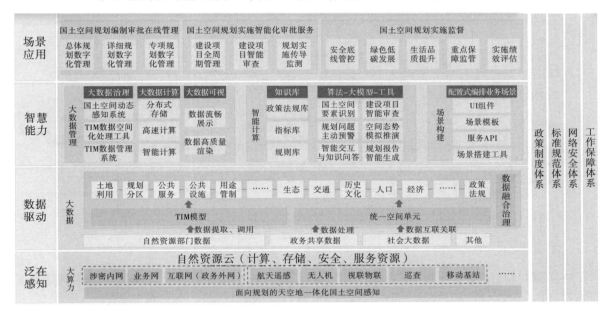

图2 CSPON总体框架

底层重构感知体系，面向规划的天空地一体化感知体系（如航天遥感、无人机监测、视联网、物联网、巡查、移动基站、政务内网、业务网、互联网等），构建国土空间信息模型（TIM），夯实数据底座。中间层以算法模型为核心，通过数据提取、调用、处理、关联等操作，对已有数据进行治理，形成统一空间单元和TIM模型，按土地利用、规划分区、公共服务、公共设施、生态、交通、人口等进行数据分类存储，构建全类别分布式主题数据库。在此基础上还需要对大数据进行管理、智能计算和场景构建，搭建国土空间规划"感知—认知—决策"一体化智慧体系。最上层打造国土空间规划编制审批在线管理、国土空间规划实施智能化审批服务和国土空间规划实施监督三大应用场景，实现规划全程在线。

1.2 业务框架

从业务域来看，国土空间规划引领着自然资源的基础底板、资源利用、保护修复、执法监察和政务服务等五大核心业务板块（图3），并与其进行密切交互。

基础底板包括基础测绘、调查监测、确权登记和资产权益四大部分。为其他核心板块提供基础数据底板。资源利用包括市场交易与调控、开发利用和用途管制，确保资源利用的最大化。保护修复包括资源保护、生态修复和灾害防治。在保护已有资源的基础上对已破坏的生态进行修复，对未遭破坏的生态进行灾害防治。执法监察包括土地执法、违建执法、矿产执法和海洋执法，确保土地按照规划实施执法监督。政务服务包括公众服务、综合管理和综合办公，在全民参与的基础上实现网上办公，信息流公开透明，接受监督。从五大板块的内部来看，其运行需遵循严密的规划编审实施监督工作机制。因此，CSPON 建设一定要充分考虑规划内外部业务关系，形成体系化的工作网络和信息系统网络。

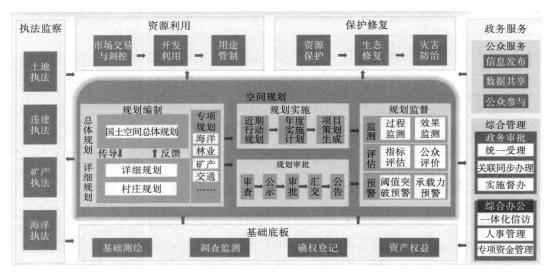

图 3　CSPON 业务框架

1.3　数据框架

在数据架构层面，CSPON 要充分梳理多源异构数据来源，经过建模、汇聚、治理和建库等工序构建 TIM 模型，再经过数据发布、数据共享或开放等，全面服务国土空间规划管理（图 4）。

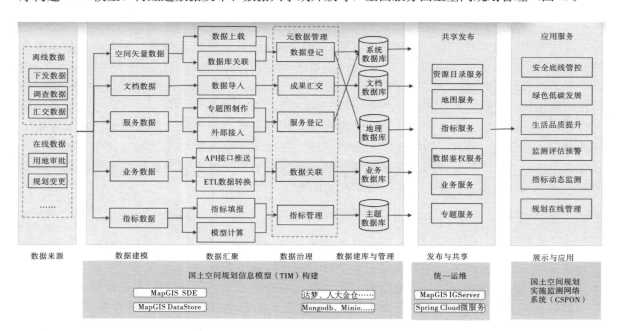

图 4　CSPON 数据框架

2 总体设计

2.1 数据先行：数据支撑能力建设

2.1.1 重构国土空间泛在感知体系

通过卫星、无人机、物联网设备等构建面向业务需求的实时精准感知网，增强调查监测数据、人口社会经济大数据及相关行业数据动态感知能力，牵引国土空间规划实施监测工作的推进和规划实施问题的及时处理（图5）。

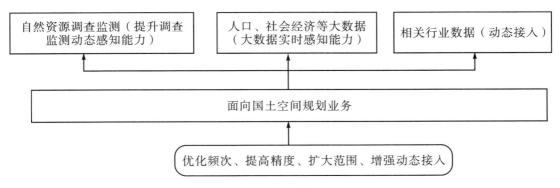

图5 国土空间泛在感知体系

2.1.2 融汇国土空间规划时空大数据

以实景三维中国为空间数据基础，以国土调查成果为统一底数，定期获取多个部门规划数据和政务管理数据，接入图文、音视频、位置数据等互联网、物联网数据，进一步补充完善国土空间规划时空大数据，提升监测评估精细化、动态化水平（图6）。

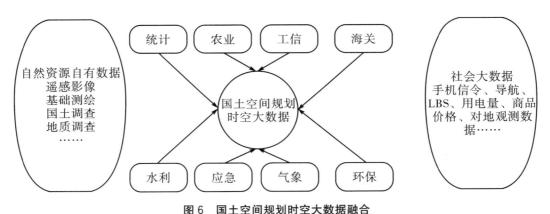

图6 国土空间规划时空大数据融合

2.1.3 构建国土空间信息模型

通过国土空间信息模型，联合空间实体数据及调查监测、空间规划、用途管制、开发利用等一系列空间治理业务模型，实现"数据动态获取—TIM主题数据自动更新—综合应用"的一动皆动、敏捷协同的数字化空间治理新范式。

TIM构建需要整体按照"数据动态获取—TIM主题数据自动更新—综合应用"路径开展。首先，严控数据全生命周期管理，研发配套数据治理工具，将数据标准、数据模型、元数据和数据质量管理贯穿SCPON建设始终。其次，加强数据关联治理、综合编码引擎、知识图谱等技术，将空间实体数据及调查监测、空间规划、用途管制、开发利用打通，形成可关联、可追溯的数据资产。最后，构建全域空间实体"一张图"，面向规划业务，承载 TIM 展示、查询、分析需求，夯实 CSPON 数据底座（图 7）。

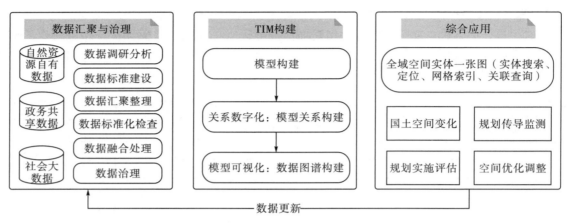

图 7　构建国土空间信息模型

2.2　能力重构：算法支撑能力建设

2.2.1　丰富国土空间规划专业模型

扩充完善规划专业工具模型，无缝嵌入国土空间规划全周期。首先，充分梳理国土空间规划业务场景，形成模型需求清单并开展模型设计。其次，利用"算子工厂"低代码、可视化、高复用能力进行模型快速生产与发布，供国土空间规划全链条在线调用。

2.2.2　以 AI 大模型为驱动，构建国土空间规划大模型

加快生成式人工智能等新技术应用，充分利用"一张图"数据资源以及国土空间规划政策、法规、案例等专业样本数据集，增强预训练和微调，构建智能理解问答、文本报告生成、数据智能分析、遥感识别解译等智能模块。

构建国土空间要素智能识别大模型和国土空间规划"智慧助手"。面向规划业务提供要素智能感知、智能理解问答、方案文本报告智能生成、方案智能审查、空间发展模拟推演等智能服务，助推国土空间规划智慧化转型。

3　应用探索

3.1　国土空间规划编制审批在线管理

现阶段总体规划编审工作基本完成，工作重点逐步转向专项规划和详细规划。这个阶段会面临非常多的问题，如规划传导要求高、如何有效落实，详细规划规则多、协调难，专项规划矛盾大、统筹弱以及规划动态不足等。此时亟须引入数字化手段，实现多方统筹、精准管控，将"一张图"运作起来。构建国土空间规划编制审批在线管理场景，重点实现国土空间详细规划、专项规划以及重要控制线的审批与更新维护在线协同。"一张图"贯穿编制前、编制、审批及动态调整全过程，确保各级各类规划在各个环节得到有效传导。

3.2 国土空间规划实施智能化审批服务

3.2.1 场景一：建设项目全周期管理

面向国土空间规划实施阶段，打造智能化审批服务场景。构建规划实施的数字化跟踪及智能化导航闭环，形成规划实施前、实施中及实施后的全程智能监测，展示建设项目从规划蓝图演变为城市现状的全过程，并可根据规划实施情况进行自我迭代升级。

3.2.2 场景二：规划实施传导监测

在进行规划实施的全面监测监管过程中，需特别聚焦于潜在的用地性质不合规、项目建设进度滞后以及实施时序偏差等问题。为了精准应对这些挑战，利用"规划链"的上下环节信息进行深度交互验证，确保数据的连贯性和准确性。同时，结合空天地海一体化的感知网络，能够实现对规划实施问题的快速溯源分析，并基于科学研判，推动空间资源的统筹平衡和优化配置。

具体而言，针对用地性质不合规的情况，可通过"规划链"信息交互验证，确保用地性质符合规划要求，防止违规用地行为的发生。对于项目建设有滞后的问题，利用空天地海一体化感知网络，实时追踪项目进度，一旦发现滞后，及时预警并采取措施推动项目按时完成。对于实施时序偏差，同样依托"规划链"和感知网络，确保各项规划实施步骤按照预定时间节点有序进行，促进整体规划的高效实施。通过这一系列综合监测监管措施，不仅能够及时发现并纠正规划实施中的问题，还能够促进空间资源的合理利用和高效配置，为国土空间规划的实施提供有力支撑。

3.2.3 场景三：建设项目智能审查

汇聚用途管制、耕地保护等不同工作环节的管理知识和技术规则，建立规划实施的数字化知识规则库，结合带图审批，从政策符合性、空间准入、指标符合性等多维度一键式精准"穿透性"审查，同时审查时自动冻结指标，通过时自动核减相关指标，确保业务数据联动更新。

依托自然资源三维立体"一张图"，智能核验各类空间规划、"三区三线"、用地标准等内容，为用地、用矿、用林、用海等审批提供图文一体化智能审批手段，全面提升规划落地的科学性、精准性和高效性。

3.3 国土空间规划实施监督

构建国土空间规划实施监督场景。从安全底线管控、绿色低碳发展、生活品质提升、重点保障监管、实施绩效评估 5 个方面全方位评估规划执行进展和实施成效，识别空间治理问题，支撑规划动态调整优化，增强规划适应性。

3.3.1 场景一：安全底线管控

围绕粮食安全、生态安全、战略资源安全（水资源、矿产能源等）、自然和历史文化保护情况，构建各类自然资源变化监测模型，对各类安全底线的规模约束、目标执行情况、违规行为和问题风险等开展动态监测评估预警，分析存在的问题，识别重大风险地区。

3.3.2 场景二：绿色低碳发展

围绕"双碳"目标，聚焦资产价值核算、资源利用效益（地耗、能耗等）评估、低效用地识别等，动态监测绿色低碳发展目标落实情况。

3.3.3 场景三：生活品质提升

增进民生福祉，提升市众获得感。从"幼有所育、学有所教、劳有所得"等愿景出发，动态评估全年龄友好的生活圈建设成效，识别空间品质与效率问题，辅助提出改进方案。

3.3.4 场景四：重点保障监管

打造重点保障监管场景，提升对战略区域、重点城市、重点专项、重大工程等规划实施情况和重点领域、突出问题的监测预警。以重大工程项目为例，结合无人机航拍、遥感影像、空间码及工程机械作业位姿识别等手段，对项目审批前、审批中和审批后全链条进行动态监测监管。及时掌握建设进度情况、动态用地的变化特点及发展趋势，推进重大工程有序落地。

3.3.5 场景五：实施绩效评估

对国土空间规划整体实施绩效开展综合监测，并实时展示城市体检评估、实施绩效评价等各类成果，及时掌握国土空间规划执行情况、发展态势，识别重点问题，便于精准施策。

4 结语

在推进国土空间治理体系和治理能力现代化的道路上，国土空间规划实施监测网络的建设显得尤为关键。作为一项复杂且系统性的工程，它面临着数据量大、技术挑战高、应用领域广等多重难题。因此，在构建这一网络时，必须紧密结合实际应用场景，确保每一步都紧密贴合实际需求，夯实数据底座，强化专业模型算法研发和信息化建设，同时建立健全标准规范和多部门协同工作的机制，推动国土空间治理体系和治理能力迈向现代化。

［参考文献］

[1] 王伟，柳泽，林俞先，等. 从国土空间规划"一张图"到 CSPON"一张网"学术笔谈 [J]. 北京规划建设，2024（1）：52-65.

[2] 国土空间规划实施监测网络关键技术研发与应用项目团队. 监测国土空间发展格局，促进空间治理数字化转型 [J]. 中国土地，2023（12）：22-28.

[3] 龚强. 助力国土空间规划智能化转型：构建 CSPON 的几点思考 [J]. 测绘与空间地理信息，2023，46（9）：18-19，23.

[4] 阎炎. 国土空间规划加快数字化智能化转型 [N]. 中国自然资源报，2023-04-21（02）.

[5] 罗亚，吴洪涛，张耘逸，等. 数字化治理下国土空间规划实施监测网络建设路径 [J]. 规划师，2024，40（3）：7-13.

[6] 陈军，田海波，高崟，等. 实景三维中国的总体架构与主体技术 [J/OL]. 测绘学报，（2024-1-20）[2024-05-06]. http：//kns. cnki. net/kcms/detail/11. 2089. P. 20240417.0946.002. html.

［作者简介］
周丹，就职于深圳市中地软件工程有限公司。
于洋洋，就职于深圳市规划国土发展研究中心。
魏琦，就职于武汉中地数码科技有限公司。
汪思梦，就职于武汉中地数码科技有限公司。
陈高，就职于深圳市中地软件工程有限公司。

国土空间规划数据的可视化管理与智能分析应用

□宁德怀，车勇，黄田，陈云波

摘要：随着城镇化进程的加速和经济社会的快速发展，国土空间规划的重要性日益凸显。国土空间规划涉及大量的数据，包括现状数据、规划管控数据、管理数据、社会经济数据等，这些数据的可视化管理和智能分析对于国土空间规划的实施与监管具有重要意义。本文旨在探讨国土空间规划数据的可视化管理与智能分析应用研究，为提高国土空间规划的精确度和效率提供理论支持。

关键词：空间数据库；国土空间规划；可视化；地理信息系统；空间分析

智能分析技术可以应用于国土空间规划的多个方面，如土地利用类型识别、土地利用变化监测等。通过智能分析，可以自动对大量数据进行处理和分析，提高规划的效率和精确度。在数据可视化阶段，主要任务是将数据库中的数据以图形、图像的形式呈现，使人们能够更加直观地理解和分析数据。

1 数据的现状分析

昆明市统筹全市域自然资源信息化建设，构筑包含 14 个县（市、区）的"1＋14"模式自然资源"一张图"，初步构建包括现状数据、规划管控数据、管理数据、社会经济数据的自然资源"一张图"，开发建设完成昆明市国土空间基础信息平台、昆明市国土空间规划"一张图"实施监督信息系统、昆明市国土空间规划智慧审批服务平台等核心系统。近年来，对原国土和规划的各类数据进行了梳理、整合、初步治理和分析，形成了满足国土空间规划编制、审查、审批、实施、监测、评估、预警全过程的自然资源数据体系。其中"一张图"实施监督系统与国土空间基础信息平台共用一个数据池，并建立了详细的数据资源目录。数据成果分 4 个大类 36 个中类 442 个小类，成果数据累计 3.35 TB。2023 年，建成昆明市国土空间规划"多规合一"协调共享系统，实现与各个委办局之间的数据交换共享和业务协同办理。同时，以智慧审批服务平台为审批业务核心，实现了昆明市三维城市信息模型、昆明市控制性详细规划分析应用系统等各业务系统的统一登录认证和集成应用。如此，便形成了以基础信息平台为核心，以"一张图"实施监督信息系统和智慧审批服务平台两个系统为"翅膀"的"一平台＋两系统＋N 应用"模式。

2 数据的可视化实现

系统开发除应用系统外，还开发了 B/S 结构的维护系统。用户权限的配置、数据可视化管理、模型的管理等均通过维护系统完成。

2.1 地图浏览基础配置

在系统开发部署时,会对服务器的名称、IP、端口号等进行科学配置。地图服务配置时可能有多个地图服务名称,应尽量避免重复而引起混淆。图层树节点配置主要配置可视化图层的名称和挂接的服务。地图初始化配置是设置应用系统默认的图形比例尺和中心坐标。专题图层树权限配置主要是总体控制图层是否可用。人员图层树权限配置主要配置用户在应用系统界面显示的图层。

2.2 图层树的构建

2.1.1 制作矢量数据

在 catalog 中定义坐标系为 CGCS2000＿3＿Degree＿GK＿Zone＿34,保存为 mxd 格式。主要对数据进行预处理和转换,包括数据清洗、格式转换、坐标转换等,以确保数据的准确性和一致性。

2.1.2 利用 ArcGIS 发布服务

选择服务器对应的端口连接,命名服务名称,选择发布服务的分类,取消勾选 KML,填写所发布服务项目描述中的概述,执行分析通过检测后,点击"发布"即可。此时,所发布的服务在"一张图服务地址"中即可查看。

2.1.3 地图服务配置

新增可视化地图服务名称,配置所发布的地图服务地址,选择地图服务类型为动态地图服务,选择可见图层和可查询图层,设置是否显示图例。若一个服务包含多个空间数据图层,可根据可视化需求针对一个服务配置多个地图服务。

2.2.4 图层树节点配置

图层树节点配置对应的是应用系统目录树的可视化展示图层。可根据数据管理的需求修改图层树,将数据浏览和展示置于目录树特定的位置。此处设置的图层树节点名称即是"一张图"实施监督系统首页图层展示的图层名称,与挂接的服务实现配对。

图例匹配需要安装 Xftp 和 Xshell 两个软件,将制作好的"＊＊＊.jpg"格式文件拷贝至连接图例的文件夹下,输入"＊＊＊.jpg"即可成功配置图例。

2.2.5 专题图层树权限配置

专题图层树权限配置可实现对所建立的图层权限进行控制,即后台给系统图层配权限。

2.2.6 人员图层树权限配置

人员图层树权限配置主要配置用户在应用系统界面显示的图层,即后台给人员配权限。

2.3 可视化应用展示

通过上述步骤即可实现数据的可视化展示。

3 智能分析与应用

3.1 专题统计分析

统计分析主要包括用地平衡分析、控制线统计、用地变化监测、建成区变化分析等。用地平衡分析是利用行政区域或自定义范围对国土空间总体规划和控制性详细规划按照用地性质统计城市建设用地平衡表。控制线统计是根据行政区域或自定义范围进行的"三区三线"统计。用地变化监测主要根据历年土地利用变更调查数据来分析建设用地和耕地的时空演变趋势，形成图、文、表一体化的结果可视化展示。建成区变化分析展示和分析昆明市主城区从 2006 年到 2020 年的建成区划定成果，系统按照时间轴自动展示建成区的演变趋势。

3.2 控制性详细规划调整

在"成果审查"模块中，开发了"控制性详细规划调整"子模块，实现了控制性详细规划修改的全过程记录留痕，可以实时查看控制性详细规划修改前和修改后的指标变化情况以及图属关联情况。同时，在"实施监督"模块中开发了"控制性详细规划"动态监测功能，控制性详细规划的动态监测主要有三个方面的应用。一是对昆明市主城区也就是控制性详细规划已入库的区域的指标进行总览。二是对每个片区的指标进行展示。三是可以查看一个片区的地块数以及每个地块的详细指标情况，点击地块清单，可以查看片区的地块数，若片区有调整，则会显示调整后地块的具体指标。

3.3 实时监测和评估预警

在"实施监督"模块下的"监测预警"子模块中，开发了"定期评估"模块，通过纳入城市体检数据，对城市体检的各项指标进行定期评估和监测。

3.4 分析评价

分析评价是以专题图和统计图表的形式对资源承载能力与国土空间开发适宜性评价的"双评价"成果进行浏览和展示。风险评估包含对生态保护风险、农业生产风险、城镇建设风险的识别分析，同时生成图、文、表一体化的可视化结果。项目监管通过对接智慧审批服务平台，获取项目在各个审批阶段的规划实施情况。

3.5 CAD 专项规划成果可视化

专项规划共有 77 个项目，这些数据是原规划局的专项规划成果，皆为 CAD 数据，以文件夹的形式入库原昆明市规划管理信息系统，实现在"规划一张图"中叠加查看。"一张图"系统开发后，将 CAD 数据转化为 GIS 数据进行入库展示和应用。

3.6 智能选址与合规性审查

以云南省公安厅看守所为例。选址要求：一是符合上位规划及相关规划的管控要求；二是建设用地规模不小于 200 亩，约 13.3 万 m^2；三是交通考虑 30 min 内可达三甲医院，根据昆明市实际交通情况，30 min 可达三甲医院采用半径为 10 km 的缓冲区分析；四是选址地块完整，不能被市政道路分割；五是避开居民稠密区、繁华商业区；六是工程地质条件、水文地质条件较好，地势较高且地形平坦的地段。选址依据：一是《昆明城市总体规划（2011—2020）》；二是《昆明市土地利用总体规划（2011—2020）》；三是《昆明主城区控制性详细规划梳理》；四是《云南滇中新区总体规划（2018—2035 年）》；五是滇池分级保护范围、生态隔离带、生态保护红线、永久基本农田、城镇开发边界、控制性详细规划等；六是看守所建设相关要求。

在实施监督模块下，智能选址有两种方法。一是通过接入批而未供的土地数据，基于优先消耗存量土地的原则，自动分析出符合项目用地需求的选址方案，同时实现自动定位，为项目快速落地提供技术支撑。二是进行全局搜索。首先设置基本条件，图层选择控制性详细规划，用地规模为 13 万～14 万 m²；用地性质选择居住、混合或控制性详细规划范围外；选址范围选择聚集地以外。高级选址条件选择医院的缓冲区半径为 10 km。执行分析，即可得到备选的地块。

利用系统的合规性检测功能，按需勾选需检测图层，依据相关规划管控数据，进行生态保护红线、永久基本农田、城镇开发边界、生态隔离带、滇池分级保护区等合规性检测与分析，即可自动生成合规性检测报告。结合人工现场勘探，最终得出选址的方案地块。

3.7 二维、三维一体化

与"一张图"实施监督信息系统对接的城市建筑立体展示系统，在后台添加昆明市的 DEM（数字高程模型）数据，通过将基础信息平台调用的二维数据贴附于 DEM 数据之上，实现了二维数据随地形起伏变化的效果展示。系统通过将二维数据服务自动拆分为不同的网格，将网格按照四叉树进行逐级划分，同时计算 DEM 相邻采样点的高程值并进行三角网的渲染，再将每级网格都绑定至对应的 DEM 数据进行贴合运算和网格融合，实现了国土空间规划二维矢量数据与DEM 数据、三维建筑模型及遥感影像的自动贴合，形成了二维与三维一体化、室内外一体化的全空间要素的信息化表达和属性查询分析能力，为后续的实景三维拓展应用提供了全面的技术支撑。

4 结语

国土空间规划数据的可视化管理与智能分析应用主要依赖于"一张图"实施监督信息系统，可视化管理的前提是利用可视化管理工具，智能分析应用的前提是拥有指标分析模型，确保底图底数的规范性和图数一致性。下一步，国土空间基础信息平台实现智慧审批服务平台、"多规合一"协调共享系统等业务系统数据的接入，而"一张图"实施监督系统通过系统对接方式实现与国土空间基础信息平台的数据互通、业务联动以及智能算法模型的分析应用。

［参考文献］

[1] 陆守一，唐小明，王国胜. 地理信息系统实用教程 [M]. 北京：中国林业出版社，2000.

[2] 曾元武，史京文，罗宏明，等. 省市县三级联动国土空间规划实施监督信息系统建设研究：以广东省为例 [J]. 测绘通报，2022 (4)：145-148.

[3] 邹桂英. 地理信息大数据在国土空间规划中的应用研究 [J]. 智能规划，2021，7 (5)：117-118.

[4] 钟镇涛，张鸿辉，洪良，等. 生态文明视角下的国土空间底线管控："双评价"与国土空间规划监测评估预警 [J]. 自然资源学报，2020，35 (10)：2415-2427.

[5] 刁显喆. 基于二三维一体化的国土空间基础信息平台构建研究 [D]. 沈阳：沈阳建筑大学，2022.

［作者简介］

宁德怀，工程师，就职于昆明市自然资源信息中心。

车勇，工程师，就职于昆明市自然资源信息中心。

黄田，工程师，就职于昆明市自然资源信息中心。

陈云波，正高级工程师，就职于昆明市自然资源信息中心。

美丽中国建设背景下的国土空间规划公众参与网络化研究

——以陕西省为例

□代笠，丁华

摘要：党的二十大报告明确提出美丽中国建设是实现社会主义现代化强国的总体目标之一。本文在建设美丽中国背景下，分析网络化时代公众参与规划现状及特征并提出优化路径，对陕西省公众参与国土空间规划现状进行研究并提出发挥基层党组织作用、创新传统公众参与方式、建立公众参与奖惩制度、健全规划全生命周期公众参与平台 4 条发展建议。

关键词：美丽中国；公众参与；国土空间规划；网络化

0 引言

党的二十大报告指出，建设美丽中国是全面建设社会主义现代化国家的重要目标，是实现中华民族伟大复兴中国梦的重要内容。"全社会行动"作为建设美丽中国的五大总体要求之一，其要求把建设美丽中国转换为全体人民行动自觉，"全社会行动"要求人民群众积极投身于社会主义现代化强国建设，其中就包括公众参与到城市规划中。

公众参与城市规划的历史可以追溯到 20 世纪初的美国与欧洲，全球许多城市都建立了相应的制度和机制积极鼓励与保障公民参与城市规划。我国在 2008 年《中华人民共和国城乡规划法》中明确了城市规划中公众参与制度框架，规范了公众参与阶段、形式、对象及结果。《中华人民共和国城乡规划法》作为我国规划法规体系的主干法，明确了公众参与在城乡规划中的地位与作用，但对于具体参与方式、参与主体权利等内容涉及较少。在具体实践中，公众参与程度直接关系到城市规划落地后各方利益的实现情况，甚至会影响城市规划最终能否真实反映公众意愿和要求。在此背景下，公众参与城市规划显得愈发重要。但是，参与者自身规划素养低、信息接受被动及参与程度有限等问题也更加明显。随着大数据、元宇宙和人工智能等新概念与新技术的发展，以及社交网络平台、移动终端等新媒体的出现，信息传递途径发生翻天覆地的变化，便利了公众参与方式，也为规划政策与知识科普提供了新渠道。但是目前的研究大多集中于对公众参与规划的问题剖析与解决问题的路径探讨，对网络化时代下公众参与国土空间规划领域内的研究相对较少。因此，本文以陕西省为例分析美丽中国建设背景下，陕西省国土空间规划公众参与现状并提出发展路径，加快"美丽陕西"建设。

1 网络化时代公众参与规划现状

作为提高国土空间规划科学性、保障国土空间规划透明度、提升空间规划落地可操性的重要手段，公众参与有利于实现国土空间高质量发展，对于建设美丽中国重要且必要。我国公众参与大多以政府机关为主导，人民群众为主体，以及互联网媒体、线下讲座等为载体，参与内容主要包括规划编制、建设实施监督、相关法律政策探讨及技术标准制定等方面，贯穿国土空间规划四体系全过程。参与形式以各种线下方式为主，主要有听证会、专家讲座、社区论坛、官方网站留言区等渠道。

在国土空间规划全生命周期中，主管部门要采用多种形式充分听取公众意见，平衡公众主体利益与规划建设效益。近年来，随着信息技术的快速发展和新媒体的普及，微信公众号、新浪微博等公众参与新平台的使用占比越来越大，在一定程度上克服了传统公众参与难组织、覆盖范围窄、人财物消耗大等弊端。但是总体来看，现有公众参与方式并没有随着突飞猛进的信息技术而产生巨大变化，难以满足公众多样化、便利化的参与需求，导致公众参与的意愿仍处于较低水平，公众参与城市规划的途径更新滞后于现代科技发展水平。

1.1 网络化时代公众参与特征

网络化时代依托 5G 网络的发展，信息由各种爆炸式的网络"流"构成，尤其是如抖音、微博等新媒体的强势崛起，让人人都能成为这个时代的主角，也让彼此之间产生了更加紧密的联系。在此背景下，公众参与也被赋予更多的参与形式、更新的参与内容、更快的参与反馈等。网络化时代是各种信息"流"交互的时代，交互性为其特征之一。新媒体发布各种官方账号内容，公众可通过评论、点赞、转发等形式参与其中，官方账号可通过后台终端及时回复公众留言与解答疑惑等，在这个过程中信息"流"形成了闭环，关键信息得到了交互。网络化时代是为居民带来各种便利的时代，便利性为其特征之二。相较于传统线下会议等参与方式，网络化时代的公众参与只需要一部手机或一台电脑就能随时随地了解有关规划的大政方针，而规划决策者也仅需通过一部终端设备就能把握公众意见，极大地减少了组织线下讲座、发放调查问卷等传统参与方式所需的人力、物力与财力。泛娱乐化也是网络化时代的特征之一。网络化时代飞快的生活节奏，让人们更加倾向于通过碎片化阅读来获取自己感兴趣的信息。这就要求各类信息的高质量以及娱乐化的传播方式。在网络化时代的风口，随着各种官方科普账号、教授专家等私人账号入驻抖音、微博、微信公众号等，间接提高了整个互联网信息发布的质量。同时，混搭着各种网络热梗、新潮用语的内容以动画等形式进行播放，使严谨的科学内容变得生动形象且易于接受。泛娱乐化并不是官方媒体等对网络化时代的妥协，而是各个传播者的主动求变过程，也是真正实现"人民城市人民建"的重要创新。总的来说，网络化时代给公众参与带来的是公众与决策者的双赢。

1.2 网络化时代公众参与规划优化路径

让当地居民参与到规划中来，可以有效提高规划方案本身的客观性与本土性。公众参与规划的途径大多局限于听取专家论证会、在各大规划部门相关网站留言区留言等，城市能够为市民提供的多渠道、便捷化、智能化的参与途径有限。为此，可利用网络化快速发展势头及国土空间基础信息平台建设双重背景，构建公众参与规划新媒体矩阵，助力美丽中国建设。首先，充分利用移动终端后台数据处理分析工具，针对不同年龄段、不同职业甚至不同性别的市民提供个性化的规划内容。如从年龄段出发，对年轻人可积极推送各类公园建设、特色主题街区选址等内容；对老年人可选择推送各类主题广场、养老院、社区医院等相关内容。从性别出发，对女性可以推送各种关怀设施选址规模等，为美丽中国建设贡献"她"力量。其次，利用各类自媒体"大 V"账号，通过官方流量扶持并引导其创作内容，借助小红书、微博、微信公众号等新兴平台，以普通市民视角向市民介绍近期建设动态等，通过这种人民群众喜闻乐见的传播方式便捷地引导市民带入自身主人公的角色参与规划建设。再次，对人民群众反馈意见按重要程度等进行分级分类逐条回复，并且通过互联网等大数据分析平台对各类关键词进行检索，对出现频率高的关键词在官方网站等平台开设专栏答疑，解民之所困。最后，及时将公众参与规划的各项数据、信息等更新备份至国土空间基础信息平台，助力"数字中国"建设。

2 网络化时代背景下陕西省公众参与的有益实践

2.1 网络化时代陕西省公众参与规划现状

陕西省拥有我国第五大也是西北地区唯一一个国家级都市圈——西安都市圈，同时作为中国红色革命老区，其在网络化时代也勇立潮头。在陕西省"十四五"规划中，明确指出到 2025 年陕西省要实现数字基础设施建设水平在西部领先。在此背景下，陕西省自然资源部门聚焦网络化时代特色，健全数字化便民服务平台，深化各部门之间政务合作与"一网通办"，有力推进了本省国土空间规划网络化改革。自"十四五"规划以来，陕西省各地市自然资源与规划主管部门做到微信公众号便民服务全覆盖（表 1）。

表 1　陕西省级及各地市自然资源与规划主管部门微信公众号特色栏目

序号	主体	特色栏目
1	省厅	学习摘编、视觉自然、改革观点
2	西安市	科普答题、政策文件和解读、互联网＋监督
3	铜川市	自然资源、政民互动、政务服务
4	宝鸡市	我要咨询
5	咸阳市	互动交流、门户网站、线索征集
6	渭南市	办事大厅、扫一扫
7	延安市	好好学习、领导信箱
8	汉中市	榜样在身边
9	榆林市	证照验证、地质灾害报险、空间影像
10	安康市	互动交流、依申请公开
11	商洛市	便民服务、政策理论

2.2 网络化时代陕西省公众参与建设指引

"人民城市人民建，人民城市为人民"强调了人民群众的主体性需要得到重视，美丽中国建设中"人人参与、人人共享的良好社会氛围"强调的是人民群众能够从中获得幸福感与满意感。只有当人民群众的主体性与幸福感都得到了保障，人民群众参与到国土空间规划全生命周期中，才能引导城市向着理想人居方向发展，才能全面推进美丽中国建设，加快推进人与自然和谐共生的现代化。

公众参与规划要坚持以优化国土空间格局为目标，以持续推进城市人居环境改善为需求，坚守美丽中国建设底线，以短视频、科普新闻等为媒介，让人民群众从了解规划、读懂规划再到最终参与规划。

2.3 网络化时代陕西省公众参与建设途径现状

首先在规划调研阶段，强调公众参与内容的真实性与覆盖范围的广泛性。通过当地新媒体平台、官方网站、自媒体"大 V"账号、微信公众号等发放在线问卷，充分挖掘与了解当地潜在文化资源、民心所向等，这更有利于规划师快速了解与把握当地文化基底与脉络，增强后期规划编制的科学性，让规划师更容易把握人民群众真正关心的问题。在美丽中国建设过程中，陕西省自然资源厅以微信公众号平台为媒介，对全省人民发放满意度调查问卷，通过这种直接的沟通方式广泛征求人民群众意见与建议，为后期中国科学院开展"美丽陕西"建设评估提供了客观的数据支撑。同时，为促进后期规划的顺利落地，陕西省各地市还借助网络工具向人民群众宣传各类征地补偿制度、科普各项规划实施依据、提供监督举报平台等。如西安市自然资源和规划局在微信公众号常设栏目中通过开通"微互动"来实现意见征集与互联网督查，商洛市自然资源和规划局在微信公众号中开设"政策理论"栏目，向市民宣讲各类惠民政策。

其次在规划正式编制阶段，要特别注意各种信息公示的及时性与回复群众问题的针对性。规划本就是一个多方利益协调的过程，作为其中之一的城市居民有权了解编制进度、部分编制内容等。传统编制阶段公众参与更倾向于在规划编制完成后由政府进行统一公示，这样大大降低了规划编制的科学性与灵活性。在陕西省国土空间规划编制过程中，陕西省自然资源厅等有关部门充分利用微信公众号、抖音、微博、哔哩哔哩网站等新载体，保障人民群众及时了解规划编制。西安市在《西安晚报》平台对西安市国土空间规划进行科普宣传并附上官方邮箱，方便市民反馈，并在"西安资源规划"微信公众号平台发放调查问卷，收集国土空间规划中社区生活圈规划与乡村振兴有关内容。为了保证问卷质量与可靠性，"西安资源规划"微信公众号平台在问卷中还设置了定位环节。

再次在规划审批阶段，需要重视各阶段公示内容的透明性与完整性。一般而言，规划审批阶段通常由相关部门组织专家学者对规划方案进行合理性、科学性等专业论证，这一阶段公众参与的范围与内容有限。在该阶段政府需要认识到规划知识不等于规划共识，为解决这一难题，陕西省将重点放在日常对于公众规划素养的提升，在潜移默化中达成人民群众与政府、人民群众之间的规划共识。如陕西省自然资源厅通过在微信公众号中开通"学习园地"栏目及时对各类规划新政进行推广科普，西安市在其官方微信公众号"西安资源规划"中开展科普答题活动。这一时期公示完整的规划内容有利于避免滋生各类腐败现象，方便群众更加深入了解城市未来建设发展方向。为了能够溯源以往规划政策与内容，陕西省自然资源厅在官方微信公众号平台开设"精彩回顾"栏目，西安市自然资源与规划局也在其官方微信公众号平台设置"往期回顾"一栏。

最后在规划实施阶段，公众参与更多地体现在公众监督上，行使监督权是我国宪法赋予每个公民的法定权利。这一时期的监督为城市未来的发展"兜底"，监督对象主要包括各类资源底线与用地红线等是否被侵占或破坏、各类建设活动是否符合规范、各项强制性指标是否得到落实等。在规划实际实施过程中，由于多部门参与、多项标准冲突等，易导致部分工作路径不明，最终与规划蓝图相悖。所以在规划实施阶段，一方面要提高规划师与决策者自身的水平，另一方面要避免由于公众监督不到位而阻碍城市的有序发展。在该阶段，陕西省为公众参与提供的平台还较为有限，较多仅停留在官方公示阶段，未来需重点打造规划实施阶段公众参与平台。

3 未来发展建议

3.1 发挥基层党组织作用

在党的领导下，村委会等基层党组织在建设美丽中国中发挥着重要作用。通过对基层党组成员进行专项培训，加强其对公众参与规划的重视程度，鼓励基层党组成员通过"下沉"等方式了解民心所向并及时向上传达。建立基层公众参与机构，积极鼓励高校专家学者挂职基层并定期开展公益专题讲座，解民之所困。对于公众规划素养较欠缺、经济欠发达的乡村地区及少数民族地区等，基层政府需积极培养"新乡贤"群体，由该群体代表村民等参与规划，反映当地实际需求。

3.2 创新传统公众参与方式

在网络化时代背景下，需要借时代东风，拓展线上融媒体平台，针对不同年龄段的人群提供定制化的参与规划方式。同时，对老人等通过互联网参与规划较困难的人群也需要举办好线下活动，鼓励有条件的地区建设城市规划展览馆，聘请专业人员对参观人群进行科学讲解。打破传统讲座缺乏互动的弊端，鼓励通过 VR 等设备让城市居民沉浸式体验城市发展的时空脉络，与规划师等进行信息交流，共同找出城市发展问题。

3.3 建立公众参与奖惩制度

对于人民群众反馈的高质量意见与建议可由政府组织专项资金进行经济奖励，调动人民群众参与规划的积极性，并针对该类意见作出系统全面的回复，对后期有关该意见的修改与部署，可邀请提问者参与到规划内部会议研讨中。同时，政府若对人民群众参与规划提出的意见出现不回复、不处理等现象，要对相关负责人进行问责，情节严重者进行通报批评。

3.4 健全规划全生命周期公众参与平台

公众参与规划并不是一时的激情行为，而应该是城乡居民作为城乡主人的一种日常习惯。要想让城乡居民与城乡发展产生共振，就需要为城乡居民提供一个全流程、闭环式、可交互的参与平台。全生命周期的公众参与平台应该以线上平台为主，从规划前期调研阶段到最终落地管理维护阶段，各项公众参与数据都应做到备份保存，并要实现与其他线上平台信息的互联互通。

4 结语

在全面推进美丽中国建设新篇章中，城市规划要在新时代新征程上把人民群众摆在更加突出的地位。在网络化时代，应继续健全国土空间规划体系，出台相关规章制度保障人民群众权益，助推美好人居环境建设，最终实现美丽中国的宏伟蓝图。

本文通过分析网络化时代公众参与国土空间规划的现状问题，总结出网络化时代公众参与规划的交互性、便利性、泛娱乐化三大特点并提出相应的优化策略。同时，结合陕西省从规划前期调研到最终规划实施四个阶段的现状，有针对性地提出发挥基层党组织作用、创新传统公众参与方式、建立公众参与奖惩制度、健全规划全生命周期公众参与平台四个发展建议，以期为健全陕西省公众参与规划体系，共同描绘"美丽陕西"作出贡献。

[参考文献]

[1] 习近平. 以美丽中国建设全面推进人与自然和谐共生的现代化 [J]. 先锋，2024（1）：3-6.

[2] 杨海琳. 城市总体规划中的公众参与 [D]. 昆明：云南大学，2017.

[3] 温佳宁. 社区更新中公众参与的发展及问题 [J]. 现代园艺，2024，47（2）：196-200.

[4] 稂平. 公众参与城乡规划管理存在的问题与对策 [J]. 城市建设理论研究，2024（2）：20-22.

[5] 许新宇，郭英，彭瑞. 人民城市理念下国土空间规划公众参与数字化探索：以浙江省为例 [J]. 浙江国土资源，2023（8）：23-26.

[6] 周玉. 乡村振兴背景下新乡贤文化的构成要素、精神资源与示范引领路径 [J]. 通化师范学院学报，2024，45（1）：29-36.

[作者简介]

代笠，就读于长安大学建筑学院。

丁华，教授，博士研究生导师，就职于长安大学建筑学院。

基于多目标优化遗传算法的公园选址布局研究

——以湖南省长沙市六区一县为例

□吴海平，王帅航，毛磊

摘要： 本文选取长沙市六区一县作为研究范围，运用多目标优化遗传算法，提出一种城市公园选址布局的创新方法。首先利用 FME（空间数据转换处理系统）平台，结合 AOI、地表覆盖类型、土地变更调查和城镇开发边界等多源数据，自动生成 2534 个候选公园图斑。其次，构建多目标遗传算法优化模型，以最大化服务人口、优化可达性和最小化总面积为目标函数，通过 5000 次迭代快速检索出 243 个满足条件的非劣解集。再次，通过 FME 内建的自定义转换器优化多目标函数的预求解流程，有效降低算法的计算难度并简化代码构建过程。研究结果显示，候选公园图斑主要集中在 $0.2 \sim 10.0$ hm^2 的面积区间，空间分布呈现中心密集、边缘稀疏的模式；解集的综合适宜度随着迭代次数的增加而提高，在 200 次迭代后基本稳定在 0.725 以上；多目标优化结果在服务人口、可达性和总面积 3 个目标函数上取得平衡。最后，形成一套自动化工作流程，能够支持面向城市尺度的大规模候选公园图斑生成和多目标快速求解，为城市公园系统规划提供了新的技术方向，并对存量规划的精细化实践和科学化管理提供有益参考。

关键词： 公园选址；多目标优化；遗传算法；城市规划；FME

0 引言

在城镇化的浪潮中，城市规划工作者面临着将有限的城市空间资源合理分配以满足人们日益增长的公共需求的挑战。城市公园作为城市生态系统的重要组成部分，不仅对居民的身心健康有益，而且对城市的可持续发展具有积极作用。然而，在当前的城市规划实践中，公园的选址布局方法存在以下问题：一是决策过程中缺少系统性分析，往往依赖于主观判断而非数据驱动的优化；二是规划目标倾向于单一化，未能综合考虑服务人口、可达性、生态效益及经济成本等多重因素；三是面对城市空间的复杂性，传统规划方法在处理大规模候选公园选址时显得力不从心，缺乏高效的技术手段。

本文以长沙市六区一县为研究范围，旨在提出一种基于多目标优化遗传算法的公园选址布局方法，通过多源数据快速生成符合条件的大规模候选公园图斑，并模拟自然选择和遗传机制快速有效地搜索出最优解集，以期为城市公园系统规划提供一种新的技术支撑。

公园选址是指在一定的空间范围内，根据一定的原则确定公园建设的最佳位置，是公园规划设计的重要前提，直接影响到城市规划格局中公园绿地的功能发挥和效益实现。目前，国内关于公园选址的研究起步较晚，已有研究多集中于以下方面：一是优化已有选址方法，如多维度适宜性评价指标、网络拓扑/引力模型可达性评估、层次分析法辅助决策、信令轨迹辅助绩效评估、出租车出行 OD 辅助选址等；二是对比国内外选址差异，如英美郊野公园与我国山水城市对比等；三是讨论不同选址导向的侧重点，如比较老年公园与儿童公园选址差异、供需平衡视角选址框架等；四是梳理特定类别公园演变历程，如郊野公园、口袋公园、暗夜公园等。目前引入跨领域新方法的研究较少，近年来虽有部分学者试图引入规划辅助决策模型以提升选址科学性，如量子粒子群优化（QPSO）算法、CA－Markov 复合预测模型、LA 位置分配模型、空间句法分析等，但多存在模型构建过程复杂、数据获取难度大等问题，导致难以在规划实践层面推广普及。

遗传算法是 J. H. Holland 提出的一种模拟自然进化过程的元启发式算法，通过染色体的交叉、变异、选择等操作，对候选解进行迭代优化，以求解复杂的问题。该算法能够在较大的搜索空间中寻找全局最优解，适合处理多目标、多约束、非线性、非凸等问题。从类型上看，该算法可分为单目标、多目标及其他变种，其中多目标遗传算法（MOGA）因适用性较强而常用于解决多目标优化（MOO）问题，其表征为一个问题中存在多个相互冲突或不可同时达到最优的目标函数，需要在不同目标之间进行权衡以找出一组满足一定条件的帕累托最优解，其在工程设计、公共建筑改造、土地利用配置、道路网优化、电力调度等领域应用广泛，但现阶段应用于公园选址的研究较少，仅部分学者开展公园内部设施优化、景观水体评价等微观尺度研究。

1 相关理论和方法

本文将公园选址转化为一个经典的多目标优化问题，使解集满足以下 3 个目标函数：一是服务人口最大化，即选择的公园能够覆盖尽可能多的人口，提高公园的利用率和社会效益；二是可达性最优化，即选择的公园方便人们到达，降低出行成本和时间；三是总面积最小化，即选择的公园能够节约土地资源，减少建设投入和维护费用。

服务人口最大化的公式如下：

$$f_1(x) = \left(\sum_{i=1}^{m} S_i\right)_{MAX}, \quad S_i = \sum_{j=1}^{n_i} P_j \times g\left[f(L_i), G_i\right] \bigcap M_j \tag{1}$$

式中，$f_1(x)$ 表示服务人口最大化的目标函数，m 为解集中设定的公园数量（下同），S_i 是第 i 个公园的服务人口数，P_j 是第 j 个人口分布网格单元的人口值，n_i 是第 i 个公园的服务范围内包含人口分布网格单元的个数，L_i 是第 i 个公园的等级，G_i 是第 i 个公园的地理位置，M_j 是第 j 个人口分布网格单元的位置，f 和 g 分别是确定服务范围与生成缓冲区的函数，$\bigcap$ 表示两个图层交集。

可达性最优化的公式如下：

$$f_2(x) = \left(\sum_{i=1}^{m} T_i\right)_{MIN} \tag{2}$$

$$T_i = \frac{1}{m_i} \sum_{k=1}^{m_i} h(C_i, D_k) = \frac{1}{m_i} \sum_{k=1}^{m_i} h\left\{C_i, \left[\bigcup_{j=1}^{5} e_j(C_i)\right] \bigcap Q_k\right\} \tag{3}$$

式中，$f_2(x)$ 表示可达性最优化的目标函数，T_i 是第 i 个公园的平均可达时间，h 是一个根据质心点坐标和居住小区位置通过 *Mapbox* 等时圈应用程序接口得到步行耗时的函数，C_i 是第 i 个公园的质心点坐标，D_k 是第 k 个居住小区的位置，e_j 是一个根据质心点坐标生成第 j 个步行等时圈范围的函数，其中 $j = 1, 5, 10, 15, 30$，$\bigcup$ 表示多个图层的合并，$\bigcap$ 表示两个图层的交集，Q_k 是第 k 个居住小区的位置，m_i 是第 i 个公园等时圈范围内包含的居住小区的个数。

总面积最小化的公式如下：

$$f_3(x) = (\sum_{i=1}^{m} Area_i)_{\text{MIN}} \tag{4}$$

式中，$f_3(x)$ 表示总面积最小化的目标函数，$Area_i$ 表示第 i 个候选公园的面积。

由于 3 个目标函数解集互斥，本文采用一种基于距离度量的权衡方法作为判断函数的依据：在每次迭代中，根据当前种群中各个个体在各个目标上的表现，计算出一个理想点（即各个目标上最优值组成的点）和一个反理想点（即各个目标上最差值组成的点），然后根据每个个体与理想点和反理想点的距离，计算出综合适宜度值用于选择和排序。具体来说，对于每个个体 x，其综合适宜度 $F(x)$ 公式如下：

$$F(x) = \frac{d_2(x)}{d_1(x) + d_2(x)} \tag{5}$$

式中，$d_1(x)$ 表示 x 与理想点的欧氏距离，$d_2(x)$ 表示 x 与反理想点的欧氏距离。该函数越大，表示 x 越接近理想点，越远离反理想点，即在各个目标上表现更优。为提升解集质量，本文将公园服务范围覆盖人口大于 300 万作为约束条件，即满足 $\sum_{i=1}^{n} pop_i \geqslant 3000000$，其中 pop_i 代表第 i 个公园服务人口数，n 代表解集中被选中公园的数量，可根据实际情况动态调整该约束条件。

2 数据收集与处理

2.1 研究范围数据情况

本文以长沙市六区一县[①]为研究范围，总面积为 3913.3 km²，常住人口总数 754.0 万[②]，占市域总人口的 73.64%，研究涉及的主要数据见表 1。

表 1 研究涉及数据一览表

数据名称	数据来源	数据用途
现状 AOI	百度地图	用以提取现状公园和居住小区边界
地表覆盖类型	哨兵—2A（Sentinel—2A）	筛选出透水面内的候选公园
第三次全国土地调查、城镇开发边界	当地自然资源和规划局	分别筛选出非建设用地、城镇开发边界内的候选公园
WorldPop 人口分布网格	南安普顿大学	结合第七次全国人口普查数据进行空间扩样后，再对居住小区、现状公园与候选公园图斑进行人口分配，得到具体人口
Mapbox 等时圈应用程序接口	Mapbox 地图	对候选公园进行多尺度的步行等时圈范围生成

2.2 数据预处理与清洗

本文采用 FME 平台对数据进行清洗，首先是构建候选公园图斑生成模型（图 1）：一是对透水面、农用地和非利用地及城镇开发边界图斑求交集，得到候选公园粗图斑；二是对粗图斑和现状 AOI 数据取差集，保证候选公园图斑不占用已建区指标[③]；三是通过 FME 平台的 Douglas 抽稀算法对粗图斑进行概化分割，排除小于 0.2 km²[④]的细碎图斑、部分重叠面及面内孤岛后，再通过目视修正得到候选公园优化图斑。

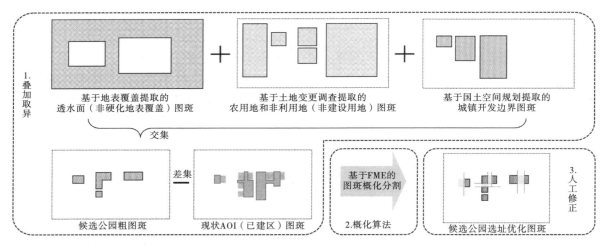

图 1　候选公园图斑生成模型

其次是构建候选公园多目标函数求解模型：为降低遗传算法的计算复杂度，预先通过 FME 对候选公园多目标函数进行空间求解后得到二维矩阵，再通过遗传算法对该二维矩阵进行最优解搜索。具体步骤：一是求解各公园服务人口。按照不同等级的公园确定不同的服务范围[⑤]，然后根据缓冲区分析得出每个公园的服务范围内包含的人口分布网格单元，并按单元人口值累加得到每个公园的服务人口数量。二是求解各公园平均可达时间。提取每个候选公园质心点坐标，通过 Mapbox 等时圈应用程序接口得到该公园 1 min、5 min、10 min、15 min、30 min 的步行等时圈范围后，分别对范围内涵盖的居住小区进行统计，如 5 min 步行等时圈范围内涵盖两处居住小区，将该两处小区至该候选公园的步行耗时计为 5 min 级别，以此类推，计算得出每个公园等时圈范围内所有居住小区到达该公园的步行耗时，将其平均值作为每个公园的平均可达时间。三是求解各公园总面积。直接根据面积计算工具求解出每个公园的面积值，作为该公园建设成本指标表征。

3　公园选址布局

3.1　候选公园图斑生成结果

基于候选公园图斑生成模型得到 2534 个图斑，直方图显示图斑在 0.2～60.0 hm² 面积区间高度集中，而 60～2000 hm² 面积区间分段繁杂但占比较低。具体来看，近 85% 的候选公园面积在 0.2～10.0 hm² 的区间，中值为 0.76 hm²，平均值为 1.64 hm²。作为对比，位于岳麓区中南大学附近的后湖公园占地面积约为 58 hm²，而该平均值约为 1/8 望月公园、1/50 橘子洲头景区、1/80 湖南省植物园。

通过分析得出：一是超八成图斑属于 10 hm² 以下的居住区公园级别（含社区公园、游园），近似于望月公园尺度，数据分布呈现出头部高度集聚的特征，符合"短头效应"规律；二是近五成图斑属于 0.2～1.0 hm² 区间的游园级别，大多分布在综合公园周边、路侧绿化空间、河流水系沿线以及中大型居住区附近，与周边居民日常联系较为密切；三是整体空间分布呈现出明显的"中心—边缘"模式，即图斑越靠近中心城区，其面积越分散、形状越不规则，而越远离中心城区，其面积越大、形状越规整。

3.2　候选公园目标函数求解

从服务人口看，候选公园整体符合越邻近中心城区、服务人口越多的分布规律，这与长沙市人口网格热力图呈现的人口集聚分布一致，但是局部存在一定差异，如位于开福区的捞刀河与浏阳河处的候选公园，虽然已处于现状地铁 1 号线终点站（开福区政府站）的城郊结合处附近，但是捞刀河万国城段、浏阳河北辰三角洲段和洪山旅游区 3 处候选公园的服务人口均突破 12 万，分别为 29.64 万、20.44 万和 31.66 万。

其原因有两个方面：一是紧邻城郊高入住率的大型居住小区，包括湘江世纪城（17934 人）、北辰三角洲至科大佳园周边（32770 人）、万国城至万科城周边（21120 人）以及恒大雅苑周边（17537 人）等；二是候选公园面积越大、等级越高、服务半径上限也越高，其中捞刀河万国城段的公园面积为 64.16 hm²、浏阳河北辰三角洲段的公园面积为 29.56 hm²、洪山旅游区的公园面积为 14.05 hm²，均属于 10 hm² 以上的综合公园，其服务半径分别取 5000 m、3000 m、2000 m。同理，位于岳麓区五星村北侧的寨子岭生态公园、位于望城区东南侧的大泽湖湿地等也是通过临近大型居住小区获得的服务人口优势，这意味着后续规划调整中可重点考虑位于城郊接合处的大型候选公园选址，通过新增公园快速提高城区内公园绿地的服务人口水平。

从平均可达时间看，中心城区范围内除河西岳麓山周边和河东浏阳河湘江汇入口外，其余区域受已有土地开发强度高的限制，候选公园图斑多体现为细小零碎的街头公园、口袋公园，导致建成区内整体可达性较低。通过分析发现其可达圈层呈明显的组团化、规模化布局，主要分为 3 个方面：一是以高铁会展和梅溪湖二期为代表的新城拓展型组团，由于尚未完成高强度开发建设，范围内仍存在大量候选公园图斑，使得等时圈范围多重叠加，进而形成集中连片型的可达性规模优势。二是以金霞经开区、天心经开区和铜官港为代表的郊区枢纽型组团，大多深处郊区地带且高度依赖港口枢纽、开发区平台等资源，高可达性得益于城郊地区的生态资源本底较好，但未来片区发展和人口增量预期不及新城拓展型组团。三是以洋湖含浦、金星北月亮岛、市府北、省府暮云和望城主城区组团为代表的城郊居住型组团，其特点是位于城郊结合地带、较高的入住率和具备一定的本地就业基础，此类组团可借助高居住人口数的基础优势，通过新增公园的建设快速提升组团内居民的幸福感和便利度，可有效避免公园建设后周边人口不足导致的资源浪费问题。其中，寨子岭生态公园位于洋湖含浦城郊居住型组团内，是河西岳麓区罕见的中型原生态山体森林公园，目前尚未经过高强度的地面硬化和人工设计，建议在后续规划中将其转化为生态型郊野公园，增加适合周边居民日常使用的公共设施，以提高其社会效益和居民使用效率。

3.3　候选公园选址优化结果解读

3.3.1　迭代次数对解集结果的影响

模型经 5000 次迭代求得 243 个非劣解集后发现，随着迭代次数的增多，其综合适宜度也逐渐提高，自 200 次迭代往后其均值基本稳定在 0.725 的水平（图 2）。

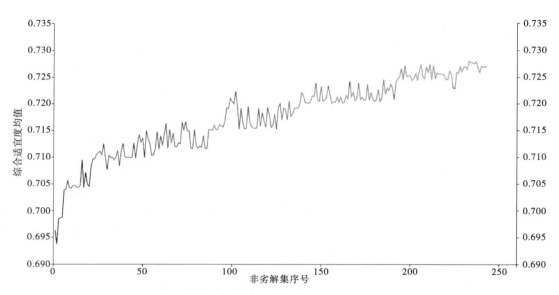

图 2　基于迭代次数的非劣解集综合适宜度曲线图

基于综合适宜度最低、中等、最高的 3 个解集分别建立可达性、总面积、服务人口的三维散点图，综合适宜度最低解集的分布较为离散，几乎呈均匀分布，缺乏明显维度倾向；综合适宜度中等解集呈现出向区间中部靠拢的趋势，在可达性维度上优化较为明显，但在总面积维度仍有优化空间；综合适宜度最高解集则开始向可达性高、总面积小的方向集中，但在服务人口上不及中等解集。

3.3.2　单目标与多目标优化结果对比

分别求解单目标函数下的最优解方案后得到表 2，可知单目标最优解方案各有优劣，经多目标优化权衡后的最优解在服务人口、可达性和总面积 3 个目标函数上都有较小的损失或改善，分别为 -0.89%、24.25% 和 41.35%，虽然总面积略有增加，但是整体上仍是一个较为合理平衡的公园选址布局方案。

表 2　各目标值最优解及权衡后最优解方案对比情况

目标函数	解集序号	服务人口/万人	平均可达时间/（分/千人）	总面积/hm²
服务人口最大化	236	391.33	2.02	1931.30
可达性最优化	159	314.20	1.54	1781.33
总面积最小化	26	307.79	1.76	1371.63
权衡后的最优解	233	387.85	1.91	1938.82

3.3.3　综合适宜度最高解集的公园分布

从权衡后的最优解分布看，上文提及的具有可达性优势的寨子岭生态公园、具有服务人口优势的捞刀河万国城段和望城大泽湖湿地均入选最优解集，其余候选公园则多为零散分布的小型公园图斑，整体空间分布较均匀，多位于长沙市中心城区主要人口热力组团边缘地带。

4 结语

4.1 研究成果总结

本文以长沙市六区一县为例，探索了一种基于多目标优化遗传算法的公园选址布局方法，取得以下成果：

一是构建了一个基于 FME 平台的候选公园图斑自动生成模型，实现了通过 AOI、地表覆盖类型、土地变更调查和城镇开发边界等数据的叠加取异操作得到粗图斑后，经过 FME 概化算法优化，提高了候选公园图斑生成效率，可推广至同类型城市的公园选址场景。

二是提出了一个基于多目标优化遗传算法的公园选址布局优化模型，即在给定的候选公园图斑集合中，通过遗传算法框架快速检索出满足服务人口最大化、可达性最优化和总面积最小化 3 个目标函数的非劣解集，适用于巨量候选公园图斑的最优解检索场景。本例中 2000 多个图斑求解遍历 5000 次仅需 20 min。同时，优化了多目标函数预求解流程，将其通过 FME 建设自定义转换器的方式实现各公园多目标函数的自动分析和赋值，降低了遗传算法的计算难度并简化了代码构建流程。

三是形成了一套从候选公园图斑自动生成到多目标函数最优解求解，再到结果可视化的工作流程，通过 FME 和 Python 语言极大提高了流程的自动化程度，为城市公园系统规划提供了一种新的技术方向。

4.2 存在的局限性和改进方向

本文虽然取得了一定的成果，但是仍然存在以下局限和不足：一是数据收集方面，只利用了部分公开可获取的数据，没有考虑土地权属、土地价格、土地利用规划等保密数据；二是模型建立方面，只考虑了 3 个基本的目标函数，没有考虑公园内部功能、景观设计、海拔地形、植物组合等因素；三是算法实现方面，仅采用了基于距离度量的权衡方法，没有考虑采用偏好信息、参考点、指示器等权衡方法。

[注释]
①长沙市六区一县为主流意义上的中心城区，具体包括芙蓉区、天心区、岳麓区、开福区、雨花区、望城区和长沙县。
②常住人口总数引自《长沙统计年鉴 2022》，统计时点为 2021 年末。
③由于三调数据统计时点为 2020 年，其数据时效性不涉及互联网地图 AOI 数据，因此该步骤中将百度地图 AOI 数据作为现状已建区图斑，对候选公园粗图斑进行扣除，避免候选公园覆盖已建区的情况。
④根据住房和城乡建设部 2019 年 4 月发布的《城市绿地规划标准》（GB/T 51346—2019），其中表 4.4.7 对于适宜规模的要求如下：游园分 0.2～0.4 hm² 和 0.4～1.0 hm² 两档，社区公园分 1.0～5.0 hm² 和 5.0～10.0 hm² 两档，综合公园分 10.0～20.0 hm²、20.0～50.0 hm² 以及 50.0 hm² 以上三档。
⑤根据住房和城乡建设部 2019 年 4 月发布的《城市绿地规划标准》（GB/T 51346—2019），其中表 4.4.7 对于服务半径的要求：游园 300 m，社区公园分 500 m 和 800～1000 m 两档，综合公园分 1200～2000 m、2000～3000 m 以及 3000 m 以上三档。此处 3000 m 以上档按 5000 m 服务半径计算，其余档服务半径则取上限计算。

[参考文献]

[1] 张国壮，赵丹，孙立坚，等.口袋公园空间适宜性及多目标优化选址分析 [J].测绘科学，2022，47（9）：224-234.

[2] 张金光，韦薇，承颖怡，等.基于 GIS 适宜性评价的中小城市公园选址研究 [J].南京林业大学学报（自然科学版），2020，44（1）：171-178.

[3] 闫闪闪，梁留科，余汝艺，等.城市修建主题公园适宜性评价指标体系研究 [J].地理科学，2016，36（2）：213-221.

[4] 吴海平，孙曦亮，周健.15 分钟生活圈公共服务设施绩效评估方法构建：基于供需平衡视角的长沙市实证研究 [J].南方建筑，2022（6）：62-71.

[5] 黎世兵，况明生，李惠敏.基于 GIS 与空间可达性的小城镇公园布局研究：以佛山市大沥镇为例 [J].西南师范大学学报（自然科学版），2010，35（3）：264-268.

[6] 董观志，孟清超.主题公园选址的层次结构分析 [J].商业时代，2006（2）：79-80.

[7] 钮心毅，康宁.上海郊野公园游客活动时空特征及其影响因素：基于手机信令数据的研究 [J].中国园林，2021，37（8）：39-43.

[8] 黎海波，陈通利.出租车 GPS 大数据在东莞市"小山小湖"社区公园选址中的应用 [J].测绘通报，2017（5）：95-99.

[9] 朱战强，刘文琳，张悦，等.国内外狗公园规划研究进展及借鉴 [J].规划师，2015，31（增刊2）：280-284.

[10] 余思奇，朱喜钢，周洋岑，等.美国"帽子公园"实践及其启示 [J].规划师，2020，36（20）：78-83.

[11] 蔺靖远，张文慧，姚朋.英美郊野公园发展概况及对我国山水城市建设的启示 [J].工业建筑，2018，48（10）：64-69.

[12] 莫纪灿，陈欣，王晴晴，等.基于城市不同养老人群的老年友好绿地选址研究：以南京市为例 [J].现代城市研究，2021（3）：98-103.

[13] 骆小龙，杨世云.广州儿童公园选址布局方法研究 [J].规划师，2018，34（增刊2）：83-88.

[14] 周聪惠，张彧.高密度城区小微型公园绿地布局调控方法 [J].中国园林，2021，37（10）：60-65.

[15] 陆砚池，方世明.均衡和效率双重视角下武汉市主城区公园绿地空间布局优化研究 [J].长江流域资源与环境，2019，28（1）：68-79.

[16] 唐洁芳，李帅，徐勇，等.基于突发公共卫生事件应急医疗设施的城郊森林公园研究 [J].中国园林，2021，37（4）：58-63.

[17] 刘晓惠，李常华.郊野公园发展的模式与策略选择 [J].中国园林，2009，25（3）：79-82.

[18] 葛韵宇，李雄.基于碳汇和游憩服务协同提升的北京市第二道绿化隔离地区郊野公园环空间布局优化 [J].北京林业大学学报，2022，44（10）：142-154.

[19] 陈浅予，伍端.城市口袋公园布局的数字化分析研究：以广州市越秀区为中心 [J].美术学报，2021（5）：111-118.

[20] 王绮，孙欣，魏冶.辽中南城市群暗夜公园选址分析 [J].东北师大学报（自然科学版），2022，54（2）：113-122.

[21] 张雪萍，杨腾飞，王家耀，等.量子粒子群优化的城市公园选址应用研究 [J].计算机工程与应用，2011，47（29）：235-238，245.

[22] PENG X Y，LI J D，TIE L S. Multi-objective genetic algorithms based structural optimization and

experimental investigation of the planet carrier in wind turbine gearbox [J]. Frontiers of Mechanical Engineering, 2014, 9 (4): 354-367.

[23] SONG W L, SHEN X S, HUANG Y L, et al. Fuel ejector design and optimization for solid oxide fuel cells using response surface methodology and multi-objective genetic algorithm [J]. Applied thermal engineering: Design, processes, equipment, economics, 2023, 232: 1-11.

[24] 杨露, 颉耀文, 宗乐丽, 等. 基于多目标遗传算法和 FLUS 模型的西北农牧交错带土地利用优化配置 [J]. 地球信息科学学报, 2020, 22 (3): 568-579.

[25] 季翔. 基于交通微循环策略的区域路网运行效率提升研究 [J]. 北方交通, 2023 (5): 55-58.

[26] 殷二帅, 李强. 基于遗传算法的光伏—热电耦合系统多目标优化研究 [J]. 工程热物理学报, 2023, 44 (6): 1669-1674.

[27] 李炫颖, 谭乐, 林辰松, 等. 基于成本效益分析的公园低影响开发设施布局的遗传算法优化 [J]. 给水排水, 2022, 48 (12): 138-143.

[28] 张维砚, 沈蓓雷, 童琰, 等. 基于 GA-BP 模型的景观小水体富营养化评价方法 [J]. 中国环境科学, 2011, 31 (4): 674-679.

[本项目为中建股份科技研发重点课题《更新片区城市体检评估关键技术研究》（CSCEC-2022-Z-10）、中建五局科技研发课题《片区更新前策划—后评估关键技术研究与示范》（cscec5b-2022-09）]

[作者简介]

吴海平, 注册城乡规划师, 工程师, 就职于中国建筑第五工程局有限公司。

王帅航, 助理工程师, 就职于中国建筑第五工程局有限公司。

毛磊, 高级工程师, 就职于中国建筑第五工程局有限公司。

智慧城市网络安全体系构建研究

□阮浩德

摘要：随着智慧城市建设的快速发展，网络安全问题日益突出。传统的安全防护体系已无法满足智慧城市的安全需求，构建一套高效、智能、便捷、立体的网络安全体系迫在眉睫。本文针对智慧城市网络安全需求，提出一种基于智慧城市的安全体系总体方案，从远程接入、访问控制、存储安全、入侵检测、防病毒体系、区块链、认证服务、安全审计和容灾备份等方面进行研究设计，能够有效保障智慧城市建设及应用的网络安全。

关键词：智慧城市；网络安全；网络 RAID；WireGuard；区块链

0　引言

　　智慧城市是指运用物联网、云计算、大数据、人工智能等新一代信息技术，促进城市规划、建设、管理和服务智慧化的新理念和新模式。智慧城市建设的核心是信息化，而在信息化时代，网络安全是智慧城市建设的重中之重，具有基础性、战略性和全局性的地位。

1　智慧城市网络安全体系的需求分析

1.1　网络信息的高效化监管

　　智慧城市网络安全体系是进行智慧化、集优化和数字化建设的前提条件，智慧城市信息架构中汇聚了海量的地理信息数据、时空数据、实景数据和感知设备，传统的网络安全防护难以满足智慧城市多源数据、实时监测和设备配置多样等需求。

　　智慧城市网络信息高效化监管能够实时采集网络安全数据，并进行分析和处理，及时发现安全威胁，对数据进行精准分析，快速定位威胁来源和危害程度，根据安全威胁的类型和级别，自动采取响应措施、匹配服务和灾备恢复，提高管理效率，降低安全风险。

1.2　网络信息的智能化防护

　　智慧城市贯穿城市规划、建设、管理和服务的全周期，在网络安全防护上具备智能化的特点，而传统网络安全防护手段依靠人工配置和规则匹配，难以应对新型网络攻击威胁，且物联网设备多、配置量大，容易出现配置错误和无法识别等不可控因素，不能应对不断演变的网络攻击威胁，存在安全风险。

　　智慧城市的智能化防护能够主动感知网络安全威胁，及时发现新的攻击手段和攻击模式，如 APT（高级长期威胁）攻击、勒索软件、数据泄露等，根据威胁情报和安全态势进行动态调整，将传感器调度、控制、评估和感知等功能灵活组合、智能联动，实现多级联动的协同调度和控制。网络攻击事件发生后，需要快速追溯攻击源头，采取有效的措施进行处置。

1.3 网络信息的便捷化服务

随着智慧城市中电子服务、物联网、云计算等应用场景的不断涌现，对信息的安全性和隐私性保障提出更多挑战，传统的信息服务过于烦琐，市民用户需要进行复杂认证和授权才能访问信息，影响了用户体验。

智慧城市需要坚持以人为本，利用智能设备采集市民行为数据、地理信息数据和政务档案数据，在通过生物识别、移动认证等认证方式满足不同用户需求的同时，降低老年人使用门槛，提升市民体验和满意度。更重要的是，加强数据安全管理，防止数据泄露和滥用，确保政府涉密信息和市民隐私信息安全，为推动城市安全规划、建设、管理和服务提供智能化的技术支撑。

2 智慧城市网络安全总体架构

智慧城市网络安全总体架构划分为不同区域（图 1），包括安全通信网络，用于安全通信网络的远程接入，保证数据传输安全；信任与授权服务平台，提供基于区块链的 PKI（公钥基础设施）电子认证服务，建立可信赖的机制；安全服务平台，在安全管理中心统一部署下，提供区域边界控制、计算环境部署和安全策略配置等服务。该体系能对智慧城市内的多平台信息进行融合，提供完整的安全机制、协同管理、审计服务和灾备管理，保证医疗、政务、文旅、营商、教育和农业等智慧应用的安全运行。

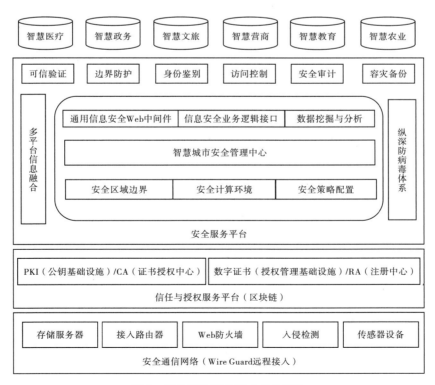

图 1 智慧城市网络安全总体架构

2.1 可靠的存储安全设计

RAID（独立磁盘冗余阵列）磁盘阵列技术，指将多个独立的磁盘设备组合成一个逻辑存储单元，采用数据冗余技术使存储系统中存在多份相同的数据，即使部分数据副本损坏或丢失，也能保证数据的完整性。虽然 RAID 技术的发展已经很成熟，但是随着智慧城市海量数据的不断增长，每个时空数据达到上百 TB（太字节）。这不仅提高了数据的检索难度，还为存储可靠性和安全性提出更高要求。本文采用多分辨率金字塔瓦片和"多源遥感影像数据库＋文件"的混合方式，建立时空海量数据索引，达到协同调度和负载均衡的目的，并运用 SAN（存储区域网络）光纤交换技术建立网络 RAID 系统，提高访问速度和存储可靠性。

网络 RAID 通过 SAN 光纤在网络中的不同存储服务器建立 RAID，利用网络中每个硬盘的Chunk（组块）组成 RAID，网络 RAID 由网络中的所有存储服务器（一块或多块硬盘）共同构建，实现分布式存储。这不仅可满足时空数据的海量存储的需要，而且在极限情况下，所有硬盘会在 SAN 光纤环境中同时参与重构计算，实现时空海量数据的分布存储、实时处理和统一集成，大大提高了数据的访问速度，是智慧城市海量数据存储的可靠实施方案。

在众多网络 RAID 级别中，最常用的是带双重分散校验的数据条带的网络 RAID 6（图 2）。网络 RAID 6 具有奇偶校验信息，能够容忍两个硬盘同时发生故障，同样提供双重数据冗余。网络 RAID 6 技术的优势在于即使部分硬盘发生故障，依然可以访问数据，保证业务连续性和信息完整性，减少数据丢失风险，降低数据恢复成本。

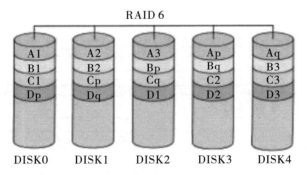

图 2　带双重分散校验的数据条带的网络 RAID 6

2.2 稳定的虚拟专用网

VPN（传统虚拟专用网络）技术利用互联网在通信站点两端构建一个加密的数据通道以传输数据，数据通信发生在一个虚拟的专用网络环境中，该技术广泛应用于远程办公、远程维护、远程监控和数据传输等场景中。随着智慧城市各种应用的发展和用户需求的增加，传统型 VPN技术存在稳定差、适应性不强、维护成本高和加密算法单一等问题，无法适应智慧城市应用发展的需求。

WireGuard 是一种相对较新的虚拟私人网络协议。为更好地适应智慧城市数据站点多、传输性能高和加密性强等特点，本文通过实践研究，提供一种基于 WireGuard 的远程接入管理平台（图 3）。该平台在支持站点到站点的基础上，通过旁挂管理系统对 WireGuard 网络组成的Mesh（网格）网络进行高效管理，管理节点失效也不影响 WireGuard 网络数据通信，避免单点失效问题，使部署在城市中的各种传感器设备无缝连接，为远程维护和监控提供稳定的实时的一致性管理。

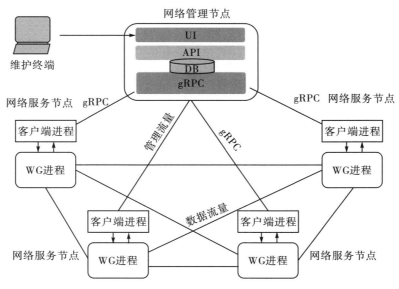

图 3　基于 WireGuard 网络架构

该平台支持云端或本地部署架构，包括实体机、虚拟机及基于 K8S 的云服务器集群环境，无需额外安装第三方软件，可随时增加或减少节点，实现了轻量级热部署，灵活运用在各种智慧城市的复杂网络环境中，在控制粒度与维护工作量之间达到合理平衡，减少人工运维成本，提高城市管理人员的工作效率。此外，由于 WireGuard 支持 ChaCha20 – poly1305、Blake2b、HKDF、Curve25519、SipHash24 和 RSA 等加密算法，其整体的安全性得到众多密码学专家认可，解决了加密算法单一的问题，为业务系统间数据传输提供安全保障，使该虚拟专用网方案能在智慧城市网络项目中推广应用。

2.3　机器学习的入侵检测系统

智慧城市各业务系统会使用大量具有数据传输、信息上传、人机交互等重要功能的传感器设备，其未授权访问和 DoS（拒绝服务）攻击等网络安全性受到广泛关注，仅采用防火墙并不能完全隔离外部入侵，还需要创建基于机器学习的入侵检测系统，模拟人脑思考方式适应智慧城市复杂多变的部署环境，精准地实时监测和分析各类传感器的网络流量，提升系统对于各种复杂攻击的辨识能力，减少潜在的损害。

Snort（网络入侵检测防御系统）通过网络报文匹配分析内容来进行网络流量的监测和检测，其主机监测和网络监测的兼容性可以与新兴的机器学习技术相结合，识别已知的攻击模式。并根据预定义的规则采取相应的动作，如记录日志、发出警报、阻止流量等。Snort 使用 Libpcap（数据包捕获函数库）捕获网络流量，对捕获的报文进行协议解析，提取报文头部信息，包括 IP 地址、端口号、协议类型等，将报文信息与预定义的规则进行匹配，如果匹配成功则触发警报，不匹配则丢包处理，减少报文匹配时耗，降低误报率（图 4）。Snort 是一种轻量级的开源入侵检测系统，具有强大的延伸性和兼容性，可以根据需要进行修改和添加规则，满足各类传感器设备个性化的需求，适合在城市各种复杂网络场景中部署。

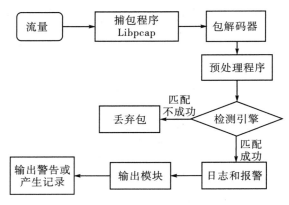

图4　Snort 入侵检测架构图

2.4　纵深云安全计算机病毒防护体系

随着智慧城市各业务系统、多源数据库、传感器设备和计算机接入增多，计算机病毒呈现多样化和急剧增长态势，传统病毒防护体系无法满足智慧城市网络安全体系的应用要求。

本文提出的纵深云安全计算机病毒防护体系是一种基于云安全计算模型，通过动态鉴定、白名单、追溯威胁、病毒预警、云端病毒库等技术手段建立的立体防护体系，能够有效预防和控制病毒威胁（图5）。在广度层面，该体系通过云端病毒库和人工智能算法，可快速识别新型病毒并进行预警，提前做好防范措施，利用动态分析技术对可疑文件进行实时分析，能快速识别病毒变种和未知病毒。

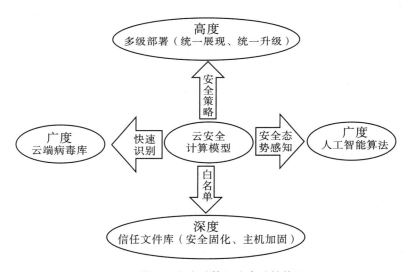

图5　纵深云安全计算机病毒防护体系

在深度层面，纵深云安全计算机病毒防护体系通过建立信任文件库、安全固化和主机加固等方法只允许白名单中的文件运行，有效阻止病毒入侵；通过病毒样本分析，追溯病毒来源和传播路径，有效阻止病毒扩散；通过安全态势感知和威胁情报主动识别网络安全风险，进行人工智能防御；在统一安全管理平台下，支持多级部署，帮助各级部门自上而下进行安全策略配置、病毒查杀、漏洞修复等操作。

若网络信息系统受到病毒袭击或感染，纵深云安全计算机病毒防护体系会自动获取到被感染计算机或模块，自动切断所属网络，开启预置杀毒引擎并进行病毒查杀，将处理结果形成日志并存储。若对病毒处理完成则重启程序并接入网络，若没有杀毒成功则交由人工或人工智能进行处理。

2.5 去中心化的区块链技术

区块链技术具有去中心化、不可篡改、智能合约和透明可追溯等特点，有助于促进智慧城市中智能高效、可信可溯、公正透明及互信留痕等问题的解决，实现城市治理精细化和人性化管理，赋能城市建设。

首先，区块链的点对点传输技术可以减少政府数据传输环节，在保证数据安全性的同时，实现不同部门间的数据共享（图6）。由于区块链需要多方共同维护，政府和市民双方可以使用公钥验证对方的身份，政务数据可以使用公钥加密，政府和市民双方使用独有的私钥对交易数据进行数字签名，签名具备真实性和不可抵赖性，可消除各方对隐私泄露的顾虑，打通了政务服务与公共服务等多个领域，提高了惠民服务便捷性，为"数据多跑路，群众少跑腿"目标提供可行的技术方案。

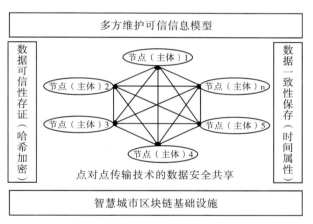

图6 区块链技术的智慧城市部署技术架构图

其次，区块链的时间戳技术是一种为数据或事件赋予时间属性的技术，证明数据的创建时间或发生时间，可以追溯数据生成的时间和来源，追溯数据的流转过程，防止数据被篡改；证明数据的一致性和可靠性，广泛应用于智慧政务、智慧司法和智慧金融等领域，让执行过程透明化和自动化，有助于重构社会信任。

最后，区块链使用哈希加密技术确保数据完整性，它能将任意一种长度的数据转换为固定长度的字符串。哈希函数无法通过哈希值逆推出原始数据，难以找到两个不同的输入数据产生相同的哈希值，输入数据的微小变化会导致哈希值的变化，任何对区块数据的篡改都会导致区块哈希值的改变，从而被其他节点发现并拒绝哈希加密技术将城市各部门的终端设备构建成分布式物联网，减少数据传输过程的安全隐患，提升城市物联网设备之间的通信效率和可信水平。

2.6 可信的 PKI 认证服务

随着智慧医疗、智慧政务、智慧文旅、智慧营商、智慧教育和智慧农业等应用场景的落地，使用 PKI 电子认证服务成为智慧城市提高政府公信力、保护公众利益的重要技术手段。

PKI 广泛用于部署信任与授权服务平台，解决网络环境中的身份认证和数据安全问题，有效防止身份盗用、交易诈骗、网络钓鱼等网络安全事件发生。市民向智慧政府内的 CA 证书授权中心申请数字证书进行身份认证、数据加密和签名等操作，政府部门可以通过 CA 的公钥验证数字证书的有效性，确保市民身份的真实性和可靠性，并通过数据加密来保护数据传输和存储安全。

由于智慧城市信息系统具有异构化和多地域的特点，而传统 PKI 在跨域认证路径上存在过于复杂、CA 单点故障多和证书管理成本高等问题，因此本文在区块链赋能城市治理的基础上提出了一种基于区块链的 PKI 电子认证服务优化方案（图 7）。该方案利用区块链的智能合约特点实现数字证书的全流程管理。当智慧城市网络信息系统认证时，市民使用基于智能合约的信任链进行密钥产生及证书信息申请，再交至认证中心（RA）进行审核，RA 对市民完成确认，市民确认采用手工验证方式，不仅可以确保信息的真实性，还能避免 CA 证书重复验证和颁发的问题，提高行政效率。

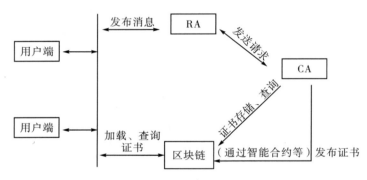

图 7　基于区块链的 PKI 电子认证服务方案

本文利用区块链分布式架构替代传统 PKI 的 CR、OCSP 和 LDAP 等功能进行验证，若验证成功，认证系统中存在的策略会在证书请求中生效，交由 RA 再提交至 CA 请求，CA 通过私钥把用户公钥和信息进行签名处理，形成数字证书，完成用户信息与公钥的绑定，实现以用户为中心的轻量级认证架构，解决传统 PKI 系统存在的单点故障问题。此外，用户信息将会存放在区块链的智能合约凭证中，保证链上链下用户信息和证书信息的一致性。这不仅为智慧城市信息系统的异构化和跨域化管理提供重要技术支撑，还能提高政府公信力，为保护公众利益提供可靠的技术方案。

2.7　可预警的网络安全审计

在智慧城市网络安全体系构建过程中，对智慧城市中的各业务系统进行审计是一项非常重要的内容，包括用户管理、安全配置、数据采集、数据库访问日志。各部门网络安全系统通常包含多个子系统，各子系统之间的数据联系频繁和紧密，由于各子系统存在个性化应用特点和安全需求，导致传统的单一审计系统难以进行有效的数据关联分析，不能满足智慧城市各主管部门网络安全动态关联和统一管理的工作需要。

统一审计平台首先采用分布式部署模式将审计功能部署在多个服务器上，根据不同子系统采集安全审计数据，包括网络流量数据、系统日志数据、安全事件数据等，实时进行审计和预警，满足个性化需求；其次，通过云平台方式集中子系统的安全审计数据，在打破"数据孤岛"的同时，进行跨系统的关联分析和统一管理，提升网络安全审计的效率和效果；最后，各子系统部署审计代理，通过应用程序接口将审计数据发送给统一审计平台的日志服务器，安全运营者对发现的问题及时提出预警和告警，快速响应安全事件，并且对历史数据进行分析，有异常进程终止、账号封停和主动报警等功能，可消除网络安全隐患，为城市智慧平台网络安全提供保障。

2.8 业务可持续性的数据容灾备份机制

在信息化建设和数字转型工作中，数据安全是最基本最基础的工作，通过容灾备份技术手段能有效避免因设备故障、计算机病毒、人为攻击和不可抗拒因素等造成的数据丢失风险，容灾备份机制是保障智慧城市业务持续性的关键。

本文根据智慧城市数据访问量大、可用性强等特点提出一种基于混合云的数据容灾备份平台，平台在"两地三中心"（即同城、异地，生产中心、同城容灾中心、异地容灾中心）的基础上融合政务云与私有云混合模式（图8）。平台在对核心系统及数据充分备份、保证各项业务连续性的同时，克服承载能力低和总体拥有成本（Total Cost of Ownership，TCO）高的问题，为智慧城市的发展提供优质数据保护的解决方案。

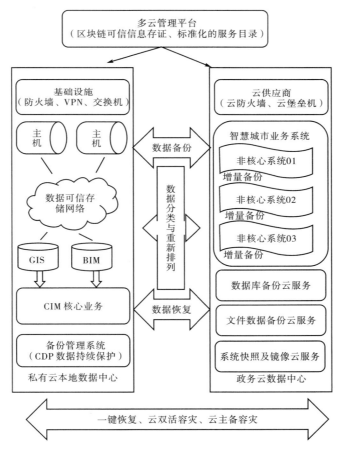

图8 基于混合云平台的数据容灾备份平台

平台引入云管理平台（Cloud Management Platform，CMP）实现私有云和政务云的统一纳管。私有云数据中心部署智慧城市CIM（公共信息模型）核心业务，采用CDP（连续数据保护）

能使业务环境在短时间内得到恢复，实现业务的可持续性；政务云数据中心除提供云灾备份能力外，还在部署智慧城市的非核心业务系统时采用增量备份方式进行备份，使各业务系统在紧急情况下能继续使用，是私有云平台的有力补充。通过一键恢复、云双活容灾、云主备容灾等机制为增强智慧城市各项业务的可持续性和连续性提供有力保障。

与此同时，为了保证数据的安全性、完整性与私密性，数据在传输过程中会通过可信存证区块链进行数据分类与重新排列，实现数据的分布式储存与分散管控，保证了数据的安全传输和共享。

3 结语

本文提出了一种智慧城市安全体系架构，架构采用高可用设计，实现数据的可靠存储、网络的稳定接入和系统的灵活扩展等功能，并对各种恶意攻击、非法入侵和设备故障等采取高效防范措施，保证智慧城市各系统的稳定运行；架构采用可信化管理，解决传统数据安全治理模式中存在的安全风险高、效率低下、控制权分散等问题，为城市数据安全治理提供更加安全、可信、高效的解决方案，不断提升广大人民群众在智慧城市中的获得感、幸福感、安全感，有效满足智慧城市建设和网络安全需求。

［参考文献］

［1］胡柳. 智慧城市建设中的网络信息安全风险识别及其应对策略［J］. 无线互联科技，2024，21（1）：122-124，128.

［2］张红涛. 基于大数据技术的新型智慧城市架构探讨［J］. 智能城市，2023，9（12）：108-110.

［3］张伟. 智慧城市建设中的关键技术应用研究［D］. 西安：长安大学，2014.

［4］张龙君. 安防存储新 RAID 技术确保信息更安全［J］. 中国安防，2014，（14）：10-12.

［5］刘希平，李文，王刚，等. 基于 WireGuard 的高性能虚拟专用网络架构设计与实现［J］. 网络安全技术与应用，2021（2）：17-19.

［6］田野，刘畅. 基于 Snort 的工业控制网络靶场入侵检测方法研究［J］. 工业信息安全，2023（6）：6-16.

［7］王忠民. 计算机防病毒应用"云安全"的分析与研究［J］. 软件，2023，44（5）：176-178，183.

［8］刘政，郑易平. 区块链赋能智慧城市数字化治理研究［J］. 江南论坛，2023（10）：60-65.

［9］欧阳海琴. 高校干部人事档案运用区块链技术的必要性及可行性［J］. 办公室业务，2023（4）：181-183.

［10］盘点. 区块链赋能应用场景与城市探索实践［J］. 大数据时代，2019（12）：60-76.

［11］张海. 基于区块链 PKI 系统的跨域身份认证研究［D］. 桂林：桂林电子科技大学，2023.

［12］杨一. 基于混合云的流媒体容灾备份系统研究与设计［J］. 电子元器件与信息技术，2023，7（7）：44-47.

［13］阮浩德，吴晓生. 云计算环境下数据的存储与保护机制研究［J］. 信息通信，2017（1）：130-132.

［本研究获广东省科技计划项目"广东省城市安全智能监测与智慧城市规划企业重点实验室"（2022B1212020010）资助］

［作者简介］

阮浩德，教授级高级工程师，就职于广东省城乡规划设计研究院科技集团股份有限公司。